普通高等教育"十一五"国家级规划教材
住房和城乡建设部"十四五"规划教材
高等学校工程管理专业系列教材

工程合同管理

（第三版）

成于思　严　庆　成　虎　等编著

中国建筑工业出版社

图书在版编目（CIP）数据

工程合同管理 / 成于思等编著. — 3 版. — 北京：
中国建筑工业出版社，2022.1

普通高等教育"十一五"国家级规划教材　住房和城
乡建设部"十四五"规划教材　高等学校工程管理专业系
列教材

ISBN 978-7-112-26986-0

Ⅰ. ①工… Ⅱ. ①成… Ⅲ. ①建筑工程－经济合同－
管理－高等学校－教材 Ⅳ. ①TU723.1

中国版本图书馆 CIP 数据核字（2021）第 266962 号

　　本书主要介绍工程合同、合同管理和索赔方面的知识，其内容包括：工程合同基本原理，工程合同体系及常见的几类合同内容的分析，工程合同总体策划，招标投标过程，招标投标中重要的合同管理工作，合同分析和解释方法，合同实施控制，索赔原理，工期索赔，费用索赔，反索赔和争议的解决等。本书从工程合同管理的实务出发，注重实用性、可操作性和知识体系的完备性。为了加深理解，在本书中介绍了 50 多个有代表性的合同管理和索赔案例，并从各个角度对它们作了分析和评价。

　　本书可以作为高等院校工程管理及相关专业的教材和教学参考书，也可以作为施工企业、工程咨询公司、建设单位工程管理人员的工作参考书。

　　为更好地支持相应课程的教学，我们向采用本书作为教材的教师提供教学课件，有需要者可与出版社联系，邮箱：jckj@cabp.com.cn，电话：（010）58337285，建工书院 http://edu.cabplink.com。

* * *

责任编辑：张　晶　牟琳琳
责任校对：焦　乐

普通高等教育"十一五"国家级规划教材
住房和城乡建设部"十四五"规划教材
高 等 学 校 工 程 管 理 专 业 系 列 教 材
工程合同管理
（第三版）
成 于 思　严　庆　成　虎　等 编著

*

中国建筑工业出版社出版、发行（北京海淀三里河路 9 号）
各地新华书店、建筑书店经销
北京红光制版公司制版
廊坊市海涛印刷有限公司印刷

*

开本：787 毫米×1092 毫米　1/16　印张：23¼　字数：577 千字
2022 年 1 月第三版　　2022 年 1 月第一次印刷
定价：**58.00** 元（赠教师课件）
ISBN 978-7-112-26986-0
（38602）

出　版　说　明

党和国家高度重视教材建设。2016年，中办国办印发了《关于加强和改进新形势下大中小学教材建设的意见》，提出要健全国家教材制度。2019年12月，教育部牵头制定了《普通高等学校教材管理办法》和《职业院校教材管理办法》，旨在全面加强党的领导，切实提高教材建设的科学化水平，打造精品教材。住房和城乡建设部历来重视土建类学科专业教材建设，从"九五"开始组织部级规划教材立项工作，经过近30年的不断建设，规划教材提升了住房和城乡建设行业教材质量和认可度，出版了一系列精品教材，有效促进了行业部门引导专业教育，推动了行业高质量发展。

为进一步加强高等教育、职业教育住房和城乡建设领域学科专业教材建设工作，提高住房和城乡建设行业人才培养质量，2020年12月，住房和城乡建设部办公厅印发《关于申报高等教育职业教育住房和城乡建设领域学科专业"十四五"规划教材的通知》（建办人函〔2020〕656号），开展了住房和城乡建设部"十四五"规划教材选题的申报工作。经过专家评审和部人事司审核，512项选题列入住房和城乡建设领域学科专业"十四五"规划教材（简称规划教材）。2021年9月，住房和城乡建设部印发了《高等教育职业教育住房和城乡建设领域学科专业"十四五"规划教材选题的通知》（建人函〔2021〕36号）。为做好"十四五"规划教材的编写、审核、出版等工作，《通知》要求：（1）规划教材的编著者应依据《住房和城乡建设领域学科专业"十四五"规划教材申请书》（简称《申请书》）中的立项目标、申报依据、工作安排及进度，按时编写出高质量的教材；（2）规划教材编著者所在单位应履行《申请书》中的学校保证计划实施的主要条件，支持编著者按计划完成书稿编写工作；（3）高等学校土建类专业课程教材与教学资源专家委员会、全国住房和城乡建设职业教育教学指导委员会、住房和城乡建设部中等职业教育专业指导委员会应做好规划教材的指导、协调和审稿等工作，保证编写质量；（4）规划教材出版单位应积极配合，做好编辑、出版、发行等工作；（5）规划教材封面和书脊应标注"住房和城乡建设部'十四五'规划教材"字样和统一标识；（6）规划教材应在"十四五"期间完成出版，逾期不能完成的，不再作为《住房和城乡建设领域学科专业"十四五"规划教材》。

住房和城乡建设领域学科专业"十四五"规划教材的特点，一是重点以修订教育部、住房和城乡建设部"十二五""十三五"规划教材为主；二是严格按照专业标准规范要求编写，体现新发展理念；三是系列教材具有明显特点，满足不同层次和类型的学校专业教学要求；四是配备了数字资源，适应现代化教学的要求。规划教材的出版凝聚了作者、主审及编辑的心血，得到了有关院校、出版单位的大力支持，教材建设管理过程有严格保障。希望广大院校及各专业师生在选用、使用过程中，对规划教材的编写、出版质量进行反馈，以促进规划教材建设质量不断提高。

住房和城乡建设部"十四五"规划教材办公室

2021年11月

第 三 版 前 言

本书第一版在 2006 年出版，在 2010 年获评普通高等教育"十一五"国家级规划教材。第二版在 2011 年出版，已经又 10 年过去了。经过这么多年工程项目的实践、专业教学与研究的验证，本书的知识体系还是比较成熟的，比较符合实际工程的需要。

本书的这次修订主要基于如下原因：

（1）我国一些新的法律颁布，特别是民法典的颁布，过去适用于工程合同最重要的法律——合同法退出舞台，相关内容需要进行修改。

（2）近十几年来，国内外一些新的标准合同文本的颁布，特别是 2017 年新颁布的 FIDIC 合同系列文本，体现了国际工程合同和合同管理一些新的发展趋向，如进一步强化了项目管理方面的内容。

（3）在对工期索赔的原则和方法深入思考的基础上，对工期索赔做了一些扩展分析，增加了"工期索赔"一章。FIDIC 推荐的英国工程法学会《工期迟延与干扰索赔分析准则》中有关工期延误分析技术和方法的应用，给我国的工程合同和合同管理带来许多新的内容和问题，对承包商的工期计划和控制提出了更高的、更精细化的要求。

对工期索赔问题的深入研究，不仅能够掌握国际通用的工期延误的分析技术，促进工程项目管理水平的提高，缩小与国际工程管理实务之间的差距，而且对整个工程管理专业的教学、实践和研究都会有很大的益处。

（4）为了更好地适应工程合同管理课程教学的要求，本书进行了如下修改：

1）总体结构做了一些微调，使之层次更清晰，更符合工程逻辑。

2）我国正推行全过程咨询，本书将"项目管理合同"修改为"工程咨询合同"。这样符合现代工程项目管理的惯例和用语的表达习惯。

3）增加了在合同签订、履行过程中，人们的行为容易出现的问题分析。合同管理需要契约精神，但在我国人们的合同意识仍比较淡薄。这可能是我国工程合同管理最为艰难的方面，也是中外合同管理差距比较大的方面。

4）对工程合同的介绍做了许多简化，以各种工程合同的特性、结构为主线，没有刻意区分我国的示范文本、FIDIC 合同文本，还是其他标准文本，其出发点是：

① 现代工程合同标准文本系列很多，且有同化的趋向，国内外工程合同文本的差异在逐渐减小。

② 标准合同文本是不断修改、变动的，在具体工程中应用，还可以结合项目的特殊性在专用条件中进行修改。而合同的结构是相对稳定的，所以对具体内容不需要介绍太细。

本书的基本定位是为工程管理专业本科教学服务的，为了使工程管理专业的毕业生在将来的工程中胜任项目经理、建造师、监理工程师、造价师等岗位的工作，掌握相关的工程法律、工程合同和合同管理方面的基础知识，具有工程合同管理的能力。本书的特色主要有如下方面：

（1）具有较强的系统性和实用性。本书根据目前工程管理专业培养目标，以及工程合同管理课程教学的要求，比较完整地介绍了工程合同体系，构建工程合同策划、招标投标、合同分析、工程合同实施控制、索赔、争议解决的总体过程，介绍了解决问题的思路和方法，如工程合同策划方法、合同状态分析方法、工程合同分析方法、工程变更责任分析、工期索赔和费用索赔的计算方法等，与工程合同管理的实务相契合。

本书介绍一些比较经典的工程合同管理和索赔的案例，并进行多角度分析。这些案例具有典型性和严密性，对理解工程合同和合同管理的基本原理，指导我国工程合同管理实践有较大的帮助。

（2）注重工程合同管理基础性、常识性原理和知识的论述，有较强的理论性。对工程合同和合同管理的历史发展作了简要的梳理，对工程合同的本质、基本概念、原则、命题、规律性等有比较深入的思考，特别体现在合同原则、合同体系、合同策划、招标投标中的矛盾性、合同状态、合同分析和解释、干扰事件的影响分析等方面的论述中。

（3）体现综合性知识和能力要求。本书内容与工程管理的其他课程有比较紧密的联系，涉及工程法律、工程项目管理、工程估价、工程施工等相关知识，特别体现在工程合同基本原理、工程招标投标、合同实施控制、工期索赔和费用索赔、争议的解决等章节中。

（4）从工程总目标出发分析合同问题，而不是从某一方利益出发。这符合现代工程项目管理理念和合同理念。

但从总体上说，本书对一些问题的探讨还是很肤浅的，如对许多概念的解释，对许多案例的分析，对工期延误分析方法的应用，对人们的合同行为分析等，可能存在许多谬误。这些方面问题是非常复杂的，本书仅仅做了简单的介绍，是为了抛砖引玉，希望能够引起国内专家学者进一步的讨论。

本书此次修订由东南大学成虎做总体系策划，由东南大学成于思负责完成绪论和第4、6、7章，厦门理工学院严庆老师负责完成第1、2、3章，东南大学虞华负责完成第5、8、9章，东南大学陆彦负责完成第10、11、12章，南京大学宁延教授负责完成第13、14章。

对本书第二版，徐铱先生提出了许多非常好的有价值的意见和建议。徐伟老师审阅了本次修订书稿，提供了一些英国工程管理相关专业工程法方向课程设置情况的资料，在此向他们致以深切的谢意。

在本次写作和修改过程中，还参考了许多国内外专家学者的论著，在附录中列出。作者向他们表示诚挚的感谢。本书还可能有疏漏甚至错误之处，敬请国内专家学者批评指正。

成虎

2021 年 2 月

于东南大学

第 二 版 前 言

本书第一版出版后，有幸被推荐为普通高等教育"十一五"国家级规划教材。这给本书提出了更高的要求。

在第一版的基础上，本书主要做了如下修改：

1. 结构上做了比较大的调整，尽可能使本书的结构均衡些。

（1）第二章介绍合同体系和工程承包合同的内容，第三章介绍其他合同内容。

（2）将招标投标阶段分为两章，第五章介绍招标投标的程序和一些事务性工作，第六章介绍招标投标中的合同管理工作。

（3）将原"合同变更管理"一章并入"合同履行管理"中。

（4）将一些案例整合放在最后，形成两章。

2. 增加了一些比较典型的工程合同管理和索赔案例。

3. 对一些工程合同用语做了规范，使本书语言更符合法律和工程合同的要求。

本书绪论、第一、四、五、六、七、八、九章由成虎撰写，第二、三、十至十三章由虞华撰写。在本书的修订过程中，徐伟、程赟、冒刘燕、孙莹、郑华、陈德军、张春霞、吴佳洁等做了大量的修改、校对等工作。

在本书的撰写过程中参考了国内外许多专家的文献，在此向他们表示深深的谢意。

成虎

2010 年 7 月

于东南大学

第 一 版 前 言

近十几年来在我国的工程管理领域，工程合同管理受到人们的普遍的重视，它的研究、教育和实际应用都得到了长足的发展，成为工程管理领域中的一大热点。这门学科也逐渐成熟起来。

本书是在如下基础上形成的：

（1）作者从事工程合同管理方面的研究工作已近 20 年。曾在国际工程工地和德国 IPM 国际项目管理公司参与一些合同管理与索赔的研究和实践工作，在此期间曾得到国内外同行的大力帮助，取得了不少实际工程资料。回国后参与钱昆润教授申报的国家自然科学基金项目《国际承包工程合同和索赔专家系统（1993.1～1995.12，代号 79270053）》的研究工作，对工程合同管理与索赔做了比较全面的研究，取得一些系统的研究成果。

（2）近十几年以来作者参与国内一些大型工程项目管理的研究和实践工作，特别是参与了南京地铁建设项目、南京太阳宫广场施工项目的管理工作，在工程合同管理方面取得许多应用研究成果。

（3）1993 年以来，作者曾陆续出版了与建筑工程合同管理相关的论著。这些论著在一定程度上反映了我国工程合同管理研究与应用的过程和成果，本书正是在此基础上编著的。

（4）最近几年来，国际上工程合同管理的学术研究与实践不断取得新的成就和新的发展。有许多新的融资方式、承发包方式、组织形式和管理模式在工程项目中应用。合同作为项目实施的手段，就有许多新的合同形式、新的合同管理理念、理论和方法。这些反映在 1999 年颁布的 FIDIC 合同系列文本、英国的 ECC 合同等新的文本中。本书力求能够反映这些最新的东西。

本书的结构大致如下。

在绪论中介绍合同在现代工程中的作用，合同管理的基本概念，在工程项目管理中合同管理的过程，合同管理的发展过程，工程合同和合同管理的特点和本书学习注意要点。

第一章主要介绍工程合同的基本原理，包括工程合同的生命期和过程，工程合同原则，工程合同的法律基础，工程合同的内容和形式，现代工程对合同的要求。

第二章介绍工程合同体系以及工程中的主要合同的基本情况，包括工程施工合同、工程总承包（EPC）合同、工程分包合同、联营承包合同、工程勘察设计合同、项目管理合同等。

第三章主要研究工程合同总体策划，包括合同总体策划的概念、工程承发包方式策划、合同种类的选择、合同风险策划、工程合同体系的协调。

第四、五、六章主要介绍工程招标、投标和合同的签订过程中的管理工作。

第七章介绍合同分析和解释方法，包括合同总体分析、合同详细分析、特殊问题的合同分析。

第八章介绍合同实施控制，包括合同实施保证体系、合同实施监督、合同实施跟踪、合同实施诊断和合同后评价。

第九章介绍合同变更管理。

第十、十一、十二章介绍工程索赔问题，包括索赔管理、索赔值的计算、反索赔。工程索赔涉及工程项目管理的各个方面，需要综合性的知识和能力。

第十三章介绍合同争执的解决过程和方法。

第十四章介绍一些有代表性的合同管理和索赔案例。

在本书中介绍了50多个有代表性的案例。这些案例有的是作者自己在工程实践中收集到的，有的是参考了国内外的许多文章和专著。作者还对有些案例从不同的角度作了分析评述。通过这些案例，以及对它们的分析评述以使读者了解合同管理的思路、方法、程序、技巧。本书的出发点是"管理"，即工程合同和索赔的管理原理、方法、程序、考虑问题的角度。作者期望能在这方面提供一些帮助。

在本书写作过程中，得到了王延树、陆彦、郑宇、刘巍、贡晟珉、周红、朱湘岚、叶少帅、于海丰、徐鹏富、高星、江萍、张双甜、戴栎等同志的帮助，他们做了大量的誊写、绘图、校对、修改工作，并提出了不少好的意见，为本书的出版付出了辛勤劳动。在此我向他们表示深深的感谢。

本人觉得，工程合同管理这门学科较新，它的理论体系尚不完备，在工程实践中还有许多问题值得人们去研究和探讨。由于本人学术见识有限，书中难免有疏忽，甚至错误之处，敬请各位读者、同行批评指正，对此本人不胜感激。

在本书的写作过程中还参考了许多国内外专家学者的论著，作者向他们表示深深的感谢。

目　　录

第 1 篇　工　程　合　同

第 2 篇　工程合同的形成

第 3 篇　工程合同的履行

0 绪 论

【本章提要】

本章主要介绍合同管理的基本概念，合同管理在工程管理中的地位、特点、合同管理工作过程和组织，合同管理的发展历史、现状和研究的热点，以及本书的定位、知识体系和学习的注意点。

本章作为本书纲领，描述本书框架，在后面的学习中要注意本章内容的应用。

0.1 工程合同管理的基本概念

0.1.1 工程合同管理的含义

1. 工程合同管理的定义

工程合同管理是对工程中相关合同的策划、签订、履行、变更、索赔和争议解决所进行的预测、决策、审查、监督、控制等一系列工作的总和。

2. 工程合同管理的目标

合同管理是为工程总目标和企业总目标服务的，保证工程总目标和企业总目标的实现。具体地说，工程合同管理目标包括：

（1）使整个工程在预定的成本（投资）和工期范围内完成，达到预定的质量和功能要求，实现工程总目标。

（2）使工程的实施过程顺利，合同争议较少，合同各方面能相互协调，都能够圆满地履行合同义务。

（3）保证整个工程合同的签订和实施过程符合法律的要求，保证合同的合法性、公平性和公正性。

（4）使各方都感到满意。不仅需要全面、准确地履行合同，而且要公正公平地妥善处理合同争议，维护双方的合法权益。最终业主按计划获得了一个合格的工程，达到投资目的，对工程、对承包商和对双方的合作感到满意；承包商获得了合理的价格和利润，赢得了信誉，建立了双方友好合作关系。这是企业经营管理和发展战略对合同管理的要求。

3. 工程合同管理的角度

由于合同在工程中具有普遍性和特殊的作用，工程参加者以及与工程有关的组织都有合同管理工作。但不同的单位或人员，在工程中的角色不同，则有不同角度、不同性质、不同内容和侧重点的合同管理工作。

（1）业主。业主作为工程合同的主体之一，通过合同具体实施项目，实现工程总目标。业主的合同管理工作主要包括：

对工程合同进行总体策划，决定工程的承发包方式和管理方式，选择合同类型等；

聘请工程师进行具体的工程合同管理工作；

对合同的签订进行决策，选择承包商、供应商、设计单位、工程咨询（项目管理）单位，委托工程任务，并以工程所有者的身份与他们签订合同；

为合同实施提供必要的条件，作宏观控制，例如在工程实施过程中对重大问题的决策，重大技术和实施方案的选择和批准，设计和计划的重大修改的批准等；

按照合同规定及时向承包商支付工程款和接收已完工程等。

（2）承包商。承包商（包括设计单位、施工承包商、材料和设备供应商）作为工程合同的实施者，其合同管理工作从参加相应工程的投标开始，直到合同所规定的缺陷责任期结束为止。他们在同一个组织层次上进行合同管理，具体地作合同评审和投标报价，与业主签订合同，完成合同所确定的工程设计、施工、供应、竣工和缺陷维修任务。

其中工程施工合同所定义的工程活动常常是整个工程的主导活动，所以，施工承包商的合同管理工作是最细致、最复杂、最困难，也是最重要的，对整个工程影响最大。

（3）工程师。工程师（业主的项目经理、监理公司或项目管理公司）受业主委托，代表业主具体地承担工程合同管理工作，主要是合同管理的事务性工作和决策咨询工作等，如起草合同文件和各种相关文件，作现场监督，具体行使合同管理的权利，协调业主、各个承包商、供应商之间的合同关系，解释合同等。

（4）政府行政主管部门。它们主要从市场管理的角度，依据法律和法规对工程合同的签订和实施过程进行管理，提供服务和做监督工作。例如对合同双方进行资质管理，对合同签订的程序和规则进行监督，保证公平、公开、公正原则，使合同的签订和实施符合市场经济的要求和法律的要求，对在合同签订过程中违反法律和法规的行为进行处理等。政府的目的是维护社会公共利益，使工程合同符合法律的要求。

（5）律师。通常律师作为企业的法律顾问，帮助合同一方对合同进行合法性审查和控制，帮助合同一方解决合同争议。律师更注重合同的法律问题。

（6）其他方面。如在重大的合同争议解决过程中还可能涉及仲裁机构、法院等。

本书以业主、工程师和承包商和合同管理工作作为主要论述对象。

0.1.2 合同管理在工程管理中的地位

在现代工程管理中，合同管理已成为与进度管理、质量管理、成本（投资、造价）管理、信息管理等并列的一大管理职能。它是工程管理区别于其他类型管理的显著标志之一。

由于合同确定工程的价格（成本）、工期和质量（功能）等目标，规定着合同双方责权利关系，确定工程实施和管理的程序和规则，广义地说，工程的实施和管理全部工作都可以纳入合同管理的范围，所以合同管理是工程管理的核心内容。合同管理贯穿于工程实施的全过程和工程管理的各个方面，对整个工程的实施起总控制和总保证作用。没有合同管理，工程管理难以形成系统，难以有高效率，不可能实现工程的总目标。

近30年来，在我国建设工程领域，合同管理受到特别的重视，得到迅速的发展。如：

（1）国家标准《建设工程项目管理规范》GB/T 50326—2017中将合同管理作为重要组成部分，其中第七章《合同管理》就是我国近三十几年来工程合同管理工作经验的总结。

（2）国家注册监理工程师执业资格考试有四门考试科目，三大控制（投资控制、质量控制、进度控制）合并作为一门课程，而合同管理作为独立一门。

国家注册建造师执业资格考试也将合同管理作为重要内容。在全国一级建造师执业资格考试科目《建设工程项目管理》和《建筑工程管理与实务》中都将工程合同管理作为重要的组成部分。

（3）在我国大型建设项目、工程咨询（项目管理）公司和工程承包企业都设置工程合同管理部门，在企业标准管理文件中有合同管理体系文件的内容。

在我国建筑工程界所开发和应用的工程项目管理系统和工程承包企业管理系统中都包含合同管理子系统。

（4）合同管理在工程管理、土木工程以及相关专业的教学中具有十分重要的地位。在我国工程管理专业本科课程体系中，将工程法律作为与技术、管理、经济相并列的四大知识平台之一，而工程合同管理作为重要的法律类平台课程，是专业核心课程之一。

0.1.3 工程合同管理的特点

工程合同管理的特点是由工程、工程项目和工程合同的特点决定的。与工程管理的其他职能（如成本管理、质量管理、进度管理等）相比，合同管理是综合性的、复杂的、高层次的、精细的管理工作。

（1）工程合同实施过程十分复杂。由于工程是一个渐进的过程，持续时间长，这使得相关的合同，特别是工程承包合同生命期长。它不仅包括签约后的设计、施工等活动，而且包括签约前的招标投标和合同谈判以及工程竣工后的缺陷责任期，所以一般至少 2 年，长的可达 5 年或更长的时间。要完整地履行一个承包合同，需要完成几百个甚至几千个相关的工程活动。在整个过程中，稍有疏忽就会导致前功尽弃，导致经济损失。所以，合同管理必须在工程实施过程中同步地、连续地、不间断地进行。

（2）由于工程价值量大，合同价格高，使合同管理对工程经济效益影响很大。合同管理到位，可使承包商避免亏损，赢得利润，否则，承包商要蒙受较大的经济损失。这已被许多工程实践所证明。在现代工程中，由于竞争激烈，合同价格中包括的利润减少，合同管理稍有失误即会导致工程承包项目亏损。

（3）合同签订和实施过程所依赖的经济、政治和法律等环境是多变的，不确定因素多，问题和矛盾多。例如，经济发展萧条、业主支付能力不足、供应商拖延供货、恶劣的气候条件等都可能导致施工进度减慢、中止，甚至合同被终止。这些因素难以预测和控制，会妨碍合同的正常实施，造成经济损失。有人把它作为国际工程承包商失败的主要原因之一。

所以，风险管理在合同管理中有特别重要的地位。合同本身常常隐藏着许多难以预测的风险。由于建筑市场竞争激烈，不仅导致报价降低，而且业主常常提出一些苛刻的合同条款，如单方面约束性条款和责权利不平衡条款，甚至有的发包商包藏祸心，在合同中用不正常手段坑人。这在国内外工程中并不少见。

由于工程过程中风险大，内外的干扰事件多，导致合同变更频繁，常常一个稍大的工程，合同实施中的变更可能有几百项。这要求合同管理必须是动态的，随情况的变化不断地调整，必须加强合同变更管理工作。

（4）与其他类型的合同不同，工程合同的实施过程并不是一个简单的提供和接收工程（或物品和服务）的过程，而是相关各方共同合作的过程。业主参与工程实施过程，做许多中间决策，提供各种实施条件，在各承包商之间协调，严密跟踪监控承包商的合同执行情况。这使合同双方之间的许多责任是相互牵制的。

人们的合同行为对合同签订和实施过程影响越来越大，在合同策划、投标报价、合同谈判、合同实施控制和处理索赔、解决争议问题时，存在复杂的博弈过程，通常没有最优解。为了达到合同的目标，还要求通过合同和合同管理能够发挥各方的积极性，结成伙伴关系，达到双赢或多赢的目的。

（5）工程合同管理工作极为复杂、繁琐，是高度准确、严密和精细的管理工作。

现代工程合同关系和合同条件越来越复杂，合同条款多，合同所属文件多。在一个工程中，需要签订几十份甚至几百份不同类型的相互关联的合同，合同各方面责任界限的划分、权利和义务的定义异常困难，合同文件出错和矛盾的可能性加大。同时，各合同在时间上和空间上的衔接和协调极为重要，同时又极为困难，必须有高水平的合同管理相配套。

（6）合同管理作为工程管理的一项职能，有它自己的职责和任务。但它又有特殊性：

1）任何一份工程合同有特定的标的物和目标，而一个工程要签订许多份工程合同，它们共同完成一个具有特定用途的工程系统，实现提供产品或服务、发挥功能价值的总目标。所以，不仅需要一份合同的成功，而且需要促进整个工程的成功。

2）由于合同中包括工程的整体目标，合同管理对工程进度控制、质量管理、成本管理、健康、安全和环境保护（HSE）管理、工程组织管理有总控制和总协调作用，所以，它又是综合性的全面的高层次的管理工作，与工程管理的其他职能都有高度的融合，需要综合性知识和能力。

3）合同管理要处理与其他方的经济关系，实现自己的利益，需要服从企业经营管理，服从企业战略。

由于工程合同管理工作的这些特殊性，使得大量的工程合同管理工作是专家型的，是计算机难以取代的工作，需要知识和经验的积累。

0.2　工程合同管理的过程和组织

0.2.1　工程合同管理的过程

合同管理作为工程管理的一个职能，有自己独特的工作任务与过程（图0-1），它贯穿于工程的决策、计划、实施和结束工作的全过程。

（1）合同总体策划。这是对整个工程有重大影响的合同问题进行研究和选择，包括决定工程的合同体系、合同类型、合同风险的分配、各个合同之间的协调等。

（2）在工程招标投标和签约中的管理。一个工程可能要签订几份，或几十份合同，它们一般都要通过招标投标过程。

对大型工程，招标投标工作可能持续时间很长，有些招标工作（如装饰工程、采购）可能在工程开工后才进行。

（3）合同实施控制。每个合同都有一个独立的实施过程，包括合同分析、合同交底、合同监督、合同跟踪、合同诊断、合同变更管理和索赔管理等工作。工程实施阶段就是由许多合同的实施过程构成的。

（4）合同后评价工作。即对本工程的合同策划、签订、实施等全过程的经验和教训进

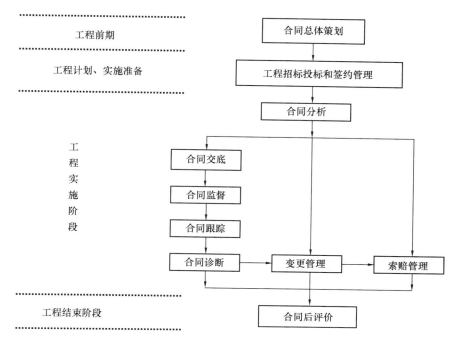

图 0-1 工程合同管理过程

行总结，以便在新工程中持续改进。

它们构成工程的合同管理子系统。

0.2.2 工程合同管理的组织设置

合同管理的任务需要由一定的组织机构和人员来完成。要提高合同管理水平，需要使合同管理工作专门化和专业化，在工程项目组织和工程相关企业（建设单位、承包企业、房地产开发企业、咨询公司等）中应设立专门的机构和人员负责合同管理工作。

对不同的企业和工程项目，合同管理组织的形式不一样，通常有如下几种情况：

（1）在大型工程建设项目组织中设立合同管理部门，专门负责与该项目有关的合同管理工作。例如，我国某大型工程建设项目的组织结构如图 0-2 所示。

（2）国内的很多工程承包企业和工程咨询公司的组织机构中设置合同管理部门（科室），专门负责企业所有工程的合同管理工作。主要包括：参与投标报价，对招标文件、合同条件进行审查和分析；对工程合同进行总体策划；参与合同谈判与合同签订，为报价、合同谈判和签订提出意见、建议甚至警告；向工程项目派遣合同管理人员；对工程项目的合同履行情况进行汇总、分析；协调项目各个合同的实施；处理与业主，与其他方重大的合同关系；具体地组织重大的索赔；对合同实施进行总的指导、分析和诊断。

例如，我国某大型工程承包企业总部组织结构如图 0-3 所示。

与此相似的是，房地产开发企业也都设立合同管理部门（或称合约部），承担开发项目招标、合同谈判、合同实施控制、进度款支付审核、变更管理、项目结算等工作。

（3）在工程承包项目组织中设立合同经理、合同工程师。例如我国某大型工程总承包项目中设置：设计部、技术部、质量控制部、安全环保部、工程管理部、合约商务部、采购部等（图 0-4）。

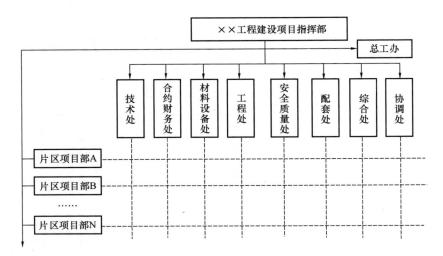

图 0-2 我国某大型建设项目组织结构

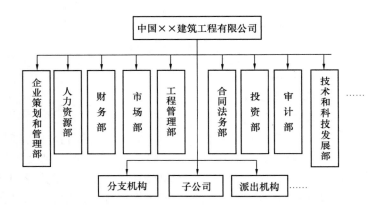

图 0-3 我国某大型建筑业企业组织结构

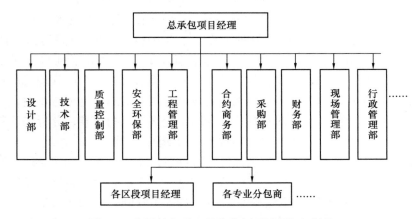

图 0-4 我国某大型工程总承包项目部组织结构

（4）对于一般的项目和较小的工程，可设合同管理员，在项目经理领导下进行施工现场的合同管理工作。

对于处于分包地位，且承担的工作量不大、工程不复杂的分包商，工地上可不设专门的合同管理人员，而将合同管理的任务分解下达给各职能人员，由项目经理作总体协调。

在上述工程项目和企业组织中，合同管理工作涉及面很广，项目经理、各职能部门（人员）都参与合同管理工作，如编制投标文件（报价文件），参与合同谈判，参与工程质量检查验收，申请进度款支付，编制工程竣工决算文件等。他们都需要熟悉合同和合同管理工作。

0.3　工程合同管理的发展进程

在工程管理领域，人们对合同和合同管理的认识、研究、教学和应用有一个发展过程。工程合同管理的发展是伴随着如下因素同步推进的：

工程的规模越来越大和越来越复杂；

工程交易方式、承发包市场和业主要求的变化；

合同关系的复杂化；

工程项目管理理论和方法的发展；

工程要素的国际化等。

由于工程合同涉及面广，合同管理的研究、实践和专业教育发展又很不平衡，且在我国的发展过程与国外有很大的差异，所以，只能做粗略地梳理。

0.3.1　工程合同管理的初始期阶段

在国外，工程合同的应用已有久远的历史。早期的工程合同比较简单，合同关系不复杂，主要以合同协议书形式出现，合同条款也很简单。

在初期阶段，合同的作用主要体现在法律方面，人们主要将它作为一个法律问题看待，较多地从法律方面研究合同，关注合同条件在法律方面的严谨性和严密性。合同管理主要属于律师的工作。在学术研究方面，工程合同属于工程法的研究领域，一直受到普遍的重视。

工程合同管理发展的初期主要解决施工合同的规范化标准化问题。如美国AIA在19世纪80年代就颁布了建筑工程施工合同协议书的范本，并于1911年颁布了通用的建筑施工合同条件；英国皇家建筑师学会于1902年就颁布了JCT合同条件；英国ICE在总结第二次世界大战前各种合同文本的基础上于1945年颁布了ICE标准合同条件。

从20世纪50年代后，随着工程项目的复杂化和国际工程的快速发展，合同关系越来越复杂、合同文本越来越多，FIDIC颁布了土木工程施工合同条件第一版。

同时，随着工程管理学科的发展，人们越来越重视对工程合同管理的研究和教学。一些土木工程和工程管理专业逐渐形成和开设了工程合同管理课程，以强化对工程技术和工程管理人员的合同管理教学。

在我国20世纪初期就在一些租界的建设工程中引入承发包方式和工程承包合同。到20年代末，中山陵、中央博物院等工程建设中所用的承包合同就已经与现代合同的结构形式和内容很相似了。但中华人民共和国成立后的计划经济时期，主要采用自营的管理模式，施工企业的任务主要由主管部门下达，以行政管理为主，合同的作用被严重弱化。直到 20 世纪 80 年代中期，即使是大型工程施工项目的合同文本（协议书），其内容也仅仅几页纸。

在 20 世纪 80 年代，鲁布革水电工程对我国的工程项目管理、工程合同管理都有重要的意义，我国建设单位、工程承包企业开始接触国际工程招标和国际工程合同。此后，我国工程界全面研究 FIDIC 合同条件，研究国际上先进的合同管理方法、程序，研究索赔案例、处理原则、计算方法、措施、手段和经验。

我国在 20 世纪 80 年代中期开始在建设工程中推行招标投标和合同管理制度。

1990 年，建设工程施工合同示范文本的颁布，是我国工程合同管理具有里程碑意义的事件，它标志着我国工程合同的标准化工作进入一个新的阶段，工程合同和合同管理开始与国际接轨。

0.3.2 工程合同管理的快速发展和成熟阶段

工程合同管理的成熟主要以合同标准文本的系列化，工程合同管理体系建设和合同管理教学体系成熟为标志。

（1）在国际上，20 世纪 50 年代以后，FIDIC 工程施工合同经过几次修改逐渐完善，应用也越来越普遍。到 20 世纪 80 年代，各合同体系的相关系列合同条件、解释、配套应用文件等也越来越完备和成熟，如设计施工承包合同、咨询合同、分包合同、EPC 合同等，都形成一整套标准文件和运作规则。但它们还是基于传统的工程承发包方式和工程合同理念框架。

由于工程合同关系复杂，合同文本复杂，以及合同文本的标准化，合同的相关事务性工作越来越复杂，人们注重合同的文本管理，并开发合同文本的检索软件和相关的事务性管理（Contract Administration）软件，如 EXP 合同管理软件所提供的功能。

（2）在我国，在应用方面，人们注重合同的市场经营作用，注重合同的签订和合同条款的解释。在施工企业，将合同管理作为经营管理或价格管理方面的工作，由经营科或预算科负责。合同管理的研究重点放在招标投标工作程序和合同条款内容的解释上。

20 世纪 90 年代开始，我国建筑工程界着手对工程承包企业和各层次的工程管理人员加强合同、合同管理及索赔的宣传、培训和教育，以使大家重视合同和合同管理工作，强化合同、合同管理和索赔意识。工程合同管理教学和培训也逐渐成熟和规范化。

人们开始更多地从项目管理的角度研究合同问题，重构工程项目管理系统，加强合同管理职能，具体定义合同管理的地位、职能、工作流程、规章制度，确定合同管理与成本、工期、质量等管理子系统的界面，将合同管理融于项目管理全过程中。

在计算机应用方面，研究并开发了合同管理的信息系统。例如三峡工程的项目管理信息系统中就有合同管理子系统。

在许多工程项目管理组织和工程承包企业组织中，建立专业化的合同管理职能机构，构建合同管理体系，建立合同管理制度。

工程合同管理和索赔的理论研究也有很大发展，成为工程项目管理领域研究的热点。合同管理学科的知识体系和理论体系逐渐形成，真正形成一门学科。

在我国工程管理专业教学中，工程合同管理成为主干课程之一；在工程类的执业资格考试中，工程合同管理也是重要的内容。

0.3.3 工程合同管理的新发展阶段

在国际上，20 世纪 80 年代后期，人们对传统的承发包方式、工程合同和合同管理进行了深入的研究和反思，提出了许多新的理念、模式、理论和方法。以英国 NEC 合同和新 FIDIC1999 年第一版合同的颁布为标志，工程合同和合同管理进入一个新的阶段，工程合同管理的研究和应用又有许多新的内容。

（1）将合同作为工程项目运作的工具，作为工程组织的纽带，作为工程实施策略、承发包方式和管理方式的具体载体。将合同管理作为工程项目管理的主体，不仅注重对一份合同的签订和执行过程的管理，而且注重整个工程合同体系的策划和协调。

2017 版新 FIDIC 合同更强化了合同作为项目管理工具的作用。

（2）工程中新的融资模式、承发包模式、管理模式的应用，许多新的项目管理理念、理论和方法应用，使合同形式、内容、合同管理方法有许多新的变革。

近几十年来，我国工程合同示范文本的历次修订都大量吸收国际工程合同，特别是 FIDIC 新的成果。

（3）合同管理的集成化。合同管理作为工程管理的一个重要的组成部分，它必须融合于整个工程管理中，与承包企业管理和项目管理的其他职能，如范围管理、质量管理、报价和成本管理、风险管理、实施方案、进度控制、HSE（健康、安全和环境）管理、经营管理等密切结合，共同构成一个完备的集成化的工程管理系统。它们之间存在复杂的工作流程（即工作顺序关系）和信息流程（即信息流通和处理过程）关系（图 0-5）。

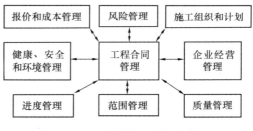

图 0-5　合同管理的集成化

（4）工程合同管理方面的理论研究的深化，对工程管理实践的指导起着越来越大的作用。

1）工程合同管理理论和方法体系逐渐成熟。它包括工程法和合同基本原理，对合同和合同管理相关概念（定义、性质、作用、特殊性）、命题、判断、假设、原理等比较系统的总结，以及对我国工程法律、建筑市场等诸方面的解释，对人们合同行为规律性的认知等。

2）争议解决的研究，如工程争议（主要是合同争议）类型、分布特点以及产生的原因，法院对典型争议的基本观点，合同争议处理的准则等。这为标准合同的设计和修改，工程实践中合同问题（特别是争议）的解决提供了依据。

在英美等国，工程合同典型案例的研究一直经久不衰。

3）各类标准合同（范本）的研究、颁布、修订。标准合同的起草、修订通常吸收了合同各主体的要求，新的工程承发包市场方式，项目管理方式和规则，工程管理实践中的问题和创新，以及法官对工程争议的判决案例，法院对工程法律和合同的解释等。所以它最能够体现工程合同管理新的发展成果。

4）在现代工程中，一些新的经济学和管理学理论和方法应用于工程合同和合同管理研究中，有许多新的热点问题：

① 新的融资模式、承发包模式和管理模式的合同问题，如伙伴关系合同、BOT 合

同、PPP 项目合同、工程代建合同、全过程咨询合同等;

　　② 合同和合同管理的经济学问题,如在招标投标过程中的交易成本问题;

　　③ 在合同的策划、签订、执行、索赔和争议解决过程中合同各方的行为方式和博弈问题;

　　④ 现代工程中动态联盟和虚拟组织的合同问题;

　　⑤ 如何吸收英美工程法和合同研究的范式和成果,用于研究基于中国工程、社会和法律特点的工程合同管理问题;

　　⑥ 工程项目中的合同治理研究等。

0.4　本书定位和学习的注意点

0.4.1　本书的基本定位

1. 工程合同管理教学的目的。

　　本书主要是为工程管理专业本科教学服务的。在工程管理专业教育中设置工程合同管理相关课程的目的是使学生掌握相关的工程法律、工程合同和合同管理的知识,以便能够管理好工程合同,解决好工程中的合同问题。

　　在现代工程中不仅需要专职的合同管理人员和部门,而且要求参与工程项目管理的其他各种人员(如建造师、估价师、咨询师、计划师、技术工程师、企业的各职能部门人员)都应具有合同和合同管理知识。通过本课程的教学,使他们能够胜任专业岗位工作。

2. 国外工程合同管理教学情况。

　　在国外,工程合同管理的教学比较早,比较先进的是美国和英国,对我国的工程合同管理专业教育有较大的参考价值。

　　(1) 为了分析土木工程类专业毕业生进入建筑施工企业后需要哪些方面的管理知识,美国曾于 1978 年、1982 年、1984 年三次对 400 家大型建筑企业的中上层管理人员进行大规模调查。调查表列出当时建筑管理方向的 28 门课程(包括专题),由实际工作者按课程的重要性排序。调查结果见表 0-1(见参考文献 19):

土木工程专业毕业生最有用的管理知识调查结果(前 10 项)　　　　表 0-1

按重要性排序	1978 年调查	1982 年调查	1984 年调查
1	财务管理	建设项目相关的法律	建设项目相关的法律
2	建筑规程及法规	合同管理	合同管理
3	合同管理	建筑规程及法规	项目计划、进度安排与控制
4	成本控制与趋势分析	财务管理	建筑规程及法规
5	管理会计	项目计划、进度安排与控制	管理会计
6	生产率检测与方法改进	劳资管理关系及劳动法	文字、图像与图表信息传递
7	项目计划、进度安排与控制	材料与劳动力管理	材料与劳动力管理
8	劳资管理关系与劳工法	成本估算与投标	劳资管理关系与劳工法
9	成本估算与投标	成本控制与趋势分析	成本控制与趋势分析
10	材料与劳动力管理	决策分析与预测技术	演说与公共关系学

从上面的调查结果可见，工程相关的法律和合同管理居于最重要的地位。

（2）英国工程法律教育和研究处于世界领先地位，英国颁布工程标准合同和法律原则对于世界很多国家的工程法律与标准合同都有深远的影响。

在 2002 年至 2003 年期间，英国工程环境教育中心（CEBE）的教学促进联盟的工程法律小组（Network，TEN）对英国七所大学中的建设管理（Construction Management）、工料测量（Quantity Surveying）、楼宇测量（Building Surveying）、不动产管理（Estate and Property Management）4 个专业涉及 26 个专业方向课程中工程法律相关课程内容、教学方法和考核方式进行了调查。结果是，工程法律课程内容占整个学分数的比例总平均达 20％。其中不动产管理专业的工程法律课程内容占整个学分数的比例最大，均值达到了 25％，建设管理均值达到 16％。

英国工程法律类课程涉及面比较广，主要包括合同管理/采购（Construction Administration/Procurement）、工程合同法律（Construction Contract Law）、争议解决（Dispute Resolution）、劳动/雇佣法和专业责任（Professional Practice）等内容。

3. 我国工程合同管理教学情况。

在我国工程管理专业的教学体系中，将工程法律知识作为四大知识平台之一，课程包括法律基础、建设法规、合同法律基础、工程合同管理、工程招标投标等内容，学分占整个专业要求学分的比例为 5％左右。

在我国工程管理专业培养体系中，工程合同管理方面的教学体系已逐步成熟，其教学内容基本涵盖了工程管理人员所要求的知识和能力。但工程法律类课程学时比例偏低，重视程度不够，课时少，师资配置较弱，教学内容也比较简单。

由于工程合同管理教育存在的问题，在我国工程承包企业和承包项目中，合同管理方面人才依然不足，大多数项目上没有设置合同管理工程师的岗位，或让其他部门或人员兼任合同管理工作；有的虽然设置了岗位，但上岗人员的专业能力往往达不到工作要求，特别是不能适应国际工程承包项目的经营和管理的需要。

0.4.2　本书的知识体系

本书的知识结构主要是按照工程合同管理的过程设置的，全书主要包括 5 篇内容。

1. 第 1 篇主要介绍工程合同基本原理及内容体系。

（1）工程合同基本原理。主要介绍工程合同的作用和基本原则、工程合同的法律基础、工程合同的生命期过程、工程合同的特点、现代工程合同的发展趋势。

（2）工程合同体系。主要介绍建设工程中的主要合同关系、工程合同体系、合同的内容和形式、合同文本结构分析、国内外主要的工程合同标准文本。

（3）工程中最重要、最常见的几类合同。主要介绍工程施工合同、EPC 总承包合同、工程分包合同、勘察设计合同、工程咨询合同、材料和设备供应合同、工程联营承包合同等。

2. 第 2 篇主要介绍工程合同形成阶段的管理工作。

（1）工程合同的总体策划。主要介绍工程合同策划的过程、依据，工程承发包策划，合同计价方式的选择，工程合同风险策划，工程合同体系的协调。

（2）招标投标。介绍工程招标投标过程和主要工作。

（3）招标投标阶段重要的合同管理工作，主要包括招标文件策划、合同审查方法、投标文件分析、合同形成阶段应注意的问题。

3. 第3篇主要介绍工程合同的履行，包括如下内容：

（1）合同分析和解释方法。主要包括合同的总体分析、合同的详细分析、特殊问题的合同分析和解释。

（2）合同实施控制。主要包括合同管理体系、合同实施控制的主要工作、合同变更管理、合同后评价等。

4. 第4篇主要介绍索赔及争议解决。

（1）索赔基本原理。主要包括概述、索赔成功的条件、索赔的工作程序、干扰事件的影响分析方法等。

（2）工期索赔。主要包括工期延误的原因和责任分析、工期延误分析和计算方法等。

（3）费用索赔。包括费用索赔的计算方法、工期延误的费用索赔、工程变更的费用索赔、加速施工的费用索赔、其他情况的费用索赔、利润索赔等。

（4）反索赔和争议的解决。主要包括反索赔的概念、反索赔的主要步骤、反驳索赔报告、业主的索赔，承包商解决争议的策略研究、争议的解决方法。

5. 第5篇合同管理和索赔实务。

（1）合同管理案例。分别介绍工程合同策划、合同签订、合同实施管理的案例。

（2）索赔案例。介绍一个比较典型的综合索赔案例和几个单项索赔案例。

0.4.3 学习注意点

（1）工程合同管理是法律和工程的结合。合同的语言和格式有法律的特点，这使工程专业的学生在思维方式，甚至在语言上难以适应。但对法律专业人士来说，工程合同又具有工程的特点，它要描述工程管理程序和规则，在语言和风格上又符合工程实施的要求。

工程合同管理教学有很大的价值，能够提高学生对工程法和工程合同的认知水平，优化他们的专业理论和知识体系，提升工程管理综合能力；而且能培养他们的契约精神，强化他们的法律意识，养成诚实守信的习惯；甚至对提高学生的思辨能力、语言表达能力和工程文件写作能力都有重要的作用。

（2）工程合同问题具有多种学科交叉的属性，它既是法律问题，又是经营问题，同时又是工程技术和管理问题。由于工程合同在工程中特殊的作用和它本身具有综合性特点，使得本课程对工程管理专业的整个知识体系有决定性的影响，涉及企业管理和工程项目管理的各个方面，与工程估价、范围管理、进度计划、质量管理、信息管理等都有关系，是工程管理知识体系的结合部，在教学中应体现与法律、管理、经济、技术课程知识的联系，这样才能达成培养"复合型高级工程管理人才"的目的。

（3）由于合同管理是应用型的，注重实务，所以在本书的学习过程中要结合阅读实际工程的招标投标文件、标准的合同文件、相关的法律法规和工程案例，要多阅读实际工程资料。最好能够学会招标投标文件和合同文件的编写，学会合同分析方法。

（4）加强对合同、合同管理和索赔案例的研究。在国际工程中，许多合同条款的解释和索赔的解决要符合通常大家公认的一些案例，甚至可以直接引用过去典型案例作为索赔和合同争议解决的依据。

另外，通过对一些争议案例（如国际工程案例，我国最高法院和各省高等人民法院判例）的研究，可以加深对工程合同条款的理解，可以分析各方的行为得失，吸取经验教训，提高工程合同管理水平。

但对索赔事件和合同争议的处理和解决又要具体问题具体分析，不可盲目照搬以前的案例，或一味凭经验办事。在国际工程中，许多相同或相近的索赔事件，有时处理过程、索赔值的计算方法（公式、依据）不同，可能得到完全不同甚至相悖的解决结果，这是毫不奇怪的。所以在研究合同和索赔案例时，应注意它的特点，如合同背景、环境、工程实施和管理过程、合同双方的具体情况、双方索赔（反索赔）策略和其他细节问题等。这些对合同问题的解决有很大的影响。而这些常常在案例中很难清楚和详细地介绍。所以阅读和分析索赔案例切不可像看小说一样，望文生义，或只注重事件起因和最终结果，否则会产生误导。在学习中应注重合同管理和索赔的方法、程序、处理问题的原则，从案例中吸取经验和教训。

在我国，对工程合同争议的处理有中国国情，如合同争议常常产生于签订不规范，打"擦边球"，甚至有违法现象；在工程实施中双方都不能严格执行合同，出现问题各方面都有责任；争议解决结果的不确定性较大，典型性和示范性不足等。这些在案例分析时是要特别注意的。

（5）在教学中既要结合实际，了解现行的法律规定、示范文本的内容、工程中通常的做法，关注现实中的现象，还要关注原理性知识的掌握，揭示实践中的矛盾性，存在的悖论，对所介绍的法律法规和标准合同文本内容，要问为什么，要分析存在的问题。

由于我国工程法律法规、政策、标准文本内容很多，而且经常变化，各个地方又不一样，实践中的问题就更多了，还处于发展和完善阶段，所以在教学中不要过于关注细节。

随着研究和实践的深入，工程合同管理已由过去单纯的经验型管理状态（即主要凭借管理者自身经历和第一手经验开展工作），逐渐形成自己的理论和方法体系。但总的说来，合同管理学科理论体系尚不完备，应加强这方面的研究和探索，而不能仅仅定位在对标准合同的解释和一些事务性管理工作的描述上。

（6）工程合同、合同管理和索赔领域的研究、应用是常新的。一份新的合同颁布，一种新的融资模式、承发包模式和管理模式的出现都需对相关合同和合同管理进行研究。更进一步，在工程项目中新的管理理念、理论和方法的应用都会引起相关合同和合同管理的进步，所以要关注和跟踪合同管理中最新研究成果，了解前沿问题。

由于工程合同管理问题极其复杂，充满矛盾和悖论，没有统一标准的解答，认知和把握难度很大，随着工程合同和合同管理研究的深入，笔者越来越深切地体会到，工程合同和合同管理博大精深，需要研究的和有重大研究价值的问题很多。

复 习 思 考 题

（1）阅读我国《建设工程项目管理规范》GB/T 50326—2017 中合同管理部分，了解合同管理所包括的过程和内容。

（2）调查一个有代表性的工程承包企业以及工程项目，分别了解它的合同管理组织状况和主要职责。

（3）合同管理与项目管理其他职能有什么关系？在本课程和其他课程的学习中，分析合同管理与工程估价、工程项目管理、工程施工组织与计划等课程的联系。

（4）检索近几年国内外工程合同管理与索赔的最新研究成果。

第1篇
工 程 合 同

1 工程合同基本原理

【本章提要】

本章主要介绍工程合同的概念及作用，工程合同基本原则和法律基础，现代工程对合同的要求。

1.1 工程合同的概念

1.1.1 工程合同的定义

1. 合同的定义

合同是指平等的民事主体（自然人、法人、其他组织）之间设立、变更、终止民事权利义务关系的协议，由《中华人民共和国民法典》（以下简称"民法典"）合同编调整。民法典合同编第二分编对各类具体种类的合同作了规定。

2. 工程合同的相关定义

本书所指的"工程"主要是指建设工程，包括住宅工程、公共建筑工程、土木水利工程、交通工程、工业工程等。

本书所指的"工程合同"是建设工程过程中所涉及的合同，是合同的当事人为了实现如下某一项或几项交易而订立的关于各方权利、义务、责任以及相关管理程序的协议：

（1）工程建设，包括工程的新建、改建、扩建及其相关的装修、拆除、修缮等活动；

（2）与工程建设有关的货物，包括构成工程不可分割的组成部分或为完成工程建设所必需的设备、材料等；

（3）与工程建设有关的服务，如勘察、设计、咨询和技术服务等。

3. 工程合同有广义和狭义之分

（1）狭义的工程合同是指民法典合同编第十八章中专门指定的"建设工程"合同。民法典合同编第七百八十八条规定："建设工程合同是承包人进行工程建设，发包人支付价款的合同"，主要指工程勘察、设计、施工合同。

（2）广义的工程合同指在工程的建设过程中涉及的各种合同，包括项目融资合同、勘察设计合同、工程施工合同、工程咨询（如造价咨询、招标代理、监理、项目管理、代建等）合同、材料和设备采购合同、工程承包联营体合同、劳务供应合同、保险合同等。

它们是不同属性的合同，在民法典中有不同的列名。如工程施工合同属于建设工程合同，监理合同属于委托合同，工程物资采购合同属于买卖合同，工程咨询合同属于技术咨询合同或者技术服务合同。

而在其中，施工合同又是最具特色的工程合同，是工程合同管理分析和研究最重要的对象，是本书论述的重点。本书中"工程合同"在总体定位上是广义的范围，但在一些具体问题论述时又主要指工程施工合同。

1.1.2　工程合同的作用

工程合同的作用决定了工程合同的原则、合同理论，以及合同管理方法（图 1-1）。

在现代建设工程中，合同具有独特的作用，主要包括法律方面的作用、市场方面的作用、工程管理工具的作用。

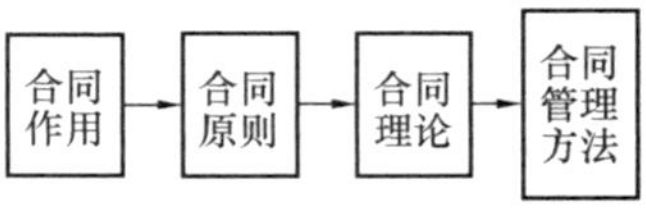

图 1-1　工程合同作用的影响

1. 工程合同的法律作用

（1）合同确定了各方的民事法律关系的具体内容。合同一经签订，只要是合法的，合同就成为一个具有约束力的法律文件，合同各方按合同内容承担相应的法律责任，享有相应的法律权利。所以，工程合同首先具有法律作用。

（2）在工程中，合同具有法律上的最高优先地位，合同各方都必须用合同规范自己的行为。如果不能认真履行自己的义务和责任，甚至单方撕毁合同，则必须承担法律责任。除了特殊情况（例如不可抗力等原因）使得合同不能履行之外，合同当事人即使亏损、甚至破产，也不能摆脱这种法律约束力。

由于社会化大生产和专业化分工的需要，一个工程会有几个、十几个，甚至几十个参与方。在工程实施过程中，由于合同一方违约，不履行合同义务，不仅会造成自己的损失，而且会影响合同伙伴和其他工程的参与方，甚至会造成整个工程的暂停或终止。如果没有合同的法律约束力，就不能保证各个参与方在工程的各个方面、实施的各个环节，都按照预定的质量、进度、成本等目标履行自己的义务，工程实施过程就不可能有正常的秩序，也不可能顺利地实现总目标。

（3）合同是工程过程中当事人解决争议的依据。

由于合同当事人各方的经济利益存在很大程度的不一致，例如，承包商的目标是尽可能多地降低成本，增加收益；业主的目标是以尽可能少的投资，完成尽可能多的、质量尽可能高的工程。合同双方经常从各自利益的角度出发，考虑和分析问题，采用一些策略、手段和措施达到自己的目的。但是，合同双方的权利和义务是互为条件的，这些行为又必然会影响和损害对方利益，导致利益冲突和争议，妨碍工程的顺利实施以及总目标的实现。

合同争议是参与方经济利益冲突的表现，常常表现为当事人对合同理解不一致、合同实施环境变化、有一方未履行或未完全履行合同义务等。合同对争议的解决有两个决定性作用：

1）争议的判定以合同为法律依据，即应该根据合同条件判定争议的性质、谁对争议负责、应负什么样的责任等。

2）争议的解决方法和解决程序是由合同规定的。争议解决方法条款在合同中特别重要，即使合同无效或者终止，也不影响它的效力。

（4）合同的法律作用要求合同必须符合法律，应具有法律上的严肃性、严谨性和严密性。早期人们注重工程合同的法律作用，因此，合同通常由律师起草和管理。

2. 工程合同的市场作用

工程合同作为一个交易治理工具，解决工程中的跨组织之间的供求关系和交易关系，连接工程承发包市场的各个主体，进而达到交易目的。

（1）在市场经济中，合同作为当事人双方经过协商达成一致的协议，明确和调节着双方在合同实施过程中的责任和权利，是第一位的交易文件。

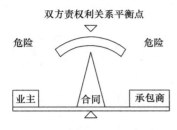

图 1-2　合同双方责权利关系
的平衡

合同确定了工程和服务等标的物的价格，也确定了工程承包市场中各方面的交易关系。业主和承包商①之间经济关系是通过工程合同调整的，签订和履行合同就是工程承包市场的交易行为。所以合同应该有利于实现市场秩序，体现着双方经济责权利关系的平衡（图 1-2）。如果不能保持这种均势，则往往会导致合同一方的失败，或整个工程的失败。

（2）合同一经签订，合同双方居于一个统一体中，形成了一定的经济关系。这说明双方是相互信任的，双方的总目标是一致的，即为了共同完成工程的任务。合同规范、调节和控制着工程交易方式和交易行为，双方都可以运用合同保护自己的权益，限制和约束对方，防止违反市场规则行为的发生，减少冲突，降低交易成本。

所以，要取得好的经济效益，不仅要签订一个有利的合同、圆满地履行合同，还要用合同保护自己，运用合同避免或追回损失。

（3）在市场经济中，企业的形象和信誉是企业的生命，而能否圆满地履行合同是企业形象和信誉的主要方面。业主在资格预审和评标时都需要考察投标人过去合同的履行情况，以选择到合适的承包商。

（4）合同的市场作用决定了合同的自由原则、诚实信用原则、公平原则和效率原则。在现代工程合同中，要体现双方的合作和共赢，强调伙伴关系、风险共担等，都是从合同的市场作用出发的。

在以前相当长的一段时间，我国的很多工程承包企业注重合同的市场作用，由市场经营科（部）或预算科（部）管理工程合同。

3. 工程合同作为工程管理工具的作用

合同是工程实施过程中双方遵守的最高行为准则，双方的行为主要靠合同来约束。承包商的一切活动都是为了履行合同，都必须按照合同办事，所以，工程合同必然又是工程实施和管理的手段和工具。

（1）工程的融资方式、承发包方式、管理方式、实施策略和各种管理规范都是通过合同定义和运作的。工程实施过程实质上又是一系列工程合同的签订和履行过程。

经过项目结构分解，业主将一个完整的工程项目分解为很多专业实施和管理活动（WBS），通过合同把这些活动委托出去，并在实施过程中对工程进行控制。同样，承包商通过合同承接工程任务，并通过分包合同、采购合同和劳务供应合同等，委托工程分包和劳务供应工作，形成施工项目的实施过程。

（2）合同是为工程总目标服务的。业主通过合同分解和定义工程实施和管理的目标。合同是围绕工程的目标签订和实施的，具体确定（落实）了工程所要达到的目标（图 1-3）。

---

①　在工程中，合同主体有统一的称谓，即发包人和承包人。但不同的合同有不同的主体称谓，如在承包合同中是业主和承包商，在分包合同中是承包商和分包商。由于本书讨论的重点是施工合同，所以用得最多的是"业主"和"承包商"。但在介绍一些特殊的合同时会用到一些专门的称谓。

1）工程的规模、范围、功能和质量等方面的目标。例如，建筑面积、要达到的生产能力、设计、建筑材料、施工等质量标准和技术规范等。它们都是由合同条件、图纸、规范、工程量清单、供应单等合同文件定义的。

图 1-3　合同确定工程目标

2）工期目标：包括合同总工期、工程交付后的保修期（缺陷责任期）、工程开工和竣工的具体日期等。它们由合同协议书、总工期计划、双方一致同意的详细的进度计划等规定。

3）价格目标：包括工程总价格，各分项工程单价和总价等。它们由中标函、合同协议书或工程报价单等定义。这是承包商按合同要求履行合同义务所应获得的报酬。

4）其他方面，如"健康 安全 环境"管理等目标。

合同的实施和管理就是为了保证这些目标的实现。

（3）合同是工程组织的纽带。它将工程所涉及的生产、材料和设备供应、运输、各专业设计和施工等工程活动集成起来，形成分工协作关系，协调并统一工程各参与方的行为。一个参与方与工程的关系，他在工程中所承担的角色，即他所承担的任务和责任，都是由与他相关的合同所定义和明确的。所以，工程的合同体系在很大程度上决定了它的组织体系。

（4）合同定义了工程项目管理的程序和方法。例如，在施工合同中，明确规定了工程项目的质量管理程序、进度管理程序、价款结算程序、工程变更程序、索赔程序、合同参与方的沟通程序，以及对可能发生的意外事件的处理规则和程序等。

通过合同，能够保证各工程活动在内容、技术、组织、时间方面协调一致，形成一个完整的、周密的、有序的体系，使工程有秩序、按计划、高效率地实施。

（5）合同在工程实施和管理方面的作用决定了工程合同的效率原则，要求合同更应该体现工程管理的要求，合同管理应作为工程管理的重要组成部分。所以，现代工程合同基本上都是由工程师起草和管理的。

2017 版 FIDIC 合同，更加重视"合同作为工程管理工具"的作用，更加详细地规定了工程项目管理的程序和方法。

1.1.3　工程合同的生命期过程

工程合同在工程生命期中存在。任何一份工程合同又都有自己的生命期过程，从开始孕育直到合同责任全部完成，都需要经历形成和履行两个阶段（图 1-4）。在合同的不同阶段，合同管理有不同的任务和重点。

图 1-4　工程承包合同的生命期过程

1. 工程合同的形成阶段

合同形成阶段主要经历合同的商谈和订立过程。通常，订立合同可以通过口头或者书面往来协商谈判，也可以采取拍卖、招标投标等方式。但不管采取什么具体方式，都必然经过要约和承诺两个阶段。民法典合同编规定，"当事人订立合同，可以采取要约、承诺方式或者其他方式"。

工程合同作为一种特殊的合同形式，一般都是通过招标投标方式订立的。在这个阶段业主作为招标人，承包商作为投标人，他们主要有如下几方面工作。

（1）工程招标工作。工程招标是业主的要约邀请。业主发出招标公告或招标邀请，起草招标文件，对投标人进行资格审查，并向通过资格预审的投标人发售招标文件，举行标前会议，带领投标人勘查现场，直到投标截止期为止。

（2）投标人的投标工作。这项工作从投标人取得招标文件开始，到投标截止期为止。

投标人在通过招标人的资格审查后，获取招标文件；进行详细的环境调查；分析招标文件，确定工程范围和义务；响应招标文件的要求，制定完成合同义务的实施方案；进行工程预算，提出有竞争力的，同时又是有利的报价；在投标截止期前递交投标文件。

投标文件作为要约，在投标有效期截止前投标人对它承担法律责任。

（3）双方商签合同。从开标到正式签订合同为止，通常分为两步：

1）开标后，招标人对各投标文件作初评，宣布一些不符合招标规定的投标文件为废标；选择几个报价低而合理，同时又符合招标人要求的投标文件进行重点研究，对比分析（清标）；并要求投标人澄清投标书中的问题。

招标人通过对投标文件的全面评审，选定中标人，发出中标函，它是招标人的承诺书。至此投标人通过竞争，战胜其他竞争对手，为业主选中。该中标人即是工程的承包商。

2）签订合同。按照工程惯例，双方还要签署协议书，作为正式的合同文件。

在中标函发出后，合同签订前，当事人双方还可能进行标后谈判，对合同条款作修改和补充，在其中可能有许多"新要约"，最终才达成一致，签订合同协议书。

2．工程合同的履行阶段

这个阶段从合同签订到合同终止。主要工作有：

（1）合同实施前工作，即合同实施的准备工作，包括现场准备、资源组织、编制详细的实施计划等。这阶段合同管理工作包括合同分析和合同交底，合同实施管理体系的建立等。

（2）合同实施。合同双方紧密合作，承包商必须全面完成合同责任，按合同规定的数量、质量、工期和技术要求完成工程的设计、采购、施工和竣工；业主为承包商施工提供必要的条件，及时支付工程款，及时接收合格的工程。这阶段的合同管理主要包括，合同实施的监督、跟踪、诊断、合同变更和索赔（反索赔）工作。

（3）缺陷责任期。承包商完成工程的缺陷维修责任。当承包商的合同责任全部完成，业主的工程款全部支付后，合同终止。

从合同管理的角度，在工程结束后还应该进行合同后评价。

1.1.4　工程合同的特殊性

与其他领域的合同相比，工程合同不仅具有一般合同的属性，而且有自己的特殊性。工程合同的特殊性是由工程系统和工程项目、工程交易方式、工程主体的特殊性决定的，它对合同设计、合同的签订、合同分析、合同实施控制、索赔处理等有很大的影响。

（1）工程合同是最复杂的合同类型。

1）合同的标的"工程"或"相关服务"常常是综合性的，包括工程施工、供应、设计、设备和材料供应、技术服务等。工程的类型很多，有办公楼、剧院、大坝、隧道、桥梁、地铁等，技术复杂，专业性强。

2）与零售业的"一手交钱、一手交货"交易方式不同，工程合同是先签订、后履行的。标的物是定制性的"未来产品"，签订合同时，业主对工程提出自己的要求，在后续的合同工期内，承包商根据合同的要求交付竣工的产品。合同目标和要求常常是随着工程实施的进展逐渐明晰的。

3）工程合同内容是工程技术、金融、法律、财务、商务、组织、项目管理等的综合体，合同文件范围广，内容庞杂。

4）合同的实施环境是高度动态的和不确定的。合同需要描述工程项目动态的实施过程，对意外事件的处理提出可能的解决方案。

由于工程项目具有一次性，再严密的工程合同也不可能预测所有可能出现的问题。所以，在合同签订前很难将工程系统、工作范围、工程量、功能和技术要求、实施过程，以及对各方面的责权利关系准确地描述和定义。与买卖合同相比，工程合同具有更大的不完整性、模糊性和不确定性，合同中常常会有错误、遗漏、矛盾、二义性等问题，合同绩效评估困难、不宜检测，极容易造成双方理解的不一致。

但合同要在工程中发挥它的法律作用、市场作用和工程管理工具的作用，又应是有预见性的、严密（严谨）的、高度准确的和完备的。如在工程中常常一个词的不同解释就会产生重大的争议，就会关系到一个重大索赔的解决结果。

另一方面，完备的合同又会带来更大的复杂性，使签订和实施的成本高，灵活性小。

这些都是矛盾的，给合同起草和管理带来了很大的挑战。

（2）工程是在一个固定的地点建设的，使工程合同具有特殊的地域专属性，有特定且复杂的环境条件。同时，实施合同需要专门的实施方案和计划，所需的资源（设备、材料、人力等）都是专用的。

（3）由于工程系统、实施过程、环境等高度的不确定性，工程合同持续时间长，需要有更大的柔性，能快速调整，以应对变化和不确定性。如：

1）合同条款内容、所定义的目标、范围、运作机制等都是动态的，可调的。

2）合同还需要对未来的各种突发事件做出责任认定、处理程序设计，以构建应对未来不确定性事件的适应机制。

这方面的内容远远多于一般合同，如在一般合同中，标的物的数量、质量、履行期限等的变更属于实质性变更，如果没有按照合同实施，则属于违约行为，但在工程承包合同中，将这些作为业主（工程师）的权利，只是要按照合同约定补偿对方损失即可。

（4）工程合同类型的多样性、兼容性和协调性要求。

由于一个工程要签订许多合同，如投资咨询合同、工程勘察设计合同、工程承包（施工）合同、供应合同、招标代理合同等。它们相互关联，相互依赖，需要有相容性，如工程中的采购合同、咨询合同、劳务合同等与其他领域的同名合同的性质、内容存在很大差异，常常需要与工程承包合同（特别是施工合同）相配套。

（5）工程合同的相对性和集成性。

1）合同相对性是指，一份合同主要在特定的合同当事人之间发生法律约束力，合同定义的义务和权利的对象主要是合同双方。合同当事人一方通常只能基于合同向对方提出请求，而不能向其他方提出请求，也不能擅自为其他方设定合同义务。其他方的行为以及影响在合同中都应该归属于其中一方。如对施工合同，业主的其他承包商、管理人员、供应商都作为业主人员；承包商应对自己的分包商、分包商的代理人或雇员的行为负全部责任。

所以，工程的合同体系应该是线性结构（图 2-3），这样合同关系很清晰，有利于划清责任界限和风险的分配等。

2）工程合同集成性。由于现代工程组织形式有矩阵式、网络式、虚拟组织，有大量的横向沟通和跨组织的联系。合同作为工程组织的纽带，要描述这种组织关系，定义组织运行规则，必然有大量涉及其他方的内容，需要采用集成化的方法进行合同设计。这是现代工程合同的又一大特色。

① 在施工合同中明确定义工程师和争议避免/裁决人（DAAB）的角色，而且他们参与工程实施的全过程。

此外，施工合同中还可能涉及指定分包商，以及对材料采用"甲控乙供"模式的供应商。

② 在合同中明确要求一方与其他方的沟通，或承担相应的责任。如在施工合同和供应合同中可以要求承包商与供应商直接沟通，在设计合同中要求设计单位与施工单位直接沟通（图 1-5）。这样形成有效的供应链。

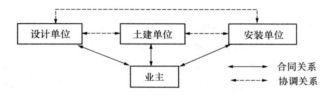

图 1-5　工程合同关系图

又如工程施工合同规定，对业主或工程师提供的原始基准点、基准线和参照标高、图纸等，要求承包商在使用这些参照项目前应付出合理的努力去证实其准确性。如果设计图纸存在明显的错误（一个有经验的承包商能够发现的），承包商没有发现，按照错误实施工程，则承包商没有履行合同规定的警告义务，要负相应的责任。在客观上将平行的没有合同关系的设计单位和施工单位之间沟通起来，更有利于工程项目的更完美的实施。

而传统合同按照"谁设计、谁负责"的原则，图纸有错误，就应追究设计单位的责任；业主提供图纸，就应对图纸中的错误承担责任。这样似乎能够保证合同关系明确，易于追究责任，但对工程实施的效率和效益却是不利的。

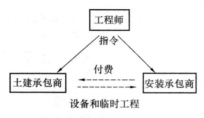

图 1-6　工程师指令使用设备和临时设施

③ 施工合同规定，承包商可以使用业主提供的设备、临时工程，但要付费；同时规定，承包商要听从工程师的指令向业主提供设备和临时工程，业主应给予补偿。

实质上，业主本身不需要设备，同时一般也没有设备提供给承包商。而是通过这两个条款针对现场不同的承包商，使与业主签订合同的几个承包商之间通过工程师的指令，相互利用设备和临时工程（图 1-6）。

这样在施工现场形成高效率的资源共享，防止重复购置设备和设立临时工程，降低整个工程成本。

这些都在客观上形成非线性的合同关系。

（6）与其他领域的合同不同，工程项目实施对社会和历史的影响大，政府和社会各方面对工程合同的签订和实施予以特别的关注，对工程合同有更为严格的要求，有更为细致和严密的法律规定。

这些特点使得工程合同的策划、招标投标、实施控制、变更、索赔和争议的解决都有其独特性。

1.2　工程合同原则

合同原则是合同当事人在合同的策划、起草、商谈、签订、执行、变更和争议解决过程中应当遵守的基本准则。工程合同原则产生于现代工程管理理念和合同的作用。

由于工程合同是为工程总目标服务的，需要符合一般工程准则，如与环境协调、可持续发展、以人为本、促进社会和谐等。[①] 我国民法典中明确规定，民事活动应当遵循节约资源、保护生态环境的原则。

工程合同还适用一般的合同原则，并赋予它们特殊的内涵。

1.2.1　自由原则

合同自由原则是民法典重要的基本原则，是市场经济的基本原则之一，也是一般国家的法律准则。它体现了签订合同作为民事活动的基本特征。民法典规定，"民事主体从事民事活动，应当遵循自愿原则，按照自己的意思设立、变更、终止民事法律关系"。

自由原则意味着合同当事人根据自己的知识、认识和判断，以及所处的环境自主自愿地进行交易活动，选择自己所需要的合同，去追求自己最大的利益。这样能够保障合同当事人在交易活动中的主动性、积极性和创造性。

合同自由原则体现了合同双方的平等关系，贯穿于合同全过程，它具体表现在：

（1）合同是在双方自愿的基础上签订的，是双方共同意向的表示。当事人依法享有自愿签订合同的权利。合同签订前，当事人通过充分协商，自由表达意见，自愿决定和调整相互权利义务关系，取得一致后达成协议。不容许任何一方违背对方意志，以大欺小，以强凌弱，将自己的意见强加于人，或通过胁迫、欺诈手段签订合同。

（2）在订立合同时，当事人有权选择对方当事人。

（3）合同自由构成。合同的形式、内容、范围由双方在不违法的情况下自愿商定。

（4）在合同履行过程中，合同双方可以通过协商修改、变更、补充合同的内容，也可以通过协议解除合同。

（5）双方可以约定违约责任。在发生争议时，当事人可以自愿选择解决争议的方式。

1.2.2　法律原则

合同都是在一定的法律背景条件下签订和实施的，必须符合法律原则，它具体体现在：

（1）合同所确定的经济活动必须是合法的，合同的订立过程和内容也必须是合法的，

---

① 见成虎，《工程管理概论》，中国建筑工业出版社，2017，第三版。

不能违反法律或与法律相抵触，否则合同无效。这是对合同有效性的控制。

签订和执行合同绝不仅仅是当事人之间的事情，它会涉及社会公共利益和社会的经济秩序。因此，遵守法律、行政法规，不得损害社会公共利益是民法典的重要原则。对此，民法典明确规定："民事主体从事民事活动，不得违反法律，不得违背公序良俗"。

合同自由原则受合同法律原则的限制，合同实施需要在法律所限定的范围内进行。超越这个范围，触犯法律，会导致合同无效。

（2）签订合同的当事人在法律上处于平等地位，平等享有权利和义务。无论业主和承包商具有什么身份，在合同关系中他们之间的法律地位是平等的，都是独立的、平等的当事人，没有高低从属之分。民法典规定，"民事主体在民事活动中的法律地位一律平等""民事主体的人身权利、财产权利以及其他合法权益受法律保护，任何组织或者个人不得侵犯"。

（3）法律保护合法合同的签订和实施。依法成立的合同，对当事人具有法律约束力，合同以及双方的权益受法律保护。签约人有责任正确履行合同，接受合同约束的法律义务，违反法律和违约行为将要受到相应的处罚。

合同的法律原则对促进合同圆满地履行，保护合同当事人的合法权益，有重要意义。在一个社会中，完备的可执行的法律能促进合同的有效应用。

合同的法律原则要求合同内容、签订和实施过程需要有法律上的严肃性和严密性。

1.2.3　诚实信用原则

诚实信用原则是社会公德和基本的商业道德的要求，是市场经济的基本准则。民法典规定，"民事主体从事民事活动，应当遵循诚信原则，秉持诚实，恪守承诺"。

工程目标的实现需要依靠工程参加者各方真诚的合作。合同的顺利实施需要双方有"契约精神"，即恪守诚实信用的原则，同时需要社会诚实信用的氛围。这样才能降低合同交易和履行成本，提高工程实施和管理的效率。如果双方都不诚实信用，或在合同签订和实施中出现"信任危机"，则合同不可能顺利实施。

现在，人们越来越强调合同双方利益的一致性和共同点，强调伙伴关系，而诚实信用是达到这种境界的桥梁，是双方合作的基础。

诚实信用原则具体体现在如下方面：

（1）合同双方在诚实信用的基础上签订合同，确定双方的权利和义务，形成合同关系，不得假借订立合同进行恶意磋商或其他违背诚实信用的行为。

1）签约时双方应相互了解，任何一方应尽力让对方正确地了解自己的要求、意图、情况。合同各方对自己的合作伙伴、对合作、对工程目标充满信心。这样可以从总体上减少双方心理上的相互提防和由此产生的不必要的相互制约措施和障碍。

2）真实地提供信息，对所提供信息的正确性承担责任，任何一方有权相信对方提供的信息。在招标过程中，业主应尽可能地提供详细的工程资料、工程地质条件的信息，并尽可能详细地解答投标人的问题，为投标人的报价提供条件；投标人应提供真实的资格审查文件，各种报价文件、实施方案、技术组织措施应是真实和可行的。

信息透明能促进双方相互了解，展现诚实信用。当然，当事人对在订立合同过程中获得的信息有保密义务，无论合同是否成立，不得泄露或者不正当地使用。

3）合同是双方真实意思的表达。双方为了合同的目的进行真诚的合作，心怀善意，不欺诈，不误导，正确地理解合同。承包商明白业主的意图和自己的合同义务，按照自己的实际能力和情况正确制定计划，做报价，不盲目压价。

（2）在履行合同义务时，当事人应当遵循诚实信用的原则，相互协作，不能有欺诈行为。根据合同的性质、目的和交易习惯，履行相互通知、协助、提供必要的条件、防止损失扩大、保护对方利益、保密等义务。相互信任才可以紧密合作，有条不紊地工作。

在工程中，承包商应正确全面履行合同义务，积极施工，遇到干扰应尽力避免业主损失，防止损失的发生和扩大；工程师应正确地公正地解释和履行合同，不得滥用权利；业主应及时提供各种协助，及时支付工程款。

（3）合同终止后，当事人还应当遵循诚实信用的原则，根据交易习惯继续履行通知、协助、保密等义务。

（4）在合同没有约定或约定不明确时，可以根据诚实信用原则进行解释。如果出现违反诚实信用原则的行为，可以提出索赔，甚至可以提请仲裁或诉讼。

1.2.4 公平原则

合同调节双方的民事关系，应遵循公平原则。民法典规定："民事主体从事民事活动，应当遵循公平原则，合理确定各方的权利和义务"。

工程合同应维持合同当事人在工程中的公平合理关系，保护和平衡合同当事人的合法权益。将公平作为合同当事人的行为准则，有利于防止当事人滥用权利，能更好地履行合同义务，实现合同目的。公平原则体现在如下几个方面：

（1）在招标过程中，必须公平、公正地对待各个投标人，对各个投标人用统一的尺度评标，所有的信息发布对各投标人应是一致的。

（2）应该根据公平原则确定合同双方的责权利关系，合理地分担合同风险，使合同当事人各方责权利关系平衡和对等。如合同当事人所取得的财产、劳务或工作成果应与其履行的义务大体相当；一方当事人不得无偿占有另一方的财产，侵犯他人权益；合同当事人享有权利，同时就应承担相应的义务等。

（3）应该根据公平原则确定合同当事人的违约责任。

（4）在合同执行中，公平地解释合同，统一地使用合同和法律尺度来约束合同双方。工程师在解释合同、决定价格、发布指令、解决争议时应公正行事，兼顾双方的利益。

（5）在民法典中，为了维护公平、保护弱者，对合同当事人一方提供的格式条款从如下方面予以限制：

1）提供格式条款的一方应当遵循公平原则确定当事人之间的权利和义务，并采取合理的方式提示对方注意免除或者减轻其责任等与对方有重大利害关系的条款，按照对方的要求，对该条款予以说明。否则，对方可以主张该条款不成为合同的内容。

2）提供格式条款一方不合理地免除或者减轻其责任、加重对方责任、限制对方主要权利，该格式条款无效。

3）提供格式条款一方排除对方主要权利，该格式条款无效。

4）对合同条款有两种以上解释的，即合同的理解产生了歧义，应当采用不利于提供或起草合同条件一方的解释。

在工程中，通常由业主提供招标文件和合同条件，所以，业主就应承担提供或起草合同条件相应的责任。

（6）当合同没有约定或约定不明确时，可以根据公平原则解释合同。

1.2.5　效率原则

签订和执行工程合同的根本目的是高效率地完成工程，实现工程总目标。所以合同应有助于提高工程实施和管理效率，促进管理方法和技术的改进。

（1）要提高工程合同的签订和履行的效率，努力降低合同双方签订和履行的总成本，以及社会成本（如其他投标人的花费）。

（2）在合同解释、责任分担、索赔处理和争议解决时应考虑不能违背工程总目标，促进合同双方能够在较短的时间内高效率地完成合同。

（3）工程合同和合同管理需要符合现代项目管理的原则、理念、理论和方法，反映现代工程项目实施方式、管理方式和工作规则，采用完善的管理程序，作出有预见性的规定，减少未预料到的问题，尽可能减少索赔，避免和减少争议，并使争议的解决简单、快捷。

（4）合同应使工程总目标的实现更有确定性，应能调动各方面参与项目管理的积极性和技术方面的创造性，使各方面对实现目标更有信心。鼓励各方相互信任、合作，促进各方面的协调和沟通，激励团队精神。合同应鼓励承包商积极管理，充分应用自己的技术节约成本，增加利润；使工程师能够充分应用他的管理能力，进行更有效的管理。

（5）合同在定义项目组织、责任界面、管理程序和处理方法时应有更大的适用性和灵活性，使项目管理方便、高效。

1.3　工程合同的法律基础

1.3.1　合同法律基础的作用

按照合同的法律原则，工程合同的签订和实施受到一定的法律制约和保护。该法律被称为合同的法律基础或法律背景，它对工程合同有如下作用：

（1）合同在其签订和实施过程中受到这个法律的制约和保护。合同的有效性和合同签订与实施带来的法律后果按这个法律判定。该法律保护当事人各方的合法权益。

由于工程建设和运行涉及许多社会公共利益，有重大的社会和历史影响，所以比较其他类型的合同，工程合同的签订和实施需要受政府更为严格的监管，有更多的法律制约。

（2）对一份有效的工程合同，合同作为双方的第一行为准则。如果出现合同规定以外的情况，或出现合同本身不能解决的争议，或合同无效，则需要明确解决这些问题所依据的法律和程序，以及这些法律条文在应用和执行中的优先次序。

合同的法律基础是工程合同的先天特性，作为合同的约束条件，对合同的签订、执行、合同争议的解决常常起决定性作用。

1.3.2　国际工程合同的法律基础

工程合同签订是确立民事关系的行为，由合同双方自由约定，属于国际私法的范畴。国际私法对跨国关系没有定义适用的法律，即国际上没有统一适用的合同法。对此只有找合同双方的连接点。按照惯例，通常采用合同执行地、工程所在国、当事人的国籍地、合同签字地、诉讼地等的法律适用于合同关系。

1. 国际上法系的分类

在国际上，主要有两大法律体系，即判例法系和成文法系。

（1）判例法系。该法系源于英国，以英国和美国为主，又叫英美法系。原来的 FIDIC 合同就以此法系为基础。判例法的主要特点有：

1）判例法的法律规定不仅仅是写在法律条文和细则上，要了解法律的规定和规律（精神），不仅要看法律条文，而且要综合过去典型案例的裁决。

2）对于民事关系行为，合同是第一性的，是最高法律。所以在此法系中合同条文的逻辑关系和法律责任描述和推理要十分严谨，合同约定应十分具体，条款严密，文字准确，合同附件多。在该法系中，合同自成体系，条款之间相互关联和相互制约多。

3）由于判例对合同解释和争议的解决有特殊的作用，国家有时会颁布或取消某些典型的值得仿效的判例。律师和法官对过去的判例的熟悉十分重要。

4）在争议裁决时更注重合同的文字表达。

由于这些特点，使得英美国家的工程法、工程合同和合同管理的研究在国际上走在最前面，在国际上最著名的、比较完备和成熟的工程合同标准文本都出自英国或美国，如 FIDIC 合同就脱胎于 ICE，近 30 年来，FIDIC 的演变也主要受 NEC 合同的牵引。国际工程中典型的判例通常也都出自该法系的国家。

（2）成文法系。该法系源于法国，又叫大陆法系。如法国、德国、中国、印度等以成文法系为主。成文法系的特点是：

1）国家对合同的签订和执行有具体的法律、法规、条例和细则的规定，在不违反这些规定的基础上合同双方再约定合同条件。如果有抵触，则以国家的法律法规为准。

2）由于法律比较细致，所以合同的条款比较短小，如果合同中有漏洞、不完备，则以国家法律和细则为准。

3）成文法的合同争议裁决以合同文字、国家成文的法律和细则作为依据，也注重实事求是、合同的目的和合情合理原则。

由于国际工程越来越多，大量属于不同法系的承包商和业主在工程上合作，促使现代工程合同标准文本需要体现两个法系的结合。例如 FIDIC 合同虽源于英美法系，但增加了许多适应不同国家的法律制度的规定，如以政府颁布的税收、规范、标准、劳动条件、劳动时间、工资水平为依据；承包商必须遵守当地的法律、法规和细则，应在当地取得执照、批准，符合当地环境保护法的规定；合同如果与所在国法律不符，必须依据法律修改等。

2. 国际工程合同适用的法律

在国际工程中，合同双方来自不同的国度，各自有不同的法律背景，而对国际工程合同不存在统一适用的法律。这会导致对同一合同有不同的法律背景和解释，导致合同实施过程中的混乱和争议解决的困难。对此需要在合同中定义适用于合同关系的法律，双方需要对此达成一致。如在 FIDIC 施工合同第二部分即专用条款中需要指明，使用哪国或州的法律解释合同，则该法律即为本合同的法律基础。

对国际工程合同适用的法律选择通常有如下几种情况：

（1）合同双方都希望以自己本国法律作为合同的法律基础。因为使用本国法律，自己已熟悉这个法律，对合同行为的法律后果很清楚，合同风险较小。如果发生争议，也不需花过多的时间和精力进行法律方面的检查，自己处于有利地位。

（2）如果采用本国法律的要求被否决，最好使用第三国工业发达国家（如瑞士、瑞典等国）的法律作为合同的法律基础。因为这些国家法律比较健全、严密，而且作为"第三方"，有公正性。这样，合同双方地位比较平等，争议的解决比较公正。

（3）在招标文件中，发包人（业主或总承包商）常常凭借他们的主导地位，明确规定仅他们国家的法律适用于合同关系，这样保证他们在合同实施中法律上的有利地位，而且这在合同谈判中往往难以修改，发包人不作让步。这已成为一个国际工程惯例。如果遇到重大争议，对承包商的地位极为不利。所以，承包商从合同一开始就需要清楚这点，并了解该法律的一般原则和特点，使自己的思维和行动适应这种法律背景。

（4）如果合同中没有明确规定合同关系所适用的法律，按国际惯例，一般采用合同签字地或工程所在地（即合同执行地）的法律作为合同的法律基础。

（5）对工程总承包合同，通常以工程所在地国家的法律适用于合同关系，而工程分包合同选用的法律基础可以和总承包合同一致。但也有总承包商在分包工程招标文件中规定，以总承包商所属国的法律作为分包合同的法律基础。

例如，在伊朗实施的某国际工程项目，业主为伊朗政府的一个公司，总承包商为德国的一个公司。总承包合同规定，以伊朗法律适用于合同关系。按伊朗法律的特点，合同的法律基础的执行次序为：总承包合同，伊朗民法，伊斯兰宗教法。

而该总承包合同所属工程范围内的一个分包商是日本的一个公司，该分包合同规定以德国的法律作为法律基础。则该分包合同法律基础的组成及执行次序为：分包合同，总承包合同的一般采购条件，德国建筑工程承包合同条例，德国民法。

当然，在国际工程中，合同和合同实施不得违反工程所在国的各种法律，如合同法、民法、外汇管制法、劳工法、环境保护法、税法、海关法、进出口管制法等。

1.3.3　我国工程合同适用的法律体系

1. 我国法律体系概况

在我国境内实施的工程合同都以我国的法律作为基础。对工程合同，我国有一整套法律制度，它有如下几个层次：

（1）法律。指由全国人民代表大会及其常务委员会审议通过并颁布的法律，如宪法、民法典、民事诉讼法、仲裁法、土地管理法、招标投标法、建筑法、环境保护法等。在其中，民法典、招标投标法和建筑法是适用于建设工程合同最重要的法律。

（2）行政法规。指由国务院依据法律制定或颁布的法规，如《建设工程安全生产管理条例》《建设工程质量管理条例》《建设工程勘察设计管理条例》等。

（3）行业规章。指由住房和城乡建设部或（和）国务院的其他主管部门依据法律和行政法规制定和颁布的各项规章，如《建筑市场管理规定》《建筑工程施工许可管理办法》《房屋建筑和市政基础设施工程施工招标投标管理办法》《建筑工程设计招标投标管理办法》《建筑业企业资质管理规定》《建筑工程施工发包与承包计价管理办法》等。

（4）地方法规和地方部门的规章。它是法律和行政法规的细化、具体化，如地方的《建筑市场信用管理暂行办法》《建设工程招标投标管理办法》等。

下层次的（如地方、地方部门）法规和规章不能违反上层次法律和行政法规，而行政法规也不能违反法律，上下形成一个统一的法律体系。在不矛盾、不抵触的情况下，在上述体系中，对于一个具体的合同和具体的问题，通常，特殊的详细的具体的规定优先。

2. 适用于工程合同关系的法律

工程合同的种类繁多，但它们基本上都是民法典合同编中的典型合同，所以适用于它们的法律及执行次序统一为：工程合同，民法典。

如果在工程合同的签订和实施过程中出现争议，先按合同文件解决；如果解决不了（如争议超过合同范围），则按民法典的规定解决。

除了民法典外，由于建设工程是一个非常复杂的社会生产过程，在工程合同的签订和实施过程中还会涉及许多法律问题，则还适用其他相关的法律。主要包括：

（1）建筑法。建筑法是建筑工程活动的基本法。它规定了施工许可，施工企业资质等级的审查，工程承发包，建设工程监理制度等。

（2）涉及合同主体资质管理的法规。例如国家对于签订工程合同各方的资质管理规定，资质等级标准。这会涉及工程合同主体资质的合法性。

（3）建筑市场管理法规，如招标投标法。

（4）建筑工程质量管理法规，如建设工程质量管理条例，中华人民共和国标准化法。

（5）建筑工程造价管理法规，如建设工程价款结算办法等。

（6）合同争议解决方面的法规，如仲裁法、诉讼法。

（7）工程合同签订和实施过程中涉及的其他法律，如城乡规划法、税法、劳动保护法、环境保护法、保险法、文物保护法、土地管理法、安全生产法、消防法等。

1.4 现代工程对合同的要求

1.4.1 传统工程合同的特点

合同是为工程实施服务的，是实现工程目标的手段。所以合同的内容和形式是伴随着工程的融资方式、承发包方式、管理方式、项目管理理论和方法的变化而发展的。

从总体上说，在 19 世纪和 20 世纪，工程承发包采用的是设计和施工分离的平行承发包模式。由业主委托设计单位负责设计，用规范和图纸描述工程技术的细节，设计完备后才进行施工招标；业主提出合同条件、规范、图纸和工程量清单，要求承包商接受合同条件，投标报价；通常以单价合同承包工程。传统的工程施工合同的特点有：

（1）施工合同的签订符合工程实施过程的规律和专业化分工的要求。业主和承包商之间，承包商和设计单位之间，以及各承包商的工程范围和责任界限比较清楚，合同价格的确定性较大，合同当事人责权利关系比较明确。

（2）承包商接受合同条件、规范、图纸和工程师的指令，必须按图预算和按图施工。

由于工程是分散平行发包，承包商对整个工程的实施方法、进度和风险无法有统一安排，其结果不仅会拖延整个工期，而且容易增加工程成本。

（3）传统合同有过强的法律色彩和语言风格，注重合同语言在法律上的严谨性和严密性，强调采用严格的合同条件约束参与方，强调制衡措施，明确划清各方面的责任和权利，似乎合同条件就是为了更有利地解决合同争议，而不是首先为了高效率地完成工程目标。这导致合同内容变得越来越繁冗复杂，工程管理人员很难阅读、理解和执行合同。大量且严格的制衡会降低双方的信任感，沟通障碍多，协调困难，无法形成友好的合作关系，争议多，最终导致工程实施低效率和高成本。

（4）合同促使参与方完全按照自己的利益实施项目，并不激励良好的管理和创新。承包商发现工程问题，只有在符合自己利益的情况下才通知业主。如果承包商在建筑、工程技术、施工过程方面有创新，提出合理化建议，反而会带来合同责任、估价和管理方面的困难，带来费用、工期方面的争议。这不利于工程目标的实现。

合同从客观上鼓励承包商索赔，使他将注意力放在通过合同缺陷和索赔获利，设法让业主多支付工程款，各方都十分关注索赔和反索赔。所以在大多数工程中索赔和争议较多，导致追加投资，延长工期，很难形成良好的合作气氛和实现多赢的目标。

（5）传统合同适用于工程参与方很少，合同关系简单，施工技术和管理都比较简单的工程。它的支付策略单一、固定、僵化，通常按工程量清单和预定价格（或费率）支付。而且不同的专业领域、承发包模式和计价方式用不同的合同文本，要求工程管理人员熟悉不同形式、风格、内容的合同文本。这导致合同文本和合同条款越来越多。

这些问题损害建筑业的发展，损害工程领域的科技进步，损害承包商与业主良好的合作关系。

1.4.2　现代工程的特殊性

工程合同的发展要反映现代工程的特殊性和用户（业主和承包商）的需求，反映最新的工程理念、工程管理理论和方法，以及良好的工程实践。

（1）大型、特大型、复杂、高科技的工程项目越来越多，工程的各种系统界面（如工程的设计、施工、供应和运行的界面，各专业工程的界面、组织界面、合同界面等）处理的难度越来越大，施工技术复杂，需要一个对工程最终功能全面负责的承包商。

（2）新的融资模式、承发包模式、管理模式不断出现。许多大型公共工程项目采用多元化的投资形式，多种渠道融资，如 PPP①、PFI②、BOT③ 等。这不仅产生了许多新的合同类型，而且使工程项目的实施方式、业主的组织构成和要求发生了变化。

1）由于市场竞争激烈和技术更新速度加快，业主面临着需要在短期内完成建设，得到预定的生产能力（如开发新产品），迅速实现投资目的的巨大压力；要求在工程早期就能够确定总投资和工程交付的时间，要求对工程质量和对费用的追加进行有效的控制。

2）业主对工程的投资承担责任，需要对工程进行从决策到运营的全寿命期管理。业主要求工程有完备的使用功能，以迅速实现投资目的，要求承包商或供应商提高工程和设备的可靠性，提供较长时间的缺陷维修或运行维护服务。

3）业主对承包商的要求和期望越来越高，希望更大限度地发挥承包商的积极性，承担更大的风险责任，而不仅仅是"按图预算"和"按图施工"的加工承揽单位；希望面对较少的承包商，由一个或较少的承包商承担全部工程建设责任，提供全过程的服务，保持管理的连续性，以消除工程组织责任体系中的盲区。

4）现代工程技术飞速发展，如建筑智能化设备、通信设备、生产工艺等日新月异，而业主要能够对工程进行专业化的管理越来越困难。业主希望自己的工作重点放在工程产品的市场、融资等战略问题上，而不希望过多介入具体建设工程管理事务中，希望简化建

---

① PPP：（公共/民营资本联营）Private Public Partnership，即公共部门与私人企业合作模式，是公共基础设施的一种融资模式。

② PFI：（民间资本融资）Private Finance Initiative，私人主动融资，是英国政府于 1992 年提出的一种由私人融资解决基础设施以及公益项目投资问题的方式。

③ BOT：Build-Operation-Transfer，即建设－经营－转让。

筑产品购买的程序，要求建筑业企业像其他工业生产部门一样提供最终使用功能为主体的服务。

5）环境的频繁变化使工程预期风险加大，业主要求对风险进行良好的管理，希望调动承包商的积极性控制风险，保证工程的顺利实施。这需要向承包商充分授权，建立柔性的合同控制方式，以灵活应对各种变化。

（3）工程要素的国际化。在现代工程建设、运行中所需要的产品市场、资金、原材料、技术（专利）、厂房（包括土地）、劳动力、承包商等常常都来自不同的国度，需要通过合同优化资源配置，提高项目的实施效率。在我国，国际和国内工程的界限在逐渐淡化。

（4）现代项目管理理论和方法越来越普及，如工期计划和控制技术、质量管理体系、HSE 管理体系等在工程中普遍应用。

许多新的工程管理理念逐渐成为主流，如工程全寿命期理念、工程的环境责任和社会责任、强调伙伴关系、追求合作多赢、使各方面满意等。

（5）现代信息技术的应用，给工程和工程管理带来革命性的变化，对工程合同管理有重大影响的有：

1）BIM 等相关技术、智能建造技术、新型建筑工业化技术应用会促成工程的实施方式，供应链的变化，由此引起工程交易方式的变革。

2）使人们在工程中的工作方式和沟通方式改变，如无纸化办公，快捷的沟通流程，各方面共同工作。

3）新的组织形式的应用，如网络式组织、虚拟组织、流程式组织等。

4）工程中各方面、各职能、各层次的集成化管理等。

但由于合同的内容通常是工程实践中比较成熟的，形成规则的东西，而目前工程正处于大变革时期，许多新东西在工程合同中还没有体现，还需要工程界进一步实践和研究。

1.4.3 现代工程对合同的要求

由于现代工程的特殊性，传统的工程合同越来越不适应现代工程的要求。从 20 世纪 80 年代开始，人们对传统的工程承发包方式、合同关系和合同文本进行研究、探索和改革。近四十年来，逐渐完成由传统合同向现代合同的转变。FIDIC1999 年的版本被称为第一版，而不再沿用从 1957 年开始算起的第 5 版；英国的 NEC 合同自称为"新工程合同"，就显示了这种转变。

（1）在世界范围内，工程总承包、项目管理承包、承包商参与融资，以及伙伴关系等模式的广泛应用，取得了很大的成功，承包商的承包范围不断扩展，相关的合同文本也逐渐完善，如 1984 年 FIDIC 颁布了《设计－施工及交钥匙合同》，在 1999 年和 2017 年 FIDIC 又重新颁布了《设计－采购－施工（EPC）总承包及交钥匙合同》。

（2）力求使合同文本有广泛的适应性，有助于业主采用更为灵活的合同策略。

1）从总体上，现代工程合同文本能够适应：

① 不同的融资方式、不同的承发包方式（如工程施工承包、EPC 承包、管理承包、"设计－管理"承包、CM 承包等）和不同的管理方式；

② 不同的专业领域（例如土木工程施工，电气和机械及各种工业项目）；

③ 不同的计价方式（如总价合同、单价合同、目标合同或成本加酬金合同）；

④ 不同的工程规模；

⑤ 工程由一个承包商承包或多个承包商组成联营体承包；

⑥ 符合不同的国度和不同的法律基础，并符合法律变化的要求。

这样可以大幅度减少合同文本的数量，降低合同之间界面管理的困难。

2）为了加强合同文本的完备性和灵活性，现代合同文本应尽可能全面，有尽可能多的选择性条款，让人们可以自由选择不同的工程实施策略，以减少专用条款的数量，减少人们的随意性，如更为灵活地分担双方责任、分摊风险，采用灵活的付款方式、保险方式等。

合同条款选项多使人们能够思考这些问题，选择最佳的合同策略，能够促进管理水平的提高。但这样又会使条款之间引用太多，使合同结构复杂，增加阅读和理解的困难。

（3）工程合同应体现现代工程项目管理理念，反映新的项目管理理论、方法和实践。

1）合同应促使项目的参加者按照现代项目管理原理和方法完成好自己的工作，促进良好的管理，提高管理效率。保证业主能够实现工程总目标；工程师可以有效地管理工程；承包商积极地完成合同义务。

2）加强和鼓励业主和承包商的合作，强调伙伴关系，要求在合同实施中相互支持，相互保护，相互信任，激励团队精神，而不是相互制衡。这样业主、工程师和承包商之间的关系更为密切，能有效地控制风险，减少争议。

如一些新合同中规定，合同双方应诚实守信，有义务加强合作，相互帮助，不合作就是违反合同的行为。双方有相互通知的责任，有知情权，明确规定双方沟通程序和规则。

在 FIDIC 合同中规定，如果合同任一方发现在为实施工程的文件中有技术性错误和缺陷，发现影响工程质量、进度和造价的因素，应立即通知另一方。

3）采用激励机制，鼓励承包商发挥管理和革新的积极性、创造性，能够通过自己的技术优势，节约成本，增加盈利机会，使双方都获得利益。

4）各参与方对合同的策划、招标投标、合同的实施控制和索赔处理应更具理性：

① 照顾工程参与各方的利益和要求，使各方面满意，实现多赢。

② 更科学和理性地分摊合同中的风险，使双方都有风险控制的积极性，而不是风险回避，或首先考虑推卸风险责任，以此降低工程风险管理的总成本，提高经济性和效率。

合同鼓励承包商主动控制风险，增强应对不确定性的能力，如设置早期警告程序。

③ 强调公平合理，公平地分担工作和责任。新 FIDIC 合同特别强调双方责任的对等性，如保密、索赔、保障责任等条款均适用于合同双方，规定了双方相同的权利、义务和程序。

为了确保承包商的工作及时获得相应支付，要求业主向承包商出示他的资金安排，否则属于业主的违约行为等。

④ 索赔事件的处理更合理、规范，减少不确定性，且更有效地解决工程的争议。

实践证明，这一切有助于工程总目标的实现。

5）合同要反映工程项目管理新的发展和国际工程管理的最新实践。

① 强化项目管理规则，使项目管理程序完整与严谨，如要求承包商编制并保持完备的实施计划，包括实施方法、资源配置、工作逻辑、关键路径与时差等，并不断更新。

② 对质量管理体系、HSE 管理体系提出了更高的、更加清晰和详细的要求。

③ 体现工程的社会和历史责任，反映工程全寿命期管理和集成化管理的要求。

④ 合同应反映供应链在工程项目中的应用。

⑤ 合同应体现现代信息技术在工程中的应用，促进工程参加者各方面共同工作平台的构建和无纸化管理的实现，以及 BIM 在工程中的应用。

（4）在保证法律严谨性和严密性的前提下，工程合同更趋向工程，注重符合工程管理的需要，使工程问题处理简单，节约时间和费用。

1）在宏观上，合同总体策划作为工程组织策划的一部分，先制定工程的实施策略、承发包方式、管理方式，再进行合同策划。

2）先设计良好的有适用性的运作过程、管理工作程序（如质量管理程序，账单审查程序，付款程序等），按照管理流程（工作流和信息流）编制合同，通过合同描述现行的项目管理实践，以保证它的逻辑性和可操作性。

当工程出现问题时首先应考虑修改管理体系，再修改描述管理体系的合同条件。

这样，合同所定义的管理程序和当事人各方的工作任务简单明了，符合日常管理的要求，便于执行，使合同各方面的工作能很好地协调。

3）采用更有效的控制措施。例如：加强工程师对承包商质量保证体系的控制，要求承包商提供质量管理详细计划和程序；加强承包商在计划和施工中协调的责任，业主有权相信承包商的计划，保证对承包商进度计划执行进行严格的控制。

4）使用工程语言。合同是为工程实施服务的，而工程是由承包商实施的，所以合同应符合承包商的要求，采用工程人员能够接受的表达方式和语言。合同文本清晰、简洁、易读、易懂、可用，无需特别的法律专业知识就能够理解。

（5）合同文本的标准化和同化的趋向。

随着工程项目、合同管理和工程项目管理的国际化，来自不同国家，具有不同经济、法律背景的主体进行合作，产生矛盾和争议的情况比较多。合同文本应该适应不同文化和法律背景的工程，具有国际性。这体现在：

1）各国的标准合同趋于 FIDIC 化。许多国家起草标准的合同文本都以 FIDIC 为蓝本，而且在形式和内容上都逐渐与 FIDIC 相似。

2）FIDIC 合同又在吸收各国合同的优点。如 FIDIC（1999 版）施工合同的修订在原 FIDIC 土木工程施工合同（第四版）的基础上增加了许多新的内容，这些新增的内容实质上已在一些国际合同中出现过，例如：

① 引用原 FIDIC "设计—施工与交钥匙工程合同条件"。如承包商文件的管理及相关风险责任的规定，争议解决的 DAB 方法、因市场物价变化对合同价格的调整方法等。

② 引用英国的 ECC 合同的相关内容。如承包商的预警责任、工程变更范围的扩大、承包商代表的定义和作用、业主可以接收有缺陷的工程、在缺陷责任期出现严重缺陷导致工程删除和缺陷通知期延长的规定等。

③ 借鉴我国建设工程施工合同示范文本的相关内容。如业主提供的材料的检查、验收及相关责任的规定；承包商提出索赔报告后工程师（业主）需要在一定时间内答复的规

定等。

④ 将过去在国际工程中常用的作为工程惯例的隐含条款明示化。例如：承包商对业主提供的放样参照项目（原始基准点、基准线和基准标高）中明显的错误承担责任；承包商对环境调查、对业主提供的资料的理解、实施方案和报价等各方面所承担的风险程度，应限于实际可行的范围内等。

（6）工程合同文本简繁程度的变化。

工程合同的发展经历了一个漫长的过程，它的形式和内容都有很大的变化。早期的工程合同文本十分简单。由于现代工程越来越大，合同关系越来越复杂，为了实现合同管理的目标，人们对合同的完备性要求越来越高，合同的条款越来越复杂，合同的相关文件也越来越多。合同越复杂，越完备，不仅需要高水平的合同管理和项目管理，也容易产生低效率，提高签订和实施的成本。

随着工程技术和管理的标准化程度提高，社会的信用程度提高，各种工程技术规范、操作程序手册、质量管理体系文件完善，以及不可预见的问题的处理方法和程序都比较规范化和标准化，工程合同的内容和形式应该像制造业等标准化程度很高的行业所用的合同一样进一步简化。这样能够使工程管理上升到一个新的层次，有更高的效率。

但最近几十年，国际上新颁布的工程合同条件增加了许多内容，使条件更多。主要在如下方面：

1）项目管理的工作程序更细化、更具体，将许多项目管理规划的内容也纳入标准合同文件中。

2）增加了许多选择性条款，以使能够适应不同的合同策略，也使得文本的使用有更大的灵活性。如施工合同考虑承包商承担部分设计、选择不同的付款方式、不同主体承担工程保险责任、有无工程预付款等内容。

3）对工程中可能出现的情况都做出预测和规定。而有些情况并不具有普遍性，也不一定发生，如争议避免解决委员会的设置。

4）进一步将过去一些隐含条款明细化。

以上变化的出发点是使合同条件有广泛的适用性，但同时也造成合同条款增加和文本复杂化，进而带来许多新的问题：条款越多，漏洞就会越多，项目管理和合同应用的刚性加大，对双方的管理水平有更高的要求。如工程变更说明详细，表面上看程序更为清晰，易于操作，但同时刚性加大，对管理水平的要求更高。这对我国的业主和承包商来说，常常是难以做到的，也与工程合同的要求相偏离，还会削弱国际标准文本在我国的有效应用。

在国内，工程标准合同文本的修订不需要遵循这样的路径，条款应简化，应该更体现我国的工程惯例做法，可以将有些内容合并为配套的《项目管理规程》，作为附件，作为工作文件使用。

文献阅读：

阅读我国与合同相关的法律法规，如民法典合同编，招标投标法等。

复 习 思 考 题

（1）工程合同有什么特殊性？

（2）合同的作用与合同原则之间有什么联系？

（3）合同的法律原则和效率原则存在哪些矛盾？如何兼顾公平原则和效率原则？

（4）现代工程对合同有什么新的要求？

（5）合同文件和合同条款的复杂化对工程管理有什么影响？

（6）思考合同原则对合同的策划、合同分析、实施控制、索赔的处理有什么影响？

2 工程合同体系

【本章提要】

本章主要介绍工程合同的总体框架，包括如下内容：

(1) 工程中的主要合同关系和合同体系。由于现代工程承发包方式和管理方式的多样化，合同关系和合同体系也呈现出多样化和复杂化趋势。

(2) 工程合同的内容和文本形式。

(3) 工程合同文本结构分析。

(4) 国内外主要的标准合同文本系列。

2.1 工程项目中的主要合同关系

工程是一个极为复杂的社会生产过程，它分别经历可行性研究、勘察设计和工程施工等阶段；有建筑、结构、水电、机械设备、通信等专业工程的设计和施工活动；需要各种材料、设备、资金和劳动力的供应。由于现代社会化大生产和专业化分工，一个稍大一点的工程其参加单位就有十几个、几十个，甚至成百上千个。它们之间形成各式各样的经济关系。由于维系这种关系的纽带是合同，所以就有各式各样的合同，形成一个复杂的合同体系。在这个体系中，业主和工程承包商是两个最主要的节点。

2.1.1 业主的主要合同关系

业主作为工程的所有者，可能是政府、企业、其他投资者，或几个企业的组合（合资或联营体），或政府与企业的组合（例如合资项目，BOT 项目）。

业主根据对工程的需求，确定工程的总目标。工程总目标是通过许多工程活动的实施实现的，如勘察、设计、各专业工程施工、设备和材料供应、咨询（可行性研究、技术咨询、招标和项目管理）等工作。业主通过合同将这些工作委托出去，以实施工程，实现工程总目标。按照不同的实施策略，业主签订的合同种类和形式是丰富多彩的，签订合同的数量变化也很大，通常有如下几种类型：

(1) 工程承包合同。任何一个工程都必须有工程承包合同，一份承包合同所包括的工程或工作范围会有很大的差异。业主可以采用不同的工程承发包方式，可以将工程施工分专业、分阶段委托；也可以将上述工作以各种形式合并委托；还可采用 EPC 总承包模式。一个工程可能有一份，几份，甚至几十份承包合同。

(2) 勘察合同。即业主与勘察单位签订的合同，由工程勘察单位承担建设场地的地质、地理环境特征和岩土工程条件的勘察工作，编制工程勘察文件。

(3) 设计合同。即业主与设计单位签订的合同。

(4) 供应合同。对由业主负责提供的材料和设备，他需要与有关的材料和设备供应单位签订采购合同。在一个工程中，业主可能签订许多采购合同，也可以把材料委托给工程承包商采购，把整个设备供应委托给一个成套设备供应企业。

（5）工程咨询合同。业主将可行性研究、设计监理、招标代理、造价咨询和施工监理等某一项或几项，或全部工作委托给咨询单位。

（6）贷款合同。通常工程建设投资规模非常大，很少有业主全部用自有资金完成整个工程的建设，需要金融机构或其他投资主体提供部分建设资金。

（7）其他合同，如由业主负责签订的工程保险合同、技术服务合同、信息产品（如 BIM）合同等。

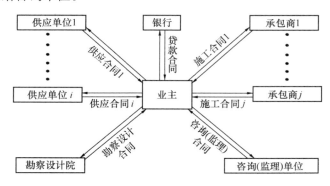

图 2-1　业主的主要合同关系

业主的主要合同关系如图 2-1所示。这些由业主发包的合同通常被称为主合同。

2.1.2　承包商的主要合同关系

承包商是工程承包合同的执行者，完成承包合同所确定的工程范围的设计、施工、竣工和缺陷维修任务，为完成这些工程提供劳动力、施工设备、材料、管理人员。任何承包商都不可能，也不必具备承包合同范围内所有专业工程的施工能力、材料和设备的生产和供应能力，他同样需要将许多专业工程或工作委托出去，所以承包商常常又有自己复杂的合同关系（图 2-2）。

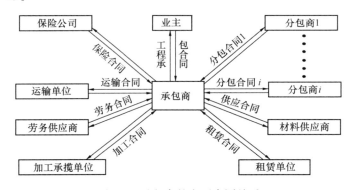

图 2-2　承包商的主要合同关系

（1）工程分包合同。承包商将自己承包工程中的某些专业工程的施工分包给另一承包商来完成，与他签订分包合同。在承包合同下可能订立许多工程分包合同。

（2）采购合同。承包商为工程所进行的必要的材料和设备的采购和供应，需要与供应商签订采购合同。

（3）劳务供应合同。即承包商与劳务供应商签订的合同，由劳务供应商提供劳务。

（4）加工合同。即承包商将建筑构配件、特殊构件的加工任务委托给加工承揽单位而签订的合同。由于预制装配技术在我国的大力发展，很多预制构件也是由承包商通过加工合同委托在工厂内加工完成的。

（5）租赁合同。在工程中承包商需要许多施工设备、运输设备、周转材料。当有些设备、周转材料在现场使用率较低，或承包商不具备自己购置的资金实力时，可以采用租赁方式，与租赁单位签订租赁合同。

（6）运输合同。承包商为解决材料和设备的运输问题与运输单位签订的合同。

在主合同范围内承包商签订的这些合同被称为分合同。它们都与工程承包合同相关，都是为了完成承包合同义务而签订的。

2.1.3　工程中的其他合同关系

在实际工程中还可能有如下情况：

（1）有些工程是通过合资或项目融资模式建设的，则工程投资者之间有合资合同或项目融资合同。它决定了工程所有者（如项目公司）的组织构成和运作规则。

另外，在采用项目融资模式建设的公共工程中，由投资者组成的项目公司需要与政府之间签订特许权协议，如PPP合同、BOT合同。

它们决定了工程所有者的法律形式，是工程中最高层次的合同。

（2）在许多大型工程中，尤其是在业主要求总承包的工程中，承包商经常是几个企业的联营体，即联营体承包。若干家承包商（最常见的是设备供应商、土建承包商、安装承包商、设计单位）之间订立联营体合同，联合投标，共同承接工程。

（3）如果承包商承担工程（或部分工程）的设计（如EPC总承包项目），则他有时也需要委托设计单位，签订设计合同。

另外，设计单位、各供应单位也可能存在各种形式的分包。

（4）工程分包商也需要材料和设备的供应，也可能租赁设备，委托加工，需要材料和设备的运输，需要劳务。所以他又有自己复杂的合同关系。

（5）如果工程付款条件苛刻，要求承包商带资承包，他也需要借款，与金融单位订立借（贷）款合同。

（6）工程中还有保险和担保合同。

工程中的保险通常有建筑（安装）工程一切险、人身伤亡保险、机械设备保险等，需要由保险责任人与保险公司签订相应的保险合同。

工程中常见的担保种类有投标担保、履约担保、工程支付担保、付款保证担保、质量缺陷/保留金保函等。一般由业主或承包商与银行或担保公司签订各类担保合同。

（7）其他类型。如在国际上业主和承包商还可以签订伙伴关系合同。

2.1.4　工程合同体系

对一个具体的工程，按照工程项目工作分解结构和工程的承发包方式，就得到不同层次、不同种类的合同，它们共同构成该工程的合同体系。例如某工程采用项目融资方式组建项目公司，项目公司作为业主签订勘察设计合同、工程承包合同等，该工程项目的合同体系如图2-3所示。

在一个工程中，这些合同都是为了完成工程总目标，都必须围绕这个目标签订和实施。这些合同之间存在着复杂的内部联系。

由于工程承发包方式是多样化的，所以工程合同关系和合同体系也是十分复杂的和不确定的。例如在某工程中，由中外三个投资方签订合资合同共同组成业主，总承包方又是中外三个承包企业通过签订联营体合同组成的联营体，在总承包合同下又有十几个分包商

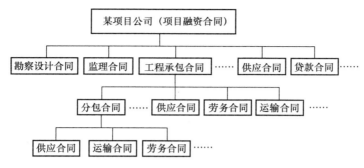

图 2-3　某工程项目合同体系

和供应商，构成一个极为复杂的工程合同关系。而在某城市地铁 1 号线工程建设中，仅业主就签订了 400 多份合同。所属的承包商还要签订许多分包合同、供应合同、运输合同、劳务合同等。

工程合同体系是一个非常重要的概念。它从一个重要角度反映了项目的形象，对整个工程项目管理的运作有很大的影响：

（1）它反映了工程任务的范围和划分方式。

（2）它反映了工程所采用的承发包方式和管理方式。对业主来说，建设工程是通过合同运作的，合同体系反映了工程的运作方式，反映了各方面的合同关系。

（3）它在很大程度上决定了工程的组织形式，不同层次的合同，常常又决定了合同实施者在工程组织中的地位。

2.1.5　工程合同的分类

合同种类很多，有不同的分类方式，如民法典中的典型合同是按照法律特征分类的。从合同管理的角度，通常用得比较多的是按照标的物的范围和属性分类。

但工程合同是非常特殊的，许多工程合同的标的物常常是综合性的，所以这些合同在属性上是跨民法典中的典型合同的。

1. 工程承包合同

在工程实践中，人们经常采用"工程承包合同"和"工程施工合同"两个词语。这两者在很多情况下有相同的意义。工程承包合同的特征通常有：

（1）与工程咨询合同相比，承包商对合同范围内的工程承担完全责任，所以履约保证金的额度较高，出现工程质量问题、最终功能缺陷、工期延误等的违约金或赔偿金很高。而咨询合同，咨询单位的赔偿责任就很小。

（2）承包合同包括的工程范围可能很大，例如设计－施工总承包、工程供应和施工总承包等，但是，通常必须有工程施工的内容。如果合同内容仅仅包括工程施工，例如土建和（或）安装工程的施工，则承包合同又可被称为施工合同。所以，工程施工合同可以看作工程承包合同的一种类型。

在工程中常用的"工程承发包模式（方式）"一词，也主要指以施工任务为核心的工程任务的委托方式。

由于现在施工合同所包括的范围在逐渐扩展，有时也可以应用于承包商承担部分永久性工程的设计的情况，所以，它们的界限很难明确划分，这两个词语都广泛使用。

在民法典中，工程承包合同属于建设工程合同。

工程承包合同是建设工程中最重要、也是最复杂的合同。它在工程项目中的实施时间长、标的物复杂、价格高，在整个工程合同体系中处于主导地位，对整个工程合同体系中的其他类型合同的内容都有很大的影响，是整个工程合同管理的重点。

工程承包合同种类也很多，如工程施工合同、设计施工总承包合同、EPC 总承包合同、工程分包合同等，它们虽各有其特殊性，但在内容、结构、合同关系、责权利关系、风险分配、招标流程、合同实施过程、工程变更的界限和处理等方面又有相似性。在其中，施工合同是最重要的、具有典型性的承包合同。

2. 勘察设计合同

在民法典中，勘察设计合同属于建设工程合同。现在，勘察设计工作可以与施工和（或）供应工作结合归入工程承包合同中（如 EPC 总承包），也可以与项目管理等结合归入工程咨询合同中（如全过程咨询）。

3. 工程咨询合同

在工程中，咨询的概念非常广泛，不仅包括传统意义上的咨询（如投资咨询、造价咨询），还可能包括勘察设计、管理服务、委托代理、技术咨询、技术服务等。咨询合同范围可能为其中一项或多项，或全部（全过程咨询）。

4. 物资采购（供应）合同

在民法典中，物资采购属于买卖合同，但工程物资的范围广泛，标的物的属性差异很大，从零星物品到成套设备。其中，最复杂的是成套设备采购合同，它通常不仅包括物资供应，还可能包括技术服务、技术转让、技术开发，甚至还可能有工程设计、土建和安装工程的施工。

5. 其他种类合同

其他种类合同如 PPP 合同、合资（融资）合同、联营体合同、租赁合同、运输合同、借款合同、承揽合同、保险合同、担保合同等。

2.2　工程合同的内容

2.2.1　合同的基本内容

合同的内容由合同双方当事人约定。不同种类的合同其内容不一，繁简程度差别很大。签订一个完备周全的合同，是实现合同目的、维护双方合法权益、减少合同争议的最基本的要求。按照我国民法典规定，合同的主要内容通常包括如下几方面：

（1）合同当事人。合同当事人指签订合同的各方，是合同权利和义务的主体。当事人是平等主体的自然人、法人和其他组织，应当具有相应的民事权利能力和民事行为能力。

例如工程承包合同的当事人是业主和承包商，而作为承包商，不仅需要具有相应的民事权利能力（营业执照、安全生产许可证），而且还应具有相应的民事行为能力（与该工程的专业类别、规模相应的资质证书）。

（2）合同的标的。标的是合同当事人的权利、义务共指的对象，是合同必须具备的条款，是合同最本质的特征。无标的或标的不明确，合同是不能成立的，也无法履行。合同通常就是按照标的物分类的，它可能是实物（如生产资料、生活资料、动产、不动产等）、行为（如工程承包）、服务性工作（如劳务、加工）、智力成果（如专利、商标、专有技术）等。

例如施工合同的标的是完成工程的施工任务，勘察设计合同的标的是勘察设计成果，工程咨询合同的标的是咨询服务。

（3）标的的数量和质量。标的的数量和质量共同定义标的的具体特征。没有标的数量和质量的定义，合同是无法生效和履行的，发生纠纷也不易分清责任。

标的的数量一般以度量衡作为计算单位，以数字作为衡量标的的尺度。如施工合同标的的数量由工程范围说明和工程量清单定义。

标的的质量是指质量标准、功能、技术要求、服务条件等，对施工合同而言，标的的质量由规范定义。

（4）合同价款或酬金，即为取得标的（物品、劳务或服务）的一方向对方支付的代价，作为对方完成合同义务的补偿，如勘察设计合同中的勘察设计费，施工合同中的工程价款。合同中应写明价款数量、结算程序等。

它是合同重要的内容，即使合同的权利义务关系终止，也不影响结算条款的效力。

（5）合同期限，履行的地点和方式。合同期限指从合同生效到合同结束的时间。履行地点指合同标的物所在地，如工程承包合同的履行地点是工程规划和设计文件所规定的工程所在地。履行的方式指当事人完成合同规定义务的具体方法，包括标的的交付方式和价款的结算方式等。

（6）违约责任，即合同一方或双方因过失不能履行或不能完全履行合同责任，侵犯了另一方权利时所应负的责任。违约责任是合同的关键条款之一，没有规定违约责任，则合同对双方难以形成法律约束力，难以确保圆满地履行合同，发生争议也难以解决。

（7）解决争议的方法。为使争议发生后能够获得圆满的解决，在合同中应规定争议的处理程序和解决方式。

2.2.2 工程合同文件及其优先次序

1. 工程合同文件的组成

由于工程合同的标的物、履行过程的特殊性和复杂性，要定义交付成果，明确当事人义务和权利，规定项目管理程序，明确不可预见事件的应对策略等，这些内容十分复杂，必须由很多文件进行描述，所以，工程合同内容是由很多文件组成的，通常包括：

（1）合同文本。它主要是对合同双方责权利关系、工程实施和管理中的主要问题、工程范围、违约责任、解决争议的方法的规定，是工程合同最核心的内容。它通常有两种形式：

1）如果采用标准合同条件，合同文本包括合同协议书、通用合同条件和专用合同条件。

合同协议书是合同的总纲性法律文件，内容比较简单，通常仅包括合同价格、合同工期、双方主要责任、对双方有约束力的文件、签署协议日期等。

合同条件是对合同双方责权利关系、工程的实施和管理的一些主要问题的规定。

2）如果采用非标准合同文本，则合同文本就是双方签署的合同协议书。它是上述合同协议书和合同条件的综合体。它的内容和形式比较自由，由双方按工程需要商定，经双方签署后生效。

（2）对要完成的合同标的物（工程、供应或服务）的范围、技术标准、实施方法等方面的规定。通常由业主要求、图纸、规范、工程量清单、供应表等表示。

（3）在合同签订过程中形成的其他有法律约束力的文件，如中标函、投标书等。

（4）在合同生命期过程中产生的作为合同的组成部分的其他文件。

1）合同签订前双方达成一致的会谈纪要、备忘录、附加协议和其他文件。在合同签订前，双方会有许多磋商、澄清、合同外承诺，应以备忘录或附加协议的形式确定下来。如果合同成立，这些文件也是合同的一部分，同样有法律约束力。

2）在合同履行过程中，双方有关工程的洽商、会议纪要、签证和合同变更文件等也作为合同文件的组成部分。

由此可见，工程合同是由许多文件组成的，它是一个整体的概念，应整体地理解和把握。

2. 工程合同文件的优先次序

为了使双方在合同签订和实施中对合同文件有统一的理解，防止产生争议，在合同条件中需要明确规定合同文件的组成和执行（解释）的优先次序。它主要解决以下问题：

（1）工程合同由哪些文件组成？即承包商在投标报价，制定实施方案，进行工程施工，合同控制，索赔中以什么作为依据？合同确定的工程目标和双方责权利关系包括哪些内容？

（2）工程合同范围中所包括的各个文件在执行上有什么优先次序？如果它们之间出现矛盾和不一致应以谁为准？

如通常工程施工合同所包括的文件和执行上的优先次序为：

1）合同协议书。

2）中标函。即由业主（或授权代理人）致承包商（或授权代理人）的中标通知。

3）投标书。它是由承包商（或其授权代表）所签署的要约文件。

4）合同专用条件。它是承发包双方根据法律、行政法规规定，结合具体工程实际，对通用条件相关内容的具体化、补充、修改，或按照通用条件要求提出的限制条款。通常其条款号与通用条件相同。

5）合同通用条件。它是根据法律、行政法规规定及建设工程施工的需要编制，代表着工程惯例，是标准化的合同条件。

6）工程所适用的标准、规范及有关技术文件。它们是对承包商的工程和工作的范围、质量和工艺（工作方法）要求的说明文件。

7）图纸。指由业主提供或承包商提供经工程师批准，满足施工需要的所有图纸，包括图纸、计算书、样品、图样、操作手册以及其他配套说明和有关技术资料。

8）工程量清单。

9）工程报价单或预算书。

合同履行中，当事人可以通过协商变更合同的内容，这些变更协议或文件的效力高于相关的合同文件，且签署在后的协议或文件效力高于签署在先的协议或文件。

例如某工程，合同签订后由于种种原因不能实施，拖延了3年。3年后，双方协商继续履行合同，签署了修正案，对原合同中的工期和价格作相应的调整，而其他不变。则该修正案优先于原合同协议书，原合同协议书中相关的内容被修改。

以上几个方面构成工程施工合同的总体，在执行中，如果不同文件之间有矛盾或不一致，应以法律效力优先的文件为准。

2.3 工程合同文本

2.3.1 工程合同文本的形式

1. 合同文本的概念

合同文本由对合同当事人有约束力的合同协议书和合同条件组成，是合同文件的核心部分。它规定着合同双方的责权利关系、合同价格、工期、合同违约责任和争议的解决等一系列重大问题。

2. 传统合同文本的形式

在早期，人们所说的合同文本就指合同协议书。在合同协议书中包括了所有的合同条款，内容和形式比较自由，常见的形式有：

××工程承包合同

本合同经如下双方：

（业主的情况介绍，如名称，地点、法人代表、业主代表、通信地点）

（承包商的情况介绍，如名称、地点、法人代表、承包商代表、通信地点）

充分协商，就如下条款达成一致：

（1）合同工程范围（对工程项目作简要介绍，说明合同工程范围，承包商最主要的合同义务）。

（2）合同文件的范围和优先次序。

（3）合同价格（说明合同价格，合同价格的支付程序、调整条件）。

（4）合同工期（说明合同工期，合同工期的延长条件）。

（5）业主的一般义务（如提供施工场地和图纸，分布指令，支付工程款）。

（6）承包商的一般义务（如对现场环境调查，施工方案，报价的正确性负责，对自己的分包商负责，按合同要求施工、竣工和保修等）。

（7）履约担保条款（包括履约担保金额，担保方式，提供担保的单位，对履约担保的索赔）。

（8）工程变更条款（工程变更的权利，变更程序，变更的范围，变更的计价）。

（9）工程价款的支付方式和条件（包括合同计价方式，工程量计量过程，付款方式，预付款，保留金，暂定金额等条款）。

（10）保险条款。

（11）合同双方的违约责任。

（12）其他条款（如不可抗力等）。

（13）索赔程序、争议的解决和仲裁条款等。

合同双方代表签字

日期

这种合同协议书属于非标准的合同文本，它的形式和内容随意性较大，常常不能反映工程惯例，内容又不完备，履行风险很大，通常对双方都不利。但长期以来这种非标准文本的合同在国内外工程中用得依然很普遍。这是由于：

（1）以前没有标准文本，人们常常自己起草合同协议书。

（2）有些业主习惯于自己起草合同文本，认为使用自己起草的文本比较自由，更反映工程的实际需要，受到的限制较少。

（3）有些合同类型还没有标准的合同文本，例如在我国尚没有承包联营体合同、项目融资合同，以及目标合同的标准文本。另外在工程实践中，如果采用成本加酬金合同，一般也使用非标准的合同文本。

3. 合同文本的标准化

合同文本的标准化是工程实施过程和工程管理标准化的重要方面。标准合同条件规定了工程过程中合同双方的责权利关系，规定了工程过程中一些普遍性问题的处理方法。它作为一定范围内（行业或地区）的工程惯例，能够使工程合同管理，以至整个工程管理规范化、标准化。具体地说有如下好处：

（1）标准的合同条件不仅可以方便招标文件（合同文件）的起草工作，缩短起草时间，还可避免合同中的漏洞，如条款不全、表达不清、不符合惯例、责权利不平衡等问题。同时，能使评标工作更为简单、准确，减少错误、误解和漏洞。

（2）方便投标报价和合同分析。由于承包商已熟悉标准的合同条件，清楚自己在合同中的义务、权利，了解合同中工程问题的处理程序、风险分担等，则预算和报价工作、合同风险分析工作可以大为简化。

而非标准合同文本的缺陷和不确定性较多，承包商不熟悉，需要花许多时间和精力进行分析研究，以确定自己的合同义务和可能的风险。

（3）由于标准的合同条件比较合理地反映了合同双方的要求和利益，明确且公平地分配风险和责任，能避免合同双方的不信任，减少合同谈判中的对抗。业主能得到一个较低的合理的报价；承包商所受到的风险较小，工程的整体效益提高。

（4）双方对标准合同条件的内容熟悉，解释有一致性，对双方责权利关系的理解差异较小。这样就能够精确地计划和很好地协调，减少工程延误和不可预见额外费用，减少违约的可能性和合同争议。业主、工程师和承包商之间能紧密配合，共同圆满地完成合同。

（5）标准的合同条件作为工程惯例，有普遍的适用性，符合大多数工程的要求。使用标准的合同条件有利于管理的标准化和规范化，易于积累管理经验，可以极大地提高工程管理水平，特别是合同管理水平。而使用非标准合同条件，管理者需要不断地改变思维方式和管理方式，管理水平很难提高。

标准合同的研究一直是国际上合同管理研究的热点，工程标准合同不断提炼、完善和发展，在很大程度上有力地促进了工程合同管理的进步。

但标准的合同文本也容易产生单一化和僵化现象。随着建筑业的发展，业主采用更为灵活的合同策略、承发包方式、管理方式、合同形式，更为灵活地分担双方责任和风险，采用更为灵活的付款方式等，这对于标准的合同条件提出了新的要求。

4. 标准化的合同文本形式

由于某一类工程合同的实质性内容有统一性，有一些问题处理的惯例，但每一个工程又有它的特殊性，人们把原非标准的合同文本的内容进行分解和标准化，将它分成三个部分（图2-4）：

（1）将原合同文本的首部（包括合同双方介绍，工程名称，合同文件组成，双方主要义务说明等）以及尾部（双方签字和日期）取出作为合同协议书。当然这里的合同协议书比较简单，仅是一些总体的规定，实质性内容较少，而且很空洞。

（2）将一些普遍适用的，带统一性的，反映工程惯例的内容提取出来，并标准化，形成一个独立的文本，作为标准的合同条件。它是合同最重要的内容，例如 FIDIC 施工合同和我国建设工程施工合同示范文本的通用条件。

（3）将反映工程特殊性，合同双方对工程，对合同的一些专门的要求和规定作为专用条件，以用于对合同通用条件进行重新定义、补充、删除，或作特别说明。

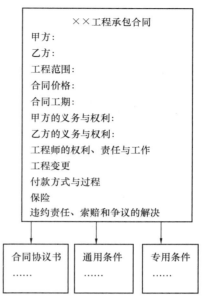

图 2-4　工程承包合同文本标准化

这样既保证了合同文本的标准化和规范化，又可以满足用户的特殊要求，反映工程的特殊性。这是现在最常见的标准合同文本形式。FIDIC 合同和我国的合同示范文本等都采用这样的标准化形式。

上述这种标准文本只用在某一种类型的合同中，例如 FIDIC 施工合同仅适应单价合同，业主发包，承包商承包工程施工，工程师管理工程的情况。由于现代工程承发包模式和管理模式很多，这种标准化方式会导致合同标准文本种类增加。

最近几十年来，人们在探讨采用更为灵活的标准化合同文本形式。1993 年由英国土木工程师学会颁布的新工程施工合同（ECC 合同）是一个形式、内容和结构都很新颖的工程合同。它在工程合同形式的变革方面又向前进了一步。

在全面研究目前一些主要类型的工程合同标准文本结构的基础上，将合同文本内容归纳为三个部分（图2-5）：

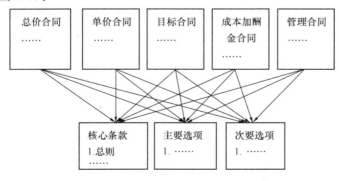

图 2-5　ECC 工程施工合同文本形式

（1）将各类型工程合同相同的部分提取出来，构成核心条款。

（2）将各类型工程合同的独特部分保留作为主要选项条款。

（3）将工程中一些特殊的规定、专门问题的处理作为次要选项条款。

在进行具体工程的合同策划时，以核心条款为主骨架，按照合同类型选择加上主要选项，再按照工程的具体要求选择次要选项条款作为配件，像搭积木一样，通过不同部分的组合形成不同种类的合同，使 ECC 合同有非常广泛的适用性。它能够实现用一个统一的标准文本应用于不同的工程合同类型的情况。

2.3.2　工程合同文本结构分析

1. 合同文本结构分析的概念

工程合同文本十分复杂，按合同的类型、工程的复杂程度、合同关系的复杂程度不同，工程合同文本的内容和结构，合同条款的简繁程度会有很大不同，语言表达形式更是丰富多彩。这给对它的阅读、理解和分析带来很大困难。

但任何工程合同文本有一些必需包括的内容（条款、文件），应说明的问题，它们有较为统一的结构形式，可以采用工程项目管理中的结构分解方法，将合同文本的内容按性质和说明的对象进行结构化分解，通过归纳整理，采用树型结构图描述分解结果。合同文本结构分析是对合同的抽象，能给人们以完整、清晰的合同文本的内容及其内在联系的框架。

2. 工程合同文本的基本结构

合同文本结构分析可以是多角度的。如：

FIDIC 合同、我国的施工合同示范文本都采用数字编码的形式罗列条款，就体现一种合同文本的结构形式；

后面 2.4 中图 2-7 就是 ECC 合同的结构描述方式；

有些研究提出，从功能的角度对合同条款进行分解和分类，分别将工程承包合同条件分为控制性、协调性和适应性条款；

在后面 7.2 介绍的合同总体分析也是一种合同结构分析的角度。

比较通用的是按照条款性质进行归类的结构分析方法，如工程施工合同通常包括：

（1）合同前言。对合同双方及工程项目作简要介绍，说明该合同要达到的目标。

（2）定义。主要对合同文本中用到的一些名词进行解释，以达到双方理解的一致。

（3）合同当事人的义务和权利。主要对业主、承包商、工程师在工程中的义务、权利和工作职责进行归纳，如在设计、设备供应、施工、验收、运行和缺陷维修中的义务，应有的权利（监督管理权、决定权、批准权、暂停施工权等）。

（4）工期和进度管理。主要对工期目标、开工令、进度计划、工期拖延及工程暂停等方面处理的规定。

（5）工程质量管理。包括工程的质量目标，质量标准，质量管理体系，材料、设备、工艺的质量管理，工程的检查与验收，竣工检验，工程缺陷责任，出现质量问题的处理等。

（6）合同价款与结算管理。包括对合同所采用的计价方式、合同价格、预付款、工程计量与期中支付程序、变更价款的确定、结算（竣工结算和最终决算）方式和程序等的规定。

（7）法律方面的规定。主要包括对适用于合同关系的法律、违约责任、合同解除、保险、索赔及争议的处理等的规定。

最终可以得到多级的树形结构图（图2-6）。

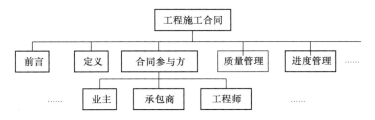

图2-6　工程承包合同结构分解图

2.3.3　合同文本结构分析在工程管理中的作用

（1）对同类合同文本（如工程施工合同）进行结构分析，可以看出它们的共性。通常，同类合同文本有相对固定的内容，有一些必需的条款。经过结构分析，可以确定某一类合同文本的结构形式，以确定必需的条款，能够保证合同内容的完备性。这样方便合同文本的起草和审查，避免必需条款的遗漏。

通常标准合同文本是经过许多专家研究后拟定的，并经过许多年的使用、修改、完善，内容齐全，结构形式有代表性，所以可以将它作为该类合同文本结构分析的依据。

（2）可以作为合同评审和分析的工具。将被评审合同条款与合同的结构对比，就可发现该合同条款是否齐全，内容是否完整。

（3）通过合同文本结构分析，给人们一个完整、清晰的合同内容和结构图式，可以对各合同条款进行问题和风险分析，作对策研究，能使合同谈判有的放矢，能极大地方便合同监督、合同跟踪和变更管理。

（4）方便合同管理经验和资料的收集和整理。工程结束，可以针对合同文本结构中的每一项目、子项，分析它们的表达形式，合同实施中出现的问题，相应的解决方法和解决结果。这样可以研究各合同条款的利弊得失。这些经验可作为以后合同谈判、合同签订、合同实施和索赔（反索赔）的借鉴。

（5）从研究的角度，可以用于对不同文本的合同的对比分析。不同的合同文本（例如FIDIC合同、我国的示范文本、ICE和ECC合同）在文本形式和表达方式上差别很大，但它们的结构是相同或相似的。

2.4　国内外主要的标准合同文本

2.4.1　我国建设工程合同范本

30年来，我国在工程合同的标准化方面做了许多工作，颁布了一些合同范本。其中最重要，也最典型的是1991年颁布的《建设工程施工合同示范文本》（GF—91—0201），它是在我国国内工程中使用最广的施工合同标准文本。到目前为止我国陆续颁布了：

《建设工程施工合同（示范文本）》（GF—＊＊＊＊[①]—0201）；

《建设工程施工专业分包合同（示范文本）》（GF—＊＊＊＊—0213）；

---

① 按照我国的国家标准编号规则，"＊＊＊＊"代表标准颁布的年份。

《建设工程施工劳务分包合同（示范文本）》（GF—＊＊＊＊—0214）；

《建设工程监理合同（示范文本）》（GF—＊＊＊＊—0202）；

《建设工程勘察合同（示范文本）》（GF—＊＊＊＊—0203）；

《建设工程设计合同示范文本（房屋建筑工程）》（GF—＊＊＊＊—0209）；

《建设工程设计合同示范文本（专业建设工程）》（GF—＊＊＊＊—0210）；

《建设工程造价咨询合同（示范文本）》（GF—＊＊＊＊—0212）；

《建设项目工程总承包合同（示范文本）》（GF—＊＊＊＊—0216）。

2007年，国家发展改革委、财政部、住房和城乡建设部、铁道部、交通部等联合发布了《标准施工招标文件》（2013年进行修正）；2012年，国家发展改革委、工业和信息化部、财政部、住房和城乡建设部、交通运输部、铁道部、水利部、广电总局、中国民用航空局又发布了《简明标准施工招标文件》和《标准设计施工总承包招标文件》等。

这些文本反映了我国建设工程合同法律制度和工程实践，更符合我国的国情。

2.4.2 FIDIC 合同条件

1. "FIDIC" 词义解释

"FIDIC" 是国际咨询工程师联合会（法文 Federation Internationale Des Inginieurs Conseils）的缩写。该联合会颁布的合同条件被称为 "FIDIC 合同条件"。

FIDIC 合同条件是在长期的国际工程实践中形成并逐渐发展和成熟起来的国际工程惯例，是国际上被广泛承认和采用的、标准化的合同文件。"FIDIC" 一词也被各种语言接受，并赋予统一的、特指的意义。任何要进入国际承包市场，参加国际工程投标竞争的承包商，以及面向国际招标的业主和工程师，都需要精通和掌握 FIDIC 合同条件。

2. FIDIC 合同条件的历史演变

FIDIC 的演变过程是国际上工程合同和合同管理发展历史最贴切的写照。

（1）FIDIC 土木工程施工合同条件第一版在 1957 年颁布。由于当时国际承包工程迅速发展，需要一个统一的、标准的合同条件。FIDIC 合同第一版以英国土木工程施工合同条件（ICE）为蓝本，所以它反映出来的传统、法律制度和语言表达都具有英国特色。

（2）1963 年，FIDIC 第二版问世。它没有改变第一版所包含的条件，仅对通用条款作了一些变动，同时在第一版基础上增加了疏浚和填筑工程合同条件作为第三部分。

（3）1977 年，FIDIC 合同条件作了再次修改，同时配套出版了一本解释性文件，即 "土木工程合同文件注释"。

（4）1987 年，颁发了 FIDIC 第四版，并于 1989 年出版了《土木工程施工合同条件应用指南》。

直到 1999 年以前，FIDIC 共制定和颁布了《土木工程施工合同条件》（红皮书），《电气与机械工程施工合同条件》（黄皮书），《业主/咨询工程师标准服务协议书》（白皮书），《设计—建造与交钥匙合同条件》（橘皮书），《土木工程施工分包合同条件》等合同系列。

（5）1999 年，FIDIC 又将这些合同体系作了重大修改，以新的第一版的形式颁布。到 2017 年做了再次修订，共颁布了如下几个合同条件文本：

1）施工合同条件（Condition of Contract for Construction），即新红皮书。该合同主要用于由业主提供设计的房屋建筑工程和土木工程，以竞争性招标投标方式选择承包商，采用以工程师为核心的项目管理模式。承包商也可能承担少量的设计深化工作。

2）工程设备和设计—建造合同条件（Conditions of Contract for Plant and Design-Build），即新黄皮书。适用于有大型复杂机电设备工业项目以及其他基础设施项目。承包商的基本义务是完成永久设备的设计、制造和安装。通常采用可调价总价合同形式，也可以采用单价合同形式。

3）"设计—采购—施工"（EPC）交钥匙合同条件（Conditions of Contract for EPC Turnkey Projects），即银皮书。它通常适用于大型基础设施或工厂建设工程，承包范围包含工程规划、设计、采购、施工、试运行等，最后提供一个设备配备完整、可以投产运行的项目。

4）合同的简短格式（Short Form of Contract），即绿皮书。该合同条件主要适用于价值较低的或形式简单，或重复性的，或工期短的房屋建筑和土木工程。

5）客户/咨询工程师服务协议书范本。它适用于业主与咨询工程师之间签订服务协议，服务范围可能包括投资机会研究、可行性研究、工程设计、招标评标、合同管理、生产准备以及运营维护等工作。

3. FIDIC 合同条件的特点

FIDIC 合同条件经过 60 多年的使用和几次修改，已逐渐形成了一个非常科学的、严密的体系。它有如下特点：

（1）科学地反映了国际工程中的一些普遍做法，反映了最新的工程管理理念、理论、程序和方法。

（2）条款齐全，内容完整，对工程中可能遇到的各种情况都作了描述和规定。它所确定的工作程序和方法十分严密、详细和科学，如保函的出具和批准，风险的分配，工程计量程序，工程进度款支付程序，完工结算和最终结算程序，索赔和争议解决程序等。

（3）文本条理清楚、详细和实用；语言更加现代化，更容易被工程人员理解。

（4）它能比较公正地反映合同双方的责权利关系，合理地分配工程风险和义务，例如明确规定了业主和承包商各自的风险范围，业主和承包商各自的违约责任，承包商的索赔权等。这样使合同双方能公平地运用合同有效地、有利地协调，能高效率地完成工程任务，提高工程的整体效益。

（5）FIDIC 作为国际工程惯例，具有普遍的适用性。它不仅适用于国际工程，稍加修改后即可适用于国内工程，许多国家起草标准的合同条件通常都以它作为蓝本。

在许多工程中，业主起草合同文本，通常都以 FIDIC 作为参照本。

2.4.3　ICE 合同文本

ICE 为英国土木工程师学会（The Institution of Civil English）。1945 年 ICE 和英国土木工程承包商联合会颁布《ICE 合同条件（土木工程施工）》。但它的合同原则和大部分条款在 19 世纪 60 年代就出现，并一直在一些公共工程中应用。到 1956 年已经修改 3 次，作为原 FIDIC 合同条件（1957 年）编制的蓝本。它主要在英国和其他英联邦以及历史上与英国关系密切的国家的土木工程中使用，主要适用于传统的施工总承包模式。

同时，ICE 合同系列还有分包合同、设计—建造合同等标准文本。

2.4.4　NEC 合同

1991 年 ICE 的"新工程合同"（New Engineering Contract，NEC）征求意见稿颁布，1993 年第一版出版，1995 年又出版了第二版（更名为"工程设计与施工合同"），2005 年出版第三版，现应用第四版。它自问世以来，已在英国、原英联邦成员国、南非等地使用，受到了业主、承包商、工程师的一致好评。NEC 合同系列文本包括：

（1）工程设计—施工合同（ECC）。它是 NEC 合同系列的核心，适用于所有领域的工程项目。

（2）工程施工分包合同（ECS）。它是与工程施工合同（ECC）配套使用的文本。

（3）专业服务合同（PSC）。它是用于业主与专业顾问、项目经理、设计师、监理工程师等之间的合同。

（4）供应合同。

（5）争议解决服务合同。

（6）"设计—建造—运营"合同等。

ECC 所采用的结构形式突破了传统的标准合同的格式，内容也反映新的工程理念。它的颁布体现了工程合同的发展进入了一个新的阶段，对近 20 年来国际上工程合同的变革，特别对 FIDIC 的修订起了重要作用。

ECC 合同有独特的结构形式，它的结构形式和主要内容如下（图 2-7）：

图 2-7　英国 ECC 合同结构

1）核心条款，是工程合同的基本结构要素，是一般工程合同共有的条款。包括总则、承包商主要职责、工期、质量管理、支付、补偿事件、所有权、责任与保险、合同终止。

2）主要选项，是某类合同特殊需要的部分，按照合同类型选择。ECC 合同有如下合同类型选择：

① 选项 A：带分项工程（活动）表的标价合同。适用于业主提供确定的工作范围描述的项目。每一项活动都是按总价填写，通常采用固定总价形式计价。

② 选项 B：带工程量清单的标价合同。业主提供确定的工程量清单，有清晰的需求说明、技术规范等，通常采用单价合同形式计价。

③ 选项 C：带分项工程表的目标合同。采用成本加酬金（企业管理费和利润）方式签订合同，最终成本超过或低于目标合同价时，其差额由业主和承包商按商定的比例分担。

④ 选项 D：带工程量清单的目标合同。

⑤ 选项 E：成本加酬金合同。

⑥ 选项 F：管理合同。适用于承包商负责管理，工程设计、施工和安装工作由承包商分包出去。合同价格包括承包商的实际成本再加一定比例的酬金。

3）次要选项按照具体工程要求专门定义，包括：价格调整、多种货币结算、法律变更、母公司担保、提前竣工奖励、工期延误赔偿、履约保证、预付款、承包商设计责任、保留金等，还可以按照需要增加条款。

用户可根据工程的特点、要求做出选择，构建适用于具体情况的合同文本。

2.4.5 其他常用的合同条件系列

（1）JCT 合同条件。JCT 合同条件为英国合同联合仲裁委员会（Joint Contracts Tribunal）和英国建筑行业的一些组织联合出版的系列标准合同文本。它主要在英联邦国家的私人和一些地方政府的房屋建筑工程中使用。JCT 合同具有悠久的历史，标准文本系列比较完备，有施工合同、总承包合同、分包合同、小型工程合同、管理承包（MC）合同等，适用于各种不同的情况和不同的计价方式。

（2）AIA 合同条件。AIA 是美国建筑师学会（The American Institute of Architects）的简称，该组织于 1857 年成立。AIA 颁布的合同文本在美国建筑业界及国际工程承包界，特别在美洲地区具有较高的权威性。AIA 标准合同文件最早出版于 1888 年。1911 年 AIA 首次出版了"建筑施工合同通用条件"。

经过多年的发展，AIA 形成了一个包括 80 多个独立文件在内的复杂体系，适用于不同的工程建设管理模式、项目类型、工程的不同参与方，比较有影响力的有，工程承包合同条件和工程分包合同条件。

（3）其他。如德国 VOB 合同，以及美国总承包商协会、欧洲发展基金会、国际复兴开发银行（IBRD）、亚洲开发银行都有相应的采购或合同条件文本。

复 习 思 考 题

（1）简述工程合同体系与工程的承发包方式、管理方式的关系。

（2）调查一个建设工程，分析它的主要合同关系，绘制出该工程的合同结构图。

（3）识别几个概念：合同文件、合同协议书、合同文本、合同条件。

（4）浏览 FIDIC 施工合同条件目录，了解它的主要内容和结构。

3　工程中的主要合同

【本章提要】

　　本章介绍工程中几个主要的合同，包括：施工合同、EPC 总承包合同、分包合同、勘察和设计合同、咨询合同、材料和设备采购合同、工程承包联营体合同。

　　本章以工程施工合同的内容为重点，其他类型的合同仅作简要介绍。

　　由于国内外合同系列文本很多，内容会存在一些小的差异性，本章仅介绍常见的通用的规定。

3.1　工 程 施 工 合 同

3.1.1　概述

　　工程施工合同适用于新建、改建、扩建工程的土建、机械安装、电器安装、装饰装修、通信等的施工承包，是比较传统的也是最常见的工程承包合同。

　　施工合同所包括的承包范围可以分为：

　　（1）施工总承包，即承包商承担一个工程的全部施工任务，包括土建、水电安装、设备安装等。

　　（2）单位工程施工承包。业主可以将专业性很强的单位工程（如土木工程施工、电气与机械安装工程施工等）分别委托给不同的承包商。这些承包商之间为平行关系。

　　（3）特殊专业工程施工承包，例如管道工程、土石方工程、桩基础工程施工。

3.1.2　施工合同的特殊性

　　在工程合同体系中，施工合同是最有代表性、最重要、最复杂的合同。它的持续时间长，标的物复杂，价格高，并具有如下特殊性：

　　（1）它是最传统的典型的工程合同，主要适用于：业主负责设计，提供规范、图纸和工程量清单；承包商按照工程量清单报价，严格按照规范、图纸和合同要求完成工程施工和竣工，并承担缺陷维修责任；工程款的支付通常以实际完成的工程量和报价为依据；业主介入承包商工程实施过程的程度较高，对工程的控制较严格。

　　施工合同的确定性和完备性程度相对高于总承包合同。

　　（2）施工活动是建设工程的现场生产性活动，其他活动都是围绕施工活动安排的。所以，施工合同在工程合同体系中处于主导地位，无论是业主、工程师或承包商都将它作为合同管理的主要对象和重点。

　　（3）施工合同是工程合同体系的核心。在工程合同发展历史上，国内外几乎所有的标准工程合同系列都是从施工合同开始的，对整个合同体系中的其他合同的形式和内容有很大的影响。如工程总承包合同和分包合同都是在它基础上延伸的，采用相似的结构体系形式和内容。许多事务处理方式和程序规定都要与施工合同保持一致。深刻理解施工合同将有助于对整个合同体系以及对其他合同的理解。

（4）在具体工程的合同策划和合同起草中，施工合同是核心，其他类型合同（如勘察设计合同、咨询合同、供应合同、劳务合同、技术服务合同等）的设计理念和内容都需要与它相匹配。

3.1.3 施工合同的主要合同关系和项目管理方式

施工合同发包人可能是业主，或管理承包商（MC，或代建单位）。FIDIC 和 ECC 工程施工合同都适用于业主发包的情况，下面主要以该类合同为对象进行分析。

一份施工合同的签订，常常形成一个比较稳定的合同关系，未经对方的事先同意，合同当事人任何一方不得将整个合同或部分合同权利和义务转让出去。这样保证工程组织结构和运作规则的稳定性。施工合同涉及的主体主要有：

（1）业主。业主作为工程的发包人选择承包商，与承包商签订合同。业主负责协调承包商与设计、与业主的其他承包商和供应商的关系。相对于承包商而言，工程师、业主的其他承包商、供应商、咨询单位人员都作为业主人员。

业主的工程项目管理通常采用如下方式：

1）业主直接委派自己的人员作为履行合同的代表，通常被称为业主代表。

2）业主不直接管理工程，而聘请并全权委托工程师进行项目管理（图 3-1），赋予工程师施工合同中明确规定的，或者由该合同必然隐含的权利。最典型的是 FIDIC 工程施工合同中"工程师"的角色。

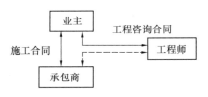

图 3-1 常见的施工合同关系

在我国，工程师通常是承担咨询或项目管理业务的法人实体，由其指定并授权一个自然人代表公司行使工程师权利。

工程师接受业主委托管理工程，业主应保证工程师工作的及时性和有效性。如果工程师在工程管理中失误，例如未及时地履行职责，发出错误指令、决定、处理意见等，造成承包商工期拖延和费用损失，业主必须承担赔偿责任。

由于工程师具有很大的权利和特殊的作用，对工程的实施有很大的影响，所以工程师的信誉、工作能力、公正性等，已是承包商投标报价需要考虑的重要因素之一。在施工合同中，要求工程师角色和授权有稳定性。未经承包商同意，业主不得撤换或改变工程师的人选，也不得改变工程师的权利范围。如果承包商有充足理由反对，则业主不得更换工程师。

3）业主代表和工程师共同管理。

在我国建设工程施工合同示范文本中，"工程师"的身份和职权在专用条款内约定。业主可以分别委派业主代表和工程师在现场共同工作，他们的职责不得相互交叉。

在 FIDIC 合同中，业主有权选择工程师，并限定他的权利，或要求工程师在行使某些权利之前，需得到业主的批准，但这些应在专用条款中明确规定。当业主限制工程师的权利时，自然行使这些权利的相关工作需要由相应的业主代表完成。

（2）承包商。承包商提出投标文件，并为业主接受，承担工程施工任务。

1）承包商授权施工项目经理作为负责施工管理和合同履行的代表。他一般在专用条款中指明，或在开工日期前，由承包商提出相应人选，并取得业主的同意。

施工项目经理代表承包商，执行工程师认可的施工组织设计和依据合同发出的指令。通常，他必须专职负责该项目，不能再兼任其他项目或其他工作，且应常驻项目现场。

2）承包商对他的代表、分包商及其人员的行为、违约、疏忽等负完全责任。

3）当承包商是由两个或两个以上的企业组成的联营体时，他们就合同履行向业主承担连带责任。未经业主事先同意，他们不得改变其组成或法律地位。

（3）施工合同涉及的其他主体。如在一些国际工程合同（如 NEC、FIDIC 合同）中，争端裁决人（DAAB）已作为常设机构，成为独立于业主与承包商的第三方。

（4）现代施工合同要求合同主体人员（包括代表）应是有相应的资格、经验和能力的专业人士，并保持其的稳定性，未经对方同意不得更换。

在工程中，他们不能有与工程相关的贪污、欺诈、串通和胁迫行为，否则对方可要求解除其职权，甚至有权终止合同。

3.1.4　施工合同基本内容

1. 合同主体关系

（1）业主的主要义务和责任。

1）负责编制合同协议书，并承担拟定和签订费用。

2）任命工程师（或业主代表）。

3）为工程的施工提供各种条件，包括：

向承包商提供信息，如勘察所取得的水文地质资料和地下管网线路资料，设计规范、图纸、放样图纸，并对资料的正确性负责；

按合同要求向承包商提供施工所需要的现场和道路，使施工场地具备可施工条件；

按照专用条款的要求接通施工现场所需水电等线路，并保证施工期间的需要；

按照合同规定的时间、质量和数量要求提供应由业主提供的材料和设备等。

4）承担业主风险。如：

① 政治和社会问题，如工程所在地发生战争、敌对行为、入侵、叛乱、暴动、政变、内战、暴乱、骚乱、混乱等。但仅限于承包商或其分包商雇用的人员中间且由于从事本工程工作而引起的除外。

② 核污染或放射性污染；以音速或超音速飞行的飞行器产生的压力波。

③ 业主使用造成损失或损害。

④ 业主负责的工程设计错误，以及业主人员的违约或失误引起的干扰。

⑤ 一个有经验的承包商通常也无法预测和防范的任何自然力的作用。

在工程竣工交付前，如果发生业主风险事件造成工程或材料，或待安装的设备损坏或损失，承包商有义务修补，但由业主承担费用。

5）在工程师按合同颁发付款证书后，在合同规定的时间内向承包商支付工程款。

6）根据工程师颁发的工程移交证书接收按合同规定已基本竣工的任何部分工程或全部工程，并从此承担这些工程的照管义务。

（2）承包商的主要义务和责任。

1）承包商必须按合同规定对工程进行设计、施工和竣工，并完成缺陷维修责任。承包商的工程范围通常由规范、图纸、工程量清单所定义。

他应为完成合同义务提供所需工程（包括永久性的和临时性的）的监督、劳务、材料、工程设备以及其他物品，提供完成他的合同义务所必需的各种人员。

对合同规定由承包商设计的部分永久性工程，承包商完成施工图设计或与工程配套设计，将设计文件（图纸、规范等）交工程师批准，并对该部分永久性工程承担全部责任。

除法律上不允许或实际上不可能做到以外，承包商应严格按合同实施工程。

2）承包商对报价以及实施方案负责。

① 对业主提供的水文和地表以下情况的资料的解释负责。

② 对环境调查负责，被认为已掌握了与工程有关的风险、意外事故及其他情况的全部资料。

③ 决定施工方法，并对所有现场作业和施工方法的完备、稳定和安全负全部责任。但对不由他负责的永久性工程或临时性工程的设计或规范不承担责任。

④ 对投标书以及工程量清单中所提出的各项费用和报价的正确性和完备性负责。

承包商承担用于工程的各种材料的吨位费、矿区使用费、租金以及其他费用；负责他自己的设备、材料和其他物品的有关海关结关、进出口许可、港口、储存等方面的手续和费用；负担取得进出现场所需道路通行权的一切费用；负责他所需要的供施工使用的位于现场以外的附加设施；对通往现场，或位于通往现场道路上的桥梁加固或道路的改建负责。

3）承包商及其人员的一切工程活动和行为都应遵守所有适用的法律和规章制度。

① 对履行合同义务涉及的法律事项，负责支付税款和费用，并获得所需要的许可。

② 负责工程所用的或与工程有关的任何承包商的设备、材料或工程设备因侵犯专利和其他方权利而引起的一切索赔和诉讼。

4）对现场健康、安全和环境保护负责。

① 在整个合同实施过程中，负责保证施工人员、现场其他人员的安全、健康、现场秩序、工程保护、环境保护，保证施工现场清洁卫生符合环境管理的有关规定。

② 自费提供并保持现场照明、防护、围栏、警告信号和警卫人员。做好施工现场地下管线和邻近建筑物、构筑物（包括文物）、古树名木的保护工作。

③ 应对工程施工操作所引起的对公共便利的干扰，公用道路，私人道路等的占用负责；对自己在工程所需运输过程中造成道路和桥梁的破坏或损伤负责。

5）其他义务。

① 应按合同要求提供履约担保，并交业主批准，并按照合同保持履约担保一直有效。

② 从开工到颁发工程移交证书为止，承包商对工程、材料和待安装工程设备的照管负完全责任。如果发生任何损失或损坏，除业主风险情况外，应由承包商承担责任。

③ 按合同规定，或按双方在中标函颁发前商讨的结果购买保险。

④ 对在工程现场挖掘出来的所有化石、硬币、有价值的物品或文物，负责保护，并执行工程师的处理指令。

⑤ 根据工程师的要求，应为业主、业主的其他承包商和工作人员、公共机构工作人员提供合理的工作机会，如提供承包商维修保养的道路或通道，临时工程或现场设备，提供其他性质的服务。对此承包商有费用索赔权。

（3）工程师的主要权利和义务。

1）代表业主管理工程，行使施工合同规定的或必然隐含的权利，履行合同规定的职责，包括向承包商发出图纸、指令、批准，表示意见或认可，决定价格，解释合同，调解争议等。工程师应在合理时间内履行其职责，必须公正地、以没有偏见的方式行使合同权利。

2）工程师可根据现场工程管理的需要书面任命工程师代表和助理协助工作。

3）批准承包商的分包商。无工程师的事先同意，承包商不得将工程的任何部分分包出去，但劳务分包，采购符合合同规定的材料和合同中已指定的工程分包商除外。

有权批准，或否决，或要求承包商撤回、更换承包商委派的代表和任何劳务人员。

4）行使工程进度控制的权利，包括下达开工令、审查承包商提交的详细的进度计划、指令停工或加速施工等。

5）行使工程质量控制的权利。对材料、设备、工艺和工程的检查权、认可权，以及在不符合合同规定情况下的处置权；验收已基本竣工的部分工程或全部工程，颁发工程移交证书；在承包商的缺陷通知期结束后向承包商签发缺陷责任证书。

6）具有变更工程的权利。对各类工程变更，由工程师下达变更指令，并确定变更所涉及的合同价格的调整和工期的顺延。

7）没有工程师的同意，承包商已运至施工现场的所有设备、材料和临时工程不得移出现场。

8）应按合同规定及时向承包商签发各种付款证书，例如期中支付、竣工支付和最终支付证书等。

9）负责处理业主和承包商之间的索赔和反索赔事务，审查索赔和反索赔报告，决定工期（包括保修期）的延长量和费用的补偿额。

10）工程师有权对合同文件之间出现的含糊、矛盾和不一致性作出解释和校正。但工程师无权修改合同，无权解除合同中规定的承包商的义务和责任。这有两方面的含义。

① 工程师行使他的权利，例如批准实施方案，检查放线和隐蔽工程，验收材料和工程，并不能免除承包商的责任。即如果出现质量问题，仍由承包商负责。

② 工程师不能下达指令免除合同规定的承包商的义务，以防止工程师超越合同权利范围免除承包商的义务。

（4）相关方之间的沟通。

现代施工合同进一步强化了项目管理工具的作用，更加清晰地规定了合同主体之间的沟通机制。

1）各方人员要能够熟练运用合同规定的主导语言。

2）对涉及相关方的各种合同实施活动（如下达开工令、交接现场、人员任命、文件审核、会议、指示、同意、批准、通知、答复、质疑、试验、结算和终止等）的沟通方式、方法、程序和时间节点做出了规定，对时限提出明确的要求，如果一方不遵守，就会被视为拒绝或同意，以保证工程的正常运行。

如业主或承包商对工程师做出的决定不满意，必须在收到决定后规定时间内发出通知，否则，应被视为完全地接受了工程师的决定。

3）各方面的预警义务。任何一方如果预知可能会有影响合同顺利实施的事件发生，应向对方和工程师发出通知。如承包商发现，当必要的图纸或指示不能在一合理的特定时间内颁发给承包商，可能会引起工程延误或中断时，应通知工程师，提出预警。

又如承包商发现业主提供的图纸、参照项目有错误，应在规定的期限内通知工程师。如果按照这些错误的资料实施工程，造成了延误和（或）导致了费用，只有这种错误是一个有经验的承包商无法合理发现的，才能获得工期的延长、费用和利润的补偿。

2. 合同工期及其进度控制

（1）开工日期由合同规定，或在工程师发出的开工通知书中指明的日期。在中标函发出后，工程师应在合同规定的期限内发出开工通知。

（2）在合同签订或中标函发出后，承包商应按专用条款约定的日期，将详细的工程实施计划提交工程师审查。在计划中，需要对工作有精细的安排，提供关键线路、活动时差等信息，内容还要包括业主（其他承包商）的图纸、材料、设备供应计划。

承包商需要按工程师确认的进度计划组织施工，接受工程师的检查和监督。如果实际进度与已确认的进度计划不符，承包商应按工程师的要求修改计划，经工程师确认后执行。

（3）承包商提交工程进度报告，应包括各个关键日期和每项工作实际进展情况，详细记录劳动力、设备、材料的实际投入和使用情况。

（4）工程师有权指令承包商按工程师认为必要的时间和方式暂停工程的实施。

（5）对承包商责任造成的工期拖延，使工程竣工期限不符合合同要求，工程师有权指令承包商采取必要措施加速施工，对此承包商无权要求支付附加费用。

（6）合同规定的竣工时间，是指在投标书附件中规定的从开工日算起，到全部工程或其任何部分或区段施工结束，并通过竣工检验的时间，由工程师在签发的移交证书上确认。

（7）承包商的合理竣工时间应包括合同规定的竣工时间和有权延长的工期。承包商有权延长竣工期限的情况通常有：

1）设计变更和工程量增加，增加了新的工作（工程）。

2）不可抗力因素的作用和恶劣气候条件的影响。

3）由于业主责任造成的干扰，如不能按合同约定提供图纸及开工条件，不能按期支付预付款、进度款，致使工程不能正常进行等。

4）非承包商责任的其他特殊情况，如非承包商原因停水、停电、停气造成工程停工，以及在基准日期后由于第三方影响造成进入现场的路线受阻碍等。

实际工程竣工时间与承包商合理竣工时间之差就是承包商责任的工期拖延。

3. 质量管理和 HSE 管理

（1）承包商应按合同要求建立一套质量保证体系和 HSE 管理体系，并在开工日期后规定时间内向工程师提交这些体系文件。工程师有权对这些管理体系进行审查。

（2）承包商的一切材料、工程设备和工艺都须符合合同规定，应当达到合同规定的质量标准，符合工程师的指令要求。

（3）工程质量的检查和监督，以及对质量不符合合同要求的处置。

1）工程师有权指令对承包商的一切材料、工程设备和工艺，在制造、装配地点、现场以及合同规定的其他地点进行检验，要求提交有关材料样品。

2）工程师有权进行合同规定以外的，合同中未指明，或在现场以外，或在制造、装配地点以外进行的检查。没有工程师的批准，工程的任何部分不得隐蔽。工程师可随时指令承包商对已覆盖的工程剥露，开孔检查，并将该部分恢复原状，使之完好。

3）如果承包商的材料或工程设备有缺陷或不符合合同规定，则工程师有权拒收这些材料或设备，承包商应提交修补工作的建议书，工程师审查建议书并指示进行补救工作。

如果承包商未能及时提交建议书或者未能执行工程师指示的补救工作，工程师可以通知承包商拒绝接收并说明理由。

如果承包商未执行工程师的上述指令，或发生工程事故、故障或其他事件，未能在合同规定的时间内执行工程师指令立即执行修补工作，业主可以通知承包商解除合同。

（4）竣工验收。主要涉及工程竣工验收程序，通常有：工程竣工条件、竣工试验各方责任和工作程序、竣工验收拖延的责任、竣工日期的认定、不合格（或部分不合格）和未完工程的处理、移交证书签发，以及特殊情况的处理（如工程被业主提前占用）等。

（5）缺陷责任。

1）工程缺陷责任期在投标书附件中明确规定。通常它从工程通过竣工验收之日，或在工程移交证书上工程师指定的竣工日期算起。

2）如果在工程缺陷责任期内出现工程缺陷或发生损坏，应由业主向承包商发出通知，双方共同检查缺陷，承包商应编制和提出必要的补救工作建议，并进行修复工作。

3）承包商的缺陷责任。

① 如果上述缺陷是由于承包商责任造成的，如他所用材料、设备或工艺不符合合同；他负责的部分永久性工程设计错误等，则承包商承担维修费用，否则由业主承担费用。

② 如果承包商未在合理的时间内执行工程师的指令，业主有权雇用他人完成上述修理工作。如果缺陷的原因由承包商责任引起，则由承包商负担费用。

③ 如果由于承包商责任造成工程设备更新或更换，引起工程不能正常使用，则相应的工程部分的缺陷责任期应作延长。合同应规定缺陷责任期延长的最大限度。

4）颁发工程缺陷责任证书。在工程的缺陷通知期终止之后一定时间内，工程师颁发工程的缺陷责任证书，送交业主和承包商。

4. 合同价格和工程结算

（1）中标合同价，是在中标函或合同协议书中写明的，按照合同规定承包商完成工程的设计、采购、施工、竣工，并完成缺陷责任应得到的款额，但它一般不是最终合同价格，最终合同价还包括按合同规定承包商有权追加的费用和业主扣减的费用。

（2）施工合同的计价方式通常有：

1）单价合同。这是施工合同最常用的计价方式，业主提供工程量清单，由承包商报出单价，再计算合价。承包商对单价负责。

2）总价合同。合同双方以一个总价格签订合同，并以总价结算。在现代工程中，总价形式的施工合同应用越来越多。在单价合同中也可能有以总价结算的分项。

（3）在合同价款的确定性方面又分为：

1）固定价格形式。合同价格是固定的，不以物价、人工工资，甚至法律的变化而调整，即承包商承担物价上涨的风险。

2）可调价格形式。合同价款可根据专用条款规定，按照劳动力、材料价格和影响施工费用的其他因素变化而调整。通常必须明确规定调整方法、价格指数表和计算公式。

（4）工程款支付方式。通常有采用按月进度付款、分期付款或最终一次性付款等。

（5）对工程款支付有影响的还可能有，预付款、保留金、材料款的期中支付、暂定金额等条款。合同应明确规定其额度、支付条件、支付程序、可能的结算或扣还方式等。

（6）工程计量。对单价合同，合同工程量清单中列出的数量是估算量，向承包商支付的工程款按合同单价和实际工程量计算。所以实际工程的计量对工程款支付有很大影响。

通常在承包商完成相应的工程分项后需要经过工程师的质量检验，合格后才能进入计量程序。工程计量程序按照合同规定，由工程师负责，承包商派人协助，并确认计量结果。

（7）期中付款。

1）在每月末或合同规定期中付款期末，承包商向工程师提交工程款结算报表，列出承包商认为到该期末按合同规定有权获得的各个款项，包括已完成的工程或工作的合同价格，按合同规定应进行的价格调整，承包商有理由索赔（或业主有理由扣除）的款额，合同规定应扣的保留金、应付或应扣还的预付款；应付或返还的拟用于工程的设备和材料款等。

2）工程师在接到上述报表后在一定时间内作出审核，公平地考虑应付给承包商的款项，并向业主出具付款证书，确认他认为到期应支付给承包商的金额。

工程师若修正承包商结算报表中的金额，应说明原因。

3）在工程师的付款证书开出并送达业主后规定时间内，业主应将款额支付给承包商。

（8）竣工结算。当全部工程圆满通过竣工检验，并在工程师签发整个工程移交证书后规定的时间内，承包商向工程师提交竣工报表，列明至竣工日期，承包商根据合同完成的所有工作的价值，承包商认为在竣工日期根据合同应获得的各项支付。

在国际工程中，竣工结算不作为最终结算，工程师的审查程序与业主的支付程序与期中付款相似。

（9）最终结算。在国际工程中，最终结算在缺陷责任期结束后进行，是工程有约束力的和结论性的结算。

1）在工程师签发工程缺陷责任证书后规定时间内，承包商向工程师提交一份最终报表草案，详细说明，按合同所完成的工程最终价格和承包商应得到的进一步付款。

经与工程师商讨、核实后，承包商编制并提交双方一致同意的最终报表，并向业主提交一份书面结算清单，作为最终结算。

如果工程师和承包商未对最终报表初稿中的金额达成一致，承包商应编制并提交一致同意部分的最终报表。未达成一致的部分可以作为争议处理。

2）工程师应在规定时间内向业主发出最终证书。工程师签发工程的最终证书，表示承包商的全部合同义务完成；工程符合合同的要求，工程师满意。

3）业主在接到最终证书后规定时间内向承包商支付工程师在最终证书上确认的款项。同时，工程师应给承包商出具剩余的保留金的付款证书。

4）只有最终证书得到支付，同时业主退还承包商的履约保函，本工程的最终结算清单才生效，合同终止。

（10）合同价格的调整。合同价格的调整可能有如下情况。

1）当发生合同规定应给予承包商调整合同价格的情况，例如业主不能按合同规定的时间提供现场、道路、图纸和应由业主供应的材料和设备；遇到了一个有经验的承包商也无法预见到的地表以下的条件；工程变更；人工工资、材料价格上涨；工程所在国法律、法规、法令等发生变化可能引起合同价格调增或调降等。

2）业主有权向承包商索赔的情况。例如：由于承包商的工程设备、材料、设计和工艺经检验不合格，工程师指令拒收或作再度检验，进而导致业主费用的增加；由于承包商的违法行为导致业主、工程师、业主的其他承包商等遭到其他方面的索赔、损害和损失；工程没有通过竣工检验，而业主同意接收有缺陷的工程，合同价格应予相应减少等。

3）合同规定承包商应向业主支付费用的情况。如承包商使用业主在现场提供的水电气及其他设施；使用由业主按照合同规定负责提供的机械和设备等。

5. 保证措施和违约责任

（1）担保

1）为了保证双方圆满的履行合同义务，施工合同设置了一些保证措施，可能有履约担保、预付款担保、业主的支付担保、承包商的母公司担保等。

2）对这些担保，合同应明确规定担保方式、担保人、额度、有效期限、提交和审查程序、变更、退还、担保索偿启动条件等。

（2）保险

1）施工合同通常涉及的保险范围，包括业主人员及第三方人员生命财产的保险、承包商所属人员生命财产、施工机械设备保险、从事危险作业的职工意外伤害保险、工程（建筑工程和安装工程）一切险等。

2）现代工程趋向采用灵活的保险策略，具体投保种类、内容、保险责任人、相关责任、费用、有效期、保险文件验证等，可以在合同中约定。

如果该保险责任人未按合同要求投保并保持有效，或未在规定时间内向对方提供各项保险单，则对方有权购买该保险，并由该责任人支付保险费。

3）对风险造成的损失，如果未保险，或未遵守合同规定的保险条件或未能从承保人处获得全部赔偿，则应由按合同规定的风险责任人负责不足部分的赔偿或承担相应责任。

（3）承包商违约

1）误期违约金。如果承包商未在合同规定的竣工时间内完成工程，应向业主支付投标书附件中写明的误期违约金。该违约金总额不超过合同所规定的最高限额。

2）出现承包商严重违反合同，或无力、无法、不能正确履行合同的情况，例如：

① 承包商不能偿付他到期的债务，已失去偿付能力，处于破产、停业清理、解体、被转让、被清算等的境地。

② 承包商未取得业主的事先同意将合同或合同一部分转让出去。

③ 承包商已否认合同有效。

④ 在接到工程师的开工通知后，无正当的理由拖延开工。

⑤ 由于承包商责任造成工期拖延，工程师认为施工进度不符合竣工期限要求，指令承包商采取加速措施，而承包商在接到工程师的指令后规定时间内未采取相应的措施。

⑥ 承包商的材料、设备和工程经工程师检验确认不符合合同规定，工程师向承包商发出拒收通知，要求承包商将不符合合同要求的材料或工程设备运出现场，并用合格的取代，拆除不符合合同的工程并重新施工。在指令发出后规定时间内，承包商未执行。

⑦ 无视工程师事先的书面警告，固执地、公然地忽视履行合同规定的义务等。

则业主可以向承包商发出终止对承包商雇用的通知，进驻现场，在不解除承包商的合同义务与责任，不影响业主或工程师合同权利的情况下，业主可自己完成该工程，或另委托他人完成工程。在其中业主有权使用承包商的设备、临时工程和材料。

业主终止对承包商的雇用后，在缺陷责任期满前，不再向承包商支付合同规定的进一步款项。在最终结算中，工程师应核查承包商工程施工、竣工、缺陷责任期费用、误期违约金以及业主为完成工程已支付的所有其他费用等，再确定承包商的债务或债权。

（4）业主违约

1）业主未能在合同规定的付款期内支付工程款，承担违约责任。包括：

① 业主应按投标书附件中规定的利率，向承包商支付全部未付款利息。

② 在付款期满后规定时间内，业主仍没支付，则承包商可暂停工作或放慢工作速度。

③ 在付款期满后规定时间内业主仍没支付，承包商有权通知业主终止合同关系。

2）当出现业主无力、无法或不能正确地履行合同的情况，例如：

① 未能按工程师出具的付款证书及时向承包商付款；

② 无理由地干扰，阻挠或拒绝批准工程师颁发上述付款证书；

③ 破产，或停业清理；

④ 通知承包商，他不可能继续履行合同义务等。

则承包商有权根据合同终止雇用关系，并通知业主和工程师。

（5）解除合同关系。在颁发中标函后发生如下情况，使双方中任何一方不能依法履行自己的合同义务，或根据法律规定双方均被解除合同关系：

1）因承包商违约或业主违约而终止。

2）因不可抗力（有些合同中称为"例外事件"）而终止。

3）因法律要求而终止。

4）业主自便终止。

5）其他，如由于非承包商责任引起，工程师书面指令承包商暂停整个工程施工。该项暂停超过合同规定的期限，承包商有权按照合同规定的程序解除合同关系。

业主应归还承包商文件，不能继续使用承包商设备、设施及服务，并应退还履约保证金；应向承包商支付已完成工程的价款以及因业主终止合同导致承包商的损失。

（6）相互保障责任和责任限额。现代施工合同体现双方保障责任的对等性。

1）业主应保障承包商免受业主人员、业主的其他承包商的任何疏忽行为、故意行为或违约，以及双方责任之外的其他方风险引起的财产损失。

2）同样，承包商应保障业主免受相似的损失。

3）双方都有保密义务。如没有业主事先同意，承包商不得在任何商业或技术论文或其他场合发表，或透露工程的任何细节。

6. 索赔和争议的解决。

（1）索赔程序。国内外施工合同条件所规定的索赔程序基本相同，仅时间节点略有差异。

1）承包商应在引起索赔的事件发生后的规定时间内向工程师提交索赔意向通知，并应做好用以证明索赔要求的同期记录。工程师在收到上述通知后，在不必事先承认业主责任的情况下，监督此类记录的进行，并可以指示承包商保持进一步的同期记录。

2）在引起索赔的事件发生后规定时间内，承包商提交索赔报告。

如果引起索赔的干扰事件持续时间长，具有连续性，则承包商应按工程师要求的时间间隔持续提出阶段索赔报告；并在干扰事件结束后的规定时间内，提出最终索赔报告。

3）工程师在收到索赔报告和有关资料后，在规定时间内给予答复，或要求承包商进一步补充资料。如果工程师在此时间内未予答复，即被视为已认可该项索赔。

4）在工程师与业主和承包商协商后，承包商可将已被确认（或部分确认）的索赔要求纳入按合同规定应支付的款额（如月进度款）中支付。对双方未达成一致的部分作为争议处理。

5）在工程竣工时，承包商仍有尚未提出的或尚未付款的索赔，应在竣工报表中列出；在缺陷责任期结束时尚有未提出的或未付款的索赔，应在最终报表中列出，否则承包商根据合同进行索赔的权利即告终止。

（2）争议的解决。通常施工合同明确规定双方之间合同争议的解决程序为：

1）由工程师提出解决决定。合同任何一方可以以书面的形式将争议提交工程师，并将副本送交对方。工程师在收到争议文本后规定期限内作出解决决定，并通知双方。

2）在国际工程中可以采用争议裁决委员会（DAAB）方法解决争议。

3）仲裁。在工程合同中必须有专门的仲裁条款，包括：申请仲裁的程序，仲裁组织方式，仲裁所依据的法律，仲裁地点，仲裁结果的约束力等。

4）提交诉讼。

3.2　"设计—采购—施工"（EPC）总承包合同

3.2.1　概述

1. 总承包合同的基本概念

工程总承包有不同的模式，比较典型有设计—施工总承包（简称 DB）和 EPC 总承包。它们的总承包范围存在一定的差异，导致承包商和业主的义务与责任分担略有不同。本章主要以 FIDIC 的 EPC 总承包合同为对象进行分析。

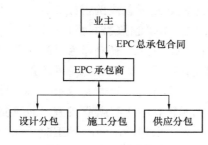

图3-2　EPC合同关系

EPC 总承包是最典型和最全面的总承包方式，其合同关系如图 3-2 所示。承包商负责整个工程的设计、设备供应、施工等工作[①]，业主仅面对一个承包商。业主管理的合同界面比较少，工程的实施和管理工作都由总承包商负责。承包商可以将合同范围内的一些设计、施工、供应工作分包出去。

通常业主需要委托咨询单位提供决策咨询工作，如起草招标文件，进行标前设计，对承包商的设计和承包商文件进行审查，对工程的实施进行监督，质量验收，竣工检验等，但通常它不作为

---

① 有些 EPC 总承包商在工程前期就帮助业主做可行性研究甚至机会研究，但由于项目尚没有立项，前期投资咨询工作一般不作为 EPC 合同内的工作责任。通常可以采用另外的独立协议，或采用总合作协议下的分阶段合同形式。

合同定义的主体。

2. 工程总承包合同的运作过程

工程总承包合同在招标程序、合同的实施过程、责权利的划分方面与施工合同有较大的区别，它的运作过程如图3-3所示。

（1）业主在项目立项后就进行工程招标。业主委托咨询公司按照项目任务书（或可行性研究报告）起草招标文件。在招标文件中，有投标人须知、合同条件、"业主要求"和投标书格式等文件。

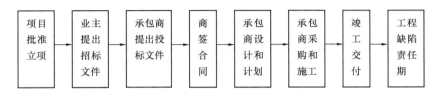

图 3-3　总承包合同运作过程

"业主要求"作为合同文件组成部分，是承包商报价和工程实施最重要的依据，不同的总承包合同，业主要求的详细程度以及业主对它承担的责任会有一定的差异。

"业主要求"主要包括对工程的目标（主要为实现的功能）、合同工作范围（竣工工程的功能、范围和质量要求，要求承包商提供的物品）、设计和其他技术标准和原则，进度计划的说明，以及对承包商实施方案的具体要求等。

它还可能包括：工程放线参照系，环境方面的限制，现场可供应的电水气和其他服务设施，业主提供的机械和免费使用的材料，现场的其他承包商，对设计人员标准的要求，施工文件的范围、实施的程序和施工前审核，样品的范围、提交程序和施工前审核，对业主人员的操作培训，维修手册，竣工图纸及其他工程记录，为业主代表和其他人员提供的设施表，工程的检验、试验要求，竣工检验的要求，暂列金额等内容。

（2）承包商提出投标文件和报价。投标文件是承包商在对合同条件、业主要求和业主提交的其他文件的理解，对环境作详细调查等基础上编制的。投标文件可能包括：

1）投标书。

2）承包商的项目建议书，通常包括工程总体目标和范围的描述、工程方案设计（又被称为标前设计）和总体实施工作（包括采购、施工、运营）计划、项目管理组织计划等。

3）工程估价文件等。由于EPC合同中，承包商承担几乎所有风险，投标人需要有充裕的时间和资料研究和核查业主要求，以及进行标前设计、风险评估和估价。

投标人需要提供尽可能细致的投标文件，有比较明确的标前设计方案以及采用的材料、设备和施工工艺方案，并基于这些方案报价。

（3）在业主确定承包商中标，签订合同后，承包商按照合同条件、业主要求、承包商的投标文件进行初步设计、详细设计（施工图设计），并做相应的采购和施工计划。承包商每一步设计和计划的结果以及相关的"承包商文件"都须经业主审查批准。

"承包商文件"是在总承包合同中专门定义的。它由承包商负责编写，包括业主要求中提出的技术文件（如计算书、计算机程序、软件、图纸、手册、模型、样品、图样等），为满足所有规定的报批文件、竣工文件、操作和维修手册等，但不包括施工组织设计。

（4）承包商按照合同条件、业主要求、业主批准的设计和承包商文件组织采购和施工，为业主提供操作维修文件、培训操作人员，完成承包商的合同义务，最终工程竣工。

（5）业主验收并接收工程，承包商在缺陷责任期完成工程的缺陷维修责任。

3.2.2 EPC合同的特点

传统的EPC承包模式主要应用于化工、电力等领域，以成套的标准化程度较高的工业设备作为主要组成部分的工程中。EPC合同是在施工合同的基础上发展起来的，由于工程承包范围的扩大和工程系统的特殊性，使得EPC合同具有如下特点：

（1）EPC合同中的"设计"不是一般意义上的施工图设计，而是对工程系统的规划设计、工艺流程或方案设计。承包商一般早期就介入工程，需要承担设计责任，以及与设计相关的其他责任。

（2）EPC合同中的"采购"，主要针对工业设备，承包商还需要承担设备运行维护手册的编制、运行人员的培训以及运行管理体系建设等方面的义务。

而DB承包商也有材料或部分设备的供应义务，但通常没有与运行维护相关的义务。

（3）承包商对业主要求定义的整个工程的功能和运行目标负全部责任，其责任是完备的、一体化的。由此带来业主项目管理的重点、深度、合同风险分配等方面的变化。业主最终接收一个整体功能符合预期目标的竣工工程，尽可能减少对承包商实施过程的干预，给予承包商足够的自由实施工程，以充分发挥承包商的主观能动性。

从国外实践经验看，该模式更适合议标。

（4）由于EPC合同通常采用固定总价形式，适用于工艺设备参数容易采用量化指标进行规定，或建设范围、建设规模、建设标准、功能要求等在项目前期就比较明确的工程。一般不适用于如下情况：

1）在招标投标阶段做标期太短，承包商没有足够时间或资料仔细研究和确认业主的要求，无法对将要承担的风险进行充分评估，完成标前设计、实施计划和估价工作。

2）工程内容涉及大量地下工程，或承包商没有条件调查区域内的环境和地下情况，很难准确估计地下工程的工程量。

3）业主希望对承包商的施工图纸进行严格审核，并严密监督或控制施工工作进度。如在高等级宾馆项目中，业主需要对建筑的外观、材料和设备的品牌等进行严格控制，甚至要求对施工工艺进行严格监管，则不适宜采用EPC合同。

3.2.3 EPC合同的主要内容

从总体上来说，总承包合同具有与施工合同相似的形式和内容。例如双方责利权的划分，工程的进度、质量和价格管理，保险和风险责任，争议和索赔的解决等方面与施工合同基本相同。但由于承包商的工程范围有所扩展，工程的运作方式有些变化，所以EPC总承包合同还有如下一些新的内容（与施工合同相同的内容不再重复）。

1. 业主的义务和权利

（1）业主选择和任命业主代表。业主代表由合同指定，或业主按照合同规定任命。

业主代表的角色、权利和主要工作与施工合同中工程师相似。

（2）业主对所提供的"业主要求"中的任何错误、不准确、遗漏，以及对所提供的数据或资料的准确性或完备性不承担责任，仅对业主要求中的下列数据和资料的正确性负责：

1）在合同中规定由业主负责的或不可变的部分、数据、资料；

2）对工程或其任何部分的预期目的的说明；

3）竣工工程的试验和性能的标准；

4）除合同另有说明外，承包商不能核实的部分、数据和资料。

（3）业主对工程的勘测负责。业主应按合同规定日期，向承包商提供现场水文及地表以下的资料，承包商应负责核实和解释所有此类资料。除合同明确规定业主应负责的情况以外，业主对这些资料的准确性、充分性和完整性不承担责任。

通常总承包合同的承包范围不包括地质勘察，即使业主要求承包商承担勘察工作，一般也由另外一份合同解决。这涉及在总承包范围内承包商对地质风险的责任。

（4）业主代表有权指令或批准变更。与施工合同相比，总承包合同中的变更主要指经业主指示或批准的对业主要求或工程的改变。通常对施工文件的修改，或不符合合同的工程进行纠正不构成变更。

（5）业主代表有权检查与审核承包商的施工文件，包括承包商的"竣工图纸"。

（6）若发生缺陷和损害，承包商不能在现场迅速修复时，业主代表有权同意将有缺陷或损害的工程的任何部分移出现场修复，有权要求和指令承包商调查产生任何缺陷的原因，并就此决定是否调整合同价格。

2. 承包商的义务

与施工合同相比，在总承包合同中承包商有更多的工程义务。

（1）承包商的总体义务是提供符合合同要求，并符合合同规定目的的工程。承包商的工程范围应包括为满足业主要求，并为承包商的建议书及资料表所必需的，或合同隐含或由承包商的义务而产生的任何工作，以及合同中虽未提及但按照推论对工程的稳定、完整、安全、可靠及有效运行所必需的全部工作。

承包商应提供合同规定的生产设备和承包商文件，以及设计、施工、竣工和修补缺陷所需的任何承包商人员、货物、消耗品及其他物品和服务。

（2）承包商承担设计责任。

1）承包商应使自己的设计人员和设计分包商符合业主要求规定的标准。如果合同未规定，承包商使用的任何设计人员、设计分包商都需要事先征得业主代表的同意，具备从事设计所必需的资格、经验与能力，并能随时参与业主代表的讨论。

2）开始设计之前，承包商应完全理解业主要求，并将业主要求中出现的任何错误、失误、缺陷通知业主代表。除合同明确规定业主应负责的部分外，承包商对业主要求（包括设计标准和计算）的正确性负责。承包商从业主或其他方面收到任何数据或资料（包括参照项），不免除承包商对设计和施工承担的责任。

3）承包商应以合理的技能谨慎地进行设计，应保证其设计、施工文件、工程施工和竣工的工程符合相关法律（包括建筑、施工与环境方面的法律和工程未来生产的产品的法律）、规范、技术标准、合同文件的要求，保证工程符合预期目的，具有适宜性和可用性。业主代表有权在工程施工前对设计文件进行审查、修改。

4）承包商应按照业主要求中规定的范围、详细程度提供操作维修手册，对业主人员进行操作维修培训。操作维修手册应能满足业主操作、维修、拆卸、重新组装、调整和修复生产设备的需要。这是工程按照规定接收和竣工的前提。

（3）承包商对承包商文件承担责任。"承包商文件"的范围在业主要求中确定，它应足够详细，并经业主代表同意或批准后使用。合同明确规定了承包商文件的提交、审查程序、时限，以及出现问题的处理。

1）承包商需妥善保管承包商文件，并向业主提供合同规定数量的承包商文件。

2）由承包商编制的承包商文件及其他设计文件，就合同双方而言，其版权和其他知识产权应归承包商所有。未经承包商同意，业主不得在本合同以外为其他目的使用。

3）承包商文件在用于施工前必须经过业主代表的审核。

承包商若要修改已获批准的承包商文件，应通知业主代表，并提交修改后的文件供其审核。在业主要求不变的情况下，对承包商文件的任何修改不属于工程变更。

（4）承包商应编制足够详细的施工文件，符合业主代表的要求。在用于施工前，施工文件应由业主代表进行检查和审核，否则不得施工。

施工必须按已批准的施工文件进行。如果业主代表为实施工程的需要指令提供进一步的施工文件，则承包商在接到该指令后应立即编制。

（5）承包商负责工程现场的管理，负责与业主要求中指明的其他承包商的沟通协调，负责安排承包商本人、分包商、业主的其他承包商在现场的工作场所和材料存放地。

（6）承包商应负责工程需要的所有货物和其他物品的包装、装货、运输、接收、卸货、存储和保护，应提前将任何工程设备或其他主要货物将运抵现场的相关信息通知业主。

3. 质量保证与现场监督体系

总承包合同在质量管理方面与施工合同基本相同，特殊之处有：

（1）在基准日期之后，合同所依据的技术标准、规章发生实质性变动，或最新的国家规范、技术标准和规章开始生效，承包商应向业主代表提交遵循这些规定的建议。

（2）如果承包商提出使用专利技术或特殊工艺，需要报业主代表认可后实施。承包商负责办理申报手续并承担有关费用。

（3）对合同规定的所有试验，承包商应提供所需的全部文件和资料，提供所有装置、仪器、电力、燃料、工具、材料、消耗品，以及具有适当资质和经验的人员、劳动力。

（4）竣工检验。EPC合同的竣工检验程序是非常严格和严密的。承包商对工程的整体功能（如产能、产品技术指标、排放指标、运行能耗等）承担责任，只有工程整体成功通过竣工检验，业主才会接收工程。

1）"竣工检验"开始前，承包应按照规范和数据表制定一整套工程竣工记录；绘制工程竣工图纸；编制业主要求中规定的竣工文件，以及操作、培训和维修手册，并提交业主代表；对业主人员进行工程操作和维修方面的培训；清理场地。这是工程竣工移交的前提条件。

2）承包商进行竣工检验。工程通过了竣工检验，承包商须向业主提交工程竣工检验结果的证明报告。业主代表在认可后，就此向承包商颁发证书。

3）如果工程或某区段未能通过竣工检验，则业主代表有权拒收。业主代表或承包商可要求按相同条款或条件重复进行此类检验以及对任何相关工作的检验。

4）当该工程或区段仍未能通过按上述规定所进行的重复竣工检验时，业主代表有权拒收整个工程或某区段，并将它作为承包商违约处理，承包商应赔偿业主相应的损失；或业主可以接收，颁发移交证书，合同价格应相应予以减少。

5) 对特殊的工程还可以要求进行竣工后检验。竣工后检验的责任人、各方义务、程序、结果的处理由合同明确规定。

（5）承包商的缺陷责任。由于工程的设计、设备、材料或工艺不符合合同要求，或承包商未履行他的合同义务（如竣工记录、操作与维修手册和培训）而导致的操作或维修不当引起工程的缺陷，由承包商自费进行维修。对其他情况引起的缺陷，按变更处理。

如果发生承包商缺陷责任的情况，而承包商不能按合同要求修补缺陷，业主可以：

1) 以合理方式由自己或他人进行此项工作，由承包商承担该项工作的所有风险和费用。

2) 要求业主代表确定与证明合同价格的合理减少额。

3) 如果该缺陷导致业主基本无法享用工程带来的全部利益，业主有权对不能按期投入使用的部分工程终止合同，拆除工程，清理现场，并将工程设备和材料退还承包商。业主有权收回该部分工程价款和为上述工作所支付的全部费用。

4. 合同价款与支付

（1）"合同价格"在合同协议书中写明，通常采用总价计价方式。

1) 对发生任何未预见到的困难和费用，合同价格不予调整。如果合同价格要随劳务、物资和其他工程费用的变化进行调整，应在专用条款中规定。

2) 承包商应支付为完成合同义务所引起的关税和税收，合同价格不因此类费用变化进行调整，但因法律和法规变更除外。

3) 也可能有部分分项采用单价计价方式，相关计量和估价方法可以在专用条款中规定。也可能有部分分项采用成本加酬金计价方式，对此要明确规定计价和支付方式。

（2）合同价格支付方式。合同价格可以采用按月支付或分期（工程阶段）支付方式。如果分期支付，则合同应包括一份支付表，列明合同价格分期支付的详细情况。

3.3 工程分包合同

3.3.1 概述

工程分包合同是施工合同或总承包合同（即在分包合同中被称为"主合同"）配套使用的文本，是承包商与分包商之间就施工任务的分包所签订的合同。在现代工程中，由于工程总承包商通常是技术密集型和管理型的，不再拥有自己的专业工程施工队伍和设备，一些专业工程施工可以由分包商完成，不仅可以分散工程风险，增强抗风险的能力，而且可以实现更高的经济效益，促进了工程的专业化分工。

工程分包合同所适用的合同关系如图3-4所示。

（1）承包商作为分包合同的发包人，将工程承包合同范围内的部分工程施工任务分包出去。

（2）工程分包合同的范围需要有工程施工任务。

施工合同规定，非经业主或工程师同意，承包商不得将承包工程的任何部分分包出去。通常还明确规定不允许分包的工程部分，以及分包工程的总量不能超过规定的百分比。

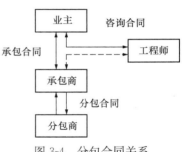

图3-4　分包合同关系

（3）工程分包可能有不同的分包方式和分包范围，如：

1）施工承包合同下进行专业工程施工分包。

2）工程总承包合同下（DB 和 EPC）的专业工程分包可能分为以下两类：

① 施工分包。分包商完成全部工程的施工或部分专业工程的施工。

② 设计施工分包。常见的是，在 EPC 总承包下对土建工程进行设计施工分包。

3.3.2　工程分包合同的特点

由于工程分包的范围主要是工程施工，分包合同的内容、合同双方的责权利关系、管理程序和争议的解决等，与施工合同基本相似。国内外大多数工程合同标准文本系列都有分包合同文本，与施工合同配套使用。它有如下特点：

（1）作为主合同的分包合同，它对主合同有依附性。主合同存在，分包合同才存在；主合同修改，分包合同也应作相应修改。

（2）需要保持与主合同在内容上、程序上的相容性和一致性，以保证在两个合同使用中不出现矛盾和混乱。为了保证主合同的顺利实施，分包合同中管理程序（如工程款支付程序、索赔程序）的时间定义要比主合同更为严格，以便使承包商能够遵守相应的主合同条件。

（3）与主合同相似，承包商对分包商拥有类似于主合同所定义的业主的义务、责任和权利，所以在主合同和分包合同中，承包商的角色刚好相反。

在与业主关系上，承包商仍承担主合同所定义的全部合同责任。工程分包不能解除承包商任何义务与责任，分包商的任何违约行为、安全事故或疏忽导致工程损害或给业主造成其他损失，都由承包商向业主承担责任。

（4）分包商具有主合同所定义的承包商的义务、责任和权利，主合同所定义的与分包合同工程范围相关的要求也由此传递下来。同时，分包商必须遵守主合同中与分包工程有关的条款。因此分包商不仅要掌握分包合同，而且应熟悉主合同相关的内容，例如风险责任、工作程序、价格调整的范围等。

（5）分包商仅完成承包商的工程，向承包商负责，与业主无合同关系。分包商不直接接受工程师的指示，也不能与业主有任何私下约定。分包工程价款由承包商与分包商结算。未经承包商同意，业主不得以任何名义向分包商支付工程款。

3.3.3　工程分包合同的主要内容

分包合同的内容与施工合同基本相似，下面主要分析不同点。

1. 承包商的权利和义务

承包商具有与主合同中业主相同的权利与义务。此外还有：

（1）承包商应向分包商提供主合同真实副本（涉及主合同报价的材料除外），费用由分包商承担。

（2）按照分包合同专用条件的规定，向分包商提供应由承包商提供的设备和设施。它们可由分包商与承包商，或其他分包商合用。如合同有规定，也可由分包商专用。

承包商应允许分包商使用承包商提供的与主合同工程相关的临时工程。

2. 分包商的权利和义务

分包商具有与施工合同中承包商相同的权利和义务。

（1）分包商承担着主合同中与分包工程相关的合同义务与责任，有权了解主合同的各项规定。分包商如果发现分包工程的设计和规范有错误、遗漏和其他缺陷，以及业主的其他承包商、供应商有明显的错误，应立即通知承包商，发出提示和预警。

（2）分包商应在有关分包工程方面执行工程师的指令。但这种指令需要由承包商作出确认，并通知分包商。与主合同的工程师发出指令一样，分包商有权从承包商处获得执行这些指令应得的补偿。如果这些指令有错误，分包商有权向承包商提出索赔。

（3）分包商也可能承担设计任务，与前述承包商承担设计任务条款一样，他要承担相应的工程设计所涉及的各项责任。

承包商对分包商设计文件的审核期限要长于主合同规定的审核期限，因为承包商要完成自身的审核，提交业主或工程师，再接受审核结果，将其反馈分包商，需要更长时间。

分包商应协助承包商完成对业主人员的培训，还可能需要对承包商人员进行培训。

（4）工程变更。如果工程师按照主合同下达变更指令，承包商应对变更指令作出确认并通知分包商。如分包商收到工程师直接下达的变更指令，应立即通知承包商，承包商应立即提出对该指令的处理意见。分包商不执行工程师直接下达而未经承包商确认的变更指令。

（5）如果按照主合同，承包商应向工程师或业主递交任何通知和其他资料或保持同期记录，分包商应就有关分包工程方面以书面形式向承包商发出类似文件。

3. 分包合同价格及支付

（1）工程分包合同可能采用不同的计价方式，如总价合同或单价合同。如果采用单价合同，承包商按照计量的实际工程量向分包商进行支付。

（2）分包合同的支付方式以及程序与施工合同相似。但在分包合同的支付程序中，分包商提出的付款申请的时间要比主合同规定早，而付款时间上要比主合同规定的长，以保证承包商在获得业主的支付后再给分包商支付。

4. 合同终止

（1）如果按照主合同规定，对承包商的雇用被终止或主合同终止，承包商应立即通知分包商停止对分包商的雇用，分包商应在接到本通知后尽快将人员和设备撤离现场。

由于主合同原因造成对分包商雇用终止，承包商应赔偿分包商由此造成的损失。

（2）如果由于分包商违约行为导致业主终止对承包商的雇用或终止主合同，则作为分包商严重的违约行为，承包商可通知终止分包合同。

5. 索赔

（1）分包商要积极地配合承包商做好主合同的索赔工作，按照主合同的要求及时就有关分包工程方面向承包商提交资料及保持同期记录，并提供帮助，以使承包商能遵守主合同的索赔程序要求。若分包商未能履行这些职责，而阻碍了承包商按主合同从业主处获得相关的费用索赔，分包商应给承包商相应的赔偿。

（2）如果分包商遇到了按照主合同可以向业主索赔的任何情况，承包商应采取一切合理的步骤争取从业主处获得这方面补偿。分包商应尽力向承包商提供该索赔所需的材料和帮助。承包商应给予分包商以相应的合理的补偿。

如果按照主合同承包商向业主索赔的干扰事件影响了分包工程，分包商和承包商风险共担，利益共享，只有承包商向业主索赔成功，分包商才能获得相应的补偿。

（3）由于承包商行为和违约造成分包工程施工拖延或其他情况，分包商可以向承包商提出索赔。

（4）工程师对于分包工程下达错误的指令或决定，且承包商确认了这些指令或决定，由分包商执行，但从主合同角度，工程师的指令或决定是错的或不恰当的，则分包商有权要求承包商补偿由于执行上述指令和决定而产生的合理费用。

（5）在主合同工程缺陷责任证书颁发之前，如果分包商未向承包商发出有关分包合同索赔通知，则分包商失去分包合同的索赔权，承包商不再承担责任。

（6）在索赔程序上，由于分包商索赔常常是承包商向业主索赔的一部分，所以分包合同定义的索赔程序与施工合同相似，但在响应时间定义上比主合同短，而在答复时间上要比主合同长。这样保证承包商向业主索赔的及时性和有效性。

3.4　工程勘察合同和设计合同

3.4.1　工程勘察合同

1. 工程勘察合同的主体

通常工程勘察合同的委托方是业主，承包方是勘察单位。勘察单位必须有符合本工程要求的资质证书和许可证，其企业级别、业务规模、专业范围必须符合规定。

工程勘察对工程的质量、安全、使用寿命等有决定性影响，但由于工程地质条件的复杂性和不确定性，以及勘察工作的性质，勘察单位又不能承担很大的责任。

2. 工程勘察合同的主要内容

（1）业主的义务与权利

1）业主应及时向勘察单位提供下列文件资料，并对其准确性、可靠性负责。

① 本工程批准文件，以及用地（附红线范围）、施工、勘察许可等批件的复印件。

② 工程勘察任务委托书、技术要求和工作范围的地形图、建筑总平面布置图。

③ 已有的勘察工作范围内的技术资料及工程所需的坐标与标高资料。

④ 勘察工作范围内地下已有埋藏物（如电力、电讯电缆、各种管道、人防设施、洞室等）的资料及具体位置分布图。

若业主不能提供上述资料，可由勘察单位收集，业主需向勘察单位支付相应费用。

2）业主应及时为勘察人员提供勘察现场和工作条件，并解决出现的问题，如落实土地征用、青苗树木赔偿、拆除地上地下障碍物，解决影响勘察正常进行的有关问题，平整现场，修好通行道路，接通电源水源，挖好排水沟渠以及准备水上作业用船等。

3）若勘察现场需要看守，或在有毒、有害等危险现场作业时，业主应派人负责安全保卫工作，对从事危险作业的现场人员进行保健防护，并承担费用。

4）若合同规定由业主负责提供材料，则在工程勘察前，应根据勘察单位提出的用料计划，按时提供各种材料及其产品合格证明，并运到现场。

5）勘察工作的任何变更需办理正式变更手续，业主应按实际发生的工作量支付费用。

6）为勘察单位的工作人员提供必要的生产、生活条件，并承担费用；如不能提供，应一次性付给勘察单位临时设施费。

7）由于业主原因造成勘察人员停窝工，除工期顺延外，业主应支付停窝工费。

8）业主应保护勘察单位的投标书、勘察方案、报告书、文件、资料图纸、数据、特殊工艺（方法）、专利技术和合理化建议的版权，未经勘察单位同意，不得复制、泄露、擅自修改、向第三人转让，或用于本合同外的项目。

（2）勘察单位的义务与责任

1）勘察工作范围由勘察合同的附件定义，包括测量任务和质量要求表、工程地质勘察任务和质量要求表等。它们是勘察合同的组成部分。

勘察单位应按照规定的标准、规范、规程和技术条例进行工程测量和工程地质、水文地质等勘察工作，按合同规定的进度、质量要求提供勘察成果。

2）由于提供的勘察成果资料质量不合格，勘察单位应负责无偿给予补充完善使其达到质量合格；若勘察单位无力补充完善，需另行委托其他单位时，勘察单位应承担全部费用；因勘察质量造成重大经济损失或工程事故时，勘察单位除应负法律责任和免收直接受损失部分的勘察费外，要根据损失程度向业主支付赔偿金，赔偿金由双方在合同中约定。

3）在工程勘察前，提出勘察纲要或勘察组织设计，并验收业主提供的材料。

4）遵守业主的安全保卫及其他有关的规章制度，承担其有关资料保密义务等。

（3）勘察成果的提交日期

1）合同明确约定勘察开工以及开工到提交勘察成果资料的具体的日期。

2）勘察工作有效期限以业主下达的开工通知书或合同规定的时间为准，如遇特殊情况，如设计变更、工作量变化、不可抗力以及非勘察单位原因造成的停窝工等，工期应予顺延。

（4）收费标准及付费方式

1）勘察工作的收费是按照勘察工作的内容决定的，可以按国家规定的收费标准计取费用；也可以按"预算包干""中标价加签证""实际完成工作量结算"等方式计取费用。对于国家规定的收费标准中没有的项目，由双方另行商定。

2）付款方式。

① 定金。一般在勘察合同签订后规定时间内支付定金，通常为预算勘察费的一定比例。

② 对规模大、工期长的大型工程勘察，在勘察过程中，还可以约定，按照完成一定的勘察工作量支付一定比例的勘察费，作为中期付款。

③ 勘察工作外业结束后，应再支付一部分勘察费。

④ 提交勘察成果资料后规定期限内，业主应一次付清全部工程勘察费用。

（5）违约责任

1）合同签订后，若业主不履行合同，无权要求返还定金；若勘察单位不履行合同，应双倍返还定金。

2）由于业主未给勘察单位提供必要的工作生活条件而造成停窝工，或增加进出场地次数，业主除应付给勘察单位停窝工费，工期按实际工日顺延外，还应付给勘察单位增加的进出场费和调遣费。

3）由于勘察单位原因造成勘察成果资料质量不合格，不符合合同要求时，其重复勘察的费用由勘察单位承担。

4）合同履行期间，由于工程停建而终止合同或业主要求解除合同时，勘察单位未进行勘察工作的，不退还业主已付定金；已进行勘察工作量在 50% 以内时，业主应支付合同额 50％的勘察费；完成的工作量超过 50％时，应支付全部合同额。

5）业主未按合同规定时间拨付勘察费，应按照合同规定偿付逾期违约金。

6）由于勘察单位原因未按合同规定时间（日期）提交勘察成果资料，应按合同规定减收勘察费。

3.4.2　工程设计合同

在国际上，工程设计属于工程咨询的一部分，通常以工程咨询合同委托设计任务。现在我国推行全过程咨询，也将设计作为全过程咨询的一部分。但在我国通常工程设计都采用独立发包签订合同的方式，有比较成熟的、有特色的设计合同文本。

1. 设计合同的主体

发包方是业主或总承包商，承包方是设计单位。设计单位必须有符合本工程要求的资质证书和许可证，它的企业级别、业务规模、专业范围必须符合本工程的要求。

2. 设计合同的签订条件

对委托设计的工程需要具有相关单位批准的设计任务书和土地管理部门的用地许可文件。如果仅委托施工图设计任务，应同时具有经有关部门批准的初步设计文件。

3. 设计合同的主要内容

（1）发包人义务

1）发包人应向设计单位提交设计所需要的有关资料及文件，并对其提供的资料及文件的完整性、正确性、及时性负责，不得要求设计单位违反国家有关标准进行设计。

发包人提交上述资料及文件超过规定期限，设计单位交付设计文件时间相应顺延。

2）发包人变更委托设计项目、规模、条件或因提交的资料错误，或所提交资料作较大修改，造成设计返工，发包人应按设计单位所增价的工作量补偿设计费。

3）发包人应为设计单位派赴现场处理有关设计问题的工作人员提供必要的工作、生活及交通等条件。

4）发包人对设计单位的设计文件版权责任同勘察合同。

（2）设计单位义务

1）设计单位应按国家技术规范、标准、规程及发包人提出的设计要求进行工程设计，按合同规定的进度要求提交质量合格的设计资料及文件，并对其负责。

2）设计单位应保证设计的工程能够具有预期的功能和合理的使用寿命。

3）设计单位按合同规定时限交付设计资料及文件，按规定参加有关的设计审查，并根据审查结论负责对不超出原定范围的内容做必要修改、调整和补充。

4）设计单位应保护发包人的知识产权，不得向第三人泄露、转让发包人提交的产品图纸等资料。否则，发包人有权向设计单位索赔。

（3）设计费的支付

在我国，通常设计费的支付方式为：

1）设计定金。在合同签订后的规定时间内支付总设计费的一定比例额度作为定金。

2）提交各阶段设计文件后支付合同规定比例的相应阶段设计费。

3）在提交最后一部分设计文件后结清全部设计费。

4）实际设计费按初步设计概算（施工图设计概算）核定，多退少补。实际设计费与估算设计费出现差额时，双方协商做补充规定。

5）合同履行后，定金抵作设计费。

对小型工程项目，设计费可采用一次性支付的办法。

（4）违约责任

1）发包人的违约责任

① 合同签订后，发包人要求终止或解除合同，其费用的计算和支付与勘察合同相同。

若发包人或设计审批部门对设计文件不批准或本合同工程停建缓建，而设计单位已进行的设计工作量不足一半时，发包人应按该阶段设计费的一半支付；超过一半时，按该阶段设计费的全部支付。

② 发包人没有按合同规定的金额和时间支付设计费，超过规定时间，设计单位有权暂停履行下阶段工作。

2）设计单位的违约责任

① 设计资料及文件质量不符合要求，出现遗漏或错误，设计单位负责继续完善、修改或补充设计。由于设计单位错误造成工程质量事故损失，其处理同勘察合同。

② 由于设计单位原因，延误了设计资料及设计文件的交付时间，每延误一天，应减收一定比例的设计费。

③ 合同生效后，设计单位要求终止或解除合同，应双倍返还定金。

（5）其他

1）若发包人要求设计单位派专人留驻施工现场进行配合与解决有关问题，双方可以再做详细约定，或另行签订补充协议或技术咨询服务合同。

2）本工程设计资料及文件中，应当注明建筑材料、建筑构配件和设备的规格、型号、性能等技术指标，设计单位不得指定生产厂商或供应商。若发包人需要设计单位人员配合加工订货，可以在合同中做详细约定。

3）若发包人委托设计单位配合引进项目的设计任务，在询价、对外谈判、国内外技术考察直至建成投产的各个阶段，应吸收设计单位人员参加，相关费用由发包人承担。

3.5　工程咨询合同

3.5.1　概述

1. 工程咨询合同的主体

咨询合同是业主与咨询公司（以下简称"咨询方"）之间签订的合同，由咨询方派出以"工程师"[①] 为首的咨询机构，在建设工程中作为业主的代理人，行使合同（工程咨询合同、工程承包合同、供应合同）赋予的权利，直接管理工程，如编制计划、实施准备、监督工程实施，管理质量、进度和造价，作各种报告等。

2. 工程咨询工作的范围

工程咨询合同的工作范围是多种多样的，最大范围是工程的全过程咨询工作，最小范围是某阶段的某项职能咨询工作（如招标代理、造价咨询、施工监理）。

---

① 咨询任务承担者可能有不同的称谓，例如咨询工程师（对可行性研究）、招标代理、造价工程师、监理工程师（"工程师"）、项目经理等。本节将他们统称为"工程师"。

虽然不同阶段和不同职能的咨询具有不同的工作范围、工作内容，但是，其工作的特点、性质、双方责权利的划分、管理工作过程、违约责任、争议的解决等具有相似性。所以，可以起草统一的工程咨询合同条件，在合同附录中以菜单的形式具体定义咨询服务的总体范围（服务内容的规定和工作说明，或对咨询方提供服务所用方法的要求）。业主可以通过不同的选项确定工作内容，以适用不同的工程咨询方式。

3. 与其他工程合同的相关性

由于工程咨询工作的特殊性，业主与咨询方之间的权责关系和工作关系不仅涉及咨询合同，业主还应该在相应的工程承包合同、材料和设备供应合同、设计合同中，明确咨询方和工程师的地位和工作职责。

4. 工程咨询合同的示范文本

经过一百多年的工程咨询实践，国外已经形成一些比较成熟的咨询模式，以及很多标准的工程咨询合同范本，例如 FIDIC 的《客户/咨询工程师（单位）标准服务协议书》。

我国分别颁布了《建设工程监理合同（示范文本）》（GF—＊＊＊＊—0202）、《建设工程造价咨询合同（示范文本）》（GF—＊＊＊＊—0212）、《建设工程招标代理合同（示范文本）》（GF—＊＊＊＊—0215）。

3.5.2　工程咨询合同的主要内容

1. 总体工作原则

（1）业主和咨询方都必须遵守国家的相关法律、法规、规范的规定。如果业主的要求或指令与这些规定相冲突，应按照规定实施项目。如果业主的要求或指令违反国家规定或无法实现，工程师应书面告知业主，否则由咨询方承担责任。

（2）业主和咨询方应按照合同的规定，以相互信任、相互合作的精神开展工作。

（3）双方进行一体化的项目管理，保持相互信息沟通。

2. 业主和业主代表

（1）业主应按照已经认可的工作进度计划，向工程师提供他能获取的，并与工程咨询工作有关的一切资料和物品，以及合同规定应由业主提供的设备、设施和人员等。

（2）业主应及时对工程师请示的事宜作出书面答复。只有业主代表签发的书面指令被视为业主指令，业主对此承担责任。在紧急情况下，工程师必须执行业主代表的口头指令，但是，事后业主代表须以书面形式进行确认。

业主认可工程师提交的请示函件，或检查其工作，并不改变咨询方对所提供服务应承担的义务和责任。

（3）业主代表可以书面授权业主代表的助理处理工作、发出指令。如果工程师对业主代表助理的工作或指令有异议，应向业主代表发出确认函。

（4）除工程师提出书面要求外，业主代表未通过工程师向工程的其他相关方发出指令，由此引起的一切责任由业主承担。

（5）业主如果采用招标方式选择工程承包商和其他工程任务承担者，应授权工程师具体负责招标的事务性工作。

（6）在本合同咨询范围内，业主在与其他方签订的合同中应明确对工程师的授权。

（7）业主有权向咨询方发出指令，要求变更工程咨询的服务范围。

（8）业主不得要求工程师作出违背公共利益、社会公德、商业道德和不公正的行为。

3. 咨询方和工程师

（1）工程咨询服务的范围由合同附件规定。咨询方应按照合同的约定委派工程师作为其代表全面负责咨询合同的履行，并经过业主同意，派出咨询工作需要的管理机构及人员，他们应具有履行服务的资格和能力。

（2）工程师应以合理的技能、谨慎而勤奋地工作，在履行咨询合同时，要认真地执行国家有关法律、法规、政策，保护公共利益和业主的合法利益。

咨询方应对其所提供的咨询成果负责，对其咨询报告中的原始数据、计算方法、工艺方法、经济评价、社会评价、环境评价的科学性和可行性负责。

在业主和第三方之间提供证明、行使决定权或处理权时，工程师应作为独立的专业人员，根据自己的专业技能和判断进行工作。

（3）如果工程师对业主的决定、指令和选择等有异议，应及时书面通知业主，并提出意见和建议。

当质量、安全、进度、成本目标发生矛盾时，工程师应首先保证安全和质量。

（4）当工程师对其他第三方发出可能对费用、工期有重大影响的任何变更，必须事先得到业主的批准。在紧急情况下，工程师有权发出指令，但是必须尽快通知业主。

（5）对业主的决策，工程师应提供两个及以上方案供业主参考。在工程师工作责任范围之内的工作内容，不解除工程师对此应承担的责任。

（6）咨询方应维护业主的合法利益，并廉洁、忠实地提供服务，不得从事影响其工作公正性的活动，不得接受相关其他方的任何雇用、利益和捐助；应承担其人员腐败行为导致的一切责任，包括经济赔偿责任和法律责任。

（7）在咨询方与业主人员、业主委托的其他咨询公司共同工作时，双方应明确分配咨询工作范围，确定双方的管理关系。

（8）工程师应负责工程项目的信息管理工作。

4. 工程咨询的工作范围

业主可以按照表 3-1 所示的内容中选择和确定工程咨询工作的范围。对每一项工作的内容、要求、工程师责任等，业主应该在工程咨询合同中进行详细而明确的定义。

工程咨询服务的范围 表 3-1

工程咨询服务工作	选择	备注
1　可行性研究阶段		
1.1　对工程项目进行机会研究，提出项目建议书；		
1.2　预可行性研究，提出初步的可行性研究报告；		
1.3　进行可行性研究，编制可行性研究报告，并办理报批手续；		
1.4　代表业主办理工程项目的选址意见书（报告）；		
1.5　组织进行生态和环境影响评价，代表业主办理环境影响评估、地震安全性评估等审批手续；		
1.6　申请规划设计条件，以及建筑设计的报批手续；		
1.7　代表业主办理规划用地许可和土地使用许可；		
1.8　业主委托的其他事项		

工程咨询服务工作	选择	备注
2　设计和计划阶段		
2.1　制定项目实施规划，进行项目实施方式和合同策划，建立项目管理系统，编制项目手册，建立项目报告系统和文档系统等； 2.2　组织编制设计任务书，提出工程设计要求； 2.3　工程招标，包括起草招标文件和合同条件，工程招标和合同签订过程中的事务性管理工作； 2.4　设计监理，包括对设计工作进行控制和协调，组织设计方案评审，办理设计文件的行政性审批或审查手续； 2.5　办理环境保护、消防、民防、绿化、劳动安全、道路交通、市容环境卫生、地震安全、建筑节能等审批手续，提出和办理供电、上水、排水、燃气、通信等的配套申请； 2.6　造价咨询工作，包括编制工程估算、概算、施工图预算或标底，制定项目资金计划； 2.7　办理建设规划许可，办理报建，拆迁许可和施工许可等手续； 2.8　业主委托的其他事项		
3　施工阶段		
3.1　牵头进行各项施工准备工作，与各方面进行协调，签发开工令； 3.2　协调勘察、设计以及主要材料和设备供应、施工工作，确保工程进度； 3.3　施工组织与协调，进度计划安排与控制； 3.4　进行工程造价控制； 3.5　对甲供材的供应计划、催货、现场验收、储存进行管理； 3.6　合同管理与信息管理，处理索赔和反索赔事务； 3.7　施工监理，审查承包商的质量管理体系和 HSE 管理体系，监督施工过程； 3.8　业主委托的其他事项		
4　竣工和运行阶段		
4.1　组织工程的竣工验收，编制项目移交证书及移交后的相关证书； 4.2　工程运行准备方面的组织工作； 4.3　协助业主进行工程竣工决算，开展工程档案的归档和财务审计； 4.4　工程保修期（缺陷通知期）的有关服务； 4.5　协助业主进行工程项目的后评估，总结经验教训和存在的问题； 4.6　工程运营过程中的维护管理； 4.7　业主委托的其他事项		

5. 合同的价款和支付

（1）通常，工程咨询合同采用的计价方式有：

1）成本加酬金方式。对此，合同必须规定成本开支的范围、业主监督和审查的权利与方式。咨询方必须保存能清楚地证明咨询工作投入时间和费用的全部记录。在服务完成后的规定时间内，业主可以对工程师申报的金额进行审计，并进行咨询合同价款的决算。

2）按照工程造价（项目投资）的一定比例支付酬金。我国的监理合同通常采用这种方式。采用这种计价方式，合同必须规定正常的工程咨询工作、附加工作的类型或范围，以及除正常工作以外的其他工作的计价方式。

3）目标合同。即合同仅规定咨询服务范围工程的目标总价，以及它与实际完成工程总价之间差额的分担（享）方式和比例。当最终咨询服务范围工程的实际总价比目标合同价的总额低，咨询方可以得到节余部分中约定的分享份额；当完成服务的工程总价大于合同价总额时，咨询方应支付超出部分中约定的份额。

（2）支付方式。通常咨询方向业主正式提供服务时，业主先支付一定数量的预付款，进度价款可以按照月、季，或按照工程进度的关键节点支付。

（3）与工程施工合同类似，业主应该规定合同价款的支付程序和审核方式。

（4）如果咨询方完成合同规定范围以外的工作，业主应支付咨询方由此发生的额外费用，具体数额及支付时间由双方在专用条件中约定。

（5）在咨询服务期满后，双方结清全部咨询费用。

6. 合同有效期

针对不同类型的工程咨询服务，合同的有效期也不同，例如，招标代理合同一般是在招标代理服务结束之后合同结束。而对于项目管理工作，其有效期直到建设工程竣工，并完成所有项目管理服务后结束。

由于业主或其承包商原因使工程进度推迟，进而使咨询服务超过合同约定的日期，咨询方应通知业主，合同有效期应相应延长，由此引起合同价格的调整应该在专用条件中约定。

7. 违约责任

（1）在合同规定的支付期限内，如果业主没有向咨询方支付服务费用，应按照合同规定的利率，从应付之日起向咨询方支付全部未付款的延期付款利息。

（2）由于咨询工作质量低劣、数据不实、计算方法错误所导致的决策失误，咨询方应承担咨询失误的责任，并向业主赔偿。

（3）咨询方有故意或恶意的违约行为，应对业主由此受到的损失承担赔偿责任。

8. 补偿事件

（1）如果咨询方违反合同，导致业主的直接经济损失，应按照以下计算方法向业主赔偿损失：

赔偿金＝直接经济损失×（基本酬金＋利润）/工程建设总投资控制目标

（2）如果由于业主的违约导致咨询方的损失，业主应负责向咨询方赔偿。

咨询方在履行合同义务时，因业主人员或第三方人员原因导致损害或损失时，有权向业主要求补偿。

（3）合同任何一方应将已经发生或预期将要发生的补偿事件通知对方。补偿要求的通知应在引起补偿的事件发生后规定时间内向对方发出，并在规定时间内提出详细的补偿依据和具体要求。超过规定时间提出的补偿要求无效。

（4）咨询方仅向业主承担责任，不应以任何方式向第三方负责。除非由于咨询方违约，或缺乏谨慎，或渎职以外，业主应保障咨询免于承担业主或第三方提出的损失或损害赔偿责任。

由于不可抗力导致工程项目全部或部分停工或中断，咨询方对此不承担责任。

（5）任何一方对另一方的赔偿，仅限于由于违约所造成的可以合理预见的损失或损害数额，不应计算由于违约造成的、难以预见的其他损失或损害。

（6）任何一方向另一方支付的赔偿的最大数额，不能超过合同专用条件中规定的最高赔偿数额。咨询方向业主支付的赔偿的累计最大数额，应不超过咨询方在完成正常工程咨询服务后，业主应支付给咨询方的基本酬金和利润之和（除去税金）。

（7）由于参与项目的第三方责任或违约导致的工期拖延或建设工程的其他损失，咨询方有权代表业主向责任方提出索赔，索赔所得的费用，优先补偿咨询方由此遭受的损失。

9. 其他

（1）所有权。咨询方使用的，由业主提供或支付费用的物品，属于业主财产。咨询服务完成或合同终止时，咨询方应将没有消耗的物品清单提交业主，并按业主的指示移交。

（2）保险。合同应明确规定业主和咨询方作为责任人的保险种类、保险范围、保险内容、保险费用承担者、保险责任、保险有效期限、保险单审查程序和违约处理等内容。

（3）工作人员。

1）业主和咨询方应该根据协议派遣工作人员。所派的工作人员应该能够胜任本职的工作内容，并相互取得对方的认可。如果业主没有按照规定提供职员及其他人员，咨询方可以自行安排，费用由业主支付。

2）为了履行工程咨询合同，各方应指定一位高级人员作为本方的代表。

3）如果需要更换任何人员，应该经过双方同意后，由任命一方负责安排同等能力人员代替。如果另一方提出更换，应提出书面要求，并说明更换的理由，如果提出的理由不能成立，则提出的一方要承担替代的费用。

（4）早期警告。早期警告的规定同施工合同。

（5）健康和安全。双方的行为应符合健康和安全要求。

（6）服务分包。咨询方聘用的工程咨询分包单位或个人需要经过业主的认可。在合同实施中，咨询分包单位的职员视同咨询方的职员。

（7）文件的版权和合同双方对资料的使用。合同双方有权根据合同目的使用对方提供的资料。咨询服务全部完成后，咨询方应将业主提供的资料归还给业主。合同双方不得披露在咨询服务过程中获得的信息。在服务期间、服务完成后的规定时间内，如果咨询方及其相关人员出版、发表、公布有关工程和服务的相关信息前，应得到业主的批准。

10. 争议的解决

争议的解决方式与程序与工程施工合同的规定基本相同。

3.6　建筑材料与设备采购合同

3.6.1　概述

材料和设备是建筑工程必不可少的物资。它们涉及面广、品种多、数量大。材料和设备费用在工程总投资（或承包合同价）中占很大比例，一般都在60%以上。

建筑材料和设备采购合同的当事人为：

（1）供应方一般为物资供应商或建筑材料和设备的生产厂家。

（2）需方（采购方）一般为业主或承包商，这由工程材料设备的供应方式决定。

1）业主采购方式。由业主从生产/销售厂家采购材料和设备供应给承包商用于工程施工或安装，在我国工程中被称为"甲供"。

2）承包商采购方式。由承包商从生产/销售厂家采购材料和设备用于工程施工，在我国被称为"乙供"。

3）业主指定、承包商采购方式。由业主通过资格预审确定供应商入围名单，并提供给工程承包商，由承包商在该名单中选择一家作为材料供应方，被称为"甲控乙供"。

由于材料和设备采购是工程采购的一部分，其合同有如下特点：

（1）供应过程与工程设计和施工活动存在复杂的关系，需要与施工过程相协调。

（2）需要多批次、连续和动态地供应，供应的数量、质量都可能有变更。

（3）需要定义工程合同关系、项目管理模式、管理体系（特别是质量和 HSE 管理体系）。

所以它比一般的物资买卖合同要复杂得多，与工程施工合同有很大的相似性。

3.6.2 材料采购合同

材料采购合同的主要内容包括：

1. 标的

工程采购合同中的材料涉及面广、品种多，标的的描述也比较复杂，一般包括，材料的名称（注明牌号、商标）、品种、型号、规格、等级、花色等。

2. 数量

材料的计量方法要按照国家或主管部门的规定执行，或按供需双方商定的方法执行，不可以用含糊不清的计量单位。

材料的需要量一般不是准确数字，常常因工程变更增减材料需要量。

3. 质量标准及要求

（1）材料质量应满足现行有关的国家和行业标准。对于不同的建筑材料，其需满足的标准差异很大，所以要注明所适用的标准名称和标准号。

（2）建筑材料的技术指标。不同的材料，有不同的技术指标，例如水泥的抗折强度、抗压强度、凝结时间，这需要在合同中规定。对于某些材料，需要规定其原材料的技术指标，如用于生产混凝土的细骨料、粗骨料、外加剂的技术参数，以确保材料的质量符合要求。

（3）包装。对需要包装的材料，合同需要规定包装标准和包装物的供应、回收和相关费用承担方。

4. 运输方式

运输方式可分为铁路、公路、水路、航空、管道及海上运输等。

合同应明确规定所采用的运输方式，指定送达地点，有些材料还要规定具体送达的施工部位。如地铁工程建设中，商品混凝土的供应合同要规定送达浇注施工现场，不同的施工位置有不同的责任划分，如隧道内工程，供应方需将混凝土送至施工的竖井口，竖井口内的运输由需方负责等。

5. 合同价款

（1）材料供应合同大多采用固定单价合同形式。材料单价一般为综合单价，如商品混凝土单价可包括原材料费用、加工费、运输费、泵送费、利润、税金、风险费等。

（2）合同价格一般按照实际的供应量与合同规定的单价进行结算。可以采用按月结算，或按批量结算，或最后一次性结算等方式。

（3）合同应规定供应量的确认方式、计量方法、程序和价款结算程序。

（4）关于质量保证金的扣付和退还的规定。这常常与施工合同相似。如某工程业主签订的材料供应合同的结算方式为：按照实际供应量按月结算。

结算过程为：供应方每月 20 日前将经监理工程师确认的《工程材料结算清单》送交业主。业主确认后 28 天内按实际供货数量向供应方支付 95％货款，5％货款作为质量保证金。

当质保金累计达到 200 万元时，业主不再扣质保金。如发生供应方原因导致材料不符合合同规定，业主在质保金中扣除由供应方责任造成的费用损失，不足部分由供应方补足。

供应方向业主交付合同所规定的材料后 28 天内业主返还 80％的质保金，在相应的土建工程缺陷通知期结束后 28 天内付清剩余的 20％质保金。

6. 材料供应过程

供需双方应保持密切的联系，供应计划、数量和质量、供应能力、运输状况等发生任何变化，都应及时通知对方。

（1）供应前，需方应在规定期限以书面形式向供应方提供材料供应计划，供应计划包括材料的供应时间、数量、送达地点、质量要求、特殊的技术要求和工艺方法等。

（2）供应方收到需方供应计划后应做好各种供应前准备，并及时与需方联系，及时将材料送至供应计划指定的地点。

（3）供应方在材料的生产、出厂、运输过程、现场交验的各环节中，必须严格按照企业的质量管理体系进行管理，保证材料质量符合合同规定的标准和需方要求，并保留一切有关的原始记录，直至工程验收。

需方有权派出人员监督材料的制作、运输、供应和使用过程。

（4）供应变更。

1）需方如变更供应材料的技术指标，应在合同规定期限前以书面形式通知供应方，供应方收到通知后应立即答复，如能供应，双方应按照合同约定的方式调整材料单价。

2）需方如变更供应时间、送达地点，应在合同规定的期限前以书面形式通知供应方，供应方应满足需方要求。

3）供应方如不能按照供应计划的规定提供材料，应在收到供应计划后规定时间内通知需方，供应方应按照合同规定偿付不能交付部分的违约金。

4）供应方如因生产资料、生产设备、生产供应或市场发生重大变化，或因气候或原辅材料变化，须调整供应材料的技术指标或工艺等，需要在供应前规定时间提交调整要求供需方审核，经需方批准后方可执行，由此增减的合同价款双方以书面形式约定。

7. 运输责任

（1）由供应方负责将材料运到供应计划指定的送达地点。供应方应合理安排行车路线、停车地点，负责办理涉及交通管制地区运输的有关手续，并书面通知需方。

（2）供应方运输工具在进出现场的过程中应服从需方人员的现场交通指挥，在进出现场和卸车过程中造成需方或第三方财产损失和人员伤亡由供应方承担责任。

（3）供应方应确保运输车辆清洁，如由此引起城市管理部门罚款由供应方负责。

8. 交货和验收

（1）供应方须在供应计划规定的交货时间将材料送达指定地点。交货时间早于供货计划所规定的时间，需方如不需要，可以拒绝收货，指令供应方运出现场，供应方仍须按供应计划供货。

（2）交货时，供应方须向需方随车提交发货单、相应批号的出厂合格证或质量保证书，以及材料的技术指标证明文件。

（3）材料的验收。验收主要依据：供应合同，供应方的发货单、计量单、装箱单等凭证，国家标准或专业标准，产品合格证、化验单等技术文件，双方共同封存的样品等。

（4）验收内容由合同规定。需方有权指定进行合同或规范规定以外的检验，或增加检验次数，如果检验结果证明质量符合合同要求，检验费用由需方承担，否则由供应方承担。

（5）供应方应严格按照供应计划要求的数量供应，对验收中发现数量不符的处理：

1）供应方交付的材料多于合同规定的数量，需方不同意接收，则在规定期限内通知供应方，要求供应方将多余的材料运出现场，并拒付超量部分的价款。

2）供应方交付的材料少于合同规定或供应计划规定的数量，需方可凭有关合法证明，在到货后规定期限内将详细情况和处理意见通知供应方，否则即被视为数量验收合格；供应方在接到通知后规定期限内作出答复，否则即被视为认可需方的处理意见。

（6）验收中发现质量不符的处理。如果在验收中发现材料不符合合同规定的质量要求，需方应将它们妥善保管，并向供应方提出书面异议。通常应按如下规定办理：

1）材料的外观、品种、型号、规格不符合合同规定，需方应在到货后规定期限内提出书面异议。

2）材料的内在质量不符合合同规定，需方应在合同规定的条件和期限内检验，提出书面异议。

3）对某些只有在工程运行后才能发现内在质量缺陷的产品，除另有规定或当事人双方另有商定的期限外，一般在运行之日起规定期限内提出异议。

4）在书面异议中，应说明检验情况，提出检验证明，并提出具体处理意见。

9. 违约责任

（1）需方的违约责任主要包括：

1）违反合同规定无正当理由拒绝接货；

2）不按合同规定支付到期的货款，与施工合同中业主拖延工程款处理相同；

3）不履行合同义务或不按合同约定履行义务的其他情况。

（2）供应方的违约责任主要包括：

1）不能按照要求的时间、送达地点交货，或交货时间比供应计划约定时间延迟时，供应方应按照延迟的时间向需方支付延期交货部分货款总值一定比例的违约金，同时赔偿损失。

2）如供应方未按需方批准的供应计划数量交货，可根据下列情况执行：

需方如果需要，供应方应按照需方指定的时间照数补交。对逾期交付的部分，供应方应按合同规定向需方支付逾期违约金，同时赔偿损失。

如需方不需要，可以退货。由于退货所造成的损失，由供应方承担。

如供应方不能交货，应向需方支付不能交货的违约金，同时赔偿损失。

3）因供应方原因材料的品种、数量、质量不符合合同规定，需方可拒绝接收。供应方须重新供应，由此造成的供应拖延，应按照拖延时间向需方支付违约金，同时赔偿损失。

4）因使用不合格材料造成工程事故或工程达不到需方要求的质量标准，供应方应向需方赔偿损失。

5）供应方不履行合同义务或不按合同约定履行义务的其他情况。

（3）如发生上述违约行为，违约金和赔偿金应与供应价款同期支付或扣除。

10. 其他

（1）有关履约保函、定金或预付款的条款。这方面的规定与施工合同相似。

（2）双方对材料质量有争议，应以合同规定的质量检测机构的鉴定结果为准。

3.6.3　设备采购合同

设备采购合同的一般条款可参照前述材料采购合同的一般条款，主要包括：设备名称、品种、型号、规格、等级、技术标准或技术性能指标，数量和计量单位，包装标准及包装物的供应与回收的规定，交货单位、交货方式、运输方式、到货地点、接（提）货单位，交（提）货期限，技术服务，质量监督与检验，安装、调试、验收，分包与外购，价格、结算方式、开户银行、账户名称、账号、结算单位，违约责任等。

现在工程设备系统越来越复杂，业主对供应商要求提高，设备采购合同也越来越复杂。

1. 需方义务

（1）应向供应方提供设备的详细的技术设计资料和施工要求。

（2）应配合供应方做好设备的计划接运（收）工作，协助驻现场的技术服务组开展工作。

（3）按合同要求参与并监督现场的设备供应、验收、安装、试车等工作。

（4）组织各有关方面进行工程验收，提出验收报告。

2. 供应方的义务

（1）供应范围

1）成套设备数量。合同要列明成套设备名称、套数。

供应方需要提供设备的设计、制造文件（如图纸），以及安装、维修、保养、运行维护等说明文件，作为验收的前提条件。

2）现在工程设备软件系统越来越重要，需要做出说明，如控制系统、信号系统、智能系统等，以及这些系统与整个工程系统的集成。

3）备品备用件。合同需要用详细清单列出随主机的辅机、附件、易损耗备用品、配件和安装修理工具等。在验收时，对这些备品备用件需要进行检查验收。

4）供应方还要提供设备组装和维修所需的专用工具。

（2）服务

1）供应方需要联合科研单位、设计单位、制造厂家和设备安装企业等，对与设备相关的工艺、产品、结构等方面的设计，以及施工方案的制订提供技术服务。

2）供应方应了解工程建设进度和设备到货、安装进度，协助联系设备的交、到货等工作，按施工现场设备安装进度的需要保证供应。

供应方需派技术人员在现场安装和调试中提供技术服务，及时答复或解决现场服务组提出的有关设备的技术、质量、缺损件等问题。合同应明确规定现场服务的内容，以及供应方技术人员在现场服务期间的工作条件、生活待遇、费用标准和承担者。

3）提供详细的操作和维护手册，就所供设备的组装、启动、运行、维护和修理对需方人员提供培训服务。运行维护人员的培训作为设备通过验收和最终交付的前提条件。

4）参与验收。参与大型、专用、关键设备的开箱验收工作，配合需方或安装单位处理在接运、检验过程中发现的设备质量和缺损件等问题，明确设备质量问题的责任。

参加工程的竣工验收，处理在工程验收中发现的有关设备的质量问题。

5）运行阶段的缺陷责任和售后服务等。

（3）其他工作

如由供应方负责设备安装施工，或设计，或者负责土建和设备安装施工等。这带来供应合同性质的变化，成为"工程设备和设计—建造"承包（适用 FIDIC 的黄皮书），或 EPC 总承包。

3. 质量管理

（1）技术标准。除应注明成套设备系统的主要技术性能外，还要在合同后附各部分设备的主要技术标准和技术性能的文件。

一般在设备招标文件中由"用户需求书"提出专门的技术要求及规格、供货范围、设计联络、质量体系及质量保证、技术文件及图纸、操作手册等技术要求。

（2）供应方对设备的技术、质量、数量、交货期、价格等全面负责，及时处理现场发生的设备质量问题。

（3）验收和保修。应详细注明成套设备验收办法，应在安装全部完成后才能验收。

对某些需要安装运转后才能发现内在质量缺陷的设备，一般可在运转之日起规定时间内提出异议。

成套设备的保修期限、责任和费用负担者都应在合同中明确规定。

4. 设备价格

设备合同价格应根据承包方式确定。通常有，按设备费包干方式，按照招标竞价方式，按委托承包方式等确定合同价格。

5. 风险和所有权

由于成套设备涉及进出口等环节，应对其风险及所有权的转移，在运输过程中的保险，以及对有关的税和关税的承担作出相关约定。

3.7　工程承包联营体合同

3.7.1　概述

1. 工程承包联营体的合同关系

在大型的和特大型工程中，联营体（有时有被称为"联合体"）承包是经常发生的。这是指两家或两家以上的企业（如设计单位、设备供应商、施工承包商）签订承包联营体合同，组成联营体联合投标，与业主签订总承包合同，其合同关系如图 3-5 所示。

2. 联营体合同的特点

（1）联营体合同的目的是共同完成总承包合同，明确联营体成员各方的工作范围和职

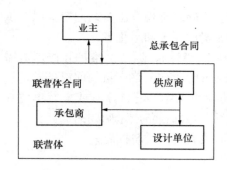

图 3-5　联营体承包合同关系

责。它作为总承包合同的从合同，与总承包合同有特殊的寄生关系。

联营体既是利益共同体也是责任共同体，有责任全面完成总承包合同确定的工程义务。每个联营体成员作为业主的合同伙伴，不仅对联营体合同规定的工程范围负有责任，而且与业主有合同法律关系，对其他联营体成员有连带责任。即任何一个联营体成员因某一原因不能完成他的合同义务，或退出联营体，其他联营体成员必须共同完成整个总承包合同。所以，对联营体成员有双重合同关系，即总承包合同和联营体合同关系。

（2）联营体合同在性质上区别于承包合同。承包合同的目的是工程成果和报酬的交换，而联营体合同的目的是联营体成员为了共同的经济利益而联合，它属于一种社会契约。联营体具有团体性，但它在性质上又区别于合资公司。

在民法典合同编合伙合同章中，对联营体法律关系进行了具体阐述。联营体合同属于合伙合同的一种类型，它的法律基础和执行次序为：联营体承包合同、总承包合同、民法典。

（3）工程承包的主体是联营体，而联营体不是独立的经济实体，没有法人资格，是临时性组织，在工程结束后就解散。所以业主需要通过合同措施保证总承包合同主体不缺失。

（4）联营体成员各方均应具备规定的资格条件，不同资质等级的单位构成联营体，应当按照资质等级低的单位的业务许可范围承揽工程。

（5）联营体各方对自己责任范围内的工程分包商、材料供应商的行为负责。

3. 联营体合同的运作过程

（1）通常联营体合同在总承包合同投标前就得签订，作为总承包合同的一个附件。业主在资格预审时既要将联营体作为一个总体单位来考察，同时又要分别考察各成员的资质和业绩。在评标时业主需要审查联营体合同、联营体运作规则，以及可能带来的风险。

（2）通常总承包合同由联营体各方一起与业主签订，或由联营体各方推荐牵头人或联营体代表人签订。对此应当出具委托书，明确委托权限和事项，并声明承担连带责任。

（3）只有总承包合同签订，联营体合同才真正有效。联营体需要完成它的总承包合同责任，只有总承包合同结束，它才能解散。

（4）在总承包合同的实施过程中，联营体成员的法律地位和合同义务有任何改变都需要通过业主批准，以保证业主对联营体的总体控制。

4. 联营体的组织形式

联营体成员之间的关系是平等的，按各自完成的工程量进行工程款结算，按各自承担的工程范围或投入资金的比例分割利润。在合同实施过程中，联营体成员之间的沟通和工程管理组织通常有两种形式：

（1）在联营体成员中产生一位牵头的承包商为代表，具体负责联营体成员之间，以及联营体与业主之间的沟通和工程中的协调。

（2）各联营体成员派出代表组成一个管理委员会或联营体成员大会作为最高机构，负责工程项目管理工作，处理与业主及其他方面的各种合同关系。

通常，分别设置技术经理、商务经理、工地经理职位具体负责日常工程管理工作。

3.7.2 联营体合同的基本内容

由于在工程中联营体的种类，承包工程的范围，联营体组织方式不同，使联营体合同的形式、内容、简繁程度差别很大。通常工程承包联营体合同有如下基本内容。

1. 基本情况

简要介绍联营体名称和通信地址，工程名称，预期总工期，联营的目的和工程范围，联营承包合同的法律基础。

2. 联营体成员概况

各联营体成员的公司名称、地址、电话、电子邮箱和简称等。

3. 出资比例和责任

列出联营体成员之间的出资份额比例。在联营体中，各联营体成员权利和义务划分，特别是利润和亏损、担保责任和保险都按出资比例确定。

4. 投标工作

主要确定在投标过程中联营体成员各方的义务与责任。有时这些内容不在联营体合同中出现，而是通过一个独立的协议定义。

（1）如果联营体的投标书为业主接受，则中标后以同样名义与业主签订工程承包合同。各联营体成员受承包合同的制约，负有连带责任和义务。

（2）投标工作中的责任分担。主要为：

1）按照业主的投标条件，联营体成员各方各自提交相应工程范围的预算报价。

2）各联营体成员的预算报价应由联营体认可，汇总后形成投标总报价文件。如果联营体成员对预算不能达成一致，则联营体合同终止，联营体成员之间相互不承担任何义务。

3）投标保函提交方式，按照出资比例或报价额比例分别向业主提供，或集中提供。

4）所有准备投标文件及投标过程中的花费由联营体成员各自承担。

5. 联营体工程范围

（1）联营体成员有责任按照出资比例完成联营体的工作（如提供资金，提供担保、机械、材料和劳务，完成规定的工程），以及由承包合同导出的工作。

（2）对没有按照合同要求完成合同责任的联营体成员应承担的责任和清偿方式。

（3）因某联营体成员未完成其合同责任而引起联营体损失应承担的责任。

（4）在工程实施过程中，出资比例的调整规则，以及引起合同争议的处理。

6. 联营体的组织机构

如果采用管理委员会方式，需要规定：

（1）管委会的组织结构、权利的范围定义和运作规则。

（2）工程技术经理、商务经理、工地经理的承担者，以及他们的权利和主要职责。

7. 特殊工作的报酬

具体规定下列各费用的计算依据、计算范围和方法。

（1）对技术经理、商务经理以及会计、工程职能管理人员等的报酬确定方法。

（2）对设计、咨询等工作的委托，及对这些工作的计酬方法和价格。

（3）施工准备工作的委托和酬金的支付方法。

（4）社会保障费用和其他工作费用的承担者和计算方法。

（5）工程过程中的一些特殊工作（如临时设施等）的委托方式和结算方式。

8. 联营体财务方面的规定

包括账户的设立，财务核算，资金的使用范围，资金不足的平衡，对联营体成员的支付，利息的计算，账户管理，财务计划管理，向银行贷款和汇兑等方面的规定。

9. 劳务人员

（1）工程施工所需劳动力按照管委会确定的数量由联营体成员使用。联营体成员按出资比例向联营体提供劳务人员，他们执行联营体的指令，与联营体没有劳务关系。

联营体成员提供人员的资格要求，不合格的人员的处理，以及人员的召回的规定。

（2）对联营体成员向联营体派出人员的行为，由联营体承担法律和合同责任，免除原联营体成员（母公司）对这些人员的义务。

（3）对联营体成员的代表相关的法律和劳资关系方面的规定。

（4）工地经理分别作雇员、领班考勤表，并于次月规定时间提交联营体成员。

（5）对联营体直接雇用的职员和领班，合同应规定他们的劳务关系、薪水水平、工资的支付方法、费用承担者，以及假期费用、社会保障费用的计算及承担者。

（6）人员差旅费范围，支付方法，额度等。

10. 材料

对工程所涉及的各种材料、建筑设施、工具和施工设备及配件等，应规定：

（1）购买。应说明采购程序，价格的确定方法，保证充分竞争和公开化的措施。

（2）周转材料的供应方式、计价方法、价格水准、折旧方式和最后处理方式的规定。

（3）剩余材料的处理和评价方法的规定。

（4）材料的使用由工地经理做出入库的记录。

11. 机械

（1）对施工必要的机械，联营体成员有义务按出资比例，在规定的时间提供。由管委会确定各联营体成员的设备投入量、使用时间、设备操作人员的数量等。

（2）交货。机械的交货、检查和现场安装责任等方面的规定。

（3）退回。对不再使用的设备需要在规定时间前以书面通知各联营体成员。

（4）对由联营体采购和出售的机械，需要规定购买方式，采购合同的签订，工程结束时设备的出售方式等。

（5）对联营体成员提供的设备，规定其运行费用组成、计算依据、酬金结算方式和时间、维修责任、争议的解决等。

（6）设备损坏的处理，如由于操作事故、非正确使用、条件缺陷、不正确投入、不可抗力造成损坏的责任承担者。

（7）设备在投入、使用和退还时状态的要求，出现问题的处理方式和责任的归属。

（8）对为本工程专门定制设备的委托和定价的规定。

（9）技术检查费用的规定，如对设备进行定时常规的技术检查，由设备所有者承担费用；对工程现场运行相关的检查，及损坏修理后的检查由联营体承担费用。

12. 包装费、装卸费和运输费

（1）包装费。应明确规定包装费的支付和包装材料的回收。

（2）装卸费用。应明确规定材料和设备装卸费的承担者，费用范围，价格水平。

（3）运输费。应规定联营体承担运输的范围，实施运输所涉及的工具、时间、费用标准、费用范围、运输过程中材料和设备损坏的责任等。

13. 保险

（1）各种保险（如工程相关的保险，人寿保险，社会保险，生病、退休、失业保险，企业责任保险，车保险，物品保险）的责任，费用承担者，投保额度，投保名义。

（2）在合同的执行、事故发生、理赔过程中的一般规定。

（3）在出险情况下费用或责任的分担。

14. 税赋

即涉及各种税收，如所得税、营业税及其他税收的承担者和承担方式。

15. 检验和监督

（1）联营体成员有权提出要求，对联营体进行商务和技术方面的检查。

（2）检验的时间、范围、形式和种类由管委会决定，检验结果向管委会提交报告。

（3）每个联营体成员有权利查阅联营体的资料。

16. 担保及联营体合同权益的转让

（1）联营体成员需要提交与出资比例相应的担保，费用由该成员承担，或由联营体承担。

（2）某联营体成员转让联营体合同权益的要求，需要有其他联营体成员一致书面同意时才有效。

17. 缺陷维修

（1）技术经理负责缺陷维修工作的管理，监督和检查维修工作实施。当预计缺陷维修费用超过合同规定的额度时，维修工作的实施需要管委会事先同意。

（2）维修所发生的费用和设备费用由联营体成员按出资比例承担。

18. 联营体成员退出

（1）联营体成员可出于符合民法典规定的理由，提出解除合同。

（2）如果某联营体成员的所有者死亡，则在所有权有效时，联营体可同它的继承人继续本联营承包合同关系。他的继承权利和继承程序由本合同规定。

（3）如果某联营体成员由于某种法律理由退出，则其他联营体成员在规定时间内通过多数成员同意的决议将退出的联营体成员除出联营体。

（4）某联营体成员没有履行重要的合同义务，如没有提供现金款额、担保、设备、材料、人员或支付费用，可以通过其他联营体成员的一致决定将该联营体成员清除出去。

（5）如果仅两个企业联营，则任一联营体成员只能通过法律裁决开除。

（6）当某联营体成员的企业申请破产，或已被执行破产，或他的债权人提出清产建议，并为法庭接收，或他的财产已进入清算程序等，可以将他开除出联营体。

（7）合同必须对开除或退出的时间有明确的规定，相关的联营体成员可以在一定的时间内提出反驳，或提请仲裁或诉讼。

（8）联营体成员退出的处理。需要规定，对退出者清算债权，退出的成员应立即支付财产分配平衡表上出现的亏损份额；联营体对该退出成员的财产债权，可以直到完成全部工程实施和履行全部义务后再清算归还；退出成员按以前的出资份额，承担缺陷维修责任以及承担联营体由这种退出所引起的费用；由退出成员在联营承包合同规定的租赁关系范围内向联营体供应的机械和材料，在由本合同协议的租金支付后继续留给联营体等。

复 习 思 考 题

(1) 简述施工合同的主要内容。

(2) 简述 EPC 合同与施工合同的主要区别。

(3) 试分析工程分包合同与施工合同的联系。

(4) 简述工程勘察设计合同的主要内容。

(5) 简述工程咨询合同的主要内容。

(6) 简述材料和设备采购合同的主要内容。

第 2 篇
工程合同的形成

4 工程合同总体策划

【本章提要】

工程合同总体策划主要确定对工程项目有重大影响的合同问题，策划工作的主体是业主。它对整个项目的计划、组织、控制有决定性的影响，投资者、业主对它应有足够的重视。

本章主要介绍合同总体策划的概念，承发包策划、合同种类的选择、合同风险策划、合同体系的协调等。

4.1 概 述

4.1.1 合同总体策划的基本概念

在建设工程项目的开始阶段，业主（有时是企业的决策层和战略管理层）需要对一些重大合同问题作出决策。

（1）工程合同体系的策划。这是对工程承发包的策划，工程合同体系的构建，考虑将整个建设工程分解成几个独立的合同？每个合同有多大的工程范围？

（2）合同种类（主要为计价方式）的选择。

（3）合同风险分配策划。

（4）工程相关的各个合同在内容上、时间上、组织上、技术上的协调等。

合同总体策划的目的是通过合同保证工程总目标的实现。它必须反映工程总目标和企业战略，反映企业的经营指导方针和根本利益。

4.1.2 合同总体策划的重要性

合同总体策划是确定对工程有重大影响的合同问题，对整个工程的顺利实施有重要作用：

（1）业主通过合同落实工程总目标，委托工程建设任务，并实施对建设过程的控制。合同总体策划在很大程度上决定着工程的治理方式和治理结构，进而决定了工程的组织结构；对工程总体实施计划和管理规则，各方面的义务和权利，进而对整个工程的实施和管理过程产生根本性的影响。

（2）合同总体策划是起草招标文件和合同文件的依据，策划的结果具体地通过合同文件体现出来，对工程涉及的各个合同的签订和实施都有决定性作用。

（3）通过合同总体策划构建项目管理规则，摆正工程过程中各方面的重大关系，使各个合同达到良好的协调，保证工程总目标的顺利实现。

4.1.3 工程合同总体策划过程

对一个建设工程项目，合同总体策划过程如图 4-1 所示。

（1）进行企业战略和工程总目标分析，确定企业和工程对合同的总体要求。

（2）该阶段工程技术设计的完成和总体实施计划的制定。在建设工程的早期就要进行合同总体策划工作。如果采用 EPC 总承包模式，在设计任务书完成后就要进行合同总体策划，进行招标。

（3）工程项目的工作结构分解。项目工作分解结构图（WBS）是合同总体策划最主要的依据。

（4）确定建设工程项目的实施策略。包括：

1）建设工程项目的工作哪些由组织内部完成，哪些准备委托出去。

2）所采用的承发包模式[①]。它决定了业主面对承包商的数量和工程合同体系。

3）对工程风险分配的总体策略。

4）业主准备对工程项目实施控制的程度。

5）对材料和设备所采用的供应方式，如由业主自己采购，或由承包商采购等。

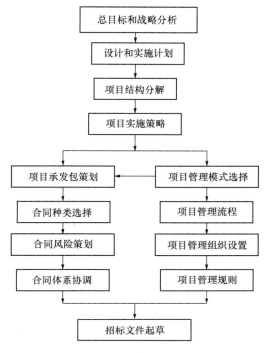

图 4-1　工程项目合同总体策划流程

（5）业主的项目管理模式的选择，如采用业主代表与工程师共同管理；将项目管理工作分阶段（如设计监理、施工监理、造价咨询等）委托，或全过程项目管理委托。

一个工程所采用的项目管理方式与工程的承发包方式相互制约，对工程组织形式、风险分配、合同类型和合同的内容有很大的影响。

（6）工程承发包策划。即按照选定的承包模式和管理模式对项目分解结构进行具体的分类、打包和发包，形成一个个独立的，同时又是相互联系的合同。

（7）项目管理组织策划。按照选定的项目管理模式设置项目管理组织，将整个项目管理工作在业主、工程师和承包商之间进行分配，划分各自的管理工作范围，分配职责，授予权利，制定管理工作流程和管理规则，构建协调机制。

（8）工程所涉及的各类合同的具体策划。包括合同种类的选择，合同风险分配策划，项目相关合同之间的协调等。

（9）招标文件的起草。上述工作成果都需要通过合同定义和描述，具体体现在招标文件中。这项工作是在具体合同的招标过程中完成的。

4.1.4　合同总体策划的要求和依据

1. 合同总体策划的要求

在承包市场上最重要的主体——业主和承包商之间，业主是工程承包市场的主导，是

---

① 在工程中，常用"方式"和"模式"两词，如融资模式、承发包模式、项目管理模式。通常，"方式"是所采用的方法和形式的总称，而"模式"是标准化的，大家统一认可的方式。所以，"模式"通常就是几种，而方式是丰富多彩的，个性化的。

承包市场的动力，他的合同总体策划对整个工程有导向作用，同时直接影响承包商的投标和合同实施策划。

（1）合同总体策划的目的是通过合同保证工程总目标的实现，它应反映工程总目标和企业战略。所以合同总体策划要有工程全寿命期理念和现代工程价值体系的视野。

（2）合同总体策划要符合前述合同的基本原则，不仅要保证合法性、公正性，而且要促使各方面互利合作，保证工程实施过程的系统性和协调性，确保高效率地完成工程。

（3）业主要有理性思维，要有追求工程最终总体的综合效率的内在动力。

业主应认识到：合同总体策划不是为了自己，而是为了实现工程总目标，应该理性地决定工期、质量、价格目标，追求三者的平衡，应该公平地分配工程风险，不能希望通过签订单方面约束性合同把承包商捆死，不能过度地压低合同价格，不给承包商利润。否则不仅损害承包商的利益，而且最终损害工程总目标。

（4）策划工作需要科学性和艺术性，需要进行细致的分析研究。合同策略的各项选择存在多样性和丰富性，通常没有最优选择。每一种选择（如承发包方式、项目管理方式）都有它的好处、带来的问题、应用的条件和特殊的运作方式，需要有相应的系统设计。

（5）持续改进。合同总体策划的可行性和有效性只有在工程实施中体现出来。在每一个合同招标，签订每一份合同过程中，要有持续改进的过程。

2. 合同总体策划的依据

（1）工程方面：工程的类型、规模和特点，技术的新颖性和复杂程度，工程技术设计的深度，工程总目标、工程范围和项目分解结构（WBS）的确定性，招标时间和工期的限制，项目的盈利能力，工程的风险程度等。

（2）业主方面：业主的融资方式、组织构成，资信、资金供应能力，管理风格、管理经验和水平、风险管理能力和具有的管理力量，业主的目标以及目标的确定性，业主的实施策略，期望对工程管理的介入深度，业主对工程师和承包商的信任程度等。

（3）承包商方面：潜在的承包商的能力、资信、企业规模、管理风格和水平，设计能力和设计管理水平，在本项目中的目标与动机，目前经营状况，过去同类工程的经验，企业经营战略、长期动机，承受和抗御风险的能力等。

（4）环境方面：工程的法律环境，建筑市场竞争激烈程度，物价的稳定性，地质、气候、自然、现场条件的状况和确定性，资源（如资金、材料、设备等）供应保证程度、限制条件，获得额外资源的可能性，工程交易习惯，工程惯例（如标准合同文本）等。

对于复杂的工程，合同总体策划前要做大量的调研和分析工作。在合同策划中要注意上述因素之间的交叉影响，需要关注各种因素的匹配性。

4.2 工程承发包策划

4.2.1 概述

（1）工程的合同体系是由建设工程项目分解结构（WBS）和承发包方式决定的。业主将项目工作结构分解确定的工程活动（图4-2），通过合同委托出去，形成工程的合同体系。

业主首先需要决定，对项目分解结构（WBS）图中的活动如何进行组合，以形成一

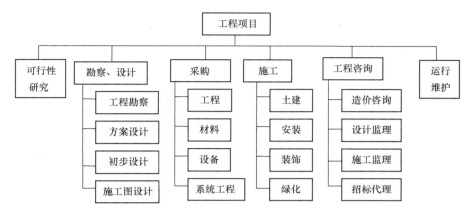

图 4-2　建设工程项目结构分解

个个合同。完成相应的项目工作是这些合同的目的，由此就确定了各合同在工程合同体系中的地位。根据工程实施策略，可以采用不同的组合方式，即为不同的承发包方式。

对一个具体的工程，承发包方式是多样性的，但常用的承发包模式有平行承发包模式、EPC 总承包模式等。

（2）承发包方式选择的重要性

1）业主通过工程发包和合同运作项目，承发包方式体现了工程项目的实施方法。

2）工程的承发包方式又是工程承包的市场方式，即业主和承包商在承包市场上通过承发包形成市场经济活动。

3）承发包方式决定工程项目的合同体系结构和组织形式。

4）承发包方式决定工程所采用的合同种类。

5）承发包方式决定工程中业主和承包商之间义务、责任和权利的划分，合同的责任、风险的分担。

6）采用不同工程承发包方式，对许多合同事务的处理方式存在差异。

4.2.2　分专业分阶段平行承发包模式

（1）平行承发包模式，即业主将设计、材料设备供应、工程施工委托给不同的单位。

1）工程设计的发包。对一个具体的工程，设计的发包方式是多样化的。

① 业主将整个工程的设计委托给一个设计单位。这样设计工作是一体化的，设计责任是完备的。

② 分阶段委托，如方案设计、初步设计和施工图设计可以委托给不同的设计单位。以前我国许多标志性建筑都由外国的设计事务所承担方案设计，我国的设计单位承担初步设计和施工图设计。而他们之间的合同关系又是多样性的。例如：

他们分别由业主委托，与业主签订设计合同；

他们中的一方与业主签订设计总包合同，另一方作为他的分包，或者由业主指定的分包；

他们之间组成联营体承包设计等。

③ 有些工程可以按照专业设计（如建筑设计、结构设计、空调系统设计等）分别由业主发包。而工程的生产装置、控制系统的设计可以由相应的设备供应商完成。

④ 在许多大型工业或公共工程项目中，设计的承发包模式可能更为复杂。常常需要委托一个设计单位负责工程的总体方案设计和协调（被称为"设计总体单位"，它有时也承担部分设计任务），业主再将部分工程（标段或专业工程）的设计委托给其他设计单位，如在后面案例 13-1 中，某城市地铁工程建设项目的设计合同关系。

对复杂的工程或专业工程系统（如特殊结构），可以委托一方承担工程设计，再委托另一方进行设计审核等。

2）工程施工的发包方式。

① 施工总承包，将工程的整个施工（包括土建、安装、装饰）委托给一个承包商完成。

② 将工程的土建、电器安装、机械安装、装饰等工程施工分别委托给不同的承包商。

③ 对大型工程项目，常常需要划分工程区段（标段）发包，如在地铁工程建设项目中划分不同的车站和区间段土建工程的施工发包。

④ 在有些工程中，土建施工分标很细，如可能分为土方工程、基础维护工程、主体结构工程等发包。

3）采购供应的发包方式。

业主的材料和设备的采购方式同样是多样性的。在我国目前市场环境下，业主为了控制工程质量和材料设备的供应过程，加大业主供应的范围，包括生产设备、成套装置、高等级材料（如高级装饰材料）、大宗材料等。所以业主需要签订的采购合同很多。

在有些工程中供应关系比较复杂，如案例 13-1 中，土建工程中用的混凝土为业主供应，混凝土中的水泥仍然是业主供应，而混凝土中的外加剂是甲（业主）控乙（混凝土供应商）供，形成复杂的合同关系。

（2）平行承发包模式的问题。

这种模式是 20 世纪工程承发包的主体方式。我国的业主、承包商和设计单位都适应这种承发包模式。它比较符合工程实施过程的规律性，可以有步骤地进行设计、供应和施工；业主可以分阶段进行招标，通过协调和项目管理加强对工程的控制；各专业设计、材料和设备供应、工程施工单位的工程范围和责任界限比较清楚，工程造价的确定性较大，特别有利于投资控制。但它有如下问题：

1）各承包商、设计单位、供应商分别与业主签订合同，他们之间没有合同关系。它将各专业工程的设计、采购、施工等环节割裂开来，工程责任分散，从总体上缺少一个对工程的整体功能目标负责的承包商。业主面对很多设计、施工、供应单位，它们都会推卸界面上的工作职责，使工程责任分散，容易出现"责任盲区"。例如，由于设计图纸的拖延或错误造成土建施工的拖延或返工，又造成安装工程施工的拖延或返工。土建承包商和安装承包商并不向设计单位索赔，而向业主索赔，因为他们与设计单位没有合同关系。但业主却不能向设计单位索赔，因为设计单位的赔偿能力和责任是很小的（图 4-3）。显然在这个过程中业主并没有失误，却承担了损失责任。

所以工程索赔较多，合同争议较多，工期比较长。据统计，工程中大量的索赔

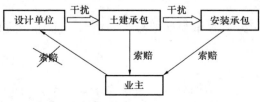

图 4-3　在平行承发包模式中的责任盲区

原因是设计变更引起的。

2）对工程优化的影响。由于设计和施工分离，设计单位对施工成本和方案了解很少，对工程成本不关心；承包商按照设计确定的工作量计价，对工程设计没有发言权。他们都希望扩大工程范围和工作量，缺乏工程优化的积极性、创造性和创新精神。这不利于工程领域的科技进步，是影响我国工程建设投资效率、工程运行质量的主要原因之一。

另外，由于工程规模越来越大，技术越来越复杂，承包商如果不介入设计，要圆满完成工程施工任务，实现质量、工期和成本目标是十分困难的。

3）在工程中，业主需要负责各承包商、设计单位和供应商之间的协调，对他们之间相互干扰造成的问题承担责任，这需要大量的管理工作，消耗不少费用和时间。而业主常常很难胜任这些工作，导致项目实施和管理效率的降低和工期的延长。

在大型工程中采用这种模式，业主将面对很多承包商（包括设计单位、供应单位、施工单位），直接管理承包商的数量太多，管理跨度太大，容易造成工程中的混乱和失控。而且业主忙于工程管理的细节问题，会降低对战略问题和工程产品市场的关注。

4）由于各方面利益的不一致性，平行承包商之间了解较少，相互不信任，信息传递容易失真，会加剧工程中的信息不对称和信息孤岛现象。一旦工程风险出现，更容易造成计划没有变化快的情况，使得损失进一步扩展。

5）工程分标过细，工程招标次数多和投标的单位多，会导致大量的管理工作的浪费和无效投标，造成社会资源的极大浪费，而且容易产生腐败现象。

从总体上，这种模式会导致总投资的增加和工期的延长，会损害工程总目标的实现。

4.2.3　EPC 总承包模式

EPC 总承包是最完全的总承包模式，即由一个承包商承包工程项目的全部工作，包括设计、采购和施工，甚至包括项目前期的可行性研究和工程建设后的运行管理。承包商向业主承担全部工程责任，向业主交付具备使用条件的工程。

1. 总承包模式的好处

从总体上说，总承包模式克服上述分阶段分专业平行承包的缺点，它的好处有：

（1）减少业主面对的承包商的数量，业主事务性管理工作较少，管理方便，例如仅需要一次招标。在工程中业主责任较小，主要起草招标文件，提出业主要求，作宏观控制，验收竣工的工程，一般不干涉承包商的工程实施过程和项目管理工作。

（2）总承包商对工程整体功能负责，工程责任体系明确且很完备。各专业工程的设计、采购和施工的界面协调都由总承包商负责，工程中的责任盲区不再存在，避免因设计、施工、供应等不协调造成的工期拖延、成本增加、质量事故，能有效地减少合同纠纷和索赔。

（3）加大了承包商的风险责任，给承包商以充分的自主权完成工程。承包商承担工程中大多数风险，能够最大限度地发挥承包商在设计、采购、施工和项目管理中的积极性和创造性，能够促进工程领域的创新和科技进步。

（4）承包商能将整个工程管理构建成一个统一的系统，能够有效地进行质量、工期、成本等的综合控制；信息沟通方便、快捷、不失真；各专业设计、供应、施工和运营的各环节能够合理地交叉搭接，从而工期（招标投标和建设期）大大缩短，工程更容易获得成功。

（5）通常总承包合同采用固定总价形式，工程的总目标（功能、合同价格和工期）是确定的，有利于降低工程造价和方便工程结算。

所以工程总承包对业主和承包商都有利，工程整体效益提高。

2. 总承包模式的基本问题

从第 3 章 EPC 总承包合同的分析可以看到，该合同的应用还有很多问题。

（1）按照图 3-2 的程序可见，总承包合同在程序上存在矛盾性。在建设项目任务书完成后，业主提出业主要求，承包商以此报价，签订总价合同。承包商的报价在很大程度上是依据自己对业主要求的理解，而业主要求是比较粗略的。工程的详细设计是在合同签订以后完成的，而且设计文件和相应的计划文件都必须经过业主代表的批准才能施工。

所以，承包商的报价依据不足，双方对业主要求的理解可能存在分歧，极容易引起争议，由此加大承包商报价和工程实施的风险。

（2）业主风险加大。体现在三方面：

1）由于承包商风险加大，报价中不可预见的风险费用增加。

2）业主对最终设计和工程实施的控制能力降低。

3）对业主来说，仅有一个承包商，工程的成功依赖他的资信和能力。总承包商必须是素质高、资信好，实力和能力强的企业。

① 总承包商对工程承担全过程责任，不仅要最大程度满足业主的需求，而且要有环境责任、社会责任和历史责任，需要有工程全寿命期理念。

② 总承包商不仅需要具备各专业工程施工能力，而且需要很强的工程规划和设计能力、项目管理能力、供应能力和运行管理能力，甚至需要很强的市场策划能力和融资能力。企业信用等级高，知名度高，有丰富的工程经验和抗风险能力。

③ 拥有相关工程领域的核心技术，如专利技术、先进设备，特别是现代信息技术，具有研发能力，能进行集成创新。

④ 不仅拥有大量高素质的经营管理人才和科技人才，而且具有很强的整合资源的能力，能对工程所需要的人力资源、技术资源、资金、信息资源进行高效率的集成。

工程总承包更符合现代工程的特殊性，适合业主对承包商的要求。这是工程总承包发展的根本动力。在 20 世纪 80 年代末，国际工程专家调查了许多工程的经验和教训，得出结论：业主要使工程顺利实施，需要减少他所面对承包商的数量，而且越少越好。这也为这么多年来的工程实践所证明。目前这种承包方式在国内外都受到普遍欢迎。

总承包方式的推行，需要合同双方高度的诚信和相互信任，需要承发包市场的成熟、工程实施运作高度的规范化等。

4.2.4 工程咨询工作的委托方式

业主的咨询工作委托方式是由业主所采用的项目管理模式决定的，也是多样性的。通常业主的项目管理方式有如下几种。

（1）业主自己管理工程，如我国在 20 世纪 80 年代前几乎所有的单位都设立基建处，具体负责工程建设工作。对功能和技术系统不复杂的工程建设，这种模式也是比较好的选择。

（2）将项目管理工作分阶段，甚至分职能委托。即将项目的可行性研究（咨询）、设计监理、招标代理、造价咨询、施工监理等分别委托给不同单位承担。

（3）采用集成化、一体化的发包模式。即将建设工程的项目管理工作全部委托给一个咨询公司，由工程师全权管理。最典型的是按照 FIDIC 工程施工合同规定授予工程师权利。在这样的项目中，业主主要负责项目的宏观控制和高层决策，一般与承包商不直接接触。

在这种情况下，工程的设计、施工、采购的发包又可分为：

1) 由业主直接发包，签订合同。则项目管理公司仅仅负责项目管理。这属于代理型项目管理。我国所推行的全过程咨询（项目管理）就属于这种。

2) 由咨询公司发包，签订合同。这属于非代理型（风险型）项目管理承包（PMC 或 MC）。咨询公司代表业主进行项目管理，选择设计单位、施工承包商、供应商，并与他们签订合同。我国推行的"代建制"，以及 ECC 合同中"管理合同"选项实质上就属于这一类。

非代理型的 CM 承包模式（CM/No-Agency）也属于这一类（见参考文献 4）。

（4）业主与咨询公司共同管理，即工程师与业主代表共同管理。业主也可以限定项目经理的权利，把部分管理工作和权利收归自己，或规定工程师在行使某些权利时必须经业主同意。

在我国大量的工程都采用这种管理模式。一方面，我国许多业主具有一定的项目管理能力和队伍，可以自己承担部分项目管理工作；另一方面，又可以保证业主对工程的有效控制。例如投资控制的权利，合同管理的权利，经常由业主代表承担，或双方共同承担。

（5）其他模式。如在采用 EPC 总承包模式时，通常业主委托一个咨询公司负责工程的咨询工作，如起草招标文件，审查承包商的设计和承包商文件，对工程的实施进行监督，质量验收，竣工检验等。他的管理工作层次较高，而具体的项目管理工作由总承包商承担。

如代理型 CM（CM/Agency）模式（见参考文献 4），CM 单位接受业主的委托进行整个工程的施工管理，协调设计单位与施工承包商的关系，保证设计和施工过程的协调。业主直接与施工承包商和供应商签订合同，CM 单位与设计、施工、供应单位没有合同关系（图 4-4）。

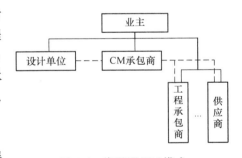

图 4-4 代理型 CM 模式

4.2.5 工程承发包方式的多样性

在现代工程中，承发包方式呈多样性的发展趋势。

（1）在 EPC 总承包和平行承发包之间有许多中间形式，承包商可能承担不同比例的设计工作。

（2）"设计－采购"（EP）总承包：承包商承担工程的设计和采购工作，还可能在施工阶段向业主提供咨询服务和负责施工管理。工程施工由业主委托的其他承包商负责。

与它相似的还有"采购－施工"（PC）总承包，即承包商负责提供成套设备和施工，工程设计由业主另外委托。

（3）"设计－管理"总承包：由一个单位承担设计和工程项目管理，供应和施工由业主委托的其他承包商承担。

（4）EPC 总承包的范围"前伸后延"。

1）承包商为业主做前期咨询工作，包括前期规划、可行性研究等，项目上马后，与业主谈判 EPC 合同，确定合同价格，签订合同后继续履约。

2）EPC＋运营维护。工程竣工后，承包商再运营和维护 3～5 年，如"DBO"模式。

3）EPC＋融资服务，或 EPC＋I（股权投资模式）。EPC 承包商还作为投资人之一。

在我国的一些城市基础设施 PPP 项目中，上述几种 EPC 的扩展模式都有应用。

（5）对一个工程，承发包方式又有很大的灵活性，对不同的工程系统（如不同标段、土建结构工程、设备工程、系统工程、装饰工程等）可能采用不同的发包方式（见案例 13-1）。所以，不要追求统一的模式，应根据工程的特殊性、业主状况和要求、市场条件、承包商的资信和能力等做出选择。

但从总体上说，工程的合同体系设计应尽可能使合同关系简单，合同关系复杂会带来执行和合作的困难，出现争议也难以分清责任。

4.3　合同计价方式的选择

根据承发包方式确定了工程所用的合同类型后，还需要选择合同所采用的计价方式。在实际工程中，合同计价方式丰富多彩，有十多种，以后还会有新的计价方式出现。不同的计价方式有不同的应用条件，有不同的义务、责任和权利的分配，对合同双方有不同的风险，甚至工程招标投标方式、价款结算方式、最终结算等各方面都存在差异。

4.3.1　单价合同

这是最常见的也是最传统的合同种类，适用范围广，如 FIDIC 工程施工合同和我国的建设工程施工合同示范文本。在这种合同中，承包商仅按合同规定承担报价风险，即对报价（主要为单价和费率）的正确性和适宜性承担责任；而工程量变化的风险由业主承担。由于风险分配比较合理，能调动承包商和业主双方的管理积极性，所以能够适应大多数工程。按照合同价格与市场物价等的关系，单价合同又分为固定单价和可调单价等形式。

单价合同的特点是单价优先，业主在招标文件中给出的工程量清单中的数字仅为参考，工程款结算按实际完成的工程量和承包商所报的单价计算。虽然在投标报价、评标、签订合同中，人们常常关注合同总价格，但这个总价并不是最终合同价格，而单价才是实质性的。

对于投标书中明显的数字计算错误，业主有权先作修改后再评标。例如在一单价合同的报价单中，承包商报价出现笔误如下：

序号	工程分项	单位	数量	单价（元/单位）	合价（元）
1.					
2.					
⋮					
i	钢筋混凝土	m^3	1000	300	30000
⋮					

总报价	8100000

由于单价优先，实际上承包商钢筋混凝土的合价（业主以后实际支付）应为300000元，所以评标时应将总报价修正。承包商的正确报价应为：

$$8100000-30000+300000=8370000 \text{ 元}。$$

如果实际施工中承包商按图纸要求完成了1100m³钢筋混凝土（由于业主的工程量表是错的，或业主指令增加工程量），则实际钢筋混凝土的价格应为：

$$300 \text{ 元}/m^3 \times 1100m^3 = 330000 \text{ 元}$$

而如果承包商将300元/m³误写成200元/m³，则实际工程中就应按200元/m³结算。

采用单价合同，应明确编制工程量清单的方法、工程量的分项规则、计算规则、计量方法，每个分项的工程范围、质量要求和内容需要有相应的标准，如国际通用的工程量计算规则和我国的工程量计算规则适用于单价合同。

现在在单价合同的工程量清单中，还可能有如下情况：

（1）工程分项的综合化。即将工程量划分标准中的工程分项合并，使工程分项的工作内容增加，具有综合性。例如在某城市地铁工程建设项目中，隧道的开挖工程以延长米计价，工作内容包括盾构、挖土、运土、喷混凝土、维护结构等。它在形式上是单价合同，但实质上已经带有总价合同的性质。

（2）单价合同中有总价分项。即有些分项或分部工程或工作采用总价的形式结算（或被称为"固定费率项目"）。如在某城市地铁工程建设项目中，某车站的土建施工以单价合同发包。但在该施工合同中，维护结构工程分项却采用总价的形式，承包内容包括维护结构的选型、设计、施工和供应。

（3）暂列金额。它是工程量清单中一个特殊处理的分项，有备用的性质。它的使用范围通常包括：招标时对工程范围和技术要求不能详细说明的分项，由指定分包商完成的工程、供应或服务，可能的意外事件的花费等。它的数额一般由业主或工程师统一填写，其使用由工程师批准，可以全部，或部分地使用，也可以不用。

4.3.2　总价合同

总价合同是总价优先，针对合同规定的工程范围和承包商义务，投标人报总价，双方商讨并确定合同总价，最终按总价结算，价格不因环境变化和工程量增减而变化。通常只有设计（或业主要求）变更，或符合合同规定的调价条件，例如法律变化，才允许调整合同价格。按照合同价格与资源市场价格的关系，它又可以分为固定总价合同和可调总价合同。

（1）在这类合同中承包商承担了工程量和价格风险。现在，业主比较喜欢采用这种合同形式，因为：

1）工程中计量支付和双方结算方式比较简单省事，通常根据工程进度节点采用总价百分比的方式付款，避免结算时对合同价款的确定产生争议。

2）承包商的索赔机会较少（但不可能根除索赔），业主可以有效转移大部分风险，减少风险事件造成的损失。在正常情况下，可以免除业主由于要追加合同价款、追加投资带来的需上级（如董事会、甚至股东大会）审批的麻烦。

但由于承包商承担了全部风险，承包商的报价需要考虑施工期间物价变化以及工程量变化带来的影响，不可预见风险费较高。

同时，由于业主风险较小，他干预工程实施过程的权利也受到限制。

（2）固定总价合同的应用条件。

在以前很长时间中，固定总价合同的应用范围很小：

1）工程范围清楚明确，工程设计较详细，图纸完整、清楚，工程量清单完整、数字准确。否则，很容易引起合同"总价包干"范围的争议。

2）工程量小、工期短，在工程过程中环境因素（特别是物价）变化小，工程条件（特别是地质条件）稳定。

3）工程结构和施工技术简单，风险小，报价估算方便。

4）投标期相对宽裕，承包商可以作详细的现场调查，认真复核工程量，分析招标文件，拟定实施计划。

5）合同条件完备，双方的权利和义务关系十分清楚。

但现在在国内外的工程中，总价合同的使用范围有很大的扩展，用得很多。甚至一些大型工程的 EPC 总承包合同也使用总价合同形式。有些工程中业主只用初步设计资料招标，却要求承包商以固定总价合同承包，这个风险非常大。

（3）总价合同的计价有如下形式：

1）业主为了方便承包商投标，在招标文件中给出工程清单（或分项工程表），但业主对其中的工程分项和数量不承担责任。

2）招标文件中没有给出工程清单，而由承包商制定。

合同价款总额由每一分项工程的包干价款（固定总价）构成。但工程清单和相应的报价表仅仅作为阶段付款和工程变更计价的依据，而不作为承包商按照合同规定应完成的工程范围的全部内容。如果业主提供的，或承包商编制的分项工程表有漏项或计算不正确，则被认为已包括在整个合同总价中。所以承包商需要自己根据工程信息复核或计算工程量。

该类合同分项工程表的编制常常带有随意性和灵活性，在编制中应考虑到如下情况：

① 承包商的工程责任范围扩大，通用的工程量的划分标准难以包容。例如由承包商承担部分设计，在投标时承包商无法精确计算工程量。

② 通常总价合同采用分阶段付款。如果工程分项在工程量清单中已经被定义，只有在该工程分项完成后承包商才能得到相应付款。这里工程分项的划分应与工程的施工阶段相对应，需要与施工进度一致，否则会带来付款的困难，影响承包商的现金流量，如将搭设临时工程、采购材料和设备、设计等分项独立出来，这样可以及早付款。

（4）总价合同和单价合同有时在形式上很相似。例如在有的总价合同的招标文件中也有工程量清单，也要求承包商提出各分项的报价，但它们是性质上完全不同的合同类型。所以，在合同中，需要对合同类型、承包范围和风险范围进行准确、清楚的界定，避免前后矛盾。如合同规定采用"固定总价"计价方式，而相关条款却规定"价款按实际工程量结算"。这样就容易引起价款结算的争议。

总价合同在招标投标中就与单价合同的处理有区别。下面的案例具有典型性。

【案例 4-1】某建筑工程采用邀请招标方式。业主在招标文件中要求：

（1）项目在 21 个月内完成；

（2）采用固定总价合同；

（3）无调价条款。

承包商投标报价 364000 美元，工期 24 个月。在投标书中承包商使用保留条款，要求取消固定价格条款，采用可调价格条款。

但业主在未同承包商谈判的情况下发出中标函，同时指出：

(1) 经审核发现投标书的工程量报价表中有数字计算错误，共多算了 7730 美元。业主要求在合同总价中减去这个差额，将报价改为 356270（即 364000－7730）美元。

(2) 同意 24 个月工期。

(3) 坚持采用固定价格。

承包商答复为：

(1) 如业主坚持固定价格条款，则承包商在原报价的基础上再增加 75000 美元作为物价上涨风险金。

(2) 既然为固定总价合同，则总价优先，双方应确认总价。承包商在报价中有计算错误，业主也不能随意修改，所以计算错误 7730 美元不应从总价中减去。则合同总价应为 439000（即 364000＋75000）美元。

在工程中由于工程变更，使合同工程量又增加了 70863 美元。工程最后在 24 个月内完成。最终结算，业主坚持按照改正后的总价 356270 美元，再加上工程量增加的部分结算，即最终合同总价为 427133 美元。

而承包商坚持总结算价款为 509863（即 364000＋75000＋70863）美元。最终经中间人调解，确定承包商的要求是合理的，业主如数支付。

案例分析：

这虽然是基于英美法律背景的案例，但其处理原则还是具有普适性的。

(1) 业主可以在招标文件，或合同条件中规定不接受投标人的任何保留条款，则承包商的保留条款无效。否则业主应在发中标函前与承包商就投标书中的保留条款进行商谈，做出确认或否认，不然在合同执行中会引起争议，因为投标书作为承包商的要约，业主一旦发中标函，即表示对要约的完全承诺。

(2) 对单价合同，业主是可以对工程报价单中数字计算错误进行修正的，而且在招标文件中应规定业主的修正权，并要求投标人认可修正后的价格。但对总价合同，一般不能修正，因为总价优先，业主是确认总价。

(3) 在中标函中，业主对投标书关于合同价格、计价方式等提出了修正的要求，是不恰当的，实质上这个中标函（有条件地接受投标人的要约）已经不能称为中标函，只是个新的要约，因为中标函必须是确定性的，完全承诺。

(4) 当双方对合同的范围和条款的理解明显存在不一致时，业主应在中标函发出前进行澄清，不能留在中标后再商谈。也可以直接以"投标书"出现大的偏离，没有实质性响应招标文件为由，认定为废标。

业主先发出中标函，则认定"投标书"有效，修改了自己的预期要求，且选定了中标人。再谈修改方案或合同条件，承包商要价就会较高，业主十分被动。在中标函发出前进行商谈，一般承包商为了中标比较容易接受业主的要求。

该案例中的工程可能比较紧急，业主急于实施项目，所以没来得及与承包商在签订合同前进行认真的澄清和合同谈判，造成被动局面。

4.3.3　成本加酬金合同

(1) 成本加酬金合同是与固定总价合同截然相反的合同类型。在合同签订时不能确定具体的合同价格，只能确定酬金（间接费和利润）的比率。工程最终合同价格按承包商的实际成本加规定比率的酬金计算，属于"实报实销"的计价方式。招标文件应说明中标的依据和作为成本组成的各项费用项目的范围，通常授标的标准为酬金比率。

（2）由于合同价格按承包商的实际成本结算，业主承担了全部工程量和价格风险，而承包商几乎不承担这些风险，所以承包商在工程中没有成本控制的积极性，常常不仅不愿意压缩成本，相反期望提高成本以提高他自己的工程经济效益。这样会损害工程的整体效益。所以这类合同的使用应受到严格限制，通常应用于如下情况：

1）招标投标阶段工程范围无法界定，缺少工程的详细说明，无法准确估价。

2）工程特别复杂，工程技术、结构方案不能预先确定，它们可能按工程中出现的新的情况确定。在国外这一类合同经常被用于一些带研究、开发性质的工程中。

3）时间特别紧急，要求尽快开工。如抢救、抢险工程，人们无法详细地计划和商谈。

4）在一些项目管理合同和特殊工程的 EPC 总承包合同中使用。

（3）在这种合同中，由于业主承担全部风险，合同条款应十分严格。他应加强对工程的控制，参与工程方案（如施工方案、采购、分包等）的选择和决策，否则容易造成不应有的损失。

合同中应明确规定成本的开支和间接费范围。这里的成本是指承包商在实施工程过程中诚实的和适当的符合合同规定范围的花费。承包商需要以合理的经济的方法实施工程。业主有权对成本开支作决策、监督和审查。对不合理的开支，以及承包商责任的损失，承包商无权获得支付。

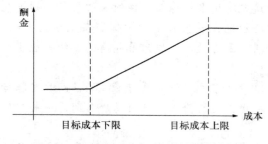

图 4-5　规定目标成本上下限的酬金额度

（4）成本加酬金合同的变化形式。为了克服成本加酬金合同的缺点，扩大它的使用范围，人们对该类合同又作了许多改进，以调动承包商成本控制的积极性，例如：

1）事先确定目标成本范围，实际成本在目标成本范围内按比例支付酬金，如果超过目标成本上限，酬金不再增加，为一定值；如果实际成本低于目标成本下限，酬金也为一定值，不再减少（图 4-5）；或者当实际成本低于最低目标成本时，除支付合同规定的酬金外，另给承包商一定比例的奖励。

2）成本加固定额度的酬金，即酬金是定值，不随实际成本数量的变化而变化。

3）划定不同的目标成本额度范围，采用不同的酬金比例等。

所以，成本与酬金的关系可以是灵活的，成本加酬金合同的形式是丰富多彩的。

4.3.4　目标合同

在一些发达国家，目标合同广泛应用于工业项目、研究和开发项目、军事工程项目中。它是固定总价合同和成本加酬金合同的结合和改进形式。在这些项目中承包商在项目可行性研究阶段，甚至在目标设计阶段就介入工程，并以总承包的形式承包工程。

目标合同也有许多种形式。通常合同规定承包商对工程建成后的生产能力（或使用功能），预计工程总成本（或目标价格），工期目标承担责任。如果工程投产后一定时间内达不到预定的生产能力，则按一定的比例扣减合同价格；如果工期拖延，则承包商承担误期违约金；如果实际总成本低于预计总成本，则节约的部分按预定的比例给承包商奖励；反之，超支的部分由承包商按比例承担。

目标合同能够最大限度地发挥承包商工程技术创新和项目管理的积极性，适用于工程范围没有完全界定或预测风险较大的情况。目标合同工程计价方法：

（1）承包商以合同价款总额的形式报出目标价格，包括估算的直接成本、其他成本、间接费（现场管理费、企业管理费和利润），确定间接费率。由于业主原因导致工程变更、工期拖延或业主要求赶工等造成承包商实际成本增加，应修改目标价格。

（2）在目标合同的招标文件中业主也可以提出分项工程表（或工程量清单），合同价款（目标价格）为每一分项工程的包干价款总和。而该分项工程表的制定并非以付款为目的，它仅用于索赔事件发生时，调整合同价款总额和承包商应分担的份额。

承包商应保留实际成本账单和各种记录，以供业主审核。对承包商责任，或发生承包商风险范围内的事件导致成本增加，或不属于合同规定成本范围的开支，业主有权拒付。

则承包商完成的工程总价为：

已完成工程总价＝（承包商实际成本－拒付费用）＋酬金（间接费和利润）

（3）合同规定，如果承包商提出对工程设计和实施方案的优化建议，经业主认可后实施，使工程实际成本减少，合同价款总额不予减，能使承包商通过技术方案的优化获得奖励。

（4）合同结束时，业主对合同价款总额和已完工程总价进行审核。

最终给承包商的付款（即承包商应得到的）为在已完成工程总价的基础上，按照合同规定的比例给予承包商奖励（当低于合同价款时），或对承包商扣款（当高于合同价款时）。

4.3.5　混合式计价方式

在工程实践中会出现混合式价格机制，即在一个工程合同中，不同的工程分项采用不同的计价方式。如：

（1）施工合同中不仅可以选择单价形式或总价形式，还可以单价合同中有部分总价分项；总价合同中可能有部分按照单价计价的分项。

（2）通常，EPC 合同采用固定总价，也可能采用成本加酬金方式，或部分采用单价，或成本加酬金方式。如设计工作采用总价；设备采购采用固定总价；施工采用单价方式；有些业主要求不确定、带有研究性工作，技术新颖、资料很少的工程分项采用成本加酬金方式。

4.4　合同风险策划

4.4.1　工程风险

建设工程的构思、目标设计、可行性研究、设计和计划都是基于对将来情况（政治、经济、社会、自然等）预测基础上的，基于正常的、理想的技术、管理和组织之上的。而在工程过程中，这些因素都有可能发生变化，都存在着不确定性。这些变化会使得原定的实施过程受到干扰，导致工程的成本（投资）增加，工期延长和质量降低，使原定的目标不能实现。这些事先不能确定的干扰因素被称之为风险。

按照工程项目系统分析方法，工程中的风险可以分为如下几类：

1. 工程环境的风险

（1）在国际工程中，工程所在国政治环境的变化，如发生战争、禁运、罢工、社会动乱等造成工程中断或终止。

（2）经济环境的变化，如通货膨胀、汇率调整、工资和物价上涨。

（3）法律变化，如新法律颁布，国家调整税率或增加新税种，新外汇管理政策等。

（4）自然环境的变化，如复杂且恶劣的气候天气条件和现场条件，百年未遇的洪水、地震、台风等，以及工程水文、地质条件存在的不确定性等。

（5）其他如发生大规模疫情等。

2. 工程技术和实施方法等方面的风险

（1）现代工程规模大，工程技术系统结构复杂，功能要求高，科技含量高。可能会产生设计缺陷或错误，工程技术系统之间不协调、设计文件不完备。

（2）施工技术难度大，需要新技术、特殊的工艺、特殊的施工设备等。

3. 工程组织成员和其他相关者资信和能力风险

（1）业主（包括投资者）资信与能力风险。例如，业主不能履行其合同义务，不及时供应其负责的设备、材料，不及时交付场地；业主企业的经营状况恶化，濒于倒闭，不及时支付工程款，改变投资方向，改变项目目标；苛刻刁难承包商，滥用权利施行罚款或扣款，或对承包商合理的索赔要求不作答复，或拒不支付；经常随便改变设计方案、实施方案，打乱施工秩序，发布错误的指令，非程序地干预工程，造成成本增加和工期拖延，但又不愿意给承包商以补偿；业主工作人员（业主代表）存在私心和其他不正之风等。

在国内的许多工程中，拖欠工程款一直是承包商最大的风险之一，是影响施工企业正常生产经营的主要原因之一。

（2）承包商（包括设计单位、分包商、供应商）资信和能力风险。属于承包商的风险可能有：

错误地选择了承包商，他的技术能力、施工力量、装备水平和管理能力不足，没有适合的技术专家和项目经理；

财务状况恶化，企业处于破产境地，无力采购和支付工资，工程被迫中止；

信誉差，不诚实，不能积极地履行合同，在投标报价、采购、施工中有欺诈行为；

设计单位不能及时交付图纸，或无力完成设计工作；

在国际工程中承包商对当地法律、语言不熟悉，对图纸和规范理解不正确；

承包商的工作人员、分包商、供应商不积极履行合同责任，罢工、抗议或软抵抗等。

（3）工程师的信誉和能力风险。例如，没有与本工程相适应的管理能力、组织能力和经验；缺乏工作热情和积极性，职业道德、公正性差，在工程中苛刻刁难承包商，或由于受到承包商不正常行为的影响（如行贿）而不严格要求承包商；因其管理风格、文化偏见导致他不正确地执行合同等。

（4）其他方面对工程实施的干扰。例如政府机关工作人员、城市公共供应部门（如水、电等部门）的干预、苛求和个人需求；周边居民或单位的干预、抗议或苛刻要求等。

4. 工程实施和管理过程风险

（1）项目决策错误。工程相关的产品和服务的市场分析和定位错误，进而造成工程目标设计错误。业主的投资预算、质量要求、工期限制得太紧，目标无法实现。

（2）对环境调查和预测的风险，如环境调查工作不细致，不全面。

（3）招标文件、合同条件的编制过于草率。合同条款不严密、错误、二义性，过于苛刻的单方面约束性的、不完备的条款，工程范围和标准存在不确定性。

（4）承包商的施工方案、施工计划和组织措施存在缺陷和漏洞，计划不周。

（5）实施过程中的风险。例如合同未正确履行，责任不明，没有得力的措施保证进度、安全和质量要求；由于工程分标太细，分包层次太多，造成实施控制的困难；产生大量索赔和合同争议等。

4.4.2　合同风险的概念

合同风险是指与合同相关的，或由合同引起的风险。它包括如下两类：

（1）上述列举的风险，通过合同定义和分配，规定风险承担者，则成为他的合同风险。

1）工程风险分担首先决定于所签订的合同的类型。如果是固定总价合同，则承包商承担全部物价上涨和工程量变化的风险；如果是单价合同，承包商承担报价风险，业主承担工程量风险；而对成本加酬金合同，这两项风险都由业主承担。

2）合同条款明确规定的应由一方承担的风险。如对业主来说，有业主风险，工程变更的条款，以及允许承包商增加合同价格和延长工期的条款等。

（2）合同缺陷导致的风险。

1）条款不全面，不完整，没有将合同双方的责权利关系全面表达清楚，没有预计到合同实施过程中可能发生的各种情况。这样导致合同过程中的激烈争议，最终导致损失。

2）合同表达不清晰、不细致、不严密，有错误、矛盾、二义性，由此导致双方错误的计划和实施准备，双方推卸合同责任，引起合同争议的情况。

通常业主起草招标文件和合同条件，提出设计文件，他必须对这些问题承担责任。

3）合同签订和实施控制中的问题。如合同文件的语言表达方式、表达能力；承包商的外语水平、专业理解能力或工作细致程度可能带来对合同理解的错误；做标期和评标期的长短；不完善的沟通和不积极的合同管理等，都会导致合同风险。

4.4.3　合同风险的特性

（1）合同风险事件，可能发生，也可能不发生；但一经发生就会给业主或承包商带来损失，给工程的实施带来影响，可能导致费用的增加、工期的拖延，或工程质量的缺陷。

风险事件常常很难事先识别，在工程实施过程中也不能立即或者正确做出处理，甚至可能是一个有经验的承包商也不能合理预见的。

（2）合同风险常常是相对于某个承担者而言的。对客观存在的工程风险，通过合同定义风险及其承担者，则成为该方的风险。在工程中，如果风险成为现实，则由承担者主要负责风险控制，并承担相应损失责任。所以对风险的定义属于双方责任划分问题，不同的表达，则有不同的风险承担者。如在某合同中规定：

"第二条，……承包商无权以任何理由要求增加合同价格，如……国家调整海关税……等"。

"第三十九条，……承包商所用进口材料，机械设备的海关税和其他相关的费用都由承包商负责交纳……"。

则国家调整海关税完全是承包商的风险，如果国家提高海关税率，则承包商要蒙受经济损失。

而如果在第三十九条中规定，进口材料和机械设备的海关税由业主交纳，承包商报价中不包括海关税，则这对承包商已不再是风险，海关税风险已被转嫁给业主。

如果按国家规定，该工程进口材料和机械设备免收海关税，则本工程不存在海关税风险。

4.4.4　合同风险分配

在一个具体的环境中，采用某种承发包方式和项目管理方式实施一个确定范围、规模和技术要求的工程，可能遇到的风险有一定的范围，它的发生和影响有一定的规律性。

工程风险应通过合同在签约方之间进行分配，落实承担者。合同风险分配是合同总体策划的重要内容，在整个合同的签订和谈判过程中，签约方对它会有复杂的博弈过程。

1. 工程参加者对风险的不同思维

不同的人处于特定的行业情境（或市场位置），对风险有不同的主观偏好，通常有风险喜好型、风险中性、风险厌恶型。

工程参加者对风险的态度不仅受他个人的性格、在工程中的角色和企业的抗风险能力的影响，而且受工程本身的特点（如营利性）的制约。风险偏好的不同会导致对风险不同的策略选择。忽视人们对风险的偏好，会导致非理性且低效率的风险分配。

（1）承包商的风险偏好。承包商通常是典型的风险厌恶型的，他不希望自己承担很大的风险。其原因是：

1）工程合同的营业额大，但利润率很低，他的抗风险能力很弱；工程承包是他的主业，如果出现太大的风险会给他带来灾难性后果，所以危害性大的风险不能分配给承包商。

2）承包商对风险的抵抗能力较差。如果要他承担大的风险，他必然会大幅度提高报价。

3）不同类型的承包商的风险偏好状况不同。专业工程的承包商比工程总承包商更是风险厌恶型的；集团型的、智力密集型的、资金密集型的承包商趋于风险中性。

（2）业主的风险偏好。

1）对大型工程的业主，由于财力雄厚，自我保险能力大于承包商，属于风险中性，应承担较大的风险。

2）不同类型工程的业主，风险偏好不同。例如信息工程领域的业主，由于建设工程价款在他的总投资中份额不大，而且信息工程产品的利润率很高，对工程的建设他偏向风险中性。他希望承担较大的价格风险，而希望承包商承担较大的工期和质量相关的风险。

而工程产品获利较低，业主就是风险厌恶型的。

（3）工程咨询公司的风险偏好。咨询公司的风险承担一直是矛盾的。

1）它的工作作用大，对工程的影响很大。如果它不承担风险，则它的积极性和创造性难以发挥，而且加大了业主的风险。

2）咨询项目的合同额小，所以它的抗风险能力和自我保险能力很弱，是风险厌恶型的。

3）咨询公司承担风险的明确定义，状态描述，责任划分，损失的量度都很困难。

4）如果让咨询公司承担过大的风险，则它需要提高报价，也会损害业主利益。而且让它承担风险，反过来会影响它的工作热情、积极性。在风险发生时，它首先要自保，这样会失去它的公正性和为工程总目标服务的宗旨，会更大程度地损害工程总目标。

所以咨询公司仅承担职业疏忽风险，即过错风险，远远小于承包商的风险。业主可以通过其他途径，如通过提高咨询公司的职业道德规范、信誉、资质等要求来规避风险。

2. 风险分配的重要性

合同风险如何分配是个战略问题，对合同形式和内容有重大影响，合同谈判实质上主要是风险分配问题。科学合理的合同风险分配具有重要意义：

（1）承包商报价中的不可预见风险费较少，业主可以得到一个合理的报价。

（2）减少合同的不确定性，承包商可以放心且准确地计划、报价和安排工程施工。由于工程是承包商完成的，通过市场机制应使理性、诚实和有能力的承包商易于中标，通过努力获得利润，不能鼓励投机和冒险。

（3）合同风险的分配与实施和管理工程的积极性相关。合理的风险分配可以最大限度发挥各方履约的积极性，能够使整个工程的效益最好，效率最高。

合同风险分配不存在统一的评价尺度，每一种分配方法都有它的优点和不足，没有通行的最好的风险分配方法，它需要科学性、艺术性和适用性。应防止两种倾向：

1）在合同中过于迁就和宽容承包商，不让承包商承担风险，承包商不仅没有风险控制的积极性，而且常会得寸进尺，会利用合同赋予的权利推卸工程责任或进行索赔，最终工程整体效益不可能好。例如订立成本加酬金合同，承包商可能不仅不努力降低成本，反而积极提高成本以争取自己的收益。

2）业主不理性分配风险，不顾主客观条件，任意在合同中加上对承包商的单方面约束性条款和对自己的免责条款，把风险全部推给对方。这可能产生如下后果：

① 承包商报价中的不可预见风险费加大，如果合同所定义的风险没有发生，则业主多支付了报价中的不可预见风险费，承包商取得了超额利润。

② 如果业主不承担风险，他也缺乏工程控制的积极性和动力，工程也不能顺利。

③ 由于合同不平等，承包商不可预见的风险太大，没有合理的利润，则会对工程缺乏信心，缺乏履约的积极性。如果风险发生，不可预见风险费又不足以弥补他的损失，则他通常要想办法减少开支，例如偷工减料、减少工程量、降低材料设备和施工的质量标准，甚至放慢施工速度，或停工要求业主给予额外补偿，甚至放弃工程实施的义务。

④ 过于苛刻的不合理的合同条件会促使承包商投机和冒险，他可能不会认真地编制报价和制订计划。

所以，一个苛刻的、责权利关系严重不平衡的合同往往是一个"双面刃"，不仅伤害承包商，而且最终会损害工程的整体利益，伤害业主自己。

国际工程专家告诫：业主应公平合理地善待承包商，公平合理地分担风险责任。让承包商承担尽可能多的风险以调动他的积极性，但同时应该让承包商有更多的赢利机会。

3. 合同风险分配的原则

由于业主起草招标文件和合同条件，确定合同类型，承包商必须按业主要求投标，所以对风险的分配业主起主导作用，有更大的主动权。

对合同风险的分配，人们作了许多研究，提出了许多理论和方法，如合理的可预见性风险分配方法、可管理性风险分配方法等。在现代工程中，合同风险分配逐渐融合各种理论、方法和原则的优点，在新的 FIDIC 合同和 NEC 合同中都体现这种趋向。

（1）积极的风险分配

作为一份完备的合同，不仅应对风险有全面地预测和定义，而且应全面地落实风险责任，在合同中明确地分配风险。合同文件应使风险归属清楚，责任明确，而不是躲避、推卸。

（2）效率原则

合同风险分配应能最大限度地发挥双方的积极性，应该更多考虑如何使工程高效率且比较稳妥地完成，有利于工程总目标的成功实现，具体体现在如下方面：

1）谁能最有效地合理地（有能力和经验）预测、防止和控制风险，或能够有效地降低风险损失，或能将风险转移给其他方面，则应由他承担相应的风险责任。

2）承担者控制相关风险是经济的，即能够以最低的成本来承担风险损失，如他的管理风险的成本、自我防范和市场保险费用最低。这样使工程交易总成本最低。

3）他采取风险应对和控制措施是有效的、方便的、可行的。

4）通过风险分配，加强责任，能更好地计划和控制，发挥双方管理的和技术革新的积极性等。

（3）公平原则

风险分配要具有合理性，能保护双方利益，使双方感到公平。它具体体现在：

1）承包商承担的风险与业主支付的价格之间应体现公平。合同价格中应该有合理的风险准备金。

2）风险责任与权利之间应平衡。任何一方有一项风险责任则必须有相应的权利；反之有一项权利，就必须有相应的风险责任。应防止单方面权利或单方面义务条款。例如：

① 业主起草招标文件，则应对它的正确性（风险）承担责任；

② 业主指定工程师，指定分包商，则应对他们的工作失误承担风险；

③ 承包商对施工方案负责，则他应有权决定施工方案，并有采用更为经济和合理的施工方案的权利；

④ 如果采用成本加酬金合同，业主承担全部风险，则他就有权选择施工方案，干预施工过程；如果采用固定总价合同，承包商承担全部风险，则承包商就应有相应的权利，业主不应过多干预施工过程；

⑤ 合同对一些问题的规定应该对双方形成对等约束，如资金保证、保密、对报告的答复期限等。

3）风险责任与机会对等，即风险承担者同时应能享有风险控制获得的收益和机会收益。例如承包商承担工期风险，拖延要支付违约金；反之若工期提前应有奖励；如果承包商承担物价上涨的风险，则物价下跌带来的收益也应归他所有。

4）承担的可能性和合理性，即给风险承担者以风险预测、计划、控制的条件和可能性，不鼓励冒险和投机。风险承担者应能最有效地控制导致风险的事件，能通过一些手段（如保险、分包）转移风险；一旦风险发生，他能进行有效的处理；能够通过风险责任发挥其计划，工程控制的积极性和创造性；通过有效的风险控制能够减少风险损失。

例如承包商承担报价风险、环境调查风险，施工方案风险和对招标文件理解风险，则他应有合理的做标时间，业主应能提供一定详细程度的工程技术文件和环境文件（如水文地质资料）。如果没有这些条件，则他不应承担这些风险。

5）在实际工程中，公平合理往往难以评价和衡量。这是因为：

① 即使采用固定总价合同，让承包商承担全部风险，也是正常的。因为在理论上，承包商是自主报价，可以按风险程度调整价格。

② 工程承包市场是买方市场，业主占据主导地位。业主在起草招标文件时经常提出一些苛刻的不公平的合同条款，使业主权利大、责任小，风险分配不合理。但双方自由商签合同，承包商自主报价，可以不接受业主的条件，这又不能说是不公平的。

③ 由招标投标确定的工程价格是动态的，市场价格没有十分明确的标准。

④ 合同规定承包商对报价的正确性承担责任。如果承包商报价失误，造成漏报、错报或出于经营策略降低报价，这属于承包商的风险。这类报价是有效的，不违反公平合理原则。在国际工程中，对单价合同，有时单价错了一个小数点，差了 10 倍，如我国承包商在国外的一个房建工程中，因招标文件理解有误门窗报价仅为合理报价的 1.9%。这类价格仍然是有效的（见参考文献 22）。

4. 风险共担，达到双赢

在国外一些新工程合同中，趋向于将许多不可预见的风险（如不可抗力、恶劣的气候条件、汇率和环境变化等）由双方共同承担，促成伙伴关系的形成。

5. 灵活性原则

风险分配方式应适合工程、环境、业主和承包商的具体情况，且与工程的承发包方式、合同种类、风险分配方式匹配。

6. 符合工程惯例

即符合通常的工程处理方法。一方面，惯例一般比较公平合理，较好反映双方的要求；另一方面，合同双方对惯例都很熟悉，工程更容易顺利实施。

如按照施工合同标准文本，承包商承担对招标文件理解、环境调查风险，报价的完备性和正确性风险，施工方案的安全性、正确性、完备性、效率的风险，材料和设备采购风险，自己的分包商、供应商、雇用的工作人员的风险，工程进度和质量风险等。业主承担招标文件及所提供资料的正确性风险，工程量变动、合同缺陷（设计错误、图纸修改、合同条款二义性等）风险，国家法律变更风险，一个有经验的承包商不能预测的情况的风险，不可抗力因素作用，业主、业主雇用的工程师和其他承包商、第三方行为等风险。

而物价风险的分担比较灵活，可由一方承担，也可划定范围由双方共同承担。

4.4.5　业主的合同风险对策措施

通常，业主对项目风险策略可以分为如下几类：

（1）避免。在项目决策时就避免风险大的项目，趋利避害是人们对待风险的基本策略。

（2）减轻。通过一些技术、组织、管理和经济的措施为风险作准备，减轻风险的影响。

（3）保留。即将风险保留自己承担，如果风险发生，自己承担风险的后果。例如在合同中明确规定业主风险。

（4）转移。即将风险转移，让其他人（如合作者、保险公司等）承担风险损失。

在工程中，上述策略可以通过具体的措施实现。

（1）选择有资信和能力的承包商和咨询公司，不以最低报价作为选择的指标。同时提高对承包商项目经理的资格要求，赋予较高的权重。

（2）选择先进的同时又是成熟的工程技术方案和施工技术方案。

（3）管理措施。如：

1）为起草招标文件和投标文件、评标、商谈合同和施工准备留有充裕的时间；

2）制定严密和周全的工程实施和组织计划；

3）广泛地环境调查，尽可能多地收集信息，实现各方面信息共享；

4）通过起草完备清晰的招标文件和合同文件，明确责任和风险分配；

5）设置严格的有效的管理程序和责任体系等。

（4）合同措施。通常转移风险主要通过合同措施。

1）制定适宜的合同策略，采取明智的风险分配方式，并保证合同策略的有效贯彻；

2）起草完备的合同，减少合同中的漏洞；

3）明确双方风险的责任；

4）通过合同设计，以加大承包商的责任和加强对承包商的控制，如保留金、对承包商设备和材料进场后所有权的定义等。

（5）经济措施。如：

1）投资预算中有一定的风险准备金，在工程量清单中设置一定数额的暂列金额。

2）在合同中设置奖励条款，通过对特定行为的激励或惩罚，激励承包商。

（6）通过保险和担保（如银行保函）手段转移风险等。

4.5　工程合同体系的协调

在工程合同体系中，每个合同都定义了一些工程实施活动，它们共同构成工程的实施过程。业主签订了设计合同、施工合同、采购合同、咨询合同等，这些合同之间存在着十分复杂的关系。业主需要负责主合同之间的协调，要保证工程顺利实施，就需要它们做出周密的计划和安排。在实际工作中由于合同不协调而造成的工程失误是很多的。

同样承包商为了完成他的承包合同责任也需要订立许多分合同。这些分合同之间，以及它们与主合同之间也存在复杂的关系。

4.5.1　合同体系的整体性要求

合同体系应保证工程和工作内容的完整性。业主的所有合同确定的工程或工作范围应能涵盖项目的所有工作，即只要完成各个合同，就完成了整个建设工程项目，实现了工程总目标。承包商的各个分包合同与拟由自己完成的工程（或工作）一起应能涵盖总承包合同责任，在工作内容上不应有缺陷或遗漏。在实际工程中，这种缺陷会带来设计的修改、新的附加工程、计划的修改、施工现场的停工、缓工，导致双方的争议。

为了防止缺陷和遗漏，应做好如下工作：

（1）在招标前认真地进行整个建设工程项目的系统分析，确定项目的系统范围。

（2）系统地进行项目结构分解，在此基础上确定各合同的工作范围，列出各个合同的分项工程表。项目结构分解的详细程度和完备性是合同体系完备性的保证。

（3）进行项目任务（各个合同或各个承包单位，或各专业工程）之间的界面分析，确定各个界面上的工作责任、成本、工期、质量的定义。工程实践证明，许多遗漏和缺陷常常都发生在界面上。

4.5.2 合同体系协调的角度

1. 技术上的协调

各合同只有在技术上协调，才能共同构成符合总目标的工程技术系统。

（1）几个主合同之间设计标准的一致性，如土建、设备、材料、安装等应有统一的质量、技术标准和要求。采购合同的技术要求需要符合设计规定的工程技术标准。

（2）各专业工程之间，如建筑、结构、水、电、通信的设计和施工技术之间应有很好的协调，应有明确的界面和合理的搭接。

在建筑工程项目中，建筑师常常作为技术协调的中心；在工业工程项目中，生产工艺总工程师是协调的中心。

2. 合同条件的相容性

（1）在各合同文件起草前进行整个工程实施策略研究和各方面权责的总体设计，以使各合同的起草有统一的基础。使各个合同所定义的各相关方权利和责任划分有明确的界限和合理的搭接。

（2）各合同应有统一的名词解释，执行统一的项目管理规则和程序。

（3）主合同与相关分合同的相容性。分包合同需要按照主合同的条件订立。为了保证主合同圆满地完成，分合同一般比主合同条款更为严格、周密和具体。

3. 价格上的协调

在合同总体策划时需要将总投资分解到各个合同上，作为招标、合同谈判和合同实施控制的依据。

对承包商，一般在总承包合同估价前，就应向各分包商（供应商）询价，或进行洽商，在分包报价的基础上考虑到管理费等因素，作为总包报价，所以分包报价水平直接影响总包报价水平和竞争力。

（1）对大的分包（或供应）工程如果时间来得及，也应进行招标，通过竞争降低价格。

（2）对承包商来说，由于与业主的承包合同先订，而与分包商和供应商的合同后订，一般在订承包合同前先向分包商和供应商询价；待承包合同签订后，再签订分包合同和供应合同。要防止在询价时，由于对合同条件（采购条件）未来得及细谈，分包商（供应商）报低价，而承包商中标后分包商（供应商）找一些理由提高价格。一般可先订分包（或供应）意向书，既要确定价格，又要留有活口，防止总合同不能签订。

（3）总承包商周围最好要有一批长期合作的分包商和供应商作为忠实的伙伴，这是有战略意义的。可以确定合作原则和价格水准，这样可以保证分包价格的稳定性。

4. 时间上的协调

一份工程合同定义了许多工程活动，形成了一个子网络。所有合同一起形成本工程的总网络。要保证按照总计划实施工程，合同所定义的以及相关的活动必须在时间上协调。

（1）按照工程总进度目标和实施计划确定各个合同的实施时间安排，在相应的招标文件上提出合同工期要求。这样每个合同的实施能够满足总进度计划要求。

（2）按照每个合同的实施计划（开工要求）提前安排该合同的招标工作，保证签约后合同的实施能符合总体计划的要求。

（3）本合同相关的配套工作的安排。例如对一个施工合同，业主负责材料和生产设备的供应，现场的提供等责任，则需要系统地安排这些配套工作计划。

（4）有些配套工作计划是通过其他合同安排的。对这些合同也需要作出相应的计划。如与工程承包合同相关的业主负责的材料采购，需要安排相应的采购合同。

这样，工程活动不仅要与工程总实施计划的时间要求一致，而且它们之间时间上要协调，即各种工程活动形成一个有序的、有计划的实施过程（图 4-6）。例如设计图纸供应与施工，设备、材料供应与运输，土建和安装施工，工程交付与运行等之间应合理搭接。

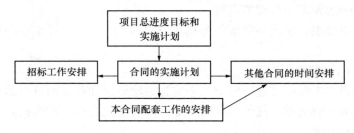

图 4-6　各工程合同时间上的协调

而常见的设计图纸拖延，材料、设备供应脱节等都是这种不协调的表现。

例如某工程，主楼基础工程施工尚未开始，而供热的锅炉设备已提前到货，要在现场停放两年才能安装。这样不仅要占用大量资金，占用现场场地，增加保管费，而且超过设备的保修期，出现设备质量问题供应商将不再负责。

5. 组织上的协调

由于工程合同体系中的各个合同并不是同时签订的，执行时间也不一致，而且常常也不是由一个职能部门统一管理的，所以组织协调非常重要。这涉及在签约阶段和工程实施阶段相关职能管理部门涉及合同管理工作的责任和过程的协调。例如承包商对一份供应合同，需要在总承包合同技术文件分析后提出供应的数量和质量要求，向供应商询价，或签订意向书；供应时间按总承包合同施工计划确定；付款方式和付款时间应与财务人员商量；供应合同签订前或后，应就运输等合同做出安排，并报财务备案，作资金计划或划拨款项；施工现场应就材料的进场和储存做出安排。这样才能形成一个有序的过程。

复 习 思 考 题

（1）调查一个中外合资的建设工程项目，了解该项目的合同关系，并绘制合同体系图。

（2）为什么说合同总体策划对整个工程管理有重大影响？

（3）在我国，许多业主都喜欢将工程分专业分阶段平行发包，这对工程的实施和业主的项目管理产生什么影响？它会带来什么问题？

（4）"固定总价合同由承包商承担全部风险，则采用固定总价合同对业主最有利。"你觉得这样说对吗？为什么？

（5）如果一个工程采用固定总价合同，做标期很短，招标时仅仅提供初步设计文件，采用国外的技术规范，承包商会承担哪些风险？

（6）讨论：案例 4-1 中，对总价合同，投标人提交的工程量清单中出现计算错误不能修改是否合理？如果允许修改又会带来什么问题？

5 工 程 招 标 投 标

【本章提要】

招标投标是工程合同的形成过程，它对合同的整个生命期有根本性的影响。本章主要介绍招标投标中的事务性工作，与第 6 章内容是相互关联的。

（1）工程招标投标相关的基本概念、总体要求、招标方式，分析了招标投标问题的复杂性。

（2）工程招标主要工作过程。

（3）承包商投标的主要工作过程。

（4）工程合同的商签过程。

（5）合同状态分析。这对于理解和分析工程合同有重要的理论意义。

5.1 工程招标投标概述

5.1.1 与工程招标投标相关的概念

在工程中，有几个与招标投标相关的常用的名词存在着联系和区别。

1. 工程交易

工程交易是指对工程要素进行价值交换（买卖、贸易）的行为。由于工程要素涉及工程最终产品（或服务）、工程系统、设备和材料、资（本）金、服务、劳务、技术、信息等，所以工程交易的内涵是非常广泛的，涵盖所有工程要素的交易行为。

工程交易是从经济和市场的角度描述的。工程交易方式通常有两种分类：

（1）根据工程交易的对象范围分类，有工程融资方式（如 PPP、BOT 等）、承发包方式（EPC、平行承发包等）、工程管理（咨询）交易方式（代建制、项目管理、全过程咨询、招标代理、CM、造价咨询等）等。

工程交易方式还在不断发展和创新，如伙伴关系模式、联盟模式、多主体合同模式、EPCM、DBO 等。

（2）按照交易的实施方式分类，也就是工程的采购方式。

2. 工程采购

工程采购原是指工程主体（如业主、总承包商）对工程资源要素（货物、工程、服务等）所进行的采办行为。它主要从市场和（买方的）工程实施角度描述的。

工程采购方式主要包括招标采购和非招标采购：

（1）招标采购，是工程采购中很重要、很常见的一种方式，通常在采购方式、采购程序、合同签订等方面有特殊规定。一般由需方按照规定程序提出招标条件和合同条件，有一个或多个供方按规定程序同时进行投标报价。通过招标，需方能够获得更合理的价格，更为优惠的供应条件。

在我国，招标采购主要包括公开招标和邀请招标两种方式。

（2）非招标采购，是指招标采购之外的方式。如：材料采购有"询价－报价"方式，以及直接采购方式，即需方直接向供应方采购，双方商谈价格，签订采购合同。

大量价格低的零星材料采用直接购买方式，不需签订书面的采购合同；工程设计也有采用直接委托方式商签合同的；军事工程和特殊的政府工程中有采用直接委托或直接发包方式等。

在我国，把议标方式也归于非招标采购范围。而在国际上，它属于一种招标方式。

3. 工程承发包

在工程项目管理中常用"工程承发包方式"一词，它是指业主与承包商之间对工程实施工作的委托和承揽行为，主要是从工程实施和管理角度描述的。

工程承发包所涉及的交易对象范围很小，所交易的对象限于民法典合同编有关建设工程合同中所列的内容及其拓展的内容。

从上面论述可见，三个概念之间有联系，但所描述的角度和包括的范围有差异。

5.1.2　工程招标投标的基本概念

按照民法典，当事人订立合同，可以采取要约、承诺方式或者其他方式。而在工程中，最常见的是通过招标投标形成要约和承诺，最后以书面的形式签订合同。招标投标是工程合同的形成过程。

（1）这个过程对业主来说就是招标工作，业主作为买方提出要求，被称为招标人[①]，占据着主导地位。他组织和领导整个招标工作：起草招标文件；组织和安排各种会议，如标前会议、澄清会议、标后谈判；分析、评价投标文件；最终签订合同。

（2）在这个过程中，承包商响应业主要求，作为投标人[②]，完成投标工作。在工程中，合同是影响承包商利润最主要的因素，而招标投标是获得尽可能多的利润的最好机会。如何利用这个机会，签订一个有利的合同，是每个承包商都十分关心的问题。

（3）最终双方签订合同。在签订前，合同当事人可以利用法律赋予的平等权利，进行对等谈判，充分协商，可以自由地签订和修改合同。

由于工程过程中大量的问题、矛盾、争议，以及许多工程和工程合同失败的原因都起源于招标投标过程。因此，合同双方都需要十分重视招标投标阶段的合同管理工作。

5.1.3　工程招标投标的总体要求

招标投标是为工程的总目标服务的，是为了取得一个成功的工程，并不仅仅是为了履行一个签订合同的法律程序。它需要符合合同原则，需要达到以下基本要求：

（1）签订一份合法的合同。这是招标投标工作最基本的要求。合同签订即建立了当事人民事权利义务关系。如果工程合同合法性不足，会导致整个合同，或合同的部分条款无效。这将导致工程中断或中止，激烈的合同争议，合同各方都会蒙受损失。

[①]　工程中的招标人可能有业主和总承包商，但本文主要定位是业主。

[②]　投标人可能是承包商或分包商（对分包合同）。"投标人"通常是针对招标投标过程而言的，所以在投标人须知中一般都用"投标人"一词。对一个工程合同的招标，投标人很多，最后只有一个投标人中标作为本合同的承包商。"承包商"一词，广义地说，是针对业主而言的，是工程承包市场上的一个主体。狭义地说，"承包商"是针对合同实施过程而言的，所以在承包合同中都用"承包商"一词。在招标投标阶段常常两词都要用到，通常涉及投标工作，就用"投标人"，而涉及合同的实施，一般就用"承包商"一词。

由于工程合同完成的工作构成不动产，它的合法性有一些特殊的要求：

1）工程项目已具备招标投标、签订和实施合同的一切条件，包括：

① 具有相应的工程建设项目立项的批准文件。

② 具有各种工程建设的许可证，建设规划文件，城建部门的批准文件。这样保证工程建设和运行过程符合法律的要求，对社会、对公共利益没有不当影响。

2）工程承包合同的目的、内容（条款）和所定义的活动符合民法典和其他各种法律的要求。例如合同的标的物合法，税赋和免税的规定、外汇额度条款、劳务进出口、劳动保护、环境保护等条款要符合相应的法律规定，所采用的技术、安全、环境等方面的规范符合国家强制性标准的要求。

3）各主体资格的合法性、有效性。即招标单位和投标人都要具有发包和承包工程，签订合同所必需的权利能力和行为能力。业主发包工程需要具有相应的发包资格；承包商承包一项工程，不仅需要相应的权利能力（营业执照、许可证），而且要有与工程规模、专业要求相应的行为能力（资质等级证书），这样合同主体资格才有效。

有些招标文件中或当地法规对外地或外国的承包商有一些专门的规定，如在当地注册，获得许可证等。

4）招标投标过程符合法定的程序。我国的招标投标法规定了比较严密的程序。通过这些程序保证各项工作透明、公开、公正，保证对各投标人使用统一尺度，保证在合同的签订过程中没有欺诈、胁迫、不诚实信用和腐败行为，这是必须执行的。

（2）双方在相互了解、相互信任基础上签订合同。

1）业主的目标是寻找一位资信好、有能力，且其技术和组织方案都能保证工程顺利实施的合格承包商。业主通过资格审查和投标文件分析等手段已了解承包商的资信、能力、经验，以及承包商为工程实施所作的各项安排，相信他能圆满履行合同义务。

在所有的投标人中，通过竞争选择，业主接受承包商的报价，合同价格低而合理。

所以，在招标中要能使严肃的、有能力和经验的投标人有更大的中标机会，识别并剔除没有经验的、草率的、过于乐观的或企图通过后期索赔获利的投标人。

2）承包商已了解业主的资信，相信业主的支付能力；全面了解业主对工程、对承包商的要求和自己的责任，理解招标文件和合同文件；了解工程环境、工程难度和自己所面临的风险，并已作了周密的安排；承包商的报价是有利的，已包括了合理的利润。

（3）签订一份完备的、周密的、含义清晰的同时又是责权利关系平衡的合同。应避免合同中存在缺陷，如有漏洞、错误、矛盾和二义性，难以分清双方的责权利关系。

（4）双方对合同有一致的解释。在合同签订前双方对合同，特别是对合同所确定的工程范围、双方义务和权利的划分、风险的分配、各项事务处理程序等有一致的理解。

双方对合同理解的不一致会导致报价和计划的失误，合同争议和索赔。在国际上，人们曾总结许多成功的工程项目的经验，将项目成功的原因归结为 13 个因素，其中最重要的一项因素是通过合同明确项目目标，合同各方在对合同统一认识、正确理解的基础上，就工程项目的总目标达成共识（见参考文献 20）。

所以招标投标过程是双方相互了解、真诚合作，形成伙伴关系的过程，而不是相互防范、相互戒备、斗智斗勇的过程。招标投标参与单位，特别是业主需要对此有一个清醒的认识，有理性的思维。

5.1.4　招标方式

按照对投标人限制情况，工程招标方式有公开招标、有限招标（选择性竞争招标）、议标等，各种招标方式有其特点及适用范围。

1. 公开招标

公开招标是指招标人通过公开媒体（如网络、报纸、电视等）发布招标公告，邀请不特定的法人或者其他组织投标。对投标人的数量不作十分具体的限定。

我国招标投标法规定，依法必须进行招标的项目，其招标投标活动不受地区或者部门的限制。资格预审时，招标人不得以不合理的条件限制、排斥潜在投标人，不得对潜在投标人实行歧视待遇，不得以行政手段或者其他不合理方式限制投标人的数量，限制或者排斥本地区、本系统以外的潜在投标人参加投标。

这种招标方式使业主选择范围大，投标人之间充分平等地竞争，有利于降低报价，提高工程质量，缩短工期。但招标所需时间较长，业主有大量的招标管理工作，如资格预审及评标工作量大、耗时长、费用高，且需要严格认真，以防止不合格投标人混入。在这个过程中，严格的资格审查是十分重要的。

公开招标还会导致许多无效投标，造成大量社会资源的浪费。许多投标人参与竞争，都要花时间、费用和人力分析招标文件，进行环境调查，编制施工方案和报价，起草投标文件，但除中标人外，其他投标人的花费都是徒劳的。

2. 选择性竞争招标

即邀请招标，指业主根据工程的特点，有目标、有条件地选择几个企业或者其他组织，以投标邀请书的方式邀请他们投标。这是国内外经常采用的招标方式。采用这种招标方式，业主的事务性管理工作较少，招标所用的时间较短，费用低，同时业主可以获得一个比较合理的价格。国际工程经验证明，如果技术设计比较完备，信息齐全，签订工程承包合同最可靠的方法是采用选择性竞争招标。

在我国，选择性竞争招标是受到限制的。只有在下列情形下，经批准才可以采用：

（1）技术复杂、有特殊要求或者受自然环境限制，只有少量潜在投标人可供选择；

（2）采用公开招标方式的费用占工程合同金额的比例过大。

我国的招标投标法规定，采用邀请招标方式，投标人数量不得少于 3 家。

3. 议标

业主直接与一个承包商进行合同谈判，签订合同。这对其他潜在投标人是不公平和公正的。在我国，议标并不是法律提倡的招标方式，一般仅在如下一些特殊情况下采用：

（1）需要采用不可替代的专利或者专有技术；

（2）涉及国家安全、国家秘密、抢险救灾或者属于利用扶贫资金实行以工代赈、需要使用农民工等特殊情况，不适宜进行招标的项目；

（3）采购人依法能够自行建设、生产或者供应；

（4）已通过招标方式选定的特许经营项目投资人依法能够自行建设、生产或者供应；

（5）需要向原中标人采购工程、货物或者服务，否则将影响施工或者功能配套要求；

（6）国家规定的其他特殊情形。

通过议标签订合同，业主比较省事，仅一对一谈判，无须准备大量的招标文件，无须复杂的管理工作，能够大大地节约时间。甚至可以一边议标，一边开工。但由于没有竞争，承包商报价很高，工程合同价格自然较高。

如果承包商能力和资信好，有足够的资本，报价合理（或报价有比较明确的依据），双方已经互相了解，通过议标直接签订合同也是一个很好的方法。

4. 其他形式

（1）两阶段招标方法。对技术特别复杂、新颖，或无法精确提出技术要求的工程，可以分两阶段招标。

第一阶段，投标人按照招标公告或者投标邀请书的要求提交不带报价的技术建议，招标人选定技术方案，再根据选定的技术方案确定技术标准和要求，编制招标文件。

第二阶段，招标人向在第一阶段提交技术建议的投标人提供招标文件，投标人按照招标文件的要求提交包括最终技术方案和投标报价的投标文件。

与此相似，有许多重要的公共建筑的设计招标通常先进行建筑方案的比选，业主再与方案中标的设计单位商签合同。

（2）竞争性谈判方式招标。对于有复杂的高科技设备或系统的工程，业主不能预先决定所采用的技术（系统）、财务、法律方案等，可以公开邀请潜在投标人进行谈判，先确定能满足要求的方案，再邀请潜在承包商提出计划和报价，业主单独与潜在承包商进行谈判，根据最后报价来选择成交承包商。

与此相似，许多 PPP 项目的招标更为复杂，常常需要进行多轮谈判，分别确定工程的法律、财务、技术等方案，逐步推进，最终达成一致签订合同。

5.1.5　工程招标投标程序

为了达到工程招标的目标，不仅要保证招标投标程序安排的科学性和合法性，而且在各项工作的时间安排上也要具有合理性，以保证各方面有充裕的时间完成相关工作，并进行有效的沟通，达到相互了解。

在我国，已形成十分完备的招标投标法规和标准化的文件，如招标投标法、招标投标管理和合同管理法规、招标文件以及各种合同文件示范文本。在国际上也有一整套公开招标的标准文本。

对不同的采购对象和范围（材料、设计、施工、工程咨询、EPC 等），招标投标程序有一定的差异，最典型的是施工招标，它的工作程序如图 5-1 所示。

整个招标投标过程，从主体工作角度可以分为三部分：

（1）工程招标。主要是业主的工作，从招标前准备工作开始到开标为止。

（2）工程投标。主要是投标人的工作，从购买招标文件到投标截止。

（3）合同签订过程。这是双方共同工作过程，从开标到签订合同为止。

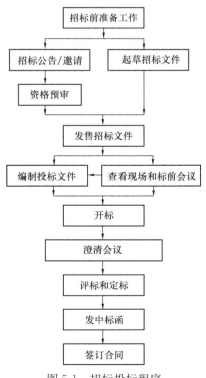

图 5-1　招标投标程序

5.1.6　工程招标投标问题的复杂性

通过招标投标形成合同是工程承包合同的特点，又是承包商的业务承接方式。工程招标投标与其他领域的招标投标有很大的区别。

（1）合同标的物——工程系统的复杂性和个性化。现代工程不仅体积大，涉及专业门类多，而且科技含量高，常常是硬件和软件的结合。这是工程合同和招标投标过程一切问题和复杂性的根源。

（2）工程交易方式的特殊性。工程合同与通常的货物买卖合同不同。通过招标投标先确定合同价格和工期，然后再完成工程的设计、供应和施工工作。而在招标投标阶段，对合同的标的物——工程的描述常常是不完全的，双方理解也常常不一致。这导致要事先比较准确地确定合同价格和工期是十分困难的，特别是对总价合同。

这是工程合同的基本矛盾，孕育着招标投标过程和合同实施过程中双方的冲突。

（3）业主需要掌握主动权，加强在招标过程的主导地位。

1）工程是在合同签订后完成的，在招标投标中业主只能用图纸、规范描述所需要的工程；承包商只能通过对招标文件的理解及工程经验制订工程实施方案和计划，说明完成合同的方法。由于它们都十分复杂，专业性很强，业主很难评价它的可靠性和可行性。

2）承包商的实施方案和计划的实现主要依赖承包商的能力和资信，而且工程项目又是一次性的，这对于业主来说风险（特别是承包商资信、能力和环境风险）太大。这不仅需要对投标人的资信和能力进行认真甄别，而且要对他提出的实施方案进行可行性评价，对报价进行合理性分析。这就需要一个十分复杂的招标投标过程。

（4）业主和承包商信息的不对称。在整个工程合同的生命期中，业主和承包商的信息不对称在如下两个阶段中有不同的表现。

1）在招标投标过程中，业主在事前就对工程的目标系统、要求作了全面考虑，对工程环境作了调查研究，做了可行性研究、决策和准备工作，已经完成地质勘探和工程设计，起草了招标文件。

而承包商只有通过对招标文件的分析和理解，现场的调查，通过接触业主人员获得信息，了解业主的要求、资信和能力。由于做标时间通常比较短，同时不中标的可能性又很大，承包商很难作深入的调查研究。所以在这个阶段，对工程目标、环境等方面的信息，业主比承包商有利。但对工程的实施方案、承包商资信和能力的信息，业主又处于不利地位。

2）在施工中，承包商承担现场工程的具体实施工作，作详细的计划和组织设计，采购材料和设备。而业主仅作总体的宏观的控制，他不是工程领域的专家，对工程实施技术和组织、实施环境、工程材料和劳务市场等方面的信息远远弱于承包商。

这种信息不对称性对招标投标程序设计、合同风险的分配，争议的解决有很大的影响。

（5）在我国，有招标投标法，各地还有详细的招标投标管理办法，要求保证工程招标投标的公平性和公开性。工程交易市场有一整套严格的规定，要求各种事务的处理须透明。

（6）工程招标投标容易出现腐败现象，不管在公共工程还是在私营工程中都是这样，所以上层管理者对它要有严格的控制，要求有透明的规范化的程序，要求有比较严密的制衡。

近几十年来，人们对招标投标过程如何公开、公正和防止腐败作了大量的研究，采取了各式各样的措施。但过于注重从招标投标程序解决我国工程方面的腐败问题，赋予工程招标投标组织和过程过大的反腐败职能，使许多规定刚性太大，过于注重形式，其结果不仅效果不大，而且大大削弱了招标投标和工程管理自身的科学性。

5.2 工程招标主要工作

5.2.1 招标前的准备工作

业主在招标前主要完成如下工作。

（1）建立招标的组织机构。通常成立项目的招标委员会，并委托咨询公司（招标代理单位或项目管理公司）负责招标过程的事务性管理工作。

（2）完成工程招标的法律程序，包括各种审批手续（如规划、用地许可、项目的审批等），使本合同具备法律规定的实施条件。

（3）向政府的工程招标投标管理机构提出招标申请，取得相应的招标许可。

（4）对合同的标的物（工程）完成符合招标和签订合同要求的技术设计，能够使投标人正确制定实施方案和报价。如对施工合同需要完成工程图纸、规范等，对总承包合同，需要完成设计任务书。

（5）工程资金或资金来源已经落实。

（6）完成工程的合同策划工作，编制整个工程的招标工作计划，进行招标工作安排和各种文件的起草。

5.2.2 发布招标通告或发出招标邀请

（1）对公开招标工程一般在公共媒体（如报纸、杂志、互联网）上发布招标公告，介绍招标工程的基本情况、资金来源、工程范围、招标投标工作的总体安排。

招标人应通过招标公告使有资质和能力的潜在投标人尽快而且方便获得信息。从发出招标公告到资格预审文件提交截止应安排一定的时间，以保证有充分的投标人参与竞争，同时保证竞争的公平性和公正性。

（2）如果采用邀请招标方式，则要在广泛调查的基础上确定拟邀请的单位。招标人需要对相关工程领域的潜在投标人基本情况有比较多的了解，在确定邀请对象时应该有较多的选择。防止有一些投标人中途退出，导致最终投标人数量达不到法律规定的要求。

5.2.3 资格审查

资格审查是招标人对投标人实力与能力的审查，是工程招标投标的一个重要环节。资格审查有资格预审和资格后审两种方式。

资格预审是招标人在出售招标文件前对潜在投标人进行的审核和选择；资格后审是招标人在评标前对潜在投标人进行的审核和选择。只有通过资格审查的潜在投标人才有资格进入下一个环节。

业主为全面了解潜在投标人的资信、履约能力以及工程经验等信息，通常会发布统一格式和内容的资格审查文件。以下主要介绍资格预审程序及内容。

（1）资格预审文件内容通常包括：

1）资格预审邀请书。包括招标人对潜在投标人的预审邀请，本工程名称、资金来源，资格预审过程的时间安排，预审文件的价格、送达地点，招标人的联系方式等。

2）资格预审须知。

① 招标工程名称和工程范围。

② 资格预审要求与合格的申请人应具备的基本条件，如企业的资质等级和能力、同类工程的经历和经验、拟派出的项目经理及主要的专业工程师的资质和工程经历、质量保证体系、企业经营状况、商业信誉和财务信用。

申请人符合列明的资格条件和标准，达到业主满意的程度，即通过资格预审。

③ 要求投标申请人应向业主提供准确详细的证明材料，证明其能充分满足业主要求，有能力和充分的资源有效地履行合同。

④ 资格预审材料的内容，提交的份数、提交截止时间、送达地址、联系人、联系方式等的说明。

⑤ 如果投标申请人是联营体，联营体各方均应当具备国家有关规定或者招标文件对投标人规定的相应资格条件，应说明各联营成员负责承担工程的各主要部分。

⑥ 业主在完成资格预审后，将视实际情况和需要经综合比选确定最终入围的申请人。对于未入围的申请人，业主有权不做任何解释。

⑦ 投标申请人在递交资格预审文件时应携带证明申请人的身份及组织机构的文件，如企业营业执照、资质等级证书等的原件，以备业主核查。

3）资格预审申请书。这是为申请人提供的统一格式的申请书。申请人表示承认预审须知的全部内容并向招标人申请参加本工程招标的资格预审，一旦通过资格预审并收到投标邀请或入围通知，保证按招标文件的要求投标。

4）资格预审表格。它是潜在投标人提出的资格预审文件实质性内容，通常包括：

① 企业和企业组织基本情况，如企业名称、负责人、注册地址、联系方式、企业级别、营业执照、资质等级、工程承包经历、主要业务、组织机构等。

② 企业财务状况，如资本结构、公司近三年审计报表、近三年承担的工程合同价格、当年承担的工程名称和合同额、银行提供的资信证明等。

③ 人员，如拟用于本工程的主要人员（项目经理及主要的专业工程师）基本情况。

④ 企业所有的施工机械设备，特别是计划用于本工程的机械设备。

⑤ 近三年中已完类似工程项目的基本情况。

⑥ 履约状况。在近三年中是否有重大违约，或被逐，或因申请人原因被解除合同的情况。

⑦ 承担的在建项目的基本情况，包括已收到"中标通知书"但未签署合同的项目。

⑧ 介入诉讼案件。详细说明近三年内介入的诉讼案件的情况。

⑨ 其他资料，如具备完善的质量保证体系、HSE 管理体系等。

（2）投标申请人按要求填写并提交资格预审文件。按照诚实信用原则，投标申请人必须提供真实可靠的资格审查资料。

（3）业主需要对投标申请人提出的资格预审文件作出全面审查和综合评价，以确定其是否初选合格，并通知合格的申请人。

（4）对邀请招标项目，业主要对被邀请的潜在投标人作比较深入的调查，考察被邀请人的资质、同类工程的业绩等，进行更为严格的资格预审。如果可能，到被邀请人在建的同类工程现场进行考察是最有效的，能更直接获得更有价值的信息。

（5）对通过资格预审的潜在投标人发出投标邀请函或通知书。

一般从资格预审到开标，投标人的人数会逐渐减少。即发布招标广告后，会有大量的单位来了解情况，但提供资格预审文件的单位就要少一点；买招标文件的单位又会少一点；提交投标书的单位还会进一步减少；甚至有的单位在投标后还会撤回标书。

所以在确定资格预审标准和进行审查时，业主需要对潜在投标人的人数有基本的了解和分析，应有总体把握，保证最终有效投标人不仅要达到法律规定的最少投标人数，而且要形成比较激烈的竞争。这样选择余地较大，能取得一个合理的价格，否则在开标时会很被动。如果投标人不能达到法律要求的最少数量，会导致招标无效。

在我国一些常规性工程的施工招标中，资格后审逐渐成为资格审查的主流形式。

5.2.4　起草招标文件

在整个工程的招标投标和施工过程中，招标文件是一份最重要的文件。通常由业主委托咨询公司起草。按工程性质（国内或国际）、工程规模、招标方式、合同种类的不同，招标文件的具体内容会有很大差异，通常包括如下几方面内容：

（1）投标人须知。投标人须知是指导投标人开展投标工作的文件。

（2）合同文件。包括：

1）投标书及附件。这是业主提供的统一格式和要求的投标书，投标人可以直接填写。

2）合同协议书格式。它是业主拟定对将签署的合同协议书的标准格式。

3）合同条件。业主提出或确定的适用于本工程的合同条件文本，通常包括通用条件和专用条件。

4）合同的技术文件，如技术规范、图纸、工程量表等。

5）其他合同文件，如履约保函格式，预付款保函格式、业主供应材料设备一览表等。在我国，还可能有质量保修书、廉洁协议书等。

（3）业主提供的其他文件。包括要求投标人提供的资格证明及辅助材料表；城市规划管理部门确定的规划控制条件和用地红线图；建设场地勘察报告，如工程地质、水文地质、工程测量资料；供水、供电、供气、供热、环保、市政道路等方面的基础资料；由业主获得的场地内和周围自然环境情况的资料，如毗邻场地和在场地上的建筑物、构筑物等资料。

5.2.5　发售招标文件

投标人获得招标文件通常有两种形式：

（1）购买。招标人酌情收取工本费。

（2）招标人无偿发给有资格的投标人，但收取一定的招标文件押金，待招标活动结束收回招标文件或其中的设计文件时退还押金。

自发售招标文件之日到停止发售之日，应有一定的时间跨度，如我国规定不少于五天。投标人收到招标文件，核对无误后要以书面形式确认。

5.2.6　现场考察和标前会议

（1）现场考察是招标人安排投标人到招标工程现场进行实地考察。投标人通过对现场的考察，了解场地及其周围环境的情况，获取其认为有用的信息；核对招标文件中的有关资料和数据，并加深对招标文件的理解，以便选择正确的技术方案，编制投标报价。

（2）标前会议是招标人和投标人一次重要的接触。投标人按招标文件规定的时间和地点出席标前会议。它又是招标文件的答疑会，对于投标人了解业主的意图，正确理解招标文件，正确制定方案和报价都是十分重要的。

1）通常在标前会议前，投标人已初步阅读、分析了招标文件，将其中的问题（如错误、不一致、矛盾、含糊和不理解的地方，或需要业主补充说明）列出，在标前会议召开前以书面形式送达业主，或在标前会议上提出，由业主统一解答，做出澄清。

2）业主对投标人提出的问题必须作出全面的澄清和答复，可以用会议纪要的形式，提供给所有获得招标文件的投标人。

3）业主对招标文件的修改、补充，通常需要符合如下规定：

① 业主要求对招标文件进行重要的修改或补充，需要以补充通知的方式发给各投标人，而不以会议纪要的形式发出。该补充或修改的内容成为招标文件的组成部分。

② 为了使投标人有合理的时间做标或修改投标报价或投标文件，通常规定，业主如果对招标文件进行补充和修改，应在投标截止期至少 15 日前送达所有投标人。

③ 如果招标文件有重大修改时，业主可以酌情将投标截止日期推迟。

（3）为了使投标人有充裕时间分析理解招标文件和了解现场情况、制定实施方案和做标，现场考察和标前会议应在投标截止期足够时间之前进行。

5.2.7　投标截止期

在招标投标和合同中，投标截止期是一个重要的里程碑事件，有重大的法律意义：

（1）投标人必须在投标截止期前将投标文件送达招标人，否则投标无效。

（2）投标人的投标书从这时间开始正式作为要约文件，承担法律责任。如果投标人违反投标人须知中的规定，招标人可以没收他的投标保函；而在此前，投标人可以撤回、修改投标文件。

（3）国际工程规定，投标人投标报价是以投标截止期前 28 天当日（被定义为"基准期"）的法律、汇率、物价状态为依据。如果基准期后法律、汇率等发生变化，承包商有权调整合同价格。

（4）投标有效期通常从投标截止期起计算。为保证招标人有足够的时间完成评标和与中标人签订合同，招标文件还会规定一个适当的投标有效期。

5.3　工　程　投　标

5.3.1　概述

从获得招标文件到投标截止期，投标人的主要工作就是做标和投标。这是承包商在合同签订前的一项最重要的工作。

1. 承包商的基本目标

在招标投标阶段，承包商作为投标人，他的总体目标是通过投标竞争，在众多的投标人中为业主选中，签订合同。他具体的目标是：

（1）提出有利的同时又具有竞争力的报价。投标报价是投标文件的重要组成部分，在大多工程中是能否中标，签订合同的关键。报价需要符合两个基本要求：

1）报价应是有利的。它应包含承包商为完成合同规定的义务的全部费用支出和期望获得的利润。承包商都期望通过工程承包取得盈利。

2）它又应具有竞争力。由于通过资格预审，参加投标竞争的许多投标人都在争夺承包工程资格。他们之间主要通过报价进行竞争。所以承包商的报价又应是低而合理的。一般地说，报价越高，竞争力越小。

（2）签订一个有利的合同。对承包商来说，有利的合同可以从如下几方面定性地评价：

合同条款比较优惠或有利；

合同价格较高或适中；

合同风险较小；

合同双方责权利关系比较平衡；

没有苛刻的、单方面的约束性条款等。

2. 承包商在招标投标阶段艰难的处境

承包商要实现上述目标是十分艰难的，在招标投标过程中，招标人和投标人的角色是不平等和不平衡的。承包商处于十分艰难的不利的境地。具体表现在：

（1）业主采用招标方式委托工程，形成了工程的买方市场，几家、十几家甚至几十家投标人参与竞争，最终只能一家中标，成为承包商，所以竞争十分激烈，业主掌握主动权。

1）招标文件由业主起草，代表业主的意志，常常包括苛刻的招标条件和合同条件，而且不容许投标人修改这些条件。许多招标文件规定投标人必须完全响应，按照招标文件的要求制定计划、报价、投标，不允许修改合同条件，不允许使用保留条款，否则作为无效标处理。但投标人一经提出投标文件，从法律角度讲，业主的招标文件的内容反过来就作为投标人承认并提出的要约文件，承包商对此需要承担全部法律责任。

2）尽管合同风险很大，但由于承包市场竞争激烈，投标人为了中标，不惜竞相提出优惠条件，压低报价，以提高竞争力。许多年来承包工程报价中的利润一直趋于减少。

3）业主可以不受最低标限制地选择中标单位，甚至可以宣布招标无效，而不必补偿投标人的任何投标开支。

（2）投标人处于两难的境地：由于参加竞争的投标人很多，中标的可能性通常很小，投标人不可能花很多时间和精力去作详细的环境调查和详细的计划，否则如不中标损失太大，但这必然影响投标报价的精度。

（3）在招标文件中有十分完备和严密的对投标人的制约条款和招标投标程序。合同条件都假设承包商富有经验，能胜任投标工作，几乎是全能的先知。通常施工合同都规定：

1）承包商对现场以及周围环境作了调查，对调查结果满意，达到能够正确估算费用和计划工期的程度，并已取得对影响投标报价的风险、意外事件和其他情况的所有资料。

2）承包商是经过认真阅读和研究招标文件，并全面正确地理解了合同精神，明确了自己的义务和责任，对招标文件的理解负责。

3）承包商对投标书以及报价的正确性、完备性满意。这报价已包括了他完成全部合同义务的花费。如果出现报价问题，如错报、漏报，则均由他自己负责。

4）承包商对环境条件应有一个合理预测，只有出现有经验的承包商（在投标时承包商总是申明自己是"有经验的")不能预测的情况，才能对他免责。

5）现代工程趋向于加大承包商的合同责任和风险，在有些合同中业主提出更为苛刻的条件，让承包商承担地质条件、环境变化等风险。

如果出现合同争议，调解人、仲裁人、法庭解决争议时都采用字面意义解释合同，并认定双方都清楚理解并一致同意合同内容。所以承包商一经投标，或签订合同，则表示他已自动承认了上述条件，也就是承认了自己的不利地位。

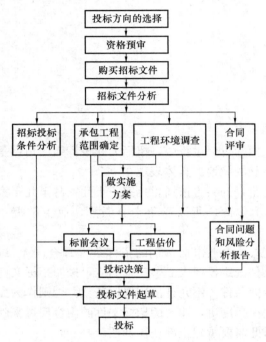

图 5-2 承包商投标工作过程

（4）承包商有如此大的责任，但业主的招标文件又常常不清楚、不细致。有些工程做标期短，承包商无力、常常也无法进行详细的计划、研究。有时业主为了抢工期用初步设计资料招标，采用固定总价合同，又压缩做标期和施工准备时间等。

这一切表明，承包商的投标风险很大，实际工程中这方面失误也很多。

3. 投标工作程序

综上所述，承包商要签订一个对自己有利的合同常常是十分困难的，但承包商应该对合同清楚明了，对合同中的不利条款、义务和责任以及由此带来的问题和风险有准备、有对策。

为了实现投标的目标，需要设计良好的投标工作过程。在这一阶段投标人的主要工作内容和过程如图 5-2 所示。

从发售招标文件到投标截止是投标人的做标期，这阶段时间不能太短，否则承包商的投标报价和合同签订的风险太大，我国招标投标法规定至少为 20 天。

5.3.2 投标前工作

（1）投标方向的选择。

承包商通过工程承包市场调查，大量收集工程招标信息。在许多可选择的招标工程中，选择拟投标的项目。他的决策依据是：

1）承包企业的经营和发展战略。承包商投标方向的选择，报价和合同谈判策略的制订都要服从企业的经营和发展战略。如正准备在该地区或该领域发展，力图打开局面，则应积极投标。

2）承包市场情况，竞争形势，如市场处于发展阶段或处于不景气阶段。

3）该工程可能的竞争者数量以及竞争对手状况，以确定自己在工程投标中的竞争力和中标的可能性。

4）工程及业主状况。

① 工程的特点、性质、规模，技术难度，时间紧迫程度，是否为重大的有影响的工程（如一个地区的形象工程），该工程施工所需要的工艺、技术和设备。

② 业主对投标人的基本要求。如投标人企业规模、等级、专业要求、类似工程经验要求、对工程的资金要求等。

③ 业主的工程合同策略，如承包方式、合同种类、招标方式等。

④ 业主的资信，如业主的身份、经济状况、资信，建设资金的落实情况，过去有没有不守信用，不公平合理对待承包商（如拖欠工程款）的历史。

5）承包商自身的情况，包括企业的优势和劣势，技术水平，施工力量，资金状况，同类工程经验，现承担工程数量等。投标方向的选择要能最大限度地发挥自己的优势，不要企图承包超过自己施工技术水平、管理水平和财务能力的工程。

这是承包商的一次重要决策，对后续报价和合同谈判策略的制定也有重要的指导作用。

（2）在决定参加投标后，承包商应积极与业主联系，了解情况，通过业主的资格预审。

这是合同双方第一次相互选择：承包商有兴趣参加该工程的投标竞争，并证明自己能够很好地完成该工程的施工任务；业主觉得承包商符合招标工程的基本要求，是一个可靠的、有履约能力的公司。

（3）只有通过资格预审，承包商才有可能获得招标文件，才有资格参与投标竞争。

5.3.3 全面分析和正确理解招标文件，进行合同评审

（1）承包商对招标文件理解的责任。

招标文件是业主对投标人的要约邀请文件，它几乎包括了全部合同文件。它所确定的招标方式和条件、合同条件、工程范围和工程的各种技术文件是承包商制定实施方案和报价的依据，也是双方商谈的基础。承包商对招标文件有如下责任：

1）承包商对招标文件的理解负责。他需要全面分析和正确理解招标文件，弄清楚业主的意图和要求，按照招标文件的各项要求报价、投标、工程施工。业主对承包商对招标文件作出的推论、解释和结论不负任何责任。

① 由于对招标文件理解错误导致投标文件没有实质性响应招标文件要求，就会导致投标无效。

② 中标后，如果因对招标文件理解错误导致实施方案和报价错误由承包商自己承担。

2）投标人在递交投标书前被视为已对规范、图纸进行了检查和审阅，已发现其中的错误、矛盾或缺陷，在标前会议上公开向业主提出，或以书面的形式询问。对其中明显的错误，如果承包商没有提出，则可能要承担相应的责任。按照招标规则和诚实信用原则，业主应做出公开明确的书面答复。这些答复作为对这些问题的解释，有法律约束力。

在国际工程中，我国许多承包商由于外语水平限制，投标期短，语言文字翻译不准确，引起对招标文件理解不透彻、不全面或错误，发现问题又不问，自以为是地解释招标文件，导致盲目投标，造成许多重大失误。这方面的教训是极为深刻的。

（2）招标文件分析工作。投标人取得（购得）招标文件后，通常首先进行总体检查，重点是招标文件的完备性。一般要对照招标文件目录检查文件是否齐全，是否有缺页，对照图纸目录检查图纸是否齐全。然后分三部分进行全面分析：

1）投标人须知分析。通过分析不仅掌握招标条件、招标过程、评标的规则和各项要

求，对投标报价工作作出具体安排，而且要了解投标风险，以确定投标策略。

2）工程技术文件分析，即进行图纸会审，图纸和规范中的问题分析，工程量复核。从中了解承包商具体的工程项目范围、技术要求、质量标准。在此基础上编制实施技术方案，作施工组织计划，确定劳动力的安排，编制材料和设备需求计划等。

3）合同评审。分析的对象是合同协议书和合同条件。这是一项综合性的、复杂的、技术性很强的工作，是招标文件分析中最重要合同管理工作。

5.3.4　全面的环境调查

（1）承包商对环境调查的责任。

1）工程合同是在一定的环境条件下实施的。工程环境对工程实施方案、合同工期和费用有直接的影响，又是工程风险的主要根源。承包商需要收集、整理、保存一切可能对实施方案、工期和费用有影响的工程环境资料。这不仅是工程预算和报价的需要，而且是作施工方案、施工组织、合同实施控制、风险预警、索赔（反索赔）的需要。

2）承包商应充分重视和仔细地进行现场考察和环境调查，以获取那些应由投标人负责的有关编制投标书、报价和签署合同所需的资料，并对环境调查的正确性负责。

3）合同规定，只有当出现一个有经验的承包商不能预见和防范的任何自然力的作用，才属于业主风险。

（2）承包商环境调查的内容。环境调查有极其广泛的内容，包括工程所在国、所在地以及现场环境。

1）政治方面。政治制度，政局的稳定性，国内动乱、骚乱、政变的可能，宗教及其种族矛盾，发生战争、封锁、禁运等的可能。对国际工程，应考虑该国与我国的关系。

2）法律方面。了解与工程项目相关的主要法律及其基本精神，如民法典、劳工法、移民法、税法、海关法、环保法、招标投标法等，及与本项目相关的特殊的优惠或限制政策。

3）经济方面。经济方面所要调查的内容繁多，要做大量的询价工作。

①市场和价格。例如建筑工程、建材、劳动力、运输等的市场供应能力、条件和价格水平，生活费用价格，通讯、能源等的价格，设备购置和租赁条件和价格等。

②货币，如通货膨胀率、汇率、贷款利率、换汇限制等。

③经济发展状况及稳定性，在合同实施中有无大起大落的可能。

4）自然条件方面。

①气候。如气温、降雨量、雨季分布及天数。

②可以利用的建筑材料资源，如砂、石、土壤等。

③工程的水文、地质情况、施工现场地形、平面布置、道路、给水排水、交通工具、能源供应、通信等。

④各种不可预见的自然灾害的情况，如地震、洪水、暴雨、风暴等。

5）参加投标的竞争对手情况，其能力、实绩、优势、基本战略、可能的报价水平。

6）过去同类工程的资料，包括价格水平、工期、合同方面的情况、经验和教训等。

7）其他方面。例如当地有关部门的办事效率和所需各种费用；当地的风俗习惯、生活条件和方便程度；当地人的商业习惯、当地人的文化程度、技术水平和工作效率等。

（3）环境调查的要求。

1）保证真实性，反映实际，不可道听途说，特别从竞争对手处或从业主处获得的口头信息，更要注意其可信度。

2）全面性。应包括对工程的实施方案、价格和工期，对承包商顺利地完成合同义务、承担合同风险有重大影响的各种信息，不能遗漏。需要制定标准格式，固定调查内容（栏目）的调查表，并由专人负责处理这方面的事务，使整个调查工作规范化、条理化。

3）应建立文档保存环境调查的资料。许多资料，不仅是报价的依据，而且是施工计划、实施控制和索赔的依据。

4）不仅要了解过去和目前的情况，还需对其在工程实施过程中的趋势有合理的预测。

当然承包商在中标前不可能花很多的时间、精力和费用来做环境调查，所以他对现场调查准确性所能负的责任又有一定的限制。

5.3.5　确定工程承包项目范围

承包商的总任务是完成一定范围的工程承包项目。在前面第 3 章介绍的承包商的合同义务，需要通过合同实施工作完成。工程承包项目范围指承包商按照合同应完成的工作的总和。它直接决定实施方案和报价。在签约前，承包商必须就承包项目的范围与业主达成共识。通常，承包项目范围的确定经过如下过程（图 5-3）：

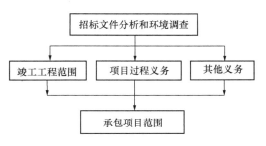

图 5-3　承包商项目范围的确定

（1）招标文件分析，环境条件调查和项目的限制条件研究。

（2）最终可交付成果，即竣工工程的范围和结构分析。

竣工工程是承包商最终交付的成果，它的范围是决定承包商合同义务最重要的因素，也是业主和工程师最关注的对象。它还会影响工程变更、索赔和合同争议。

对不同类型的合同，承包商竣工工程的范围确定方法有所不同。

1）对于施工合同，业主在招标文件中提供比较详细的工程技术设计文件。施工项目的可交付成果由如下几方面因素确定：

① 技术规范，主要描述了工程的各个部分在实施过程中所采用的技术标准，包括设计标准、施工规范、施工方法、竣工验收方法、试运行方式等内容。

② 图纸。它是竣工工程的图形表达。

③ 工程量清单。工程量清单是竣工工程的详细数量的定义和描述。

2）对于 EPC 总承包合同，在招标文件中业主提出"业主要求"，它主要描述业主所要求的最终交付工程的功能，相当于工程的设计任务书。它从总体上定义工程的技术系统要求，是工程范围说明的框架资料。在投标阶段，竣工工程的具体范围有很大的不确定性，这是总承包合同最大的风险。

（3）由合同条件定义的项目过程义务。这是由承包合同定义的在可交付成果（工程）的形成过程中承包商应完成的活动。如对施工合同，承包商的主要义务包括施工准备、施工、竣工和缺陷维修责任。而总承包合同可能包括工程的规划、设计、施工、永久设备和设施的采购和安装、竣工、缺陷维修责任等。

（4）由合同条件、现场环境、法律和其他制约条件产生的承包商的其他合同义务。

1）为实施过程服务的，但又不作为最终可交付成果的工作，如为运输大件设备要维护和加固通往现场的道路，为保证技术方案的安全性和适用性而进行的试验研究工作。

2）由现场环境条件和法律等产生的工作，如按照环境保护法，需要采取污染处理的措施，对周边建筑物保护措施，为保护施工人员的安全和健康而采取保护措施等。

3）合同规定的其他任务。如交纳规定的各种税费，购买保险和提供履约担保等。还可能有特殊的服务和供应责任，如为业主代表提供办公设施等。

上述这些活动共同构成承包商的承包项目的范围。

5.3.6　制定实施方案

实施方案是承包商按照实际情况（如技术装备水平、管理水平、资源供应能力、资金等），在具体环境中完成合同所规定的上述承包项目范围义务的技术、组织措施和手段。

1. 实施方案对合同签订的作用

（1）作为工程预算的依据。不同的实施方案有不同的预算成本，则有不同的报价。

（2）作为业主选择承包商的重要决定因素。虽然施工组织计划文件不作为合同文件的一部分，但在投标书中承包商需要向业主说明拟采用的实施方案和工程总的进度安排等。业主以此评价承包商投标的科学性、安全性、合理性和可靠性。

2. 工程实施方案的内容

（1）施工方案，如施工所采用的技术、工艺、机械设备、劳动组合及其各种资源的供应方案等。

（2）工程进度计划。包括总工期目标控制下的工程总进度计划，总的施工顺序，主要工程活动工期安排的横道图，工程中主要里程碑事件的安排。

（3）项目部组织结构，包括项目部主要管理、技术、质量、安全、经济等方面人员安排。

（4）现场的平面布置方案，如现场道路、仓库、办公室、各种临时设施、水电管网、围墙、门卫等。

（5）施工中所采用的质量保证体系和安全、健康、环境保护措施。

（6）其他方案，如设计（标前设计）、分包方案、采购方案、运输方案等。

5.3.7　工程预算

（1）工程预算的依据。工程预算是核算承包商为全面地完成合同义务所必需的费用支出，是工程报价的基础。而报价一经被确认，即成为有法律约束力的合同价格。所以承包商必须按实际情况作工程预算。它的计算基础为：

1）招标文件确定的承包项目范围和合同义务。投标报价是承包商完成承包项目范围内的全部工作的价格体现和承担合同所规定的风险、责任及法律法规要求的各项费用。

2）工程环境，特别是劳动力、材料、机械、分包工程以及其他费用项目的价格水平。

3）实施方案，以及在这种环境中，按这种实施方案施工的生产效率和资源消耗量等。

（2）工程预算结果。

1）工程量清单结构。工程预算是要对工程量清单中的各个工程分项报出单价和合价，构成合同价格。工程量清单通常由招标文件给出，其项目划分有一定的规则，如在国际上经常采用《建筑工程计算规则（国际通用）》和《建筑工程量标准计算方法》，在我国有《建设工程工程量清单计价规范》GB 50500－2013（见参考文献 26）。按照工程量清单结构划分，建筑安装工程费用项目组成见表 5-1。

我国建筑安装工程费用项目组成（按造价形成划分）表　　　　表 5-1

	清单分项	对象	内含	费用要素
建筑安装工程费	分部分项工程费	专业工程	房屋建筑与装饰工程、仿古建筑工程、通用安装工程、市政工程园林绿化工程、矿山工程等	人工费、材料费、施工机具使用费、企业管理费、利润
	措施项目费	现场措施项目	安全文明施工费、夜间施工增加费、二次搬运费、冬雨季施工增加费、已完工程及设备保护费、大型机械进出场及安拆费、脚手架工程费	
	其他项目费		暂列金额、计日工、总包管理费	
	规费	规定收取	社会保险费、住房公积金、工程排污费	
	税金		营业税（或增值税）、城市维护建设税、教育费附加、地方教育附加	

2）建筑安装工程费用结构。即工程分项单价和合价中应包括的费用要素。

① 我国建筑安装工程费用构成。按照我国造价管理的规定，工程量清单中分部分项工程费、措施项目费、其他项目费，其对应的费用构成要素包括，人工费、材料费、施工机具使用费、企业管理费和利润（表 5-2）。

我国建筑安装工程费用项目组成（按费用要素划分）表　　　　表 5-2

	费用要素	对象	内含	对应清单分项
建筑安装工程费	人工费		工人工资、奖金、津贴、补贴、加班工资等	
	材料费		材料原价、运杂费、运输损耗费、采购及保管费	
	施工机具使用费		施工机械的折旧费、大修费、经常性维修费、安拆费及场外运输费、人工费、燃料动力费、税费仪器仪表使用费	分部分项工程费 措施项目费 其他项目费
	企业管理费		管理人员工资、办公费、差旅交通费、固定资产使用费、工具用具使用费、劳动保险和职工福利费、劳动保护费、检验试验费、工会经费、职工教育经费、财务费、税金等	
	利润			
	规费	规定收取	与前表同	
	税金		与前表同	

② 在国际工程中，建筑工程的费用所包含的详细的分项基本上与我国的相同，但在归类和费用名称上略有差异。国际工程的费用由如下要素构成：

A. 直接费，包括人工费、材料费、机械费；

B. 工地管理费，不仅包括我国建筑工程费用中的措施费，还包括与现场相关的部分规费（如工程排污费、相关保险），现场管理人员的工资、办公费、差旅费、工器具使用费等；

C. 企业管理费，是工程承包企业总部的经营和管理的相关费用；

D. 利润、税金和工程的风险准备金等。

5.3.8　编制投标文件

投标文件是承包商对业主招标文件的响应，是承包商提交的最重要的文件。通常投标文件包括如下内容：

（1）投标书，通常是以投标人给业主保证函的形式。这封保证函由业主在招标文件中统一给定，投标人只需填写数字并签字即可。其主要内容包括：

1）投标人完全接受招标文件的要求，按照招标文件的规定完成工程施工、竣工及保修责任，并写明总报价金额。

2）投标人保证在规定的开工日期开工，或保证业主（工程师）一经下达开工令则尽快开工，并说明整个施工期限。

3）说明投标报价的有效期。在此期限内，投标书一直具有法律约束力。

4）说明投标书与业主的中标函都作为有法律约束力的合同文件。

5）理解业主接受任何其他标书的行为，业主授标不受最低标限制。

投标书需要附有投标人法人代表签发的授权委托书。他委托承包商的代表（项目经理）全权处理投标及工程事务。

投标书作为投标人的要约文件，它的签署表示投标人对招标文件中所确定的招标条件和要求的认可，愿意以自己的投标报价承接招标文件所描述的工程任务，并修补其任何缺陷。投标书一经签字和提交，在投标截止期后生效，成为有法律约束力的合同组成部分。

（2）投标书附录。投标书附件是投标书的一部分。它通常是以表格的形式，由承包商按照招标文件的要求填写，作为要约的内容。一般包括：履约担保的金额、第三方责任保险的最低金额、开工期限、竣工时间、误期违约金的数额和最高限额、提前竣工的奖励数额、工程缺陷责任期、保留金百分比和限额、每次进度付款的最低限额、拖延付款的利率等。

按照合同的具体要求还可能有外汇支付的额度、预付款数额、汇率、材料价格调整方法等其他说明。

（3）标有价格的工程量清单和报价综合说明。该工程量清单表一般由业主在招标文件中给出，由投标人填写单价和合价后作为一份报价文件。

（4）投标保函。它按照招标文件要求的数额，并由规定的银行出具，按招标文件所给出的统一格式填写。

（5）投标人提出的技术文件。主要包括：施工总体方案，具体施工方法的说明，总进度计划，质量保证体系，安全、健康及文明施工保证措施，主要施工机械表、材料表及报价，供应措施，项目组成员名单及详细情况，现场临时设施及平面布置，需要使用现场外作业区，技术方案优化与合理化建议等。

如果承包商承担部分设计，则还包括设计方案资料（即标前设计），承包商须提供图纸目录和技术规范。

（6）属于原招标文件中的合同条件、技术说明和图纸。承包商将它们作为投标文件提出，表示它们在性质上已属于投标人提出的要约文件。

（7）投标人对投标或合同条件的保留意见或全部无条件同意的申明。

（8）按招标文件规定提交的所有其他材料，如资格审查及辅助材料表，法定代表人资格证明书、授权委托书、工程业绩证明文件等。

（9）其他，如竞争措施和优惠条件。

5.4 合同签订过程

5.4.1 开标

开标工作要符合招标投标法的规定和投标人须知的要求，保证公开性和公正性，否则会导致整个招标工作无效。通常，现场开标有如下具体规定：

（1）开标工作是在招标文件规定的时间和地点，在有全部投标人委派的代表、招标人和公证人员在场的情况下进行的。在我国，通常在投标截止期后立即开标。

各投标人代表应携个人身份证签名报到，以证明其出席。

（2）招标人对投标文件进行初次审查，由投标人或者其推选的代表检查各投标文件的密封情况，也可以由招标人委托的公证机构检查并公证，经确认无误后，当众拆封。

对投标人在投标截止期前提交了合格的撤回通知书的投标文件不予开封。

在开标后，一般首先当场宣布一些不合格的标书。无效标书的条件通常在投标人须知中做出专门的规定。导致投标文件无效的情况有：

1）投标截止期以后送达的投标文件。

2）投标文件未经法定代表人或授权代理人签署，或未加盖投标人公章及法定代表人或授权代表印章。

3）投标文件未按规定密封、标记。

4）未按规定的格式填写，内容不全或字迹模糊、辨认不清。

5）投标人未按规定出席开标会议。

6）没有按要求提供投标保证金。

7）存在其他违反相关法律和招标文件规定的情况。

无效标书的鉴定经常会引起业主与投标人，以及投标人之间的争议。作为业主不要轻易宣布一份投标书无效，这样可能会导致最终投标人数达不到法律规定的最少数量。投标人之间经常会相互攻击，甚至在业主授标后，以这个理由否定招标的有效性。

（3）唱标。

1）开标时当众宣布投标人的名称、投标价格总额和投标文件的其他主要内容。

2）当众宣布评标、定标细则。

3）如果投标人在投标截止期前发出投标书修改通知。该投标书在按照有效的修改通知修改后再唱标。

目前在我国推行的电子招标投标形式，对于开标环节有新的规定。

5.4.2 澄清会议

澄清会议是承包商与业主的又一次重要的接触，他们都应重视这项工作。

1. 澄清会议的目的

（1）在澄清会议前，招标人一般已经分析了各个有效的投标文件（即清标工作），对发现的问题、矛盾、错误、不清楚的地方、含义不明确的内容，可要求投标人在澄清会议上作出解释或者说明，也可以要求投标人对不合理的实施方案、组织措施或报价错误作出修改。

在这时招标人与几个投标人商谈，还有选择的余地。一经发出中标函，则确定了承包商，即表示接受了承包商的报价条件。如果再发现问题，业主就十分被动。案例 4-1 清楚地说明了这个问题的重要性。

（2）澄清会议是投标人对投标文件的解释和说明的过程。通过澄清会议，投标人要说服和吸引业主，不仅全面解答业主提出的各个问题，解释自己的实施方案和报价的依据，而且展示自己的实力和能力，使业主对自己放心。

（3）通过澄清会议，业主可对投标人拟投入工程的项目经理和主要技术人员进行面试，以证实投标人的主要人员具备相应的技术和管理水平。面试应注重他们的经验、能力和对本工程的熟悉程度，对工程环境和方案的熟悉程度，对项目过程中可能的风险事件的处理措施，而不要拘泥于一般的书本知识。

这项工作对业主来说是十分重要的。承包商的项目经理和总工程师是项目实施工作的直接承担者，他们的能力、知识和素质对工程的成功有决定性影响。

（4）澄清会议是入围的几家投标人之间又一次更为激烈的竞争过程，任何投标人都不可以掉以轻心。由于这时还与几个竞争对手竞争，在有必要同时又不违反招标投标法和招标条件的前提下，投标人可以向业主提出更为优惠的条件，以吸引业主，提高竞争力，如向业主提出一些合同外承诺，包括向业主赠予设备、帮助业主培训技术人员、扩大服务范围等。

2. 澄清会议的形式

（1）澄清会议一般不在投标人同时出席的公共场合下进行，业主可以个别地要求投标人澄清其投标文件。

（2）对涉及投标文件修改、报价的修改或其他重要问题的澄清要求与答复，以及投标人的合同外承诺，应以备忘录或附加协议的形式确定下来，它们同样有法律约束力。

（3）业主也可以书面方式要求投标人对投标文件中含义不明确、对同类问题表述不一致或者有明显文字和数字计算错误的内容做必要的澄清、说明或补正。

3. 一些问题的处理

（1）如果投标文件没有实质性响应招标文件的要求和规定，将不进入澄清会议的程序，且不允许投标人通过修正或撤销其不符要求的差异使之成为具有响应性的投标文件。没实质性响应招标文件通常表现为：

1）投标人限制或改动招标条件，造成对工程的范围、质量及运行产生实质性影响，或者对合同中规定的业主的权利及投标人的义务造成实质性限制。保留或纠正这种差异，将会对其他实质上响应招标要求的投标人的竞争地位产生不公正的影响。

2）投标人的条件和资格与投标内容不符，或提出的施工方法、履约方法与招标要求的工期目标和工程性质不符。

3）投标文件存在二义性或可选择性，如可以作不同的解释，可以接受或者拒绝中标函；投标人采用多方案投标；或用选择性的语言，提出参照性报价，如自己没有具体报价，仅申明比其他投标人报价低一定量，或低几个百分点。

4）投标书没有确认投标书附录的要求。

5）存在严重的不平衡报价，导致资金流不平衡。

（2）如果在投标文件中存在着与招标文件要求不同的变化、偏离、选择性报价或其他缺陷，但它们与工程范围和合同价格相比微小，可以忽略，且这种改变不影响其他投标人的竞争优势，对各方面是公正的，则应允许修正。业主应保留接受或拒绝的权利。

（3）为了使招标人的利益最大化，通常鼓励投标人在投标文件中提出优化方案的建议，由此造成的差异是允许的。在评标中可以按照投标人须知的规定赋予一定的权重。

（4）按照法律和招标投标规则，在开标后，合同签订前双方不应寻求、提出或允许更改投标价格或投标方案等实质性内容。投标人提出的进一步优惠条件、建议、措施尽管会影响业主的决标意向，但不能作为评标依据，否则会违反公平原则。

（5）对投标人报价中发现的数字运算错误，不同种类的合同有不同的处理方式。

1）对单价合同，如果有计算上或累计上的算术错误，修正错误的原则如下：

① 如果用数字表示的数额与用文字表示的数额不一致时，以文字数额为准。

② 当单价与工程量的乘积与合价之间不一致时，通常以标出的单价为准。如果业主认为单价有明显的小数点错位，可以以标出的合价为准，并修正单价。

③ 对有些分项，投标人没有报价，仅用附加说明。这在投标人须知中应明确规定，投标人的附加说明无效。没有报价，则以"0"作为单价计算，即承包商完成该分项工程，业主不付款，被认为已包含在其他分项价格中；也可以宣布该投标无效，不予承认。

一般在投标人须知中已经赋予业主修正明显错误的权利，业主可以修正投标报价错误，并要求投标人签字确认，修正后的报价对投标人有约束力，作为评标的依据。如果投标人不接受修正后的报价，其投标将被拒绝，并且其投标保证金也将被没收。

这种修改可能会导致按照总价投标人排序变更，可能会引起其他投标人的强烈的反对，则招标人和该投标人必须提供清楚的证明材料，证明错误的存在和正确报价。

2）对固定总价合同，在清标阶段发现投标人报价的计算错误的处理有如下方法：

① 错误不予调整，就以总价签订合同，最终支付。典型的是前面案例 4-1 说明的情况。

② 允许调整。仅对重大偏差，涉及重要事项，如对招标文件理解的重大错误，不修改此类错误会导致合同显失公平和不合理，或撤回不会严重伤害业主或给业主造成损失，或此类错误非常可能发生（如做标期很短），应允许投标人调整，甚至撤回投标书。

但允许这样修改会降低投标人对报价的责任，使投标报价的评审和授标失去统一的尺度，而且会鼓励投标人采用一些报价策略。

③ 折中方法。即通常投标人对报价的正确性负责，但如果投标报价的费率或价格出现"明显意外的错误"则可以使用合理的费率和价格。

④ 通常投标人对招标文件理解的错误造成报价失误不能免责。

5.4.3　评标、定标

（1）评标。在通过澄清会议后，即可进行评标工作。

1）评标由招标人依法组建的评标委员会负责。评标委员会应全面了解各投标人的投标文件内容，包括报价、方案、组织的细节问题，在此基础上按照预定的评价指标，对各个投标文件进行综合评价，提出书面评标报告，并向招标人推荐合格的中标候选人。

2）评标委员会成员应当客观、公正地履行职务，遵守职业道德，不得私下接触投标人，不得收受投标人的财物或者其他好处。

3）招标人应当采取必要的措施，保证评标在严格保密的情况下进行。通常清标、评标和定标过程中的审查、澄清、评价和比较，以及授予合同有关的信息是保密的。业主、招标代理机构和评标委员会必须履行对与招标活动有关情况和资料的保密责任。

（2）评标的标准。本着公开、公平、公正和诚实信用的原则，在招标文件中应该明确公布评标的标准和评标方法。

实践证明，如果仅选择低价中标，又不分析报价的合理性和其他因素，工程过程中争议较多，工程合同失败的比例较高。通常要综合考虑如下因素：

1）投标报价；

2）工期目标和质量目标；

3）施工组织方案与技术措施，如质量、安全及文明施工等保证措施，设备、劳务、周转材料等的投入技术方案优化与合理化建议等；

4）公司信誉及相关工程业绩；

5）项目经理、总工人选，以及项目经理的答辩情况；

6）其他竞争措施及优惠条件等。

通常赋予上述各个指标一定的分值，综合打分，择优选择中标人。

（3）定标。按照评标报告的分析结果，根据招标规则，招标人应把合同授予其投标文件在实质上响应招标文件要求和按预定的评标指标评为最适宜（如分数最高）的投标人。

有时由评标委员会推荐中标候选人 1～3 人，由招标人作出最终决策，招标人也可以授权评标委员会直接确定中标人。

在确定中标人前，招标人不得与投标人就投标价格、投标方案等实质性内容进行谈判。

5.4.4　发中标函、订立书面合同

1. 发中标函

中标函是业主的承诺书，采用招标文件所附的格式。它表明，业主接受承包商的要约（投标书），与承包商协商达成一致，以在本中标函中注明的合同价格向承包商委托工程。

中标函对招标人和中标人具有法律效力。中标函到达中标人后，如果中标人不与招标人订立合同，或不履行合同责任（如不按照招标文件要求提交履约保证金，没有在规定的时间内开工），业主将废除向其授标，并没收其投标保证金。当然，招标人无正当理由也不能不与中标人订立合同，或在订立合同时改变中标的结果，向中标人提出新的附加条件。

2. 订立书面合同

（1）按照民法典合同编，承诺生效时合同成立。但正式签订合同协议书是工程惯例。在我国，招标投标法规定，在中标函发出后 30 天内，同时在投标有效期内，中标人与业主签署合同协议书，并且中标人按规定提交履约保证金后，合同正式生效。

（2）由于投标书、中标函、合同协议书、合同条件在投标和标后谈判过程中会有修

改，会形成新的要约，为了防止歧义，签订合同时通常要准备全部最终正式合同文件。

（3）为了保持主动权，保证招标的有效性，招标人在与中标人签订合同后一定时间内，再向未中标的投标人发出不中标函，并退回投标保函。这是为了防止中标人在收到中标函后不来签订合同，或者提出新的苛刻要求。如果中标人不来签订合同，业主还可以与其他投标人继续商谈合同，这样对中标人形成一种压力。

5.5 合同状态分析

5.5.1 合同状态的基本概念

从上述招标投标和合同签订过程的分析可见，工程合同的形成最主要的因素有：

（1）业主提出的招标文件（包括合同协议书、合同条件、规范、图纸等）。它确定了承包商的工程范围，业主和承包商的合同义务，以及合同实施过程中各种问题（如合同价格调整、工期管理、质量管理、违约责任等）的处理规定。

（2）工程环境。工程环境是合同签订的一个平台，合同双方的许多合同义务、工程风险都与环境有关。它不仅包括政治、经济、法律制度（公共规则）、市场等，还包括工程惯例，以及其他非正式制度（包括社会价值观、宗教、文化、公序良俗等）[①]。

（3）承包商完成合同义务的技术、组织和管理方案。

（4）承包商提出的投标报价和工期，在签订合同后，即为合同价格。

所以一份工程合同的签订实质上是双方对合同文件（包括双方的合同责任、工程范围和详细的工程量等）、工程环境条件、具体实施方案（包括技术组织措施等）和合同价格诸方面的统一认识和共同承诺，它们共同构成本工程的"合同状态"（图5-4）。

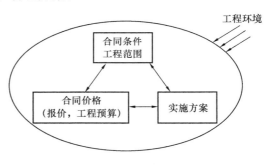

图 5-4 工程"合同状态"

合同状态是合同签订时各方面要素的总和。

5.5.2 "合同状态"的作用

"合同状态"在合同管理和索赔中有重要的理论价值和实际应用价值。

（1）给人们以整体合同的概念。在分析合同文件，作报价，进行合同谈判，合同实施控制中需要系统地看问题，考虑"合同状态"的各个要素。

对于一份工程合同，承包项目的范围多大？什么样的价格合理？什么样的条款公平？如何分析和评价合同中双方的责任和风险，以及风险的大小？这些不仅由合同的内容（文字表达），而且由合同签订和实施过程的内部和外部各方面因素决定。工程合同是整体的概念，需要整体地理解和把握。这个整体不仅包括全部合同条款、全部合同文件，而且还包括合同签订和实施内部和外部的各种因素。

---

① 在一些研究中，将书面合同做为确定双方的正式治理，而风俗、工程惯例、社会价值观等作为关系治理，之间存在相互关系。在国内工程中，关系治理可能更为有效，发挥很大的作用。

如一个合同条款的风险，不仅要看它的表达，而且要看该合同的具体环境，合同价格所包括的内容，所采用的实施方案等。例如在一个经济十分稳定的国度里使用固定总价合同，物价风险就很小，而且容易预测；而在经济不稳定，物价波动大的国度，风险可能非常大。

所以无论承包商、工程师或业主，都需要有"合同状态"的概念。

（2）"合同状态"反映一个完整的系统的工程实施计划，所以又常被称为"计划状态"。这个计划包括了双方义务、工期、实施方案、费用、环境，并考虑了它们之间的有机联系，所以是全面的。它能符合并充分体现工程的整体目标。

（3）作为合同实施的依据。双方履行合同实质上是实施"合同状态"，即在确定的环境中，按预定的实施方案，完成合同规定的义务。所以合同状态又是合同实施控制的依据。

（4）确定"合同状态"的各项文件是索赔（反索赔）和争议解决的依据。承包商的索赔实质上是工程过程中由于某些因素的变化，使原定"合同状态"被打破，从而按合同规定提出调整合同价格的要求，以建立新的平衡。所以"合同状态"是索赔理由分析，干扰事件影响分析，索赔值计算的依据。

（5）合同状态将投标、合同签订以及工程施工中各方面和项目管理各种职能工作联系起来，形成一个完整的体系。这扩展了人们的"合同"视野，对整个项目管理都是十分重要的。

5.5.3　合同状态各因素之间的关系

合同状态各因素之间存在着极其复杂的内部联系，它们之间相互联系、相互影响，又相互制约。如果在工程中某一因素变化，打破"合同状态"，则应按合同规定调整"合同状态"，以达成新的平衡。下面以 FIDIC 合同条件为例分析合同状态诸因素的关系。

（1）合同文件的修改、变更，会造成承包商工程范围、合同义务、工作内容和性质的变化，对此常需修改实施方案，并按规定调整合同价格和延长工期。

此外合同文件不仅规定承包商的合同义务，而且还规定业主的合同义务，合同的签订就表示业主承诺全面完成他的合同义务，否则就要调整合同价格，延长合同工期。

（2）环境变化。环境变化是工程的外部风险，它会引起实施方案的变化、工程项目范围的增加和价格的调整。FIDIC 合同规定，当出现一个有经验的承包商也无法预料的除现场气候条件以外的外界障碍或条件，则应延长工期，调整合同价格。

（3）实施方案的变化。通常实施方案由承包商制定，作为投标文件的附件供业主审查。尽管它不作为合同文件的一部分，但仍是合同实施的依据。承包商对实施方案的完备性、稳定和安全负责。在工程施工中如果业主要求修改已定的实施方案，例如指令承包商采用更先进的设备和工艺，缩短工期，变更实施顺序；或由于业主不能履行他的合同义务，造成对实施方案的干扰；或由于环境变化导致实施方案的变更，则应调整合同价格，延长工期。

复 习 思 考 题

（1）简述成功的招标投标的标准。

（2）阅读我国的招标投标法，了解招标投标的基本过程和要求。

（3）阅读一份实际工程施工招标文件，对投标人须知作出分析。

（4）调查一个工程项目的招标过程，试用流程图描述业主的招标程序。

（5）试分析工程施工项目范围是由哪些因素决定的？

（6）讨论题：招标投标本身不具有目的性，如何在市场要求、工程的科学性要求、反腐败要求、法律要求、企业（业主和承包商）要求之间平衡？

（7）为什么说签订工程合同，表示双方对"合同状态"的一致承诺？

6 招标投标中重要的合同管理工作

【本章提要】

本章主要介绍业主和承包商在招标投标阶段最重要的合同管理工作，包括：

（1）招标文件的策划。这是业主在招标阶段最重要的工作。

（2）承包商的合同评审工作。这对投标报价、合同签订、合同的实施有重要作用，是承包商在签约前最重要的合同管理工作。

（3）投标文件分析方法。这是业主在签订合同前的一项重要工作，是减小业主授标风险的有力措施。

（4）合同形成过程中应注意的问题。

6.1 招标文件策划

6.1.1 招标文件的基本要求

招标文件是合同生命期中的一份重要的综合性文件，是投标人编制投标文件和报价的主要依据。

（1）招标文件必须按照前述合同总体策划结果起草，符合合同原则，符合招标投标法的规定，有利于达到前述的招标投标的总体要求。作为一个严肃的理性的业主，应有一个基本理念：招标文件不是为自己起草的，而是为工程总目标起草的。

（2）应有条理性和系统性，清楚易懂，不应存在矛盾、错误、遗漏和二义性等问题。对承包商的工程范围、风险的分担、双方责任应明确、清晰。业主要使投标人十分简单和方便地进行招标文件分析，能清楚地理解招标文件，明了自己的工程范围、技术要求和合同义务，十分方便且精确地计划和报价。

（3）按照诚实信用原则，业主应提出完备的招标文件，尽可能详细地、如实地、具体地说明拟建工程情况和合同条件；出具准确的、全面的规范、图纸、工程地质和水文资料。通常业主应对招标文件的正确性承担责任，即如果其中出现错误、矛盾，应由业主负责。

业主对招标文件中提供的资料承担的责任，使业主处于两难的境地：

1）业主提供的资料越详细，不仅业主的花费越大，而且资料出错的可能性越大，业主的责任就越大。因为作为投标人有权相信业主提供的资料具有真实性和准确性。

【案例6-1】我国某水电站建设工程，采用国际招标，选定国外某承包公司承包引水洞工程施工。在招标文件列出应由承包商承担的税赋和税率。但在其中遗漏了承包工程总额3.03%的营业税，因此承包商报价时没有包括该税。

工程开始后，工程所在地税务部门要求承包商交纳当期已完工程的营业税92万元，承包商按时缴纳，同时向业主提出索赔要求。

对这个问题的责任分析为：业主在招标文件中仅列出几个小额税种，而忽视了大额税种，是招标文件的不完备，或者是有意的误导行为。业主应该承担责任。

索赔处理过程：索赔发生后，业主向国家申请免除营业税，并被国家批准。但对已交纳的 92 万元税款，经双方商定各承担 50%。

案例分析：如果招标文件中没有给出任何税收目录，而承包商报价中遗漏税赋，本索赔要求是不能成立的。这属于承包商环境调查和报价失误，应由承包商负责。因为合同明确规定："承包商应遵守工程所在国一切法律""承包商应交纳税法所规定的一切税收"。承包商应该在投标过程中进行认真的环境调查，发现问题或疏漏，及时向业主书面澄清。

2）如果业主提供的资料越少，虽然业主的责任减小，但投标人在投标阶段的现场调查和信息的收集工作量就越大。这样不仅投标人所需要的做标期较长，出错的可能性加大，而且每个投标人都要做同样的工作，不一致性就越大，社会资源的浪费就越大。

为了解决这个问题，有些业主在招标文件中尽可能多地提供他收集到的认为对投标人有用的资料。但除合同文件规定的资料外，在投标人须知中注明，由业主提供的关于现场及周围环境的资料和数据，仅是供投标人参考的，业主对其正确性不承担责任。要求承包商在使用这些资料时注意核查其准确性，做出自己的判断和推测，并对此负责。

6.1.2 投标人须知的策划

投标人须知在性质上属于业主和投标人对招标投标阶段的工作程序安排、双方义务、工作规则（如评标指标、无效标书条件）等所约定的"合同条件"，其内容通常包括：

（1）前附表。为使投标人须知的内容一目了然，前附表列出一些重要条款编号和主要内容，例如工程范围、招标方式、报价方式、工期要求、质量标准、投标有效期、投标保证金、踏勘现场和招标答疑会的时间和地点、投标截止时间、开标时间和地点、评标方法等。

（2）招标工程的基本情况说明，包括工程名称、工程范围、资金来源、招标单位等。

（3）招标过程的主要工作（踏勘现场、招标答疑会、开标、评标、商签合同等）的说明，时间和地点的安排。

招标投标各阶段工作的时间安排不仅要符合法律的规定，还要考虑工程规模、系统的复杂性、技术设计的深度、所采用的合同条件等因素。一般从发售招标文件到投标截止时间短会给承包商投标带来很大风险，而开标到合同签订的时间短，业主授标风险较大。

（4）对投标人与业主之间与投标有关的来往通知、函件和文件所使用的文字的说明。

（5）招标文件内容说明，包括招标文件的目录、招标文件修改和补充方面的规定。

（6）关于投标人要求的说明。

1）投标人必须符合本工程要求的资质等级，通过业主的资格审查（采用资格预审方式），并接到业主投标邀请书。投标人应按照投标人须知的要求提供投标文件。

2）对联营体投标的说明。

① 若以联营体形式来投标，应在资格预审阶段事先取得业主的同意。

② 不允许投标人相互之间组成新的联营体参加同一个招标项目的投标。

③ 联营体中标后，联营体各方应当共同与业主签订合同，向业主承担连带责任。

④ 对联营体合同主要内容、联营体的管理等要求。

3）对现场考察及投标费用的责任。

①　投标人被邀请在预定时间对工程和环境进行现场考察。投标人若认为有必要，也可经业主允许和事先安排，独自增加现场考察活动。现场考察费用由投标人自己承担。

②　业主对投标人及其代表在现场考察过程中，由于他们的行为以及其他原因所造成的人身伤害、财产损失或损坏，或费用，不负任何责任。

③　在现场考察中由业主提供的关于现场及周围环境的资料和数据，仅供投标人做标时参考。业主对投标人由此做出的推论、解释和结论不承担责任。

④　不论投标结果如何，投标人应承担其投标文件编制与递交所引起的一切费用。

4）投标人对招标文件的理解负责。

5）每位投标人对本项招标只能提交一份投标文件，不允许以任何方式参与本项招标的其他投标人的投标。

6）投标人在投标文件的审查、澄清、评价，以及授予合同的过程中，不能有对业主施加影响的任何行为，否则投标资格将被取消。

（7）投标文件的要求。

1）投标文件组成说明。

2）投标人需要按照招标文件提供的投标书统一文本、工程量清单及其他附录、资料的要求及顺序提供投标文件和相应的电子文件，以方便清标和评标工作。

3）投标文件的正本和副本份数的规定。正本和副本如有不一致之处，以正本为准。

4）投标文件的签署要求。全套投标文件应无涂改和行间插字。如果投标人需要修改，修改处应由投标文件签字人签字确认。

5）投标文件必须实质性响应并满足招标文件的要求，否则业主有权予以拒绝，并且不允许投标人通过修正或撤销其不符要求的部分，使之成为合格的投标文件。

6）投标文件的递交规定。

①　投标文件的封装要求。通常投标文件正本和副本应分别封装在内层包封和一个外层包封中，在包封上注明"正本"或"副本"字样。

②　在外层和内层包封上都应注明工程名称、投标人的名称与地址，以及开标前不得开封的说明。在规定时间之后收到的投标文件，将被原封地退还投标人。

③　如果外层包封上没有按上述规定密封并加写标志，业主将不承担投标文件错放或提前开封的责任，由此造成的过早开封的投标文件，业主将予以拒绝，并退还给投标人。

7）关于投标文件的修改与撤回。

①　投标人可以在递交投标文件后，修改或撤回其投标文件，但这种修改与撤回的通知，须在投标截止期前以书面形式送达业主。

②　投标人的修改或撤回通知书，应按对投标文件同样的规定编制、密封、印记和递交，并在封面标明"修改"或"撤回"字样。

③　在投标截止期后到规定的投标有效期终止之日，投标人不能修改和撤回投标文件，否则其投标保证金将被没收。

（8）投标报价。

1）投标报价应是招标文件所确定的招标范围内的全部工程内容的价格体现，应包括但不限于施工设备、劳务、管理、材料、安装、缺陷修补、利润、税金和合同包含的所有风险、责任及政策性文件规定等各项应有费用。

2）投标人应填写工程量清单中所有工程分项的单价和合价。对投标人没有填入单价和合价的项目，业主将认为此分项费用已包括在工程量清单的其他单价或合价之中。

3）对合同所采用的计价方式，计价的依据、价格调整的规定等。

4）对单价合同，招标文件中提供的工程量清单只作为投标的共同基础，不作为支付和最终结算的依据。

5）对业主供应的材料或设备的范围和计价方法的规定。

6）对投标价格算术错误的修正，以及不一致的处理规定。

7）业主通常有权接受或拒绝投标人报价的偏离或选择性报价。一般，对投标文件中超出招标文件规定的建议、偏离、选择性报价或其他因素在评标时将不予考虑。

（9）关于投标截止日期和投标有效期。

1）投标人须知应具体规定投标截止期。投标人应按规定的地点，在投标截止期前将投标文件递交给业主。业主将拒绝投标截止期以后递交的投标文件。

业主可以通过补充通知的方式延长递交投标文件的截止日期。则业主和投标人由投标人须知中规定的在投标截止期方面的全部权利和义务，将适用于延长后新的投标截止期。

2）投标有效期的规定。投标有效期指投标截止期至合同签订之日后的一定时间。

3）在原定投标有效期满之前如果出现特殊情况，业主可以书面函件的形式向投标人提出延长投标有效期的要求。投标人可以拒绝这种要求而不被没收投标保证金。同意延期的投标人，不得修改其投标文件，但需要相应地延长投标保证金的有效期。在延长期内，关于投标保证金的退还与没收的规定仍然适用。

（10）投标保证金或保函。

1）投标人应按照投标人须知规定的方式、时间和金额提供投标保证金（或保函）。对未能按要求提交投标保证金的投标文件，将视为不合格投标文件，业主将予以拒绝。

2）未中标投标人的保证金，将在合同签订后一定时间内退还。

3）中标人的投标保证金，在签订合同并按要求提供了履约保证金后予以退还。

4）投标保证金的退还不计利息。

5）关于不退还投标保证金的情况。通常有：

① 投标人在投标有效期内撤回或修改投标书。

② 中标人未能在规定期限内，签订合同协议书，以及提供符合要求的履约保证金。

③ 投标人有欺诈行为，或有不正当竞争行为。

④ 由投标人须知规定的不退还投标保证金的其他情况。

（11）投标人答辩过程，答辩参加人，以及对投标文件澄清的要求。

（12）开标与评标。

1）开标方式和过程。

2）无效标书的规定。

3）评标过程、评标方法和评标指标。

评标的指标设置和权重（分值）的分配对整个合同的签订（承包商选择）和履行影响很大，它的设置应该综合考虑工程总目标及其优先级、项目实施策略、工程系统和环境的特殊性、发包方式、对潜在承包商的要求等因素，需要进行系统设计。而国内普遍采用的以报价比选为主设置评标指标的方式（甚至最低价中标），不是科学和理性的。

（13）授予合同和签订合同协议书的过程和条件。

通常规定，业主将把合同授予其投标文件在实质上响应招标文件要求和按评标规则评为最适宜的投标人。业主不保证最低报价中标。

6.1.3　合同条件的选择

业主可以按照需要自己（通常委托咨询公司）起草合同条件，也可以选择标准的合同条件。在使用标准的合同条件时，可以按照自己的需要通过专用条款对标准的条件作修改、限定或补充。

对一个工程，有时会有几个同类型的标准合同条件供选择，特别在国际工程中。合同条件的选择应注意如下问题：

（1）人们从主观上都希望使用严密的、完备的合同条件。但合同条件应该与双方的管理水平相配套。双方的管理水平很低，却使用十分完备、周密，同时规定又十分严格的合同条件，很难有效执行。例如如果选用 FIDIC 合同条件，合同双方要能够执行它的管理程序，要有相应的信息反馈速度，相关方的决策过程需要很快，否则会导致混乱。

（2）最好选用双方都熟悉的合同条件，这样能较好地执行。如果双方来自不同的国家，由于承包商是工程合同的具体实施者，应更多地考虑承包商的因素，使用他熟悉的合同条件，而不能仅从业主自身的角度考虑这个问题。在实际工程中，许多业主都选择自己熟悉的合同条件，以保证自己在工程管理中有利的地位和主动权，但结果工程都不能顺利进行。

【案例 6-2】在国内某合资项目中，业主为英国人，承包商为中国的一个建筑公司，工程范围为一个工厂的土建施工，合同工期 7 个月。业主不顾承包商的要求，坚持用 ICE 合同条件，而承包商在此前未承接过国际工程。承包商从做报价开始，在整个工程施工过程中一直不顺利，对自己的义务、工程范围，对工程施工中许多问题的处理方法和程序不了解，业主代表和承包商代表之间对工程问题的处理差异很大。

最终承包商受到很大损失，许多索赔未能得到解决，工程质量很差，工期延误了一年多。由于工程迟迟不能交付使用，业主又不得不委托其他承包商进场施工，对工程的整体效益产生极大的损害。

（3）尽可能使用标准的合同条件。标准合同使管理规范化，工程实施和管理的效率高。

（4）合同条件的使用应注意到其他方面的制约。例如以前我国工程估价有一整套定额和取费标准，这是与我国所采用的施工合同文本相配套的。如果在我国工程中使用 FIDIC 合同条件，或在使用我国的施工合同示范文本时，业主要求对合同双方的责权利关系作重大的调整，则需要让承包商自由报价，不能使用定额和规定的取费标准；而如果要求承包商按定额和取费标准计价，则不能随便修改标准的合同条件。

6.1.4　合同条件中的一些重要条款的决策

合同中有一些重要的条款需要由业主做出决策的，例如：

（1）适用于合同关系的法律。

（2）合同争议仲裁的地点和程序。在国际工程合同中这是一个重要条款。为了保证争议解决的公平性和鼓励合同双方尽可能通过协商解决争议，一般采用在被诉方所在地仲裁的原则。例如在鲁布革工程中，业主是我国水利电力部鲁布革工程局，承包商是日本大成公司。施工合同规定，如果承包商提出仲裁，则在北京仲裁；如果业主提出仲裁，则到日本东京仲裁。

（3）付款方式和程序的设计原则，如采用按照实际月进度付款，或按照施工形象进度付款，或竣工一次性付款。

这由业主的资金来源保证情况等因素决定。让承包商在工程上过多地垫资，会对承包商的风险、财务状况、报价和履约积极性有直接影响。当然如果业主超过实际进度预付工程款，在承包商没有出具保函的情况下，又会给业主带来风险。

（4）合同价格的调整条件、范围、调整方法，特别是由于物价上涨、汇率变化、法律变化、海关税变化等对合同价格调整的规定。这直接影响承包商的价格风险。

（5）合同双方风险分担的原则。

（6）对承包商的激励措施设计原则。对规模大、工期长、技术新颖、风险高的工程，恰当地采用奖励措施可以激发承包商的积极性，更有利于工程目标控制，能缩短工期、提高质量、降低造价，各种合同中都可以订立奖励条款。通常有：

1）提前竣工的奖励。一般合同明文规定工期提前一天业主给承包商奖励的金额。

2）提前竣工，将工程提前投产实现的盈利在合同双方之间按一定比例分成。

3）承包商提出新的设计方案、新技术，使业主节约投资，则按一定比例分成。

4）奖励型成本加酬金合同。

5）质量奖。这在我国用得较多，如工程质量达全优（或优良），业主另外支付一笔奖励金。

（7）项目管理机制的设计原则。合同要保证业主对工程的控制，有严密的控制过程。

（8）合同签订和实施的保证措施（如履约保函、保险、保留金和其他担保）设计原则。

6.2 工程合同审查

承包商在投标报价、合同签订（或谈判）前，需要认真、仔细地研究招标投标文件，对准备签署的合同进行审查，分析合同条款的履行后果，从中寻找合同漏洞及于己不利的条款，力争通过合同谈判使自己处于较为有利的位置，以维护自己的合法权益。

合同审查是一项技术性很强的综合性工作，需要熟悉与合同相关的法律法规，精通合同条款，对工程环境有全面的了解，有合同管理的实际工作经验，并有足够的细心和耐心。

6.2.1 工程合同审查的内容

承包商合同审查的内容和过程如下（图6-1）。

1. 合同的合法性审查

这是对工程合同有效性的控制，通常由律师完成。

工程合同必须在合同的法律基础范围内签订和实施，否则会导致合同全部或部分无效。这是最严重的，影响最大的问题。在不同的国家，对不同的工程（如公共工程或私营工程），合同合法性的具体内容可能不同。合同合法性审查分析主要包括：

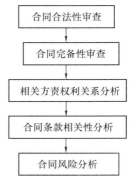

图6-1 合同审查过程

（1）合同当事人资格的审查。合同当事人应具备相应的民事权利能力和民事行为能力，如业主需要具有发包工程，签订合同的资格。

（2）合同客体资格的审查。即工程已具备招标投标、签订和实施合同的一切条件，如已有各种批准文件，建设资金来源已经落实等。

（3）合同内容的合法性审查。合同条款和所指的行为应符合法律规定。如工程价款中税赋、外汇额度、劳动工资标准、劳动保护、环境保护的规定等应符合法律的要求。如施工合同中的工程保修期限低于国家规定的最低期限的，该条款无效。

（4）合同订立过程的审查。如审查招投过程是否按照法定的程序进行，招标人是否有规避招标行为，招标代理机构是否有违法行为，对招标备案要求的遵守情况等。

在国际工程中，有些国家的政府工程，在合同签订后，或业主向承包商发出授标意向书（甚至中标函）后，还得经政府批准合同才能正式生效。这通常会在招标文件中有特别说明，分析时应特别予以注意。

2. 合同的完备性审查

（1）工程合同完备性的含义

一个工程承包合同是要在一定的环境条件下完成一个确定范围的工程项目，则该承包合同所应包含的项目范围、双方义务和权利、项目管理的各种说明、工程过程中所涉及的和可能出现的各种问题的处理等，应有一定的范围。所以合同内容应有一定范围。

广义地说，工程合同的完备性包括相关合同文件的完备性和合同条款的完备性。

1）合同文件的完备性是指属于该合同的各种文件齐全，包括技术设计文件（如图纸，规范等），以及环境、水文地质等方面的文件。在获取招标文件后应对照招标文件目录和图纸目录做这方面的检查。如果发现不足，则应要求业主（工程师）补充提供。

【案例 6-3】某工厂建设工程，承包商承包厂房、办公楼、住宅楼和一些附属设施的工程的施工。合同采用固定总价形式。

在工程施工中，承包商现场人员发现缺少住宅楼的基础图纸，再审查报价发现漏报了住宅楼的基础工程价格约 30 万元人民币。承包商与业主代表交涉，承包商的预算员坚持认为，在招标文件中业主漏发了基础图，而业主代表坚持是承包商的预算员把基础图弄丢了，因为招标文件目录中有该部分的图纸。而且如果业主漏发，承包商有责任在报价前应向业主索要。由于采用了固定总价合同，承包商最终承担了这个损失。

这个问题是承包商合同管理失误导致的损失，他应该：

① 接到招标文件后应对招标文件的完备性进行审查，将图纸和图纸目录进行校对，如果发现有缺少，应要求业主补充。

② 在制定施工方案或作报价时仍能发现图纸的缺少，这时仍可以向业主索要，或自费复印，这样可以避免损失。

2）合同条款的完备性是指合同条款齐全，对各种问题都有规定，不漏项。

合同条款的缺陷是指缺少一些必需的重要条款。例如曾经有些国际工程合同缺少工期拖延违约金的最高限额的条款，缺少工期提前的奖励条款，缺少业主拖欠工程款的处罚条款，遗漏工程价款的外汇额度条款等。由于没有具体规定，业主以"合同中没有明确规定"为理由，推卸自己的合同责任，使承包商受到损失。

合同条款完备性审查方法通常与使用的合同文本有关：

① 如果采用标准的合同文本，如使用 FIDIC 条件，则一般认为该合同条款较完备。因为标准文本条款齐全，内容完整，如果又是一般的工程项目，则可以不作合同的完备性审查。但对特殊的工程，双方有一些特殊的要求，有时需要增加内容，即使 FIDIC 合同也须作一些补充。这时主要分析专用条款的完备性和适宜性。

对专用条件，要关注它可能带来的对其他条款的影响以及由此导致的矛盾或冲突。

② 如果未使用标准文本，但该类合同有标准文件存在，则可以以标准文本为样板，将所签订的合同与标准文本的条款一一对照，就可以发现该合同缺少哪些必需条款。例如签订一个工程施工合同，而合同文本是由业主自己起草的，可以将它与 FIDIC 施工合同条件相比，以检查所签订的合同条款的完备性。

③ 对无标准文本的合同类型（如在我国无 CM 合同标准文本），应尽可能多地收集实际工程中同类合同文本，进行对比分析和相互补充，以确定该类合同的结构形式和内容，再与被分析的合同相对照，就可以分析出该合同是否缺少，或缺少哪些必需条款。

（2）对工程合同完备性的认知

合同条款的完备性是相对的概念。早期的合同都十分简单，条款很少。现在逐渐完备起来，同时也复杂起来。但不管怎样，可以说没有一份合同是完备的！即使是国际上标准的合同条件也不断地修改和补充。另外对于常规的工程，双方比较信任，具有完备的规范和惯例，则合同条款可简单一些，合同文件也可以少一些。

有些业主喜欢用非标准合同文本，希望合同条件不完备，认为这样他自己更有主动权，可以利用这个不完备推卸自己的义务和责任，增加承包商的合同义务；有些承包商也认为合同条件不完备是他的索赔机会。这些想法都是很危险的。这里有如下几方面问题：

1）由于业主起草招标文件，他应对招标文件的缺陷、错误、二义性、矛盾承担责任。

2）虽然业主对它承担责任，但承包商能否有理由提出索赔，以及能否取得索赔的成功，都是未知数。在工程中，对索赔的处理业主处于主导地位，业主会以"合同未作明确规定"为由不给承包商付款。

3）合同条件不完备会造成合同双方对责权利关系理解的错误，会引起双方对工程项目范围的确定、实施计划、组织的失误，最终造成工程不能顺利实施，导致合同争议。

所以合同双方都应努力签订一个完备的合同。

3. 合同双方责权利关系分析

由于工程合同的特殊性，合同双方的责权利关系是十分复杂的。合同应公平合理地分配双方的义务、权利和责任，使它们达到总体平衡。在合同审查中应列出双方各自的义务、权利和责任，在此基础上进行责权利关系分析。

合同双方的责权利是由合同条款明确规定的，或默示的，或由合同条款引导出的。

（1）合同确定当事人之间的义务和权利具有相互对应性和依赖性，相互制约，互为前提条件（图 6-2）。

1）对于合同任何一方，他有一项权利，则必然有与此相关的义务；他有一项义务，则必然又有与此相关的权利，这个权利可能是他完成这个义务所必需的，或由这个义务引申的。

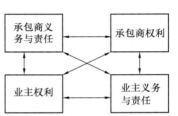

图 6-2 业主、承包商责权利
关系分析

例如承包商编制实施方案，对它的安全、稳定承担责任，则在保证合同总目标顺利实现的前提下，他应有选择更为科学、合理、经济的实施方案的权利。承包商对环境调查、实施方案和报价承担责任，则他应有合理的做标期、进入现场调查和获得信息的权利。

2）如果合同规定某一方有一项权利，则要分析该项权利的行使对相关方的影响；该项权利是否需要制约，他有无滥用这个权利的可能；该权利的行使应承担什么责任，这个责任常常就是相关方的权利。这样可以提出对这项权利进行反制约。

例如 FIDIC 规定，工程师有权要求对承包商的材料、设备、工艺进行合同中未指明或规定的检查，承包商必须执行，甚至包括破坏性检查。但如果检查结果表明材料、工程和工艺符合合同规定，则业主应承担相应的损失（包括工期和费用赔偿）。这就是对业主和工程师检查权的限制，以及由这个权利导致的合同责任，以防止工程师滥用检查权。

3）如果合同规定某一方有一项义务，则应分析，完成这项合同义务有什么前提条件。如果这些前提条件应由相关方提供（或完成），则应作为该相关方的一项义务，在合同中作明确规定，进行反制约。

例如合同规定，承包商必须按规定的日期开工，则同时应规定，业主必须按合同及时提供场地、图纸、道路、接通水电，及时划拨预付款，办理工程的各种许可证等。这是及时开工的前提条件，作为业主的义务。

4）合同所定义的事件或工程活动之间有一定的联系（即逻辑关系），使合同双方的有些责任是连环的、互为条件的，则双方的义务与责任之间又必然存在一定的逻辑关系。

例如某工程的部分设计是由承包商完成的，对设计和施工，双方责任如图 6-3 所示。则应具体定义这些活动的责任人和时间限定，这在索赔和反索赔中是十分重要的，在确定干扰事件的责任时常常需要分析这种责任连环。

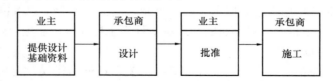

图 6-3　某工程设计和施工责任连环

通过这几方面的分析，可以确定合同双方责权利是否平衡，合同有无逻辑问题，即执行上的矛盾。

（2）业主和承包商的义务、权利和责任应尽可能具体、详细，并明确范围的限定。

例如，某合同中地质资料说明，地下为普通地质，砂土。合同条件规定，"如果出现岩石地质，则应根据商定的价格调整合同价"。在施工中地下出现建筑垃圾和淤泥，造成施工困难，承包商提出费用索赔要求，但被业主否决，因为只有"岩石地质"才能索赔，承包商的索赔权利受到限制。对于出现"普通地质"和"岩石地质"之间的其他地质情况，也会造成费用的增加和工期的延长，而按本合同条件规定，属于承包商的风险。如果将合同中"岩石地质"换成"与标书规定的普通地质不符合的情况"，就扩大了承包商索赔范围。

又如某国际工程施工合同中，工期索赔条款规定："只要业主查明工期延误是由于意外暴力造成的，则可以免去承包商工期延误的责任"。这里"意外暴力"不具体，比较含糊，而且所指范围太狭窄。

（3）双方权利的保护条款。一个完备的合同应对双方的权益都能形成保护，对双方的行为都有制约，这样才能保证项目的顺利进行。FIDIC 合同在这方面比较公平，例如：

1）业主（包括工程师）的权利，包括：指令权，对工程质量绝对的检查权，承包商责任和风险的规定，对转让和分包工程的审批权，变更工程的权利，进度、投资和质量控制的权利，在承包商不履行或不能履行合同（或严重违约）情况下的处置权等。

通过履约保函、预付款保函、保留金、承包商材料和设备出场的限制条款保护业主利益。

2）承包商的权益，包括业主风险的定义、逾期违约金的最高限额的规定、承包商的索赔权（合同价调整和工期顺延）、仲裁条款、业主不支付工程款时承包商采取措施的权利、在业主严重违约情况下终止合同的权利等。

4. 合同条款之间的联系分析

由于合同条款所定义的合同事件和合同问题具有一定的逻辑关系（如实施顺序关系，空间上和技术上的相互依赖关系，双方责权利的平衡和制约关系），使得合同条款之间有一定的内在联系，共同构成一个有机的整体，即一份完整的合同。

例如施工合同有关工程质量管理方面条款包括：承包商完美地施工，全面执行工程师的指令，工程师对质量管理体系的审批，材料、设备、工艺使用前的认可权，进场时的检查权，隐蔽工程的检查权，工程的验收权，竣工检验，签发各种证书的权利，对不符合合同规定的材料、设备、工程的处理权利，在承包商不执行工程师指令情况下的处罚权利等。

有关合同价格方面的规定涉及：合同计价方法，计量程序，进度款结算和支付，预付款、保留金、外汇比例、竣工结算和最终结算，合同价格的调整条件、程序、方法等。同时，工程质量检查合格，工程师签发证书，才能进入计量和付款程序。

工程变更问题涉及：工程范围定义，变更的定义、权利和程序，变更价格的确定，索赔条件、程序、有效期等。

通过内在联系分析可以看出合同中条款之间的缺陷、矛盾、不足之处和逻辑上的问题等。

5. 承包商合同风险分析

由于承包工程的特点和工程承包市场激烈竞争，工程承包是高风险的行业，承包商在投标阶段和合同实施阶段都承担很大的风险。上面第四章第三节分析的许多工程风险，也都是承包商的风险。风险管理已成为衡量工程项目管理水平的主要标志之一。

承包商作为工程的实施者，他的风险分析应更为详细，对策应更为具体。

（1）承包商在投标阶段风险分析主要考虑的问题。

1）工程实施中可能出现的风险的类型，种类，风险发生的规律，如发生的可能性，发生的时间及分布规律。

2）风险的影响，即风险如果发生，对承包商的施工过程，对工期和成本（费用）所造成的影响。如果自己不能履行合同义务，应承担的经济的和法律的责任等。

3）对分析出来的风险进行有效的对策和计划。如果风险发生应采取什么措施予以防止，或降低它的不利影响，为风险作组织、技术、经济等方面的准备。

（2）承包商风险分析的主要影响因素。

承包商风险分析的准确程度、详细程度和全面性主要依靠如下几方面：

1）承包商对环境状况的了解程度。要精确地分析风险需要作详细的环境调查，大量收集第一手资料，对引起风险的各种环境因素做出合理预测。

2）招标文件的完备程度和承包商对招标文件分析的全面和详细程度，以及正确性。

3）对业主资信和意图了解的深度和准确性。承包商对业主的工程总目标和项目立项过程的了解是十分重要的。虽然通常业主是在工程设计完成后招标，但承包商应尽可能提前与业主联系。在国际工程中，许多总承包商常常为业主做目标设计、可行性研究、工程规划（甚至可能是免费的）。这是许多总承包企业的经营策略，其好处有：

① 尽早与业主建立良好的关系，使业主了解自己，这样获得项目的机会更大。

② 可以更好地理解业主的意图和工程目标，能对工程范围、工艺方案和施工方案的设计等有更好的把握和针对性，使投标和报价更为科学，能规避大量的总承包合同风险。

③ 通过前期交往熟悉工程环境和项目的立项过程，大量收集信息。

4）投标期的长短。即承包商是否在投标阶段有足够的时间进行风险分析和研究。

（3）承包商合同风险的总评价。

承包商在投标前需要对本工程的合同风险有一个总体的评价。一般地说如果工程存在以下问题，则合同风险很大：

1）工程规模大，工期长，而业主要求总承包，采用固定总价合同形式。

2）业主仅给出设计任务书或初步设计文件让承包商投标，图纸不详细、不完备，工程范围不清楚、工程量不准确，但业主要求采用固定总价合同。

3）业主为了加快工程进度，将投标期压缩得很短，承包商没有时间详细分析招标文件和做环境调查。这不仅对承包商风险太大，而且会造成对整个工程总目标的损害。

4）招标文件为外文，采用承包商不熟悉的技术规范、合同条件。

5）工程环境不确定性大，如物价和汇率大幅度波动、水文地质条件不清楚，而业主要求采用固定价格合同。

6）业主有明显的非理性思维，苛刻要求承包商，招标程序不规范，要求最低价中标，或要求承包商大量垫资。

大量的工程实践证明，如果存在上述问题，承包商的合同风险很大，甚至有可能将承包企业拖垮。这些风险造成的损失的规模，在签订合同时常常是难以想象的。承包商若参加投标，应要有足够的思想准备和措施准备。

在国际工程中，人们分析大量的工程案例发现，一个工程合同争议、索赔的数量和工期的拖延量与如下因素有直接的关系：采用的合同条件、合同形式、投标期的长短、合同条款的公正性、合同价格的合理性、业主平行发包的承包商的数量、评标的充分性、设计的深度及准确性等。

【案例 6-4】 某中外合资项目，合同标的为一商住楼的施工工程。主楼地下一层，地上 24 层，裙楼 4 层，总建筑面积 36000m²。在招标文件中，业主提供的图纸虽号称"施工图"，但实际上很粗略，没有配筋图。

合同协议书由业主自己起草。合同工期为 670 天。合同中的价格条款为："本工程合同价格为人民币 3500 万元。此价格固定不变，不受市场上材料、设备、劳动力和运输价格的波动及政策性调整影响而改变。因设计变更导致价格增减另外计算。"

显然本合同属固定总价合同。在承包商报价时，国家对建材市场实行控制，有钢材最高市场限价，约 1800 元/t。承包商则按此限价投标报价。

工程开始后一切还很顺利，但基础完成后，国家取消钢材限价，实行开放的市场价格，市场钢材价格在很短的时间内上涨至 3500 元/t 以上。另外由于设计图纸过粗，合同签订后，设计虽未变更，但却增加了许多承包商未考虑到的工程量和新的分项工程，其中最大的是钢筋。承包商报价时没有配筋图，仅按通常商住楼每平方米建筑面积钢筋用量估算，而最后实际使用量与报价所用量相差 500t 以上。按照合同条款，这些都应由承包商承担。

开工后约 5 个月，承包商再作核算，预计到工程结束承包商至少亏本 2000 万元。承包商与业主商议，希望业主照顾到市场情况和承包商的实际困难，给予承包商以实际价差补偿，因为这个风险已大大超过承包商的承受能力。承包商已不期望从本工程获得任何利润，只要求保本。但业主予以否决，要求承包商按原价格全面履行合同义务。

承包商无奈，放弃了前期准备及基础工程的投入，终止合同，从工程中撤出，蒙受了很大的损失。而业主不得不请另一承包商进场继续施工，结果也蒙受很大损失：不仅工期延长，而且最后花费也很大。因为另一个承包商进场完成一个"半拉子"工程，只能采用议标的形式，价格也比较高。

案例分析：

(1) 在这个工程中，几个重大风险因素都集中在一起：工程量大、工期长、设计文件不详细、市场价格波动大、投标期短、采用固定总价合同。最终不仅打倒了承包商，而且也伤害了业主的利益，影响了工程整体效益。

(2) 国家取消钢材限价，钢材上涨近一倍，可归属于"情势变更"，合同原约定已经显失公平，承包商可以通过法律途径，提出重新风险分担，调整价格的要求。按照公平原则和诚实信用原则，业主应允许对合同价格做出调整。

(3) 对固定总价合同，承包商有权审查业主提供的施工图纸，有权要求对计算书进行审核。如果经有资质的设计人员证明采用的设计荷载过大、超过规范或常规情况，或安全系数取值太高，导致钢筋用量太大，有权要求变更。在此基础上，如果工程师指令承包商按图施工，则承包商可以对超出的钢筋用量提出索赔。

(4) 总承包合同风险分析。

在所有的工程合同中，EPC 总承包合同风险最大，分析研究也最困难。准确了解总承包合同风险，对承包商有重要意义。

1) 从前述 3.2 节的分析可见，对 EPC 总承包合同，业主要求主要是针对功能的，没有明确的图纸和工程量，承包商对工程范围承担风险。

通常总承包合同都规定，合同价格应包括为满足业主要求或合同隐含要求的任何工作，以及合同虽未提及但为工程的稳定、安全和有效运行所必需的所有工作，所以承包商在投标时工程量和质量的细节是不确定的。承包商中标后才有详细设计和施工计划，但这些需经过业主的批准才能进一步实施。则最终按照详细设计核算的工程量与投标报价时的假定工程量之间可能存在很大的差异（即图 6-4 中的"差异 1"），在工程施工中因业主原因工程量和质量还可能有变化（即"差异 2"）。

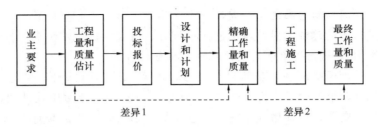

图 6-4　总承包工程风险分析

总承包合同的变更范围很小，通常只有经业主指示或批准的对业主要求或工程所做的修改才构成变更。而如果业主提出的对设计、施工文件和计划修改意见，或不批准没有超过原先提出的业主要求，以及工程的功能没有变化，一般不作为工程变更。

【案例 6-5】 某工程采用固定总价合同，在工程中承包商与业主就设计变更影响产生争议。最终实际批准的混凝土工程量为 66000m³，对此双方没有争议。但承包商坚持原合同工程量为 40000m³，则增加了 65%，共 26000m³；而业主认为原合同工程量为 56000m³，则增加了 17.9%，共 10000m³。双方对合同工程量差异产生的原因在于：

承包商报价时业主仅给了初步设计文件，没有详细的结构截面尺寸。同时由于投标期较短，承包商没有时间细算，就按经验匡算了一下，估计为 40000m³。合同签订后详细施工图出来，再经细算，混凝土量为 56000m³。作为固定总价合同，这个 16000m³ 的差额（即 56000—40000）最终就作为承包商的报价失误，由他自己承担。

同样的问题出现在我国一中外合资的大型商业网点开发项目中。我国一承包商用固定总价合同承包土建工程。由于工程量很大，设计图纸简单，投标期短，承包商无法精确核算，对钢筋工程，报出的工程量为 1.2 万 t，而实际使用量达到 2.5 万 t 以上，仅此一项承包商损失超过 600 万美元。

2）承包商对业主要求承担的风险。承包商必须按照合同条件和业主要求报价，但业主对业主要求中的任何错误、不准确、遗漏不承担责任，业主要求中的任何数据和资料并不应被认为是准确的和完备的。这带来承包工程范围的不确定性很大。

3）承包商承担现场环境和水文地质条件的风险。现场水文地质资料及环境方面的资料由业主提供，但不作为业主要求和合同文件。承包商应负责核实和解释所有此类资料，除合同明确规定的情况以外，业主对这些资料的准确性、充分性和完整性不承担责任。

4）总承包合同通常采用总价合同形式，承包商对总报价负责，即使是报价中的数字计算错误，评标或工程结算时一般都不能修正，因为总价优先，双方确认的是合同总价。

① 总承包合同的价格不因环境的变化和工程量增减而变化，除了业主要求和工程有重大变更，一般不允许调整合同价格，所以承包商承担了几乎全部工程量和价格风险。

② 承包商承担工程过程中由于物价和人工费涨价所带来的风险，应支付各项税费。除合同明确规定的情况外，合同价格不应因任何这些税费变化进行调整。

③ 承包商被认为已经取得对工程可能产生影响和作用的有关风险、意外事件和其他情况的全部资料；承包商承担对一个有经验的承包商可以预见到的，为顺利完成工程的所有困难和费用的全部责任；对任何未预见到的困难和费用不能调整合同价格。

所以，在总承包合同的执行中，承包商的索赔机会较少，索赔处理方法、索赔的原因分析、索赔值的计算和最终解决都是相当困难的。这些都是承包商的风险。

（5）风险型合同条款分析。

无论是在单价合同还是总价合同中，一般都有明确规定承包商应承担的风险条款和一些明显的或隐含着的对承包商不利的条款。常见的有：

1）工程变更的补偿范围和补偿条件。例如某合同规定，工程量变更在5%的范围内，承包商得不到任何补偿。则在这个范围内工程量可能的增加是承包商的风险。

2）合同价格的调整条件。如对通货膨胀、汇率变化、税收增加等，合同规定不予调整，则承包商必须承担全部风险；如果在一定范围内可以调整，则承担部分风险。

3）对合同条件规定的业主（工程师）的认可权和各种检查权需要有一定的限制和条件，特别当招标时设计深度不够，施工图纸和规范不完备时，业主可能使用"认可权"或"满意权"提高工程的设计、施工、材料标准，而不对承包商补偿。

4）业主为了转嫁风险提出单方面约束性的、过于苛刻的、责权利不平衡的合同条款。明显属于这类条款的是，对业主责任的开脱条款。这在合同中经常表现为："业主对……不负任何责任"。例如：

① 业主对任何潜在问题，如工期拖延、施工缺陷、付款不及时等所引起的损失不负责；

② 业主对招标文件中所提供的地质资料、试验数据、工程环境资料的准确性不负责；

③ 业主对工程实施中发生的不可预见风险不负责；

④ 业主对由于第三方干扰造成的工期拖延不负责等。

与这一类条款相似的表达形式还有："在……情况下不得调整合同价格"，或"在……情况下，一切损失由承包商负责"。这样将许多属于业主责任的风险推给承包商。

例如某合同规定："承包商无权以任何理由要求增加合同价格，如市场物价上涨，货币价格浮动，生活费用提高，工资的基限提高，调整税法、关税，国家增加新的赋税等"。

有时有些特殊的条款规定应特别关注。例如某承包合同规定，工程变更的补偿仅对重大的变更，且仅按单个建筑物和设施地坪以上体积变化量计算补偿。这实质上排除了工程变更索赔的可能。在这种情况下承包商的风险很大。

5）其他形式的风险条款。如：

① 要承包商大量垫资承包，工期要求太紧，超过常规，过于苛刻的质量要求等。

② 合同中对一些问题不作具体规定，仅用"另行协商解决"等字眼。

③ 业主要求承包商提供业主的现场管理人员（包括工程师）的办公和生活设施，但又没有明确列出提供的具体内容和水准，承包商无法准确报价。

④ 付款条款不清楚，付款程序不明确。例如某合同中对付款条款规定：

"工程款根据工程进度和合同价格，按照当月完成的工程量支付。承包商在月底提交当月工程款账单，在经过业主上级主管审批后，业主在15天内支付。"

由于没有对业主上级主管的审批时间限定，所以在该工程中，业主利用拖延上级审批的办法大量拖欠工程款，而承包商无法对业主进行约束。

⑤ 索赔程序和有效期限制太紧，会造成承包商无法及时发现索赔事件做出反应，导致索赔无效等。

6.2.2　承包商合同风险的对策

对于承包商，在任何一份工程承包合同中，风险总是存在的，没有不承担风险、绝对完美的合同（即使是成本加酬金合同）。对分析出来的合同风险需要进行认真的对策研究。

1. 采取回避策略

从与业主联系准备参加投标竞争开始，承包商需要时刻注意工程的风险。如果发现有重大的超过自己承受能力的风险，或恶意的业主，可以考虑退出竞争。在退出时要考虑保护自己，防止损失，或防止更大的损失。

（1）即使投标人已经发出投标文件，在投标截止期前，还可以撤回投标。

（2）开标后如果发现工程风险太大，或者自己的投标报价失误，投标人应采取措施有计划退却，设法修改或撤回投标书，且尽量不使自己失去投标保函。

（3）在中标函发出后，在工程实施过程中，当出现超出承包商承担能力的风险，承包商还可以撤出工程。如前述案例 6-4 中，承包商面临大大超过自己承受能力的风险，无奈撤出工程，尽管蒙受了很大的损失，但与按合同完成工程相比，损失相对要小些。

2. 在报价中考虑

（1）提高报价中的不可预见风险费。合同中包含风险较大，承包商可以提高报价中的不可预见风险费，为风险作资金准备，以弥补风险发生所带来的部分损失，使合同价格与风险责任相平衡。风险附加费的数量一般根据风险发生的概率和风险一经发生承包商将要受到的损失量确定。所以风险越大，承包商的报价就应越高。

但风险附加费太高可能对双方都不利：业主需要支付较高的合同价格；承包商的报价随着风险附加费的增加，竞争力逐渐降低，难以中标。

同样的工程和环境条件对每个投标人的风险状态不同，同时各投标人对风险有不同的认识，所以在报价中的风险附加费各不相同。这在很大程度上影响各投标人报价的竞争力。

（2）采取报价策略。许多承包商采用一些报价策略，以降低、避免或转移风险。例如：

1）开口升级报价：将工程中的一些风险大、费用大的分项工程或工作抛开，仅在报价单中注明，由双方再度商讨决定。这样大大降低了总报价，用最低价吸引业主，取得与业主商谈的机会，而在议价谈判和合同谈判中逐渐提高报价。

2）多方案报价：在报价单中注明，如果业主修改某些苛刻的，对承包商不利的风险条款，则可以降低报价。按不同的情况，分别提出多个报价供业主选择。这在合同谈判（标后谈判）中用得较多。

3）采用不平衡报价策略。即在总报价不变的情况下，适当调整分项工程单价，达到有利的结果。如预计在实施过程中工程量会增加，则适当提高该项报价；对早期的分项工程适当提高价格，以提前回收工程价款。

4）在报价单中，建议将一些花费大、风险大的分项工程按成本加酬金的方式结算。

报价策略的使用一定要符合招标文件的许可，或没有明确禁止。由于业主和工程师管理水平的提高，招标程序的规范化和招标规则的健全，有些报价策略的应用余地和作用已经很小，弄得不好会使业主觉得投标人没有响应招标文件的要求，导致投标无效或造成报价失误。

（3）在法律和招标文件允许的条件下，在投标书中使用保留条件、附加或补充说明，这样可以给合同谈判和索赔留下伏笔。

但现在许多招标文件明确规定不允许投标人提出保留条件或附加说明。例如某合同规定："合同双方一致认为，承包商已放弃他在投标文件中所提出的保留意见，以及他在投标会议上提出的附加条件……"。业主利用这个规定保证各投标人有统一的条件，减少了评标的困难和不一致，也减少了合同实施过程中可能产生的争议。

3. 通过合同谈判，完善合同条文，合理分担双方风险

这是在实际工作中使用最广泛，也是最有效的对策。

合同双方都希望签认一个有利的，风险较少的合同。但风险是客观存在的，问题是由谁来承担。合同双方都希望推卸和转嫁风险，所以在合同谈判中常常几经磋商，有许多讨价还价，最终通过博弈，使合同能体现双方责权利关系的平衡和公平合理。

（1）充分考虑合同实施过程中可能发生的各种情况，在合同中予以详细地具体地规定，防止意外风险。所以，合同谈判首先是对合同条文拾遗补缺，使之完整。

（2）使风险型条款合理化，力争对责权利不平衡条款，单方面约束性条款作修改或限定，防止独立承担风险。

对不符合工程惯例的单方面约束性条款，或条款缺陷，在谈判中可列举工程惯例，如FIDIC条件的规定，劝说业主取消，或修改，或增加限制。

（3）将一些风险较大的合同责任推给业主，以减少风险。当然，常常也相应地减少收益机会（如管理费和利润的收益）。例如让业主负责提供价格变动大，供应渠道难以保证的材料；由业主支付海关税，并完成材料、机械设备的入关手续等。

（4）通过合同谈判争取在合同条款中增加对承包商权益的保护性条款。

4. 购买保险

工程保险是业主和承包商转移风险的一种重要手段。当出现保险范围内的风险，造成财务损失时承包商可以向保险公司索赔，以获得一定数量的赔偿。一般在招标文件中，业主都已指定承包商投保的种类，并在工程开工后就承包商购买的保险作出审查和批准。

承包商应充分了解这些保险所保的风险范围、保险金计算、赔偿方法、程序、赔偿额等详细情况，以作出正确的保险决策。

5. 采取技术的、经济的和组织的措施

在承包合同的签订和实施过程中，采取技术的、经济的和组织的措施，以提高应变能力和对风险的抵抗能力。例如：

（1）组织最得力的投标班子，进行详细的招标文件分析，作详细的环境调查，通过周密的计划和组织，作精细的报价以降低投标风险。

（2）对技术复杂的工程，采用新的，同时又是成熟的工艺、设备和施工方法。

（3）对风险大的工程派遣最得力的项目经理、技术人员、合同管理人员等，组成精干的项目管理小组，作更周密的计划，采取有效的检查、监督和控制手段。

（4）施工企业将风险大的工程作为各职能部门管理工作的重点，在技术力量、机械装备、材料供应、资金供应、劳务安排等各方面予以特殊对待，全力保证该合同实施。

6. 与其他单位合作，共同承担风险

在承包合同投标前，承包商需要就如何完成合同范围的工程作出决定。他需要与其他

合作者，就合作方式作出选择，以充分发挥各自的技术、管理、财力的优势，共同承担风险。

（1）分包。分包在工程中最为常见。分包常常出于如下原因：

1）技术上需要。通过分包可以弥补总承包商技术、人力、设备、资金等方面的不足。同时总承包商又可通过这种形式扩大经营范围，承接自己不能独立承担的工程。

国际上许多大承包商都有一些分包商作为自己长期的合作伙伴，形成自己外围力量，以增强自己的经营实力。

2）经济上有利。对有些分项工程，如果总承包商自己完成会亏损，而将它分包出去，让报价低同时又有能力的分包商承担，不仅可以避免损失，而且可以取得一定的经济效益。

3）转嫁或减少风险。从前述 3.3 节分包合同分析可见，分包商承担总承包合同中与分包工程相关的风险。这样，大家共同承担总承包合同风险。

4）业主的要求。业主指令总承包商将一些分项工程分包出去。通常有如下两种情况：

① 对于某些特殊专业或需要特殊技能的分项工程，业主仅对某专业承包商信任和放心，可要求或建议总承包商将这些工程分包给该专业承包商，或提出分包商选择名单。

② 在国际上，一些国家出于对本国企业保护的目的，规定外国承包商承接工程后必须将一定量的工程分包给本国企业，或工程只能由本国企业承包，外国企业只能分包。

由于承包商向业主承担全部工程责任，分包商出现任何问题都由总包负责，所以分包商的选择要十分慎重，并要加强对分包商的选择和控制工作，防止由于他们的能力不足，或对本工程没有足够的重视而造成工程的拖延，进而影响总承包合同的实施。

现在业主对分包商有较高的要求，要对分包商作资格审查，没有工程师（业主代表）的同意，承包商不得随便分包工程。同时，还要对分包合同进行审查。

过多的分包，如专业分包过细、多级分包，会造成管理层次增加和协调的困难，业主会怀疑承包商自己的承包能力。

（2）联营体承包。

1）联营体承包的优点。

① 承包商可通过联营体以承接工程量大、技术复杂、风险大、难以独家承揽的工程，使经营范围扩大。

② 在投标中发挥联营体各方技术和经济的优势，珠联璧合，使报价有竞争力。各联营体成员具有法律上的连带责任，业主比较欢迎和放心，容易中标。

③ 在国际工程中，国外的承包商如果与当地的承包商成立联营体投标，可以获得价格上的优惠。这样更能增加报价的竞争力。

④ 在合同实施中，联营体各方相互支持，取长补短，进行技术和经济的总合作。这样可以减少工程风险，增强应变能力，能取得较好的工程经济效益。

⑤ 联营体仅针对某一工程，该工程结束，联营体解散，无其他牵挂。如果愿意，各方还可以继续寻求新的合作机会。所以它比合营、合资有更大的灵活性。

联营体承包已成为许多承包商的经营策略之一，在国内外工程中都较为常见。

2) 联营体承包的风险分担。

联营体合同在实施和争议的解决等方面与一般承包合同有很大的区别。联营体合同受总承包合同关系的制约，属于它的一个从合同。它的风险分担有如下特点：

① 联营体合同的基本原则是，合同各方应有相互忠诚和相互信任的责任，在工程过程中共同承担风险，共享权益。

② 但"相互忠诚和相互信任"，往往难以具体地、准确地定义和责难。联营体成员之间必须非常了解和信赖，真正能同舟共济，否则联营风险较大。

③ 基于风险共担原则，联营体成员之间在总承包合同风险范围内的相互干扰和影响造成的损失是不能提出索赔的。这往往特别容易被人们忽略而引起合同争议。

④ 联营体各方在工程过程中，为了共同的利益，有责任相互帮助，进行技术和经济的总合作，可以相互提供劳务、机械、技术甚至资金，或为其他联营体成员完成部分工程义务，但这些都应为有偿提供。则在联营体合同中应明确区分各自的义务、权益和责任界限，不能有"联营即为一家人"的思想。

由于联营体合同风险较大，承包商应争取平等的地位。如果自身有条件，应积极地争取领导权，这样在工程中更为主动。

7. 在工程过程中加强索赔管理

用索赔和反索赔来弥补或减少损失，这是一个很好的，也是被广泛采用的对策。通过索赔可以提高合同价格，增加工程收益，补偿由风险造成的损失。

许多有经验的承包商在分析招标文件时就关注其中的漏洞、矛盾和不完善之处，考虑到索赔的可能，在报价和合同谈判中为将来的索赔留下伏笔，这通常被称为"合同签订前索赔"。

除了采取回避策略外，上述这些风险应对措施选择不仅有时间上的先后次序，而且有不同的优先级。一般风险措施选择的优先次序如下：

（1）技术、经济和组织的措施。这是在合同签订前首先考虑的对待风险的措施。特别对合同明确规定的一些风险，例如承包商承担的实施方案风险、报价的正确性、环境调查的正确性、承包商的分包商风险等。

（2）购买保险。它不能排除风险，但可以部分地转移由保险合同限定的风险。

（3）采用联营体承包或分包措施。

（4）在报价中提高不可预见风险费。对于通过上述措施无法解决的风险可以通过报价中的不可预见费考虑，但这会影响到报价的竞争力。

（5）通过合同谈判，修改合同条件。这主要有两个问题：

1）合同谈判是在投标后，签约前，在时间上比较滞后。

2）谈判的结果是不确定的，可能谈不成，可能双方都要作让步。而这主动权常常在于业主。所以在投标中不能对它寄予太高的期望。

（6）通过索赔弥补风险损失。但索赔本身是有很大风险的，而且在合同执行过程中进行，所以在合同签订前不能过多地寄希望于索赔。

6.2.3 合同审查表

合同审查后，用合同审查表可以对上述分析和研究的结果进行归纳整理，系统地对合同文本中存在的问题和风险提出相应的对策。

1. 合同审查表的作用

（1）将合同文本"解剖"开来，使它"透明"和易于理解，使合同当事人及合同谈判者对合同有一个全面的了解。

这个工作非常重要，因为合同文本常常不易读懂，连贯性差，对某一问题可能会在几个文件或条款中予以定义或说明。所以首先需要将它归纳整理，进行结构分析。

（2）检查合同内容上的完整性，可发现它缺少哪些必需条款。

（3）分析评价每一合同条文执行的法律后果，将给承包商带来的问题和风险，为报价策略的制定提供资料，为合同谈判和签订提供决策依据。

（4）通过审查还可以发现：

1）合同条款之间的矛盾性，即不同条款对同一具体问题的规定或要求不一致；

2）隐含着较大风险的条款，如对合同当事人某一方不利，甚至有害的条款，如过于苛刻、责权利不平衡、单方面约束性条款；

3）内容含糊，概念不清，或自己未能完全理解的条款。

所有这些均应向对方提出，要求解释和澄清。

对于重大的，或合同关系和合同文本很复杂的工程，合同审查的结果应经律师或合同专家核对评价，或在他们的直接指导下进行审查。这会减少合同风险，减少合同谈判和签订的失误。国外的一些承包公司在作合同审查后，常常还委托法律专家对审查结果作鉴定。

2. 合同审查表应具备的功能

要达到合同审查目的，审查表至少应具备如下功能：

（1）完整的审查项目和审查内容。通过审查表可以直接检查合同条文的完整性。

（2）被审查合同在对应审查项目上的具体条款和内容。

（3）对合同内容的分析评价，即合同中有什么样的问题和风险。

（4）针对分析出来的问题提出建议或对策。

3. 合同审查表的内容和格式

合同审查表通常包括如下内容：

（1）审查项目。合同条款的主题，或所要说明的问题，如工程范围、缺陷通知期等。

（2）编码。这是为了计算机数据处理的需要而设计的，以方便调用、对比、查询和储存。编码应能反映所审查项目的类别、项目、子项目等，对复杂的合同还可细分。为便于操作，应设置统一的合同文本结构编码系统。

（3）合同条款号。即对应审查项目上被审查合同的对应条款号。

（4）内容。即被审查合同相应条款的内容。这是合同风险分析的对象，在表上可直接摘录（复印）原合同文本内容，即将合同文本按检查项目拆分开来。

（5）问题和风险分析。这是对该合同条款存在的问题和风险的分析，是合同审查中最核心的内容。这里要具体地评价该条款执行的法律后果及将给合同当事人带来的风险。

（6）建议或对策。针对审查分析得出的合同中存在的问题和风险，应采取相应的措施。这是合同管理者对合同报价、谈判、签订乃至合同履行提出的建议。

应将合同审查结果以最简洁的形式表达出来，在合同谈判中可以针对审查出来的问题和风险与对方商谈，落实审查表中的建议或对策，做到有的放矢。

合同审查表的格式和栏目可以按不同的要求设计（表 6-1）。

合同审查表 表 6-1

审查项目编号	审查项目	合同条文	内容	问题和风险分析	建议或对策
……	……	……	……	……	……
J020200	工程范围	合同第13条	包括在工程量清单中所列出的供应和工程，以及没有列出的但为工程经济和安全地运行必不可少的供应和工程	工程范围不清楚，业主可以随便扩大工程范围，增加新项目	1. 限定工程范围仅为工程量清单所列；2. 增加对附加工程重新商定价格的条款
……	……	……	……	……	……
S060201	海关手续	合同第40条	承包商负责交纳海关税，办理材料和设备的入关手续	该国海关效率太低，经常拖延海关手续，故最好由业主负责入关手续	建议加上"在接到到货通知后×天内，业主完成海关放行的一切手续"
……	……	……	……	……	……
S070506	外汇比例	无	无	这一条极为重要，必须补上	在合同谈判中要求业主补充该条款，美元比例争取达70%，不低于50%
……	……	……	……	……	……
S080812	缺陷责任期	合同第54条	自业主初步验收之日起，缺陷责任期为1年。在这期间发现缺点和不足，承包商应在收到业主通知后一周内进行维修，费用由承包商承担	这里未定义"缺点"和"不足"的责任，即由谁引起的	在"缺点和不足"前加上"由于承包商施工和材料质量原因引起的"
……	……	……	……	……	……

目前合同审查和风险分析主要依赖合同管理者的知识、经验和能力。合同管理者应注重经验的积累，合同结束后应作合同后评价，对照合同条款与合同执行的情况，分析合同实施的利弊得失。这样，合同理解水平，合同谈判和合同管理水平将会不断提高。

6.3 投标文件分析

通常开标后，业主需要对有效的实质性响应招标文件要求的投标文件进行全面分析。这个过程又叫投标文件审查，或清标。

6.3.1 投标文件中可能存在的问题

由于投标期较短，投标人对环境不熟悉；竞争激烈，投标人不可能花许多时间、费用和精力编制投标文件；不同投标人有不同的投标策略等，使得每一份投标文件中都会有这样或那样的问题。例如：

（1）报价错误，包括运算错误、打印错误，或报价太低等。

（2）实施方案不科学、不安全、不完备，不能保证质量、安全和工期目标的实现。

（3）投标人未按招标文件的要求投标，缺少一些业主所要求的内容。

（4）投标人对业主的招标文件理解错误，工程范围与合同要求不一致。

（5）投标人不适当地使用了一些报价策略，例如有附加说明、严重的不平衡报价、开口升级报价、多方案报价和使用保留条件等。

这些问题如果不进行分析或处理，导致签订的合同背离前述成功的招标投标的要求。因此，业主在开标后不能立即确定中标人，囫囵吞枣地接受某一报价，即使它是最低报价。

6.3.2　投标文件分析的重要性

对一些大型的、复杂的、专业性强的工程，投标文件分析工作极为重要。这是业主在合同签订前最重要的工作之一，应予以充分重视，应安排充裕的人力和时间做这项工作。

通常在招标过程中，在发出中标函之前，业主是有主动权的。这时如果他要求投标人修改某些细节问题，投标人一般都会积极响应，因为这时他须与其他投标人竞争，业主有选择的余地。而一经中标函发出，确定了承包商，则业主的选择余地就没有了。如果这时发现该投标文件中有不利于业主的重大问题，则业主就极为被动。

所以业主在未弄清投标文件的各个细节问题之前，不能贸然授标。

（1）投标文件分析是正确授标的前提。

投标文件中投标书及附件、合同条件、报价的工程量表等都属于有法律约束力的合同文件。施工组织计划虽然不属于合同文件，但它代表着投标人为完成合同义务的方法。从某种意义上讲，选择了投标人，则选择了工程所采用的实施方案，就决定了工程的技术水平。

只有全面正确地分析了投标文件，才能正确地评标、决标，各个投标人之间才有一个比较统一的公平合理的尺度。

（2）投标文件分析为澄清会议和标后谈判提供依据。

澄清会议是投标人的一次答辩会，可以澄清投标人意图，弄清投标文件中的问题，并详细了解投标人的能力、管理水平和工作思路。从投标文件分析中可以看出投标人对招标文件和业主意图理解的正确程度，能使澄清会议更有的放矢，更有效果。

（3）投标文件分析可以减少或避免合同履行中的争议，减小业主的风险，使双方更加相互了解，使合同实施更为顺利。

（4）投标文件分析有助于发现对业主不利的投标策略，特别是报价策略。这些常常是承包商在工程过程中增加收益的伏笔。如果对它们不作分析处理，必然会损害业主利益。

国内外工程实践证明，不作投标文件分析，仅按总报价授标是十分盲目的行为，必然会导致合同实施中的矛盾、失误和争议，甚至导致工程的失败。

目前我国许多工程开标后仅在两三个小时之内就完成投标文件分析、评标、定标工作。尽管也请来一些专家评标，有一套评标办法、打分的标准、计算的公式，但它缺少严格的投标文件的分析过程，或者这个过程太短。评标专家不可能在这么短的时间内对四至五份甚至更多的投标文件进行全面的分析，找出其中的问题。所以评价打分依据是不足的，澄清会议上提出的问题也是肤浅的，导致业主授标的盲目性。

6.3.3 投标文件分析的内容

业主需要对入围的有效投标文件从价格、工期、实施方案、项目组织等各个角度进行全面的分析和审查，全面了解各投标文件的内容和存在的问题，其工作内容和流程如图 6-5 所示。

1. 投标文件总体审查

（1）投标书的有效性分析，如印章、格式等是否符合要求。

（2）投标文件的完整性，即投标文件中是否包括招标文件规定应提交的全部文件，特别是授权委托书、投标保函和各种业主要求提交的文件。

（3）投标文件与招标文件要求的一致性审查。一般招标文件都要求投标人完全按招标文件的要求投标报价，完全响应招标要求。这里需要分析是否完全报价，有无修改或附带条件。

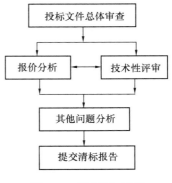

图 6-5　"清标"过程

总体审查确定了投标文件是否合格。如果合格，即可进入报价和技术性审查分析阶段；如果不合格，则作为废标处理，不作进一步审查。

一般按工程规模选择 3～5 家总体审查合格，报价低而合理的投标文件进行进一步的审查分析。一般对报价明显过高，没有竞争力的投标文件不作进一步的审查分析。

2. 报价分析

报价分析是通过对各家报价进行数据处理，作对比分析，找出其中的问题，作出评价，为澄清会议、评标、定标、标后谈判提供依据。报价分析必须是细致的、全面的，即使签订的是总价合同，也不能仅分析总价。对单价合同，因为单价优先，总报价常常不反映真实的价格水平，所以这项工作更为重要。

过去，我国对建设工程有统一的定额和计价规范，各投标人的价格计算差异不大，业主只需关注让利的多少。而在市场化报价背景下，这个问题就显得十分重要。

报价分析一般分三步进行：

（1）对各报价本身的正确性、完整性进行分析。通过分别对各报价进行详细复核、审查，找出存在的问题，例如明显的数字运算错误，单价、数量与合价之间不一致，合同总价累计出现错误；投标人没有报价，仅用附加说明的分项等。

在此基础上，分析这些问题对总报价的影响，以及如果消除错误，则正确的报价应为多少。对这些错误应按照投标人须知的规定赋予业主的权利进行修改，并要求投标人签字确认，按修正后的价格作为投标人的报价，作为评标的依据。

（2）对各报价进行对比分析。这项分析是整个报价分析的重点。如果有标底且标底编制得比较详细，可以把它也纳入各投标人的报价中一起分析。

1）通过各个报价之间的对比分析，可以确定本工程以及各个分项的基本的市场价格水平，它不仅可以用于衡量某个报价（如最低报价）的合理性，而且对工程过程中决定工程量增加的价格，决定平均劳动生产效率（如在一些索赔值计算中）有很大的作用。

通常，承包商报价细节是保密的。业主要考察承包商能否在价格范围内完成工程，只能通过市场价格比较，以及承包商的实施方案、分包商、材料和设备采购、现场施工组织等来分析判断。

2）可以确定各个报价之间的相对水平，分析各个总报价以及各分项报价的不平衡性，以找出其中的问题，特别是投标人的投标策略。

由于各投标人对招标文件的理解、报价策略不一，管理水平、技术装备、劳动效率各有差异，如果他们在投标报价时没有相互联系、串通（当然这是违法的），则他们的报价必然是不平衡的。例如总报价最低的标，其中有些分项报价可能偏高，甚至最高或明显不合理。

按招标工程范围和规模不同，报价之间的对比分析可以分为如下几个层次：

① 总报价对比分析；

② 各单位工程报价对比分析；

③ 各分部工程报价对比分析；

④ 各分项工程报价对比分析；

⑤ 各专项费用（如间接费率）对比分析等。

报价对比分析通常用对比分析表进行。表 6-2 是某项目墙体分部工程的报价分析对比表。表中投标人 1～投标人 5 是按总报价由低到高排列。

某项目墙体工程的报价分析对比表　　　　　　　　　　　　　　　表 6-2

投标单位	数量	报价（元）	相对比	次序	与算术平均值比较
投标人 1		351595.39	114.24%	3	102.15%
投标人 2		307757.15	100.00%	1	89.42%
投标人 3		369274.23	119.99%	5	107.29%
投标人 4		328945.29	106.88%	2	95.57%
投标人 5		363348.12	118.06%	4	105.57%

该项报价算术平均值＝344184.03 元

最理想报价＝286184.15 元

算术平均值为各报价的平均数，通常认为它代表市场平均价格水平。

最理想报价为墙体工程中所含各分项工程的最低报价之和，即是取各投标人长处的最佳报价。

表 6-2 中，投标人 1 总报价最低，所以排在第一位。但他的墙体工程报价处于第 3 位，略高于算术平均值，属于偏高一类。而投标人 3 本项报价最高，在澄清会议上应让他对此项作出解释，甚至可与他商讨以降低这一项报价的可能。

如果某一项报价远低于其他投标人的报价（如投标人 2 的报价），应进一步分析其中的原因，分析他的报价有无依据（如施工方案的独到之处），是否有重大的错误，或有可能导致重大危险的报价策略。

通过对墙体工程中各分项报价的对比分析，还可以进一步分析引起差异的具体原因。

报价分析应特别注意工程量大、价格高、对总报价影响大的分项。

（3）写出报价分析报告。将上述报价分析的结果进行整理、汇总，对各家报价作评价，对议价谈判、合同谈判和签订提出意见和建议。

3. 技术性审查

技术性审查主要是对施工组织与计划（通常称为"技术标"）的审查分析。包括：

（1）投标人对该工程的性质、工程范围、难度、自己的合同责任的理解的正确性。评价施工方案、作业计划、施工进度计划的科学性和可行性，能否保证合同目标的实现。

（2）工程按期完成的可能性。评标时，工期分值是按投标人报的总工期计算的，通常只要报得短就可以获得奖励分。但工期是由施工方案、施工组织措施保证的。许多投标文件中施工方案明显不能保证工期，例如进度计划中没有考虑冬雨季气候的影响，没有考虑到春节工人要放假，但工期奖励分仍可以拿到。因为施工方案，施工组织是专家评审的，而工期分是由工作人员按公式计算的。这显然是不对的。

（3）施工的安全、劳动保护、质量保证措施、现场布置的科学性。

（4）投标人用于该工程的人力、设备、材料计划的准确性，各供应方案的可行性。

（5）项目班子评价。主要为项目经理、主要工程技术人员的工作经历、经验。

在开标后、定标前，业主审查施工方案，发现其中有问题可要求投标人作出说明或提供更详细的资料，也可以建议投标人修改。

对一些特殊的工程，如技术含量高的开发性项目等，技术性审查是重点，常常需要举行专门的专家审查会。

4. 其他问题分析

（1）潜在的合同索赔的可能性。

（2）对投标人拟雇用的分包商的评价。

（3）投标人提出对业主的优惠条件的价值，如赠予、新的合作建议。

（4）对业主提出的一些建议的响应。

（5）投标文件的总体印象，如条理性、正确性、完备性等。

6.4　合同形成阶段应注意的问题

6.4.1　在合同形成过程中容易出现的行为问题

由于工程和工程合同的特殊性，以及招标投标过程的局限性和矛盾性，人们的行为容易产生以下问题：

（1）机会主义。由于双方了解尚不充分，缺乏信任，缺少信息，在招标投标和合同签订过程中，双方都可能采取机会主义行为，使合同的签订存在风险。

1）提供错误的信息，或使信息扭曲，或隐瞒信息，或提供不完备的信息。

2）随意承诺，夸下海口，带有欺诈性的、明显或隐含的不诚实行为。

3）采用明显被限制和禁止的行为，或打"擦边球"。

4）对将来做完美的设想，仅考虑"一切顺利"的情况，做"完美"的计划。

预防机会主义行为是双方都需要关注的重要问题之一。

（2）有限理性。由于立场不同、缺乏远见、自私、相互缺乏信任，或者基于盲目的、无条件的过度信任和乐观，人们常常会采取许多非理性的行为。

1）业主方面。业主应该有理性思维，要有契约精神，有追求工程成功的内在动力。

但在很多工程实践中，由于买方市场而产生的傲慢心理，以及对承包商的不信任，业主常常有许多不理性的行为：

①业主设置的招标时间过于紧张，使得承包商没有充分的时间分析招标文件、考察工程环境、编制投标文件，使得双方没有充分的时间相互了解，构建相互信任的基础，进行充分的合同谈判、讨论项目实施方案、修正招标文件的错误等。

②业主设置不合理的招标流程、评标规则和评标标准，如采用最低价中标。

③业主不能理性对待承包商，在合同中过于推卸风险责任，用不平等的单方面约束性的苛刻的条款对待承包商，让承包商承担所有风险，不让承包商有赢得利润的机会。

④业主显示出过于强势，不听从承包商的任何意见和建议，或不给承包商投标报价提供积极的帮助，一开始就给承包商以不平等的感觉。

显然，这是与业主的工程总目标背道而驰的。

2）承包商方面。有些承包商对环境不做详细的调查，对招标文件和合同不做认真的评审，但却很自信地报价，抱着"拿到工程再说"的想法，对业主的什么条件都能答应。

（3）有限可靠性。由于人们对未来的认知和预测能力的限制，在合同形成过程中很难预见到合同实施期间发生的全部重要事件，以及人们的机会主义和有限理性行为，使合同的缺陷加大，实施计划缺乏科学性和可行性。

1）对将来做过于理想的预测和计划，对自己和对方的能力有过高的期待。

有些承包商在投标和合同商谈过程中过于依赖个人关系。

2）在采用新技术，以及在复杂环境下实施的工程，对工程风险。缺乏深入研究和预测，对未来的各种可能状况不做深入的分析，对某些合同风险既不制订对策，也不明确写入合同中，导致合同的缺陷。

3）工程合同体系和合同关系过于复杂，使合同设计难度太大。如：

①工程分标太细，所管理的合同太多，无法理清合同界面。

②工程主体之间多重合同关系，使各方责权利关系难以明确，存在模糊性。

4）招标投标过程的设计没有考虑工程的特殊性和合同的要求，只机械地按照法律的规定走程序，背离了工程招标投标的目标。

（4）业主与投标人之间以及各投标人之间非理性的博弈行为。

工程招标投标制度设计的出发点是，通过市场竞争和各方面的博弈，促进合同条件和价格的客观性、公正性，实现工程交易的效率和经济性。

但在机会主义、有限理性、有限可靠性等综合影响下，人们常常会采用非理性的博弈行为，如"黑白合同"、随意承诺、隐藏信息、夸海口、欺诈、几个投标人合谋、招标人与投标人合谋、敲竹杠、套牢对方等行为。这会产生逆向选择、交易风险、道德风险等。

许多工程的失败、争议，都是源自这些问题。

6.4.2　加强前期沟通，促进相互了解

在招标投标阶段，双方应本着真诚合作的精神多沟通，达到相互了解和理解。实践证明，双方理解越正确、越全面、越深刻，合同执行中对抗越少，合作越顺利，项目越容易成功。国际工程专家指出："虽然工程项目的范围、规模、复杂性各不相同，但一个被业主、工程师、承包商都认为成功的项目，其最主要的原因之一是，业主、工程师、承包商能就项目目标达成共识，并将项目目标建立在各种完备的书面合同上，……它们应是平等

的，并能明确工程的施工范围……"（见参考文献 20）。

对技术复杂的大型工程，业主在前期应进行市场调研，与潜在的承包商深入接触，到相似的工程现场考查是有益的：

（1）了解市场上潜在承包商的能力，制定科学的招标策略。

（2）使双方相互了解，将合同双方的接触提前到招标前。使承包商能明确了解他的义务、责任，以及实施工程的技术要求和约束条件，对工程的困难有预期；同时，业主也能够了解潜在承包商的期望和需求。

（3）为有能力的潜在承包商的投标提供帮助，有利于提高承包商选择的准确性。

6.4.3 发中标函应注意的问题

按照法律的规定，中标函作为承诺书，对招标人和中标人具有法律效力，中标函发出后，合同就成立了。招标人与中标人必须按照招标文件、投标文件和中标函订立合同。招标人改变中标结果的，或者中标人放弃中标项目的，就要承担法律责任。

但中标函有时不能形成一份合同。如：

（1）按照法律的规定，中标函作为承诺书，需要对要约无条件接受。因此业主在中标函中必须用肯定性的语言，不能再提出任何商榷。如果用非肯定性语言，或预设条件，则为新的要约，说明双方对合同的重大问题尚未实质性达成一致，没有完全、无条件承诺（见案例 4-1），就需要重新商讨、确认，最终双方必须对新的要约达成一致，合同才能成立。

（2）在国际工程中，有时招标文件申明，在中标函发出后，需要第三方（如上级政府）批准或认可，才能正式签订合同。对此，通常业主先给已选定的承包商发出意向书。这一意向书不属于确认文件，它不产生合同，对业主一般没有约束力，实际用途较小。

在接到意向书后，如果承包商需要进行施工的前期准备工作（一般为了节省工期），如调遣队伍，订购材料和设备，甚至作现场准备等，而由于其他原因合同最终没有签订，承包商很难获得业主的费用补偿。

【案例 6-6】 在某国际工程中，经过澄清会议，业主选定一个承包商，并向他发出函件，表示"有意向"接受该承包商的报价，并"建议"承包商"考虑"进行材料的订货；如果承包商"希望"，则可以进入施工现场进行前期工作。结果由于业主放弃了该开发计划，工程被取消，承包合同无法签订，业主又指令承包商恢复现场状况。此时，承包商已经为施工准备投入了许多费用。承包商就现场临时设施的搭设和拆除，材料订货及取消订货损失向业主提出索赔。但最终业主以前述的信件作为一"意向书"，而不是一个肯定的"承诺"（合同）为由反驳了承包商的索赔要求（见参考文献 11）。

当然，本案例的最终处理还是有很大瑕疵的。如在我国，虽然在形式上业主和承包商之间尚不存在合同关系，但业主向承包商提供施工用地，承包商进场进行前期工作，双方的实际行为已形成事实上的合意，合同关系已事实存在，业主应该承担一定的责任。

为了防止引起争议，最好由业主下达指令明确表示对这些工作付款，或双方签订一项单独施工准备合同。如果本工程承包合同最终不能签订，则业主需要对承包商所做的准备工作补偿合理的费用；如果工程承包合同签订，则该施工准备合同无效（已包括在主合同中）。

6.4.4　标后谈判

在招标文件中业主已申明不允许进行标后谈判。这是业主为了不给中标人留下变动投标报价的借口，掌握主动权。在中标函发出前商谈，也容易对其他投标人造成不公平。

但标后谈判对合同双方和工程总目标都有利。这已为许多工程实践所证明①，在某些复杂的工程中，甚至需要进行多轮谈判。

1. 标后谈判的必要性

由于工程招标投标过程的矛盾性，到中标函发出为止，双方的要约和承诺都是不完备的和有缺陷的。

（1）招标文件可能存在错误（如缺陷、遗漏、不适当的要求），但业主在招标文件中不容许投标人对招标文件的要求作任何修改，必须完全响应。同样，由于投标期短，投标文件中也可能存在各式各样的错误，如投标人可能对招标文件理解错误、环境调查错误、方案错误（或还有更好的方案）、报价错误等。

开标后，清标时间短，不能对投标文件做详细分析；澄清会议的刚性很大，不允许对投标文件和合同条件有实质性的修改，导致评标和定标常常是不科学的和不完善的。碍于法律的规定和其他投标人的监督，双方对合同条件和投标书都不能作修改。

（2）发出中标函，双方的合同关系已经成立，但合同协议书尚没有签署。在不影响中标结果公正性的前提下，双方可以进行进一步磋商，以修正和完善合同条件，而且这种修正和完善会使合同状态更具合理性和科学性，这对双方都有利，双方更容易接收。

双方可以进一步讨价还价：业主可望得到更优惠的服务和价格，一个更完美的工程；承包商可望得到一个合理的价格，或改善合同条件。通常议价谈判和修改合同条件是合同谈判的主要内容。因为，一方面，价格是合同的主要条款之一；另一方面，价格的调整常常伴随着合同条款的修改；反之，合同条款的修改也常常伴随着价格的调整。

这样能够通过标后再谈判调整招标投标程序上的刚性，使合同具有柔性。

2. 标后谈判应注意的问题

标后谈判应在承包商合同审查和业主投标文件分析的基础上进行。它是对合同状态进一步优化和平衡的过程。

尽管按照招标文件要求，承包商在投标书中已明确表示对招标文件中的投标条件、合同条件的完全认可，并接受它的约束，合同价格和合同条件不作调整和修改。但承包商应尽可能利用中标后签订合同前的机会进行认真的合同谈判。

这时已经确定承包商中标，其他的投标人已被排斥在外，承包商应积极主动，争取对自己有利的妥协方案。对标后谈判，事先要做好策划和准备，需要注意如下问题：

（1）确定自己的目标。对准备谈什么，达到什么目的，要有准备。同时，要分析揣摩对方谈判的真实意图，从而有针对性地进行准备并采取相应的谈判方式和谈判策略。

（2）研究对方的目标和兴趣所在，在此基础上准备让步方案、平衡方案。由于标后谈判是双方对合同条件的进一步完善，双方需要都作让步，才能最终达到双方共同认可的结果。所以要考虑到多方案的妥协，争取主动。

---

① 在我国的一个大型超高层跨国合资工程建设中，承包商以施工总承包中标，后经过标后谈判，成功吸引业主，将施工总承包升格为 EPC 总承包，最后获得了"双赢"的结果。

承包商应积极争取对合同条件中不符合惯例、单方面约束性的、不完备的、风险型的条款进行修改，争取一个公平合理的合同条件。通常可以通过两个途径：

1）向业主提出更为优惠的条件，以换取对合同条件的修改。如降低报价，缩短工期，延长缺陷责任期，提出更好的更先进的实施方案，提供新的服务项目，扩大服务范围等。

2）使用工程惯例说服对方，因为通常惯例是公平的，有说服力。

（3）应与业主商讨，争取一个合理的施工准备期，这对整个工程施工有很大好处。一般业主希望或要求承包商"毫不拖延"地开工。承包商如果无条件答应，则会很被动，因为人员、设备、材料进场，临时设施的搭设需要一定的时间，在国际工程中这个时间会更长。如果没有合理的准备期，则会有如下影响：

1）容易产生工期的争议或被业主施行工期拖延的处罚；

2）会造成整个工程仓促施工，计划混乱，长期达不到高效率的施工状态。在我国许多承包工程中经常出现前期混乱，产生拖期，后期赶工的现象，造成大量的低效率损失。

（4）以真诚合作的态度进行谈判。由于合同已经成立，准备工作需要紧锣密鼓地进行，千万不能让业主认为承包商在找借口不开工，或中标了，又要提高价格。即使对方不让步，也不要争议（注意，这构不成争议，任何一方对对方任何新方案、新要约的拒绝都是合理的，有理由的）。否则会造成一个很不好的气氛，紧张的开端，影响整个工程的实施。

按照合同原则，标后谈判不能产生对合同的任何否定。承包商不能借标后谈判向业主施压，推卸或推迟履行合同义务（如现场不开工），否则承担缔约过失责任或者违约责任。

由于招标文件中一般都规定不允许进行标后谈判，所以它仅是双方在合同签订前的一次善后努力。标后谈判的最终主动权在业主，如果虽经标后谈判，但双方不能达成一致，则还按原投标书和中标函内容签订合同。

（5）标后谈判结果不能与招标文件、中标函有太大的差异，不能修改它们的实质性内容，否则不仅容易形成"黑白合同"，容易出现争议，而且对其他未中标人不公平。

对有些招标方式，如PPP项目的多阶段招标，以及直接委托方式等，谈判策略有充分的运行空间。

6.4.5 承包商应注意的问题

1. 符合承包商的基本目标

承包商的基本目标是取得工程利润，所以"合于利而动，不合于利而止"（孙子兵法，火攻篇）。这个"利"可能是该工程的盈利，也可能是承包商的长远利益。合同谈判和签订应服从企业的整体经营战略。"不合于利"，即使丧失工程承包资格，失去合同，也不能接受责权利不平衡，明显导致亏损的合同。这应作为基本方针。

承包商在签订承包合同中常常会犯这样的错误：

（1）由于长期承接不到工程而急于求战，急于使工程成交，而盲目签订合同。

（2）初到一个地方，急于打开局面，承接工程，而草率签订合同。

（3）由于竞争激烈，怕丧失承包资格而接受条件苛刻的合同。

（4）盲目追求高的合同额（营业额），以承接到工程为目标，而忽视签约的后果。

上述这些情况很少有不失败的。"利益原则"不仅是合同谈判和签订的基本原则，而且是整个合同管理和索赔的基本原则。

2. 积极地争取自己的正当权益

法律和其他经济法规赋予合同双方以平等的法律地位和权利。但在实际经济活动中，这个地位和权利还要靠承包商自己争取。在工程合同中，这个"平等"常常难以具体地衡量，如果合同一方自己放弃这个权利，盲目地、草率地签订合同，致使自己处于不利地位，受到损失，常常法律对他难以提供帮助和保护。所以在合同签订过程中放弃自己的正当权益，草率地签订合同是"自杀"行为。

承包商应积极地争取自己的正当权益，争取主动。如有可能，应争取合同文本的拟稿权。对业主提出的合同文本，应进行全面的分析研究。在合同谈判中，双方应对每个条款作具体的商讨，争取修改对自己不利的苛刻的条款，增加承包商权益的保护条款。对重大问题不能客气和让步，针锋相对。承包商切不可在观念上把自己放在被动地位上，有处处"依附于人"的感觉。

当然，谈判策略和技巧是极为重要的。通常，在中标函发出前，即承包商尚要与几个对手竞争时，需要慎重，处于守势，尽量少提出对合同文本做大的修改，否则容易引起业主的反感，损害自己的竞争地位。在中标后，即业主已选定承包商作为中标人，应积极争取修改风险型条款和过于苛刻的条款，对原则问题不能退让和客气。

3. 重视合同的法律性质

分析国内外承包工程的许多案例可以看出，许多承包合同失误是由于承包商不了解或忽视合同的法律性质，没有合同意识造成的。

合同一经签订，即成为合同双方的最高法律，它不是道德规范。合同中的每一条都与双方利害相关，影响到双方的成本、费用和收入。所以，人们常说，合同字字千金。在合同谈判和签订中，既不能用道德观念和标准要求和指望对方，也不能用它们来束缚自己。这里要注意如下几点：

（1）一切问题，必须"先小人，后君子""丑话说在前"。对各种可能发生的情况和各个细节问题都要考虑到，并作明确的规定，不能有侥幸心理。在合同签订时要多想合同中存在的不利因素、风险及对策措施，不能仅考虑有利因素，还要把事态、把人都往好处想。

尽管从取得招标文件到投标截止时间很短，承包商也应将招标文件内容，包括投标人须知、合同条件、图纸、规范等弄清楚，并详细地了解合同签订的环境，切不可期望到合同签订后再做这些工作，对此也不能有侥幸心理，不能为将来合同实施留下麻烦和"后遗症"。

（2）一切都应明确地、具体地、详细地规定。对方已"原则上同意""双方有这个意向"常常是不算数的。在合同文件中一般只有确定性、肯定性语言才有法律约束力，而商讨性、意向性用语很难具有约束力。

（3）在合同的签订和实施过程中，不要轻易相信任何口头承诺和保证，少说多写。双方商讨的结果，作出的决定，或对方的承诺，只有写入合同，或双方文字签署才算确定；相信"一字千金"，不相信"一诺千金"。

即使双方都很熟悉，很讲诚信，还要考虑到可能的人事变动，应留下书面证据。

（4）对在标前会议上和合同签订前的澄清会议上的说明、允诺、解释和一些合同外要求，都应以书面的形式确认。如签署附加协议、会谈纪要、备忘录，或直接写入合同中。

这些书面文件也作为合同的一部分，具有法律效力，常常可以作为索赔的理由。

4. 既要讲究诚实信用，又要在合作中有所戒备，防止被欺诈

在工程中，许多欺诈行为属于对手钻空子、设圈套，而自己疏忽大意，盲目相信对方或对方提供的信息（口头的，小道的或作为"参考"的消息）造成的。这些都无法责难对方。

【案例6-7】我国某承包公司作为分包商与奥地利某总承包公司签订了一房建项目的分包合同。该合同在伊拉克实施，它的产生完全是奥方总包精心策划，蓄意欺骗的结果。如在谈判中编制谎言说，每平方米单价只要114美元即可完成合同规定的工程量，而实际上按当地市场情况工程花费不低于每平方米500美元；有时奥方对经双方共同商讨确定的条款利用打字机会将对自己有利的内容塞进去；在准备签字的合同中擅自增加工程量等。

该工程的分包合同价为553万美元，工期24个月。而在工程进行到11个月时，中方已投入654万美元，但仅完成工程量的25%。预计如果全部履行分包合同，还要再投入1000万美元以上。结果中方不得不抛弃全部投入资金，解除分包合同（见参考文献16）。

在这个合同中双方责权利关系严重不平衡，合同签订中确实有欺诈行为，对方做了手脚。但作为分包商没有到现场做实地调查，而仅向总包口头"咨询"，听信了"谎言"，认了人家的"手脚"，签了字，合同就有效，必须执行，而且无法对总包责难。

5. 重视合同的审查和风险分析

不计后果地签订合同是危险的，也很少有不失败的。在合同签订前，承包商应委派有丰富合同工作经验和经历的专家认真地，全面地进行合同审查和风险分析，弄清楚自己的权益和责任，完不成合同责任的法律后果，对每一条款的利弊得失都应清楚了解。

合同风险分析和对策一定要在报价和合同谈判前进行，以作为投标报价和合同谈判的依据。在合同谈判中，双方应对各合同条款和分析出来的风险进行认真商讨。

在谈判结束，合同签约前，还需要对合同作再一次的全面分析和审查。其重点为：

(1) 前面合同审查所发现的问题是否都有了落实，得到解决，或都已处理过；不利的、苛刻的、风险型条款，是否都已作了修改。通常通过合同谈判修改合同条款是十分困难的，在许多问题上业主常常不作让步，但承包商对此需要作出努力。

(2) 新确定的，经过修改或补充的合同条文还可能带来新的问题和风险，与原来合同条款之间可能有矛盾或不一致，仍可能存在漏洞和不确定性。在合同谈判中，投标书及合同条件的任何修改，签署任何新的附加协议、补充协议，都需要经过合同审查，并备案。

(3) 对仍然存在的问题和风险，是否都已分析出来，承包商是否都十分明了或已认可，已有精神准备或有相应的对策。

(4) 合同双方是否对合同条款的理解有一致性。业主是否认可承包商对合同的分析和解释。对合同中仍存在着的不清楚、未理解的条款，应请业主作书面说明和解释。

最终将合同检查的结果以简洁的形式（如表和图）和精练的语言表达出来，作为对合同的签订作最后决策的依据。

合同主谈人的合同、合同管理和合同谈判知识、能力和经验对合同的签订至关重要。但他的谈判需要依赖于合同管理人员和其他职能人员的支持。对复杂的合同，只有充分地

审查，分析风险，合同谈判才能有的放矢，才能在合同谈判中争取主动。

复 习 思 考 题

（1）有些承包商认为，在投标阶段发现招标文件中有错误、遗漏、含义不清的地方，是承包商的索赔机会，不必向业主澄清。你觉得这种观点对吗？

（2）阅读 FIDIC 工程施工合同，分析承包商的主要风险。

（3）选择合同条件应注意什么问题？

（4）举例说明，承包商的一项责任，同时又隐含着他的一项权利；业主的一项权利，同时又隐含着他的一项责任。

（5）识别概念：投标书、投标文件。简述投标文件分析的主要内容。

（6）讨论：标后谈判有什么必要性？它又会带来什么问题？

第 3 篇
工程合同的履行

7 工程合同分析

【本章提要】

合同分析是合同管理一项十分重要的工作。通常在合同实施前，在工程实施过程中遇到问题时，在索赔和争议处理过程中都需要进行合同分析。本章介绍了合同分析的基本内容、程序和方法。

合同分析包括合同总体分析、合同详细分析和特殊问题的合同分析。

本章结合我国的法律和国内外的工程案例讨论了合同的解释程序和一些原则。这对于业主、承包商、工程师、争议裁决人和仲裁人都是十分重要的。

7.1 概　　述

7.1.1 合同分析的概念

合同分析是指从履行的角度分析和解释合同，将合同目标和规定落实到合同实施的具体问题和具体事件上，用以指导工程实施活动，使合同能符合日常工程管理的需要。

在履行阶段的合同分析不同于投标过程中的合同审查。合同审查主要是对尚未生效的合同草案的合法性、完备性和公平性进行审查和评价，其目的是发现其中的问题和风险，提出对策，争取通过合同谈判改变合同中于己不利的条款，以维护自己的合法权益。而履行阶段的合同分析是对已经生效的合同解决"如何履行"的问题，明确合同目标，将合同落实到工程实施的具体专业工作和管理工作上，保证合同能够顺利履行。

通常，在施工计划编制过程中，在日常施工遇到问题时，在索赔的处理和解决过程中都需要进行合同分析。

7.1.2 合同分析的必要性

从项目管理的角度看，合同分析就是为工程项目实施控制提供依据。合同分析确定控制的目标，并结合进度控制、质量控制、成本控制，为项目实施提供相应的合同依据、合同对策、合同措施。在国际工程中，许多人将合同分析作为项目管理的起点。

（1）承包商在合同实施过程中的基本任务是使自己圆满地履行合同义务。整个合同义务的完成是靠在一段段时间内，完成一项项工程和一个个工程活动实现的，所以合同目标和义务需要贯彻落实在合同实施的具体问题上和各工程小组以及各分包商的具体工程活动中。承包商的各职能人员、各工程小组和分包商都需要熟练地掌握合同，用合同指导工程实施工作，以合同作为行为准则。国外的承包商都强调需要"天天念合同经"。

但在实际工作中，承包商的各职能人员和各工程小组又不能都手执一份合同，遇到具体问题都由各人查阅合同，因为合同本身有如下不足之处：

1）合同条文往往不直观明了，一些法律语言不容易理解。只有在合同实施前进行合同分析，将合同规定用最简单易懂的语言和形式表达出来，使人一目了然，这样才能方便日常管理工作。承包商、项目经理、各职能人员和各工程小组也不必经常为合同文本和合同式的语言所累。

工程参加者各方，以及各层管理人员对合同条文的解释需要有统一性和同一性。在业主与承包商之间，合同解释权归工程师。而在承包商的施工组织中，合同解释权必须归合同管理人员。如果让各人在工作中翻阅合同文本，极容易造成解释不统一，导致工程实施中的混乱，特别对复杂的合同，或不熟悉的合同条件，或各方面合同关系比较复杂的工程。

2）工程合同体系非常复杂，几份、十几份、几十份甚至几百份合同之间有十分复杂的关系。合同之间界面的划分、各方面工作和责任的落实非常困难，不是一般的工程人员能够通过阅读合同搞清楚的。

即使对一份工程承包合同，有时某一个问题也可能在许多条款，甚至在许多合同文件中规定，实际使用极不方便。例如，对一分项工程，工程量和单价在工程量清单中，质量要求在工程图纸和规范中，工期按进度计划，而合同双方的义务和责任、管理程序、价格结算等又在合同文本的不同条款中规定。这容易导致执行中的混乱。

3）合同定义了工程活动的具体要求，合同各方的责权利关系，工程活动之间的逻辑关系，要使工程按计划有条理地进行，需要在工程开始前将它们落实下来，并从工期、质量、成本、相互关系等各方面予以明确。

4）许多工程小组，项目管理职能人员所涉及的活动和问题不是全部合同文件，而仅为合同的部分内容。他们没有必要在工程实施中死抱着合同文件。通常比较好的办法是由合同管理专家先作全面分析，再向各职能人员和工程小组进行合同交底。

5）在合同中依然存在问题和风险，包括合同审查时已经发现的风险和还可能隐藏着的尚未预料到的风险。合同中还必然存在用词含糊，规定不具体、不全面，甚至矛盾的条款。在合同实施前有必要作进一步的全面分析，对风险进行确认和定界，具体落实对策措施。风险控制在合同控制中占有十分重要的地位。如果不能透彻地分析出风险，就不可能对风险有充分的准备，则在实施中很难进行有效的控制。

（2）经常性的合同分析能够及时发现工程实施和项目管理中的问题，迅速反馈，迅速采取措施，降低损失。

（3）在合同实施过程中，合同双方会有许多争议。合同争议常常起因于合同双方对合同条款理解的不一致。要解决这些争议，首先需要作合同分析，按合同条文的表达，分析它的意思，以判定争议的性质。要解决争议，双方需要就合同的理解达成一致。

在索赔中，索赔要求必须符合合同规定，通过合同分析可以提供索赔（反索赔）的理由和根据。

7.1.3 合同分析的基本要求

合同分析是为工程实施和合同管理服务的，它必须符合合同的公平原则和诚实信用原则，反映合同的目的和当事人双方的真实意图。

1. 准确性和客观性

合同分析的结果应准确、全面地反映合同内容。如果分析中出现误差，它必然反映在执行中，导致合同实施更大的失误。所以不能透彻、准确地分析合同，就不能有效、全面地执行合同。许多工程失误和争议都起源于不能准确地理解合同。

客观性，即合同分析不能自以为是和"想当然"。对合同的风险分析，合同双方责权利的划分，管理程序的描述都需要实事求是地按照合同条文，按合同精神进行，而不能依据当事人的主观愿望，否则，必然导致实施过程中的合同争议。合同争议的最终解决不是以单方面对合同理解为依据的。

2. 简易性

合同分析的结果需要采用使不同层次的管理人员、工作人员都能够接受的表达方式，使用简单易懂的工程语言，如图、表等描述。对不同层次的管理人员提供不同要求、不同内容的分析资料。

3. 一致性

合同双方及承包商的所有工程小组、分包商等对合同理解应有一致性。合同分析实质上是承包商单方面对合同的解释。分析中要落实各方面的责任界面，这极容易引起争议，所以合同分析结果应能为对方认可。如有不一致，应在合同实施前解决，以避免合同执行中的争议和损失，这对双方都有利。

4. 全面性

(1) 合同分析应是全面的，对全部的合同文件作出分析，对合同中的每一条款、每句话，甚至每个词都应认真推敲，细心琢磨。合同分析是一项非常细致的工作，不能只观其大略，不能错过一些细节问题。在实际工作中，常常一个词，甚至一个标点就能关系到争议的性质，关系到一项索赔的成败，关系到工程的盈亏。

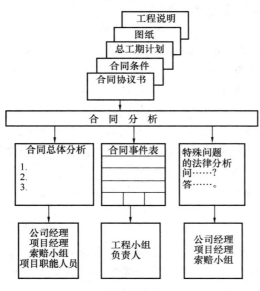

图 7-1　合同分析的信息处理过程

(2) 全面地、整体地理解，不能断章取义，特别当不同文件、不同合同条款之间规定不一致、有矛盾时，更要注意这一点。

7.1.4　合同分析的内容和过程

按合同分析的性质、对象和内容，它可以分为：

(1) 合同总体分析；

(2) 合同详细分析；

(3) 特殊问题的合同扩展分析。

合同分析的信息处理过程如图 7-1 所示。

7.2　合同总体分析

7.2.1　概述

合同总体分析的主要对象是合同文本（合同协议书、合同条件等）。通过合同总体分析，将合同条款和合同规定落实到一些带全局性的具体问题上。

1. 合同总体分析的应用

合同总体分析通常在如下两种情况下进行：

（1）在合同签订后实施前，需要作合同总体分析，作为编制实施计划的依据。

分析的重点是：承包商的主要合同义务、工程范围，业主（包括工程师）的主要义务和权利，合同价格、计价方法和价格补偿条件，工期要求和顺延条件，工程受干扰的法律后果，合同双方的违约责任，合同变更方式、程序，工程验收方法，争议的解决等。

在分析中应对合同中的风险，执行中应注意的问题作出特别的说明和提示。

合同总体分析的结果是工程施工总的指导性文件，应将它以最简单的形式和最简洁的语言表达出来，提交给项目经理、各职能人员，并进行合同交底。

（2）在重大的争议处理过程中，例如在重大的或一揽子索赔处理中，首先需要作合同总体分析。

这里总体分析的重点是合同文本中与索赔有关的条款。对不同的干扰事件，则有不同的分析对象和重点。它对整个索赔工作起如下作用：

1）提供索赔（反索赔）的理由和根据；

2）合同总体分析的结果直接作为索赔报告的一部分；

3）作为索赔事件责任分析的依据；

4）提供索赔值计算方式和计算基础的规定；

5）索赔谈判中的主要攻守武器。

2. 影响合同总体分析内容和详细程度的因素

（1）分析目的。如果在合同履行前作总体分析，一般比较详细、全面；而在处理重大索赔和合同争议时作总体分析，一般仅需分析与索赔和争议相关的内容。

（2）承包商的职能人员、分包商和工程小组对合同文本的熟悉程度。如果是一个熟悉的，以前经常采用的文本（例如在国际工程中使用 FIDIC 文本），则分析可简略，重点分析特殊条款和应重视的条款。

（3）工程和合同文本的特殊性。如果工程规模大，结构复杂，合同关系复杂，使用特殊的合同文本（如业主起草的非标准文本），合同风险大，变更多，则应做细致的分析。有时还要结合合同签订过程中双方的互动情况，在签订后的重大变更和实施过程中的一些特殊情况进行分析。

7.2.2 合同总体分析的内容

在不同的时期，为了不同的目的，合同总体分析有不同的内容。通常有：

（1）合同的法律基础。即合同签订和实施的法律背景。通过分析，承包商可以了解适用于合同的法律的基本情况（范围，特点等），用以指导整个合同实施和索赔工作。

（2）合同类型。通常，合同类型按合同关系可分为工程承（分）包合同、联营体合同、劳务合同等；按计价方式可分为固定总价合同，单价合同，成本加酬金合同等。不同类型的合同，其性质、特点、履行方式不一样。这直接影响合同双方责权利关系和风险分配，影响工程施工中的合同管理和索赔（反索赔）。

（3）合同文件和合同语言。主要分析合同文件的范围和优先次序。如果在合同实施中合同有重大变更，应作出特别说明。

如果合同文本使用多种语言，则应说明"主导语言"，以及语言差异可能引起的问题。

（4）承包商的义务和权利。这是合同总体分析的重点之一，主要分析内容有：

1）承包商的总任务。具体分析承包商在工程的设计、采购、生产、试验、运输、土建、安装、验收、试生产、缺陷责任期维修，以及施工现场的管理，给业主的管理人员提供生活和工作条件等方面的义务。

2）工程范围。它通常由合同中的工程量清单、图纸、工程说明、技术规范所定义。工程范围的界限应很清楚，否则会影响工程变更和索赔，特别对固定总价合同。

3）关于工程变更的规定。工程变更的规定在合同实施和索赔处理中极为重要，要重点分析：

① 工程变更的范围定义，罗列所有变更条款。

② 工程变更的程序。通常要作工程变更工作流程图，并交付相关的职能人员。

要注意，工程变更的实施、价格谈判和业主批准价格补偿三者之间在时间上的矛盾性，常常会有较大的风险，需要提出应对措施。

③ 工程变更的补偿范围。例如某承包合同规定，工程变更在合同价的 5% 范围内为承包商的风险或机会。在这范围内，承包商无权要求任何补偿。通常这个百分比越大，承包商的风险越大，在工程实施中应有对策。

④ 工程变更补偿的有效期，由合同具体规定，一般为 28 天，也有 14 天的。这是工程变更有效性的保证，应落实在具体工作中。一般这个时间越短，需要越快速的反应，对承包商管理水平的要求越高。

（5）业主的义务和权利。业主的义务是承包商顺利地完成合同所规定任务的前提，同时又是进行索赔的理由和推卸工程拖延责任的托词；而业主的权利又是承包商的合同义务，是承包商容易产生违约行为的地方。通常包括以下几个方面：

1）业主雇用的工程师以及对他的权利委托。在合同实施中要注意工程师的职权范围，这在 FIDIC 中有比较全面的规定，但每个合同又有独特的规定，业主一般不会给工程师授予 FIDIC 规定的全部权利。还要分析该工程师的特性、管理风格等。

2）业主的其他承包商、设计单位和供应商的委托情况以及义务、合同类型，了解业主的工程合同体系，与本合同相关的主要责任界面。

业主和工程师有义务对平行的各承包商和供应商之间的工作进行协调，对他们之间的界面争议作出裁决，并承担管理和协调失误造成的损失。例如设计单位、施工单位、供应单位之间的相互干扰都由业主承担责任，这经常是承包商索赔的理由。

3）及时作出承包商履行合同所必需的决策，如下达指令、履行各种批准手续、作出认可、答复请示，完成各种检查和验收手续等。应分析它们的实施程序和时间节点。

4）提供施工条件，如及时提供设计资料、图纸、施工场地、道路等。

5）按合同规定及时支付工程款，及时接收已完工程等。

（6）施工工期和进度管理。在实际工程中，工期拖延极为常见和频繁，而且对合同实施和索赔的影响很大，所以要特别重视。重点分析：

1）合同规定的开工日期、竣工日期，主要工程活动的工期，工期的影响因素，获得工期补偿的条件和可能等，列出可能进行工期索赔的所有条款。

2）工程师进度控制的权利和程序。

3）对非承包商责任的工程暂停，承包商不仅可以进行工期索赔，还可能有费用索赔和终止合同的权利。

（7）工程质量管理、验收、移交和缺陷责任。

1）工程质量的定义文件和工程质量要求分析。

2）工程质量管理的程序和方法，工程师质量管理的权利和工程不符合合同要求的处理方法和程序。

3）验收。验收包括许多内容，如材料和机械设备的进场验收，隐蔽工程验收，单项工程验收，全部工程竣工验收等。要分析这些验收的要求、程序、时间安排、各方责任、不合格的处理等。

应特别注意工程竣工验收的条件和程序，工程没有通过竣工验收的处理等。

4）工程移交程序和条件分析。移交作为一个重要的合同事件，同时又是一个重要的法律概念。它表示业主认可并接收工程，承包商工程施工任务完成和工程照管责任结束，缺陷责任开始；工程的所有权和照管责任也移交给业主；合同规定的工程价款支付条款有效。

通常，竣工验收合格即办理移交。对工程尚存在的缺陷、不足之处以及应由承包商完成的剩余工作，业主可保留其权利，并指令承包商限期完成；如果不声明保留意见或权利，一般认为业主已无障碍地接收整个工程。

5）缺陷责任。

① 工程缺陷责任期的规定。工程的缺陷责任期一般为一年，在国际工程合同中也有要求 2 年甚至更长时间的情况。

② 承包商的缺陷维修责任。对工程缺陷容易引起争议的是，在工程使用中出现问题时责任的划分。通常，由于承包商的施工质量低劣，材料不合格，设计错误等原因造成的质量问题，需要由承包商负责维修。而因业主负责的设计缺陷、使用和管理不善造成的问题，承包商也需要修复，但费用由业主支付。

③ 缺陷维修程序。通常要求承包商在接到业主维修通知后一定期限内完成修理。否则，业主请他人维修，费用由承包商支付。

（8）合同价格。应重点分析：

1）合同所采用的计价方法（如固定总价合同、单价合同或成本加酬金合同等）及合同价格所包括的范围。

2）工程量计量和工程款结算（包括预付款、进度付款、竣工结算、最终结算）方法和程序。

3）合同价格的调整，即费用索赔的条件、价格调整方法，计价依据，列出费用索赔的所有条款。

① 合同实施环境的变化对合同价格的影响，例如通货膨胀、汇率变化、国家税收政策变化、法律变化时合同价格的调整条件和调整方法。

② 附加工程的价格确定方法。

③ 工程量增加幅度与价格的关系。对此，不同的合同会有不同的规定。例如某施工合同规定，工程师有权变更工程。工程变更不得超过整个有效合同额的 15％。在此范围内合同工程量增减，单价不变。超过这个界限，应对合同价格中的固定费用进行调整。

（9）违约责任。如果合同一方未遵守合同规定，或未履行合同义务造成对方损失，应承担相应的合同责任。这是合同总体分析的重点之一。通常分析：

1）承包商不能按合同规定工期完成工程的违约金或赔偿业主损失的条款；

2）由于管理上的疏忽造成对方人员和财产损失的赔偿条款；

3）由于预谋或故意行为造成对方损失的处罚和赔偿条款；

4）由于承包商不履行或不能正确地履行合同义务，或出现严重违约时的处理规定；

5）由于业主不履行或不能正确地履行合同义务，或出现严重违约时的处理规定等。

（10）索赔程序和争议的解决方法。它在很大程度上决定了承包商索赔和争议解决的策略。这里要分析：

1）索赔的程序。

2）争议的解决方式和程序。

3）仲裁条款。包括仲裁地点、方式和程序，仲裁结果的约束力等。

在合同总体分析中，需要对合同执行、索赔（反索赔）和争议的处理提出相应的意见、建议和警告。

7.3 合同详细分析

工程合同的实施由许多具体的工程活动和合同双方的其他经济活动构成。这些活动是基本的合同实施工作，都是为了实现合同目标，履行合同义务，也需要受合同的制约和控制。对一个确定的工程合同，承包商的工程范围、合同义务是一定的，则相关的合同实施工作也应是一定的。这样的合同实施工作可能有几百，甚至几千件。它们之间存在一定的技术的、时间上的和空间上的逻辑关系。

7.3.1 合同详细分析的含义及内容

为了使工程有计划、有秩序、按合同实施，需要将合同目标、要求和合同双方的责权利关系分解落实到具体的合同实施工作上。合同详细分析是在合同总体分析的基础上，依据合同文件定义和全面说明合同实施工作，并落实相关责任人。

新 FIDIC 合同要求承包商提供精细的实施计划，并将资源、组织、时间等具体信息落实到具体合同工作上。合同详细分析实质上是承包商的合同执行计划，它涉及如下工作：

（1）施工项目的范围研究和工作结构分解，结果是完成合同义务的工作分解结构（WBS）。

（2）工程的技术文件分析和技术会审工作。

（3）工程实施方案的细化，包括详细的进度计划、施工组织计划、分包计划等。在投标文件中已包括这些内容，但在施工前，应进一步细化，作详细的安排。

（4）工程的成本计划和责任成本分析。

（5）合同实施工作安排。不仅针对承包合同，而且包括与承包合同同级的各个合同的协调，包括各个分合同的工作安排和各分合同之间的协调。

所以合同详细分析是整个施工项目部的工作，应由项目经理、合同管理人员、工程技术人员、计划管理人员、估价师（员）等共同完成。

7.3.2 合同实施工作分析

合同详细分析的对象是合同协议书、合同条件、规范、图纸、工作量表。它主要通过合同实施工作表（表 7-1）、网络图、横道图等定义合同实施的各项活动。

合同实施工作表　　　　　　　　　　　　　　　表 7-1

子项目：	编码：	日期： 变更次数：
工作名称和简要说明：		
工作内容说明：		
前提条件：		
本工作的主要过程：		
负责人（单位）：		
费用 计划： 实际：	其他参加者 1. 2.	工期 计划： 实际：

合同实施工作表汇集了合同详细分析的成果，从各个方面定义了该合同实施工作，是工程施工重要的依据。

（1）编码。这是为了计算机数据处理的需要。编码要能反映合同工作的各种特性，如所属的项目、单项工程、单位工程、专业性质、空间位置等。

（2）工作名称和简要说明。

（3）变更次数和最近一次的变更日期。它记载着与本工作相关的工程变更。

最近一次的变更日期表示，从这一天以来的变更尚未考虑到。这样可以检查每个变更指令落实情况，既防止重复，又防止遗漏。

（4）工作的内容说明。这里主要为该工作的目标，如某一分项工程的数量、质量、技术要求以及其他方面的要求。这由合同的工程量清单、工程说明、图纸、规范等定义，是承包商应完成的任务。

（5）前提条件。它说明本工作的前导工作，即本工作开始前应具备的准备工作或条件。它不仅确定工作之间的逻辑关系（即它的紧前工作），是构成网络计划的基础，而且确定了各参加者之间的责任界限。

例如，在某工程中，承包商承包设备基础的土建和设备的安装工程。按合同和施工进度计划规定：

在设备安装前 3 天，基础土建施工完成，并交付安装场地；

在设备安装前 3 天，业主应负责将生产设备运送到安装现场，同时由工程师、承包商和设备供应商一起开箱检验；

在设备安装前 15 天，业主应向承包商交付全部的安装图纸；

在安装前，安装工程小组应做好各种技术的和物资的准备工作等。

这样对设备安装工作可以确定它的前提条件（图 7-2），使各方面的责任界限十分清楚。

（6）本工作的主要过程。即完成该工作的一些主要活动（或工序）和它们的实施方法、技术、组织措

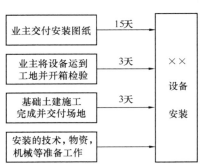

图 7-2　某工程设备安装的前提条件

施。这完全从施工过程的角度进行分析。例如上述设备安装由现场准备，施工设备进场、安装，基础找平、定位，设备就位，吊装，固定，施工设备拆卸、出场等活动组成。这些活动组成该工作的子网络。

（7）责任人。即负责该工作实施的工程小组负责人或分包商。

（8）成本（或费用）。这里包括计划成本和实际成本。有如下两种情况：

1）若该工作由分包商承担，则计划费用为分包合同价格。如果在总包和分包之间有索赔，则应修改这个值。而相应的实际费用为该分包合同最终实际结算账单金额总和。

2）若该工作由承包商的工程小组承担，则计划成本为它的责任成本，一般为直接成本。而实际成本为会计核算的结果，在该工作完成后填写。

（9）计划和实际的工期。计划工期由网络分析得到。这里有计划开始期、结束期和持续时间。实际工期按实际情况，在该工作结束后填写。

（10）其他参加人。即对该工作的实施提供帮助的其他人员。

合同实施工作表对项目目标的进一步分解，任务的委托（分包），合同交底，落实责任，安排工作，进行合同监督、跟踪、诊断分析，处理索赔（反索赔）都是非常重要的。

7.4　特殊问题的合同分析和解释

人们不能指望合同能明确地定义和解释工程中发生的所有问题。在工程合同实施过程中，常常会有一些特殊问题发生，例如：

合同中出现错误、矛盾和二义性；

有许多工程问题合同中未明确规定，出现事先未预料到的情况；

工程施工中出现超过合同范围的事件，包括发生民事侵权行为，整个合同或合同的部分内容由于违反法律而无效等。

这些问题通常属于工程实施中的合同解释问题。由于实际工程问题非常复杂、千奇百怪，所以特殊问题的合同分析和解释常常反映出一个工程管理者对合同的理解水平，对合同签订和实施过程的熟悉程度，以及他的专业工作经历，处理合同问题的经验。这项工作对工程师和项目经理尤为重要。

我国民法典第四百六十六条规定："当事人对合同条款的理解有争议的，应当依据本法第一百四十二条第一款的规定，确定争议条款的含义。合同文本采用两种以上文字订立并约定具有同等效力的，对各文本使用的词句推定具有相同含义。各文本使用的词句不一致的，应当根据合同的相关条款、性质、目的以及诚信原则等予以解释"。民法典第一百四十二条第一款指出"有相对人的意思表示的解释，应当按照所使用的词句，结合相关条款、行为的性质和目的、习惯以及诚信原则，确定意思表示的含义"。这实质上就是对特殊问题合同分析的规定。但是工程合同的内容，签订过程，实施过程是十分复杂的，有其特殊性，对工程合同实施过程中出现的特殊问题的解释也十分复杂。

从总体上说，对这些特殊问题的处理，要保证合同目标的实现，还要符合前述的工程合同原则。

7.4.1　合同中出现错误、矛盾、二义性的解释

由于工程合同条款多、相关的文件多，其中错误、矛盾、二义性常常是难免的；不同

语言之间的翻译、不同利益和立场的人员，不同国度的当事人常常会对同一合同条款产生不同的理解，会导致工程过程中行为的不一致，最终产生合同争议。

按照一般的合同原则，承包商对合同的理解负责，即由于自己理解错误造成报价、施工方案错误由承包商负责。但业主作为合同文件的起草者，应对合同文件的正确性负责，如果出现错误，含义不明，则应由工程师给出解释。通常情况下，由此造成承包商额外费用的增加，承包商可以提出索赔要求。

由于工程实际情况是极其复杂的，对合同的解释很难提出一些规定性的方法，甚至对一个特定的工程案例无法提出一个确定的、标准的，能为各方面接受的解决结果。所以对合同的解释人们通常只能通过总结过去工程案例和经验提出一些处理问题的基本原则和程序。图7-3是人们通过对许多实际工程案例研究得出的对这类分析的程序，当然其中也有许多值得商榷的地方（见参考文献22）。

（1）字面解释为准。

任何调解人、仲裁人或法官在解决合同问题时都不能脱离合同文件中文字表示的意思。如果合同文件规定清楚无误，并不含糊，则以字面解释为准。这是首先使用的，也是最重要的原则。

但通常在合同争议中，合同用语很少是含义清晰，一读就懂的，都会有这样或那样的问题，则其解释又有如下规定：

1）字面解释不能违背合同的目的，应促进双方全面地履行合同义务。

2）如果合同文件是具有多种语言的文本，为防止不同语言在表达方式和语义上会有差异，而导致对合同内容解释的不一致，合同条款应定义"主导语言"，以它的文本解释为准。

3）通过在合同中增加名词解释和定义，以及使用统一的规范避免因语言的不一致导致双方对合同解释的不一致性。

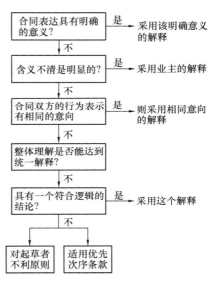

图7-3 合同分析和解释过程

4）在解释合同时应顾及某些合同用语或工程用语在本行业中的专门的含义和习惯用法。由于工程合同在一定工程领域中应用，有些名词在该专业范围和一定地域内有特指的含义。这个含义应作为合同解释的支持，在这里不仅包括常用的技术术语，也包括一些非技术术语。因为它们是在特定的工程背景下被使用的，有一定的技术的或管理的规范支持。例如合同中规定"楼地面必须是平整的"，这个平整不是绝对的水平和平整，而是在规范所允许的高低差别范围内的平整。

【案例7-1】 在我国的某水电工程中，总承包商为国外某公司，我国某承包公司分包了隧道工程施工。分包合同规定：在隧道挖掘中，在设计挖方尺寸基础上，超挖不得超过40cm，在40cm以内的超挖工作量由总承包商负责，超过40cm的超挖由分包商负责。

由于地质条件复杂，工期要求紧，分包商在施工中出现许多局部超挖超过40cm的情况，总承包商拒付超挖超过40cm部分的工程款。分包商就此向总承包商提出索赔，因为分包商一直认为合同所规定的"40cm 以内"，是指平均的概念，即只要总超挖量在 40cm 之内，就不是分包商的责任，总承包商应付款。而且分包商强调，这是我国水电工程中的惯例解释。

当然，如果承包商和分包商都是中国的公司，这个惯例解释常常是可以被认可的。但在本合同中，他们属于不同的国度，总承包商不能接受我国惯例的解释。而且合同中没有"平均"两字，在解释时就不能加上这两字。如局部超挖达到 50cm，则按本合同字面解释，40～50cm 范围的挖方工作量确实属于"超过 40cm"的超挖，应由分包商负责。既然字面解释已经准确，则不必再引用惯例解释。结果分包商损失了数百万元。

（2）在投标过程中，以及在工程施工前，承包商有责任对合同中自己不理解的或明显的意义含糊，或矛盾，或错误之处向业主提出征询意见，因为承包商负有正确理解招标文件的责任。如果业主未积极地答复，则承包商可以按照对他有利的解释理解合同。而如果承包商对合同问题未作询问，有时会承担责任，即按业主解释为准。这个原则较多应用在当工程技术文件（如图纸或规范）中出现常识性的、明显的错误（"一个有经验的承包商"能够发现的），而承包商按错误实施工程，则要承担责任。

许多年来，这一直是国际工程合同解释的一个默示条款，有许多这方面的案例。1999 年 FIDIC 施工合同将它明示。FIDIC4.7 款规定，承包商在按照业主提供的原始基准点、基准线和基准标高对工程放线时，应努力对业主提供的原始基准点、基准线和基准标高的准确性进行验证。如果业主提供的基准资料是错误的，导致承包商工期延误和费用增加。只有当这些错误是一个有经验的承包商无法预见和避免的，业主才能给予工期和费用的补偿。

FIDIC 规定，如果承包商在用于施工的文件中发现了技术错误或缺陷，应立即向业主发出通知。如果承包商没有尽到这个责任，会影响他的索赔权利。虽然在该条款中也规定，如果业主在施工的文件中发现有技术性错误或缺陷，也应立即通知承包商。但这对业主却很少有约束力，因为业主可以说他不是一个"有经验的"专家。

【案例 7-2】在我国某工程中采用固定总价合同，合同条件规定，承包商若发现施工图中的任何错误和异常应通知业主代表。在技术规范中规定，从安全的要求出发，消防用水管道需要与电缆分开铺设；而在图纸上，将消防用水管道和电缆放到了同一个管道沟中。承包商按图纸报价并施工完成后。但工程师拒绝验收，指令承包商按规范要求施工，重新铺设管道沟，并拒绝给承包商任何补偿，其理由是：

（1）两种管道放一个沟中极不安全，违反工程规范。在合同解释顺序中，规范优先于图纸。

（2）即使施工图上注明两管放在一个管道沟中，这是一个设计错误。但作为一个有经验的承包商是应该能够发现这个常识性的错误的。而且合同中规定，承包商若发现施工图中任何错误和异常，应及时通知业主代表。承包商没有遵守合同规定。

当然，工程师这种处理是比较苛刻，而且存在推卸责任的行为，因为：

1）不管怎么说设计责任应由业主承担，图纸错误应由业主负责。

2）施工中，工程师一直在"监理"，他应当能够发现承包商施工中出现的问题，应及时发出指令纠正。当然工程师的工作不能免除承包商的合同责任。

3）在本原则使用时应该注意到承包商承担这个责任的合理性和可能性。例如需要考虑承包商投标时有无合理的做标期。如果做标期太短，则承包商就不能承担这样的责任。

在国外工程中也有不少这样处理的案例（见参考文献11）。所以对招标文件中发现的问题、错误、不一致，特别是施工图与规范之间的不一致，在投标前应向业主澄清，以获得正确的解释，否则承包商可能处于不利的地位。

（3）顾及合同签订前后双方的书面文字及行为。虽然对合同的不同解释在工程过程中才暴露出来，但问题在合同签订前已经存在，可能由于如下原因使问题没有暴露：

1）双方未能很好沟通，双方都自以为是地解释合同。

2）合同尚未履行，或工程活动尚未开始，矛盾没有暴露出来，大家都未注意到。

对此有如下几种处理：

① 如果在合同签订前双方对此有过解释或说明，例如承包商分析招标文件后，在标前会议上提出了疑问，业主作了书面解释，则这个解释是有效的。

② 尽管合同中存在含糊之处，但当事人双方在合同实施中已有共同意向的行为，则应按共同的意向解释合同，即行为决定对合同的解释。我国的法律也有相似的规定。

【案例7-3】在一钢筋混凝土厂房施工工程中，有钢结构杆件的安装分项工程。钢结构杆件由业主提供，承包商负责安装。在业主提供的技术文件上，仅用一道弧线表示了钢杆件，对杆件和柱的连接没有详细的图纸和安装说明，承包商按照焊接工艺报价。

施工中业主将杆件提供到现场，两端有螺纹，为螺纹连接。承包商接收了这些杆件，没有提出异议，在混凝土框架上预埋螺杆和杆件进行连接。在工程检查中承包商也没提出额外的要求。但当整个工程快完工时，承包商提出，原安装图纸表示不清楚，自己原合同报价是按照焊接工艺计算的。因工艺不同，工程难度增加导致费用超支，要求赔偿。法院调查后表示，虽然合同曾对结构杆系的种类有含糊，但当业主提供了杆件，承包商无异议地接收了杆件，并进行施工，则这方面的疑问就不存在了。合同已因双方的行为得到了一致的解释，即业主提供的杆件符合合同要求。所以承包商索赔无效（见参考文献22）。

③ 推定变更。当事人一方对另一方的行为和提议在规定的时间内未提出异议或表示赞同时，对合同的修改或放弃权益的事实已经成立。所以对对方行为的沉默常常被认为是同意，是双方一致的意向，则形成对合同新的解释。

（4）整体地解释合同。即将合同作为一个有机的整体，而不能只抓住某一条、某一个文件，断章取义。任何一个单词、短语、句子、条款都不能超越合同的其余部分进行解释。每一条款，只要它被写入合同中，都应被赋予一定的含义和目的，应该有所指，不能被定义为无用的或无意义的。当合同条款出现矛盾时，不能用某一条款来否定另一条款，应决定每一个条款的目的、含义、适用范围，再将表面上有矛盾的条款的目的和含义、特指的范围进行对照，找出它们的一致性，以得到不相矛盾的解释。

这方面比较典型的案例是鲁布革引水工程排水设施的索赔（见参考文献12）。

【案例7-4】鲁布革引水系统工程，业主为中国水利电力部鲁布革工程局，承包商为日本大成建设株式会社，监理工程师为澳大利亚雪山公司。在工程过程中由于不利的自然条件造成排水设施的增加，引起费用索赔。

（1）合同相关内容分析。工程量表中有如下相关分项：

工程量表 3.07/1 项："提供和安装规定的最小排水能力"，作为总价项目，报价：42245547 日元和 32832.18 元人民币；

工程量表 3.07/3 项："提供和安装额外排水能力"，作为总价项目，报价：10926404 日元和 4619.97 元人民币。

同时技术规范中有：

S3.07（2）（C）规定："由于开挖中的地下水量是未知的，如果规定的最小排水能力不足以排除水流，则工程师将指令安装至少与规定排水能力相等的额外排水能力。提供和安装额外排水能力的付款将在工程量表 3.07/3 项中按总价进行支付"。

S3.07（3）（C）中又规定："根据工程师指令安装的额外排水能力将按照实际容量支付"。

合同规定的正常排水能力分别布置在：

平洞及 AB 段：	1.5t/min
C 段：	1.5t/min
D 段：	1.5t/min
渐变段及斜井：	3.0t/min
合计：	7.5t/min

按 S3.07（2）（C）规定，额外排水能力至少等于规定排水能力，即可以大于 7.5t/min。

（2）事态描述。从 1986 年 5 月至 8 月底，大雨连绵，由于引水隧道经过断层和许多溶洞，地下水量大增，造成停工和设备淹没。经业主同意，承包商紧急从日本调来排水设施，使工程中排水设施总量增加到 30.5t/min（其中 4t/min 用于其他地方，已单独支付）。承包商于 1986 年 6 月 12 日就增加排水设施提出索赔意向，10 月 15 日正式提出索赔要求：

索赔项目	日元	人民币（元）
被淹没设备损失	1716877	2414.70
增加排水设施	58377384	12892.67
合计	60094261	15307.37

（3）责任分析

1）施工现场排水设备由于淹没而受到损失，这属于承包商自己的责任，不予补偿。

2）由于遇到不可预见的气候条件，应业主的要求增加了额外排水设施，情况属实。

（4）理由分析。虽然对额外排水设施责任分析是清楚的，但双方就赔偿问题产生分歧。由于工作量表 3.07/3 项与规范 S3.07（2）（C）、S3.07（3）（C）之间存在矛盾，按不同的规定则有不同的解决方法：

1）按规范 S3.07（2）（C），额外排水能力在工作量表 3.07/3 总价项目中支付，而且规定"至少与规定排水能力相等的额外排水能力"，则额外排水能力可以大于规定排水能力，没有上限规定，且已由承包商包干，不应另外支付。

2）按照规范 S3.07（3）（C），额外排水能力要按实际容量支付，即应另外予以全部补偿。

3）由于合同存在矛盾，如果要照顾合同双方利益，导致不矛盾的解释，则认为工程量表 3.07/1 已包括正常排水能力，3.07/3 报价中已包括与正常的排水能力相等的额外排水能力，而超过的部分再按 S3.07（3）（C）规定，按实际容量给承包商以赔偿。这样每一条款都能得到较为合理的解释。

最后双方经过深入的讨论，顾及各方面的利益，一致同意采用上述第三种解决方法。

（5）影响分析。承包商提出，报价所依据的排水能力仅为平洞 1.5t/min，渐变段及斜井 3t/min。其他两个工作面可以利用坡度自然排水。所以合同工程量表 3.07/1 和 3.07/3 中包括的排水能力为 9.0t/min，即（1.5t+3t）×2/min。

由于本分项为总价合同，承包商企图减少合同报价中的计划工作量，这样不仅可以增加属于赔偿范围的排水能力，而且提高了单位排水能力的合同单价。

但工程师认为，承包商应按合同规定对每一个工作面布置排水设施，并以此报价。所以合同规定的排水能力为 15t/min（正常排水能力 7.5t/min，以及与它相同的额外排水能力）。则属于索赔范围的，即适用规范 S3.07（3）（C）的排水能力为：

$$30.5-4-15=11.5t/min$$

（6）索赔值计算。承包商在报价单中有两个值：3.07/1 作为正常排水能力，报价较高；而 3.07/3 作为额外排水能力，报价很低。工程师认为，增加的是额外排水能力，故应按 3.07/3 报价计算。承包商对 3.07/3 报价低的原因作出了解释（由于额外排水能力是作为备用的，并非一定需要，故报价中不必全额考虑），并建议采用两项（3.07/1 和 3.07/3）报价之和的平均值计算。这个建议最终被各方接受。

则合同规定的单位排水能力单价为：

日元：（42245547＋10926404）/15＝3544797 日元/（t/min）

人民币：（32832.18＋4619.97）/15＝2496.81 元/（t/min）

则最终赔偿值为：

日元：3544797×11.5＝40765162 日元

人民币：2496.81×11.5＝28713.32 元

最后双方就此达成一致。

（7）相关问题分析。

本案例还有许多值得讨论的问题，如：

1）现在有许多合同采用混合式的计价方式，如总价合同中有单价计价的分项，单价合同中有总价计价的分项，容易引起这样的问题，在报价和合同实施中一定要注意。

2）"技术规范"中关于"费用支付"方面的规定到底有多大效力？按照合同文件的优先次序，技术规范优先于工程量清单，但关于"费用支付"方式又是属于"特殊的规定"，应该是报价清单优先的。

3）"技术规范"就应该描述技术方面的要求，不应该对费用支付做出规定。而这又应该作为业主（工程师）的一个错误，应该采用有利于承包商的解释处理。

（5）如果经过上面的分析仍没得到一个统一的解释，则可采用如下原则：

1）优先次序原则。工程合同是由一系列文件组成的，应有相应的合同文件优先次序的规定。例如 FIDIC 合同的定义，合同文件包括合同协议书、中标函、投标书、合同条件、规范、图纸、工程量表等。当不同文件之间出现矛盾和含糊时，可适用优先次序原则。

2）对起草者不利的原则。尽管合同文件是双方协商一致确定的，但起草合同文件常常又是买方（业主、总包）的一项权利，他可以按照自己的要求提出文件。按照责权利平衡的原则，他又应承担相应的责任。如果合同中出现二义性，即一个表达有两种不同的解释，可以认为二义性是起草者的失误，或他有意设置的陷阱，则以对他不利的解释为准。

这是公平合理的。我国的民法典第四百九十八条也有相似的规定。

【案例7-5】在某材料供应合同中，付款条款对付款期的定义是"货到全付款"。而该供应是分批进行的。在合同执行中，供应方认为，合同解释为"货到，全付款"，即只要第一批货到，购买方即"全付款"；而购买方认为，合同解释应为"货到全，付款"，即货全到后，再付款。从字面上看，两种解释都可以。双方争议不下，各不让步，最终法院判定本合同双方当事人对合同的内容存在重大误解，是一份可撤销合同，不予执行。

实质上本案例还可以追溯合同的起草者。如果供应方起草了合同，则应理解为"货到全，付款"；如果是购买方起草，则可以理解为"货到，全付款"。

由于工程合同文件是业主预先拟定，有预先说明、提示义务，如果出现这些问题，业主要承担更大的责任。

（6）其他一些具体的原则：

具体的详细的说明优先于一般的笼统的说明，详细条款优先于总论；

合同的专用条件、特殊条件优先于通用条件；

文字说明优先于图示，工程说明、规范优先于图纸；

数字的大写优先于小写；

合同实施中有许多变更文件，如备忘录、修正案、补充协议，则以时间最近的优先；

手写文件优先于打印文件，打印文件优先于印刷文件。

7.4.2　对合同中没有明确规定的处理

在合同实施过程中经常会出现一些合同中未明确规定的特殊的细节问题，它们会影响工程施工、双方合同责任界限的划分。由于在合同中没有明确规定，所以很容易引起争议。对它们的分析通常仍在合同范围内进行，通过合同意义的拓广，整体地理解合同，再作推理，以得到问题的解答[①]。其分析的依据通常有：

（1）按照工程惯例解释。即考虑在通常情况下，本行业对这一类问题的处理或解决方法，例如标准合同条款可以被引用作为支持。

但行业惯例是在长期业务活动中形成的为业内人士熟知的通用习惯规则，不具有强制性。在合同履行过程中，只要有一方提出异议，此惯例对双方无约束力。因此对于行业惯例，只有在合同中有明确约定时，才能对合同双方具有约束力。

如果对质量、价款或者报酬、履行地点等内容没有约定或者约定不明确的，可以按照合同有关条款、合同性质、合同目的或者交易习惯确定。工程中通常有如下处理规则：

1）质量要求不明确的，按照强制性国家标准执行；没有强制性国家标准的，按照推荐性国家标准执行；没有推荐性国家标准的，按照行业标准执行；这些都没有的，可以按照通常标准或者符合合同目的的特定标准履行。

例如当规范和图纸规定不清楚，双方对本工程的材料和工艺质量发生争议时，承包商应采用与工程的目的和定位相符合的良好的材料和工艺。

2）价款不明确的，如果有政府定价或者政府指导价的，应当依照规定执行；如果没

---

① 在英美法系中对合同漏洞的补充有默示条款的概念，以合同的性质、目的、交易习惯以及行业惯例等为依据，结合明示条款、国际惯例以及法律法规进行综合分析。解释原则是：A. 必须是公平合理的；B. 必须能使合同有效地实施；C. 必须是显而易见、不言而喻的；D. 必须是清晰明确的；E. 不能与该合同的明示条款相矛盾。

有，可以按照订立合同时工程所在地的市场价格履行。

3）履行地点不明确，按照工程惯例，在工程所在地执行等。

（2）按照公平原则和诚实信用原则解释合同，确定双方签订合同时的本意。

（3）依据合同的目的解释合同。对合同中出现矛盾、错误，或双方对合同的解释不一致，不能导致违背，或放弃，或损害合同目标的解决结果，不能违背合同精神。

这是与调解人或仲裁人分析和解决问题的方法和思路一致的。

特殊问题的合同分析一般采用问答的形式进行。

【案例7-6】在某国际工程中，采用固定总价合同。合同规定由业主支付海关税。合同规定索赔有效期为10天。在承包商投标书中附有建筑材料和设备表，这已被业主批准。在工程中承包商进口材料大大超过投标书附表中所列的数量。业主拒绝支付超过部分材料的海关税。对此，合同中没有明确规定，承包商提出如下问题：

（1）业主有没有理由拒绝支付超过合同所列数量部分材料的海关税？

（2）承包商向业主索取这部分海关税受不受索赔有效期限制？

答：在工程中材料超量进口可能由于如下原因造成：

（1）投标文件中的建筑材料设备表不准确。

（2）业主指令工程变更造成工程量的增加，由此导致材料用量的增加。

（3）其他原因，如承包商施工失误造成返工、施工中材料浪费，或承包商企图多进口材料，待施工结束后再作处理或用于其他工程，以取得海关税方面的利益等。

对于上述情况，分别分析如下：

（1）与业主提供的工程量清单中的数字一样，承包商的材料和设备表也是一个估计值，而不是固定的准确值，所以误差是允许的，对误差业主也不能推卸他的合同责任。

（2）业主所批准增加的工程量是有效的，属于合同内的工程，则对这些材料，合同所规定的由业主支付海关税的条款也是有效的。所以对工程量增加所需要增加的进口材料，业主需要支付相应的海关税。

（3）对由承包商责任引起的其他情况，应由承包商承担。对于超量采购的材料，承包商最后处理（如变卖、用于其他工程）时，业主有权收回已支付的相应的海关税。

（4）由于要求业主支付超量材料的海关税并不是由于业主违约引起的，所以这项索赔不受索赔有效期的限制。

【案例7-7】某工程合同规定，进口材料由承包商负责采购，但材料的海关税不包括在承包商的材料报价中，由业主支付。合同未规定业主支付海关税的日期，仅规定，业主应在接到承包商提交的到货通知单后30天内完成海关放行的一切手续。

现由于承包商采购的材料到货太迟，到港后工程施工中急需这批材料，承包商先垫支关税，并完成入关手续，以便及早取得材料，避免现场停工待料。

问：对此，承包商是否可向业主提出补偿海关税的要求？这项索赔是否也要受合同规定的索赔有效期的限制？

答：对此，如果业主拖延海关放行手续超过30天，造成现场停工待料，则承包商可将它作为业主责任的干扰事件，在合同规定的索赔有效期内提出工期和费用索赔。而承包商先垫付了关税，以便及早取得材料，对此承包商可向业主提出海关税的补偿要求。因为按照国际工程惯例，如果业主妨碍承包商正确地履行合同，或尽管业主未违约，但在特殊情况下，为了保证工程整体目标的实现，承包商有权利与义务为降低损失采取措施。由于承包商的这些措施使业主得到利益或减少损失，业主应给予承包商补偿。本案例中，承包商为了保证工程整体目标的实现，为业主完成了部分合同义务，业主虽没有违约，但应予以如数补偿。这项索赔不受合同所规定的索赔有效期限制。

7.4.3 特殊问题的合同法律扩展分析

在工程承包合同的签订、实施或争议处理、索赔（反索赔）中，有时会遇到重大的法律问题。这通常有两种情况：

（1）这些问题已超过合同的范围，超过承包合同条款本身，例如有的干扰事件的处理合同未规定，或已构成民事侵权行为。

（2）承包商签订的是一个无效合同，或部分内容无效，则相关问题需要按照合同所适用的法律来解决。

在工程中，这些都是重大问题，对承包商非常重要。但由于承包商对它们把握不准，需要对它们作合同法律的扩展分析，即分析合同的法律基础，在适用于合同关系的法律中寻求解答。对此通常要请法律专家作咨询或法律鉴定。

【案例7-8】某国一公司总承包伊朗的一项工程。由于在合同实施中出现许多问题，有难以继续履行合同的可能，合同双方出现大的分歧和争议。承包商想解约，提出这方面的问题请法律专家作鉴定：

（1）在伊朗法律中是否存在合同解约的规定？

（2）伊朗法律中是否允许承包商提出解约？

（3）解约的条件是什么？

（4）解约的程序是什么？

法律专家需要精通适用于合同关系的法律，对这些问题作出明确答复，并对问题的解决提供意见或建议。在此基础上，承包商才能决定处理问题的方针、策略和具体措施。

由于这些问题都是一些重大问题，常常关系到承包工程的盈亏成败，需要认真对待。

复 习 思 考 题

（1）在本书案例阅读中思考合同分析在工程项目管理（如编制施工组织设计）、合同实施和索赔中的作用。

（2）简述合同总体分析和合同详细分析的内容。

（3）通常业主起草招标文件，则他应对其正确性承担责任；但在案例7-2中，对明显的错误，含义不清之处又由承包商负责。你觉得这两者是否是矛盾的？为什么？

（4）在我国的某工程中，总包为国外的某承包商，分包为我国的某承包企业。有一次总包的工程师在分包商的工地上检查发现几根钉子，根据合同对分包商进行处罚。算法是："1m² 有这几根钉子，分包商的工地现场有几百万 m²，则以每 m² 都有这样的几根钉子计算。"最终我国的分包商赔偿了总包 28 万元人民币。试分析：

1）如果合同中有这样的条款，您觉得这样的条款是否有效？

2）总包的这种算法有什么问题？分包商如何反驳总包的索赔要求？

3）作为分包在本案例中应吸取什么样的经验和教训？

8 合 同 实 施 管 理

【本章提要】

本章主要介绍合同实施管理的主要工作，包括如下内容：

（1）概述。主要介绍合同实施管理的任务、主要工作，以及人们容易出现的行为问题，应有的合同实施策略。

（2）合同实施管理体系的建立。在现代承包工程中，合同管理作为一项重要的管理职能，需要构建相应的管理体系。

（3）合同实施控制过程和主要工作。包括合同实施监督、合同跟踪、合同诊断、采取调控措施等。

（4）合同变更管理工作。这是一个非常重要，同时又十分复杂的问题，具有理论和实践意义。

（5）合同后评价。

8.1 概 述

合同目标的最终实现，需要当事人双方严格按照合同约定，认真全面地履行各自的合同义务。工程合同一经签订，即对合同当事人双方产生法律约束力，任何一方都无权擅自修改或解除合同。如果任何一方违反合同规定，不履行合同义务，或履行合同义务不符合合同约定而给对方造成损失时，都应当承担违约责任。

由于现代工程具有价值高、建设期长等特点，合同能否顺利履行将直接对当事人的经济效益乃至社会效益产生很大影响。因此，在合同订立后，当事人需要认真分析合同条款，做好合同交底和合同控制工作，加强合同的变更管理，以保证合同能够顺利履行。

8.1.1 工程施工中合同管理的任务

合同签订后，承包商首先要派出工程的项目经理，由他全面负责工程管理工作。而项目经理首先要组建项目管理部，并着手进行施工准备工作。现场的施工准备一经开始，合同管理的工作重点就转移到施工现场，直到工程全部结束。

在施工阶段，合同管理的任务是为合同的顺利实施"保驾护航"，其基本目标是，保证全面地履行合同义务，即按合同规定的工期、质量要求完成工程。在整个工程施工过程中，合同管理的主要任务如下：

（1）对项目经理和项目管理各职能人员、各工程小组、所属分包商在合同关系上给予帮助，进行工作上的指导，如经常性地解释合同。

（2）对工程实施进行有力的合同控制，保证承包商正确履行合同，保证整个工程按合同、按计划、有步骤、有秩序地施工，防止工程中的失控现象。

（3）及时预见和防止合同问题，以及由此引起的各种责任，防止合同争议和避免合同争议造成的损失。对因干扰事件造成的损失进行索赔，同时又应使承包商免于对干扰事件和合同争议的责任，处于不能被索赔的地位（即反索赔）。

合同管理人员在工程实施中起"漏洞工程师"的作用，但他不是寻求与业主、与工程师、与分包商的对立，他的目标不仅是索赔和反索赔，而是将各方面在合同关系上联系起来，防止漏洞，减少对抗，弥补损失，促使合同顺利履行。例如促使业主放弃不适当、不合理的要求（指令），避免对工程的干扰，防止工期的延长和费用的增加；协助工程师工作，弥补工程师工作的漏洞，对可能的风险事件进行预警，如及时提出对图纸、指令、场地等的申请，尽可能提前通知工程师，让工程师有所准备。这样使工程更为顺利。

（4）向各级管理人员和向业主提供工程合同实施的情况报告，提供用于决策的资料、建议和意见。

8.1.2　合同管理的主要工作

合同管理人员在这一阶段的主要工作有如下几个方面：

（1）建立合同实施管理体系，以保证合同实施过程中的一切日常事务性工作有秩序地进行，使全部合同实施工作处于控制中，保证合同目标的实现。

（2）进行合同分析和合同交底工作。

（3）监督承包商的工程小组和分包商按合同施工，并做好各分合同的协调和管理工作。承包商应以积极合作的态度完成自己的合同义务，努力做好自我监督。

同时也应督促和协助业主和工程师履行他们的合同义务，以保证工程顺利进行。

（4）对合同实施情况进行跟踪；收集合同实施的信息和各种工程资料，并作出相应的信息处理；将合同实施情况与合同分析资料进行对比分析，找出其中的偏离。

（5）对合同实施情况作出诊断；向项目经理及时通报合同实施情况及问题，提出合同实施方面的意见、建议、甚至警告。

（6）信息管理，对来往的各种信件、指令、会议纪要等进行合同方面的审查。

（7）进行合同变更管理，包括参与变更谈判，对合同变更进行事务性处理；落实变更措施，修改变更相关的资料，检查变更措施落实情况。

（8）处理日常的索赔和反索赔事务。主要包括：

1）与业主之间的索赔和反索赔；

2）与分包商及其他方面之间的索赔和反索赔。

（9）在工程结束后进行合同后评价工作，总结合同管理的经验和教训。

8.1.3　工程合同实施中的行为问题分析

工程合同的顺利实施需要双方共同努力，紧密合作，双方都要有契约精神，全面地恪守合同，公平合理处理事务，形成友好合作的氛围。

但由于双方的利益不一致，风险喜好差异，所掌握的信息量不同，专业问题的认知缺陷，以及发生不确定性事件等，人们同样容易产生机会主义、有限理性、有限可靠性等问题，双方依然存在着持续的博弈行为。

（1）在招标投标阶段双方的信任程度和相互了解程度，以及业主的合同策划（包括合同风险分配方式、价格支付方式等），在很大程度上影响承包商实施项目的积极性和主动性，同时又会影响业主（工程师）对承包商的信任程度。

双方应考虑持续保持在招标投标过程中形成的信任关系，或构建新的信任机制。

（2）合同签订后，双方建立了同样的期待，如对方有能力履约并诚实恪守合同，同时己方能获得预期利益及权利等。如果双方对合同规定、对对方的认知存在偏差甚至错位，采取非预期的合同实施行为，就会恶化双方合作，加大产生争议的可能。

通常，如果一方并未获得他期待的利益，就会产生被侵犯的感觉，并在履约上有所保留，就会容易产生逆向选择和道德风险，如明显和隐含的不诚实行为，歪曲、隐瞒信息，有意识造成信息孤岛和信息扭曲等。

（3）合同签订时就有漏洞，人们倾向于对某些意义不明，存在二义性或模糊的条款做有利于自己的解释。如承包商采用的工程设计和施工技术标准仅满足将来的最低要求，对不可观察和不可验证性的工作尽量采用低标准，或打"擦边球"，将合同中的模糊性当机会。这些行为会降低合同的效力，危害工程的总目标。

（4）伙伴关系和信任需要双方共同维护和促进。如果一方滥用对方的信任，在承诺方面食言，推卸或明显怠于完成合同规定的义务，或将宽容当机会，就会恶化伙伴关系。

（5）双方信任是非常重要的，如果工程实施在信任基础上进行，就能够共同应对复杂的环境和不确定性。

但信任状态需要持续维护，且容易被破坏。如果一方出现不信任行为，对方就会防范，就会产生"共振"，甚至引起新的信任危机。如果双方信任没了，就会将正常的沟通、谈问题看成是威胁，就会产生对抗，或对抗就会升级。如业主随意动用合同处罚，或经常以处罚相威胁；承包商则认为合同已经到手，队伍进场了，业主已被套牢了，在风险事件发生情况下破罐子破摔，敲业主的竹杠，以停工、撕毁合同相威胁。

（6）合同相关方过于关注工程阶段性目标及自身的利益，忽视工程总目标的实现。如承包商为了降低成本而偷工减料，遇到风险事件发生，仅考虑保护自身利益，或使自己免责；业主为了更好地控制投资，否认承包商合理的变更要求，推卸自己对干扰事件的责任等。

8.2　合同管理体系

由于现代工程的特点，使得工程合同实施管理极为困难和复杂，日常的事务性工作繁多，合同管理已经成为与质量管理、进度管理、成本管理、HSE管理等并列的一大管理职能。为了使合同管理规范化、专业化，工程承包企业和进行多工程建设项目的企业（如国家电网公司、城市轨道交通企业等）都需要从不同的角度建立合同管理体系，对合同管理工作做出系统性安排，它的体系结构和内容构成与企业的质量管理体系相似。

而在具体的工程项目中，需要按照企业合同管理体系对相关内容做出具体安排。

8.2.1　制订合同实施策略

1. 承包商的合同实施策略

它是按照企业的经营战略和工程具体情况确定的执行合同的基本方针，对合同的实施有总体指导作用。

（1）承包企业需要考虑该工程在企业同期承包的许多工程中的地位、重要性，确定优先等级。如对企业信誉和经营有重大影响的品牌工程，大型、特大型的标志性工程，企业在人力、物力、财力上必须予以特殊的投入，以保证合同的顺利实施。

（2）承包商需要以积极合作的态度和热情圆满地、主动地履行合同，积极与业主合作，服从工程师的指令，协助工程师的工作，以赢得业主和工程师的信赖，如在工程师不在场时，保证和他们在场一样，按时、按质、按量完成工程。

同时，履行提前预警的责任，对业主提供的文件和工程师的指令中的错误及时指出。

（3）在遇到重大风险事件时，与业主同舟共济，努力降低业主损失。例如在有些国际工程合同实施过程中遇到不可抗力（如战争、动乱），按规定可以终止合同，但有些承包商理解业主的困难，暂停施工，同时采取措施保护现场，降低业主损失。待干扰事件结束后，继续履行合同。这样不仅保住了合同，取得了利润，而且赢得信誉，扩大了市场。

（4）在工程施工中，如果因非自身责任引起承包商费用增加和工期拖延，承包商提出合理索赔要求，但业主不予解决或者拖欠工程款，承包商可以通过控制工程进度，直接或间接地表达履约热情和积极性，向业主施加压力和影响以求得合理的解决。

如果通过合同诊断，承包商已经发现业主资信不好，难以继续合作，或有恶意，不支付工程款，或已经发现合同亏损或自己已经坠入合同陷阱中，而且估计亏损会越来越大，企业难以承受，则要及早调整合同实施策略，采取措施，例如争取道义索赔，取得部分补偿；或采用以守为攻的办法，放慢工程进度，或终止合同，以降低损失等。

2. 业主（工程师）的合同监管策略选择

业主和工程师同样有合同监管的策略选择，如在我国要求工程师进行"旁站监理"。这样是采取严格细致地监管、严密控制，能够较好地控制质量，但管理成本高，工程实施效率低，双方合作氛围不好。

在国际工程中，也有业主和工程师仅作宏观控制，放手让承包商以充分的自由进行合同的实施。但这不仅需要有健全的保障机制；还需要对承包商充分的信任；承包商要具有高的管理水平和技术力量，且自律、有责任心、严格执行合同，按合同办事等。这应该是工程合同实施的最佳境界。

8.2.2　工程合同管理组织的构建

在工程项目组织中，对合同管理职能要有明确的组织安排，落实组织责任。但对不同规模和复杂程度的工程项目，合同管理组织可能有不同的设置。通常有如下情况：

（1）设置独立的合同管理部。这通常适用于大型特大型工程，或合同关系复杂的工程。

（2）将合同管理职能与其他职能合并设置部门，如合同商务部、计划合同部等。

（3）不设置专职的合同管理部门，而将合同管理职能工作分解在各职能部门中，落实相关部门的合同管理工作职责。这通常适用于小的或合同关系不复杂的工程。

8.2.3　建立合同管理制度和工作程序

在现代工程合同（如新 FIDIC 合同）中有大量项目管理程序和规则的内容，这需要大量的日常事务性合同管理工作，需要通过合同管理制度来保证，使合同管理制度化，工作程序化、规范化。

（1）建立合同实施工作程序。对于一些经常性工作应订立工作程序，使大家有章可循，合同管理人员也不必进行经常性的解释和指导，如图纸批准程序，材料、设备、隐蔽工程、已完工程的检查验收程序，工程计量程序，工程进度付款程序，工程变更程序等。

承包商有自我管理工程质量的责任，应根据合同中的规范、设计图纸和有关标准采购材料和设备，组织工程施工，使工程达到合同所要求的质量标准，防止由于自己工程质量问题造成被工程师检查验收不合格，试生产失败而承担违约责任。

合同管理人员应主动地抓好工作和工程质量，做好全面质量管理工作，建立一整套更为细化的质量检查和验收制度，例如：

每道工序结束应有严格的检查和验收；

工序之间、工程小组之间应有交接制度；

材料进场和使用应有一定的检验措施；

隐蔽工程的检查制度；

竣工检验和缺陷通知程序。

这些程序在合同中一般都有总体规定，但需要细化、具体化，明确时间定义，并落实到具体组织或人员。

（2）与工程合同相关的各方面，如业主、监理工程师、分包商的沟通机制。在现代工程中，合同双方有相互合作的义务。包括：

1）相互提供服务、材料和设备；

2）及时提交各种表格、报告、通知；

3）提交质量管理体系文件；

4）提交详细的实施计划和进度报告；

5）避免对实施过程和对对方工作的干扰；

6）现场保安，保护环境；

7）对对方的错误提出预先警告，对其他方（如水电气部门）的干扰及时报告等。

由于承包商是工程合同的具体实施者，是有经验的，工程合同都规定，承包商对设计单位、业主的其他承包商、指定分包承担协调责任；对业主的工作（如提供指令、图纸、场地等），负有预先告知，及时配合的义务；对可能出现的问题提出意见、建议和警告的义务。

同样，合同管理人员与成本、质量（技术）、进度、安全、信息等方面管理人员都必须保持经常性的沟通。

（3）定期和不定期的协商会办制度。业主、工程师和各承包商之间，承包商和分包商之间以及承包商的项目管理职能人员和各工程小组负责人之间都应有定期的协调会议。通过会办可以解决以下问题：

1）检查合同实施进度和各种计划落实情况；

2）协调各方面的工作，对后期工作作出安排；

3）讨论和解决目前已经发生的和以后可能发生的各种问题，并作出相应的决议；

4）讨论合同变更问题，作出合同变更决议，落实变更措施，决定合同变更的工期和费用补偿数量等。

承包商与业主，总包和分包之间会谈中的重大议题和决议，应该用会谈纪要的形式确定下来。各方签署的会谈纪要，作为有约束力的合同变更，是合同的一部分。合同管理人员负责会议资料的准备，提出会议的议题，起草各种文件，提出对问题解决的意见或建议，组织会议，会后起草会谈纪要，对会谈纪要进行合同方面的检查。

对工程中出现的特殊问题可不定期地召开特别会议讨论解决方法。这样保证合同实施一直得到很好的协调和控制。

（4）建立报告和行文制度

业主、承包商、工程师、业主的其他承包商之间，以及承包商的项目经理部内部的各个职能部门（或人员）之间也有大量的信息交往。他们之间的沟通都应以书面形式进行，或以书面形式作为最终依据。这是合同的要求，也是法律的要求，也是工程管理的需要。在实际工作中这项工作特别容易被忽略。报告和行文制度包括如下几方面内容：

1）定期的工程实施情况报告，如日报、周报、旬报、月报等。应规定报告内容、格式、报告方式、时间以及负责人。

作为合同义务，承包商需要及时向业主（工程师）提交各种信息、报告、请示。这些是承包商证明其工程实施状况（完成的范围、质量、进度、成本等），并作为继续进行工程实施、请求付款、获得赔偿、工程竣工的条件。

新 FIDIC 合同规定，承包商需每周每月对工程现场的施工工作、劳动力、重型设备、分包商工作、材料运输、天气状况，以及进度延误状况进行确认和记录，并提交报告。

2）工程过程中发生的特殊情况及其处理的书面文件，如特殊的气候条件、工程环境的变化等，应有书面记录，并由工程师签署。对在工程中合同双方的任何协商、意见、请示、指示等都应落实在纸上，尽管天天见面，也应养成书面文字交往的习惯，相信"一字千金"，切不可相信"一诺千金"。

3）业主、承包商和工程师之间要保持经常联系，出现问题应经常向工程师请示汇报。

4）工程中所有涉及双方的工程活动，如材料、设备、各种工程的检查验收，场地、图纸的交接，各种文件（如会议纪要，索赔和反索赔报告，账单）的交接，都应有相应的手续，应有签收证据。承包商应保存好工程师的签收资料。这样双方的各种工程活动才有根有据。

5）在合同实施中，与业主、与总（分）包之间的任何书面信件、报告、指令等都应经合同管理人员进行技术和法律方面的审查，以保证不会出现合同问题。

（5）构建合同实施的经济责任制

如对分包商，主要通过分包合同确定双方的责权利关系，保证分包商能及时地按质按量完成合同责任。如果出现分包商违约行为，可对他进行合同索赔。

对承包商的工程小组应建立内部经济责任制。在落实工期、质量、消耗等目标后，应将它们与工程小组经济利益挂钩，建立一整套经济奖罚制度，以保证目标的实现。

8.2.4　建立文档系统

（1）在合同实施过程中，承包商做好现场情况记录，并系统保存记录是十分重要的。许多承包商忽视这项工作，最终削弱自己的合同地位，损害自己的合同权利，特别妨碍索赔和争议的有利解决。最常见的问题有：附加工作未得到书面确认，变更指令不符合规定，错误的工程计量结果、现场记录、会谈纪要未及时反对，重要的资料未能保存，业主违约未能用文字或信函确认等。在这种情况下，承包商在索赔及争议解决中取胜的可能性是极小的。

人们忽视记录及信息整理和储存工作，是因为如果工程一切顺利，双方不产生争议，许多记录和文件是没有价值的，而且这项工作又十分麻烦，花费不少。

但实践证明，任何工程都会有这样或那样的风险，都可能产生争议，甚至会有重大的争议，"一切顺利"的可能性极小。到那时都会用到大量的证据。

当然信息管理不仅仅是为了解决争议，在整个项目管理中还有更为重要的作用。它已是现代项目管理重要的组成部分。但在我国的承包工程中常常有如下现象存在：

1）施工现场也有许多表格，但是大家都不重视它们，不喜欢文档工作，对日常工作不记录，也没有安排专门人员从事这项工作。例如在施工日志上，经常不填写，或仅仅填写"一切正常""同昨日""同上"等，没有实质性内容或有价值的信息。

2）文档系统不全面，不完整，不知道哪些该记，哪些该详细记录。

3）不保存，或不妥善地保存工程资料。在现场办公室内到处是文件，由于没有专人保管，有些日志可能被用于打扑克记分，有些报表被用于包东西。

许多项目管理者嗟叹，在一个工程中文件太多，面太广，资料工作太繁杂。常常在管理者面前有一大堆文件，但要查找一份需要用的文件却要花许多时间。

（2）合同管理人员负责各种合同资料和工程资料的收集，整理和保存工作。这项工作非常烦琐和复杂，要花费大量的时间和精力。

工程的原始资料在合同实施过程中产生，它需要由各职能人员、工程小组负责人、分包商提供，应将责任明确地落实下去：

1）各种数据、资料的标准化，如各种文件、报表、单据等应有规定的格式和规定的数据结构要求。

2）将原始资料收集整理的责任落实到人，由他对资料负责。资料的收集工作需要落实到工程现场，需要对工程小组负责人和分包商提出具体的要求。

3）各种资料的提供时间、内容和准确性要求。

4）建立工程资料的文档系统等。

8.3 合同实施控制

8.3.1 合同实施控制的必要性

合同实施控制是指项目管理组织为了保证合同约定的各项义务的全面履行及各项权利的实现，以合同分析的成果为基准，对整个合同实施过程进行全面监督、跟踪、诊断和采取纠正措施的管理过程。

（1）施工过程是工程合同的实施过程，是工程合同体系相关各方的合作过程。工程合同的目的和价值是在这个阶段实现的。要使合同顺利实施，合同双方需要共同履行各自合同义务。承包商是工程合同的具体执行者，他的根本任务就是按合同圆满地施工。

一个不利的合同，如条款苛刻、责权利不平衡、风险大，确定了承包商在合同实施中的不利地位和败势。这使得合同实施和合同管理非常艰难。但通过有力的合同管理可以减轻损失或避免更大的损失。

一个有利的合同，如果在合同实施过程中管理不善，同样也不会有好的工程经济效益。这已经被许多经验教训所证明：中标难，实施合同更难。

（2）在我国，许多承包企业常常将合同作为一份保密文件，签约后将它锁入抽屉，不作分析和研究，疏于实施阶段，特别是施工现场的合同管理工作，所以经常出现工程管理失误，经常失去索赔机会或经常反为对方索赔，造成合同有利，工程却亏损的现象。

而国外有经验的承包商都十分注重工程实施中的合同管理，通过合同实施控制不仅可以圆满地完成合同义务，而且可以挽回合同签订中的损失，改变自己的不利地位，通过索赔等手段增加工程利润。所以在工作中"天天念合同经"，天天分析和对照合同，虽然合同不利，而工程却可盈利。

（3）合同所确定的双方的责权利关系需要通过有效的合同管理，甚至通过抗争才能得到保护，双方只有通过相互制约才能达到圆满的合作。如果承包商不积极争取，甚至放弃自己的合同权利，例如承包商合同权益受到侵犯，按合同规定业主应该赔偿，但承包商不提出要求（如不会索赔，不敢索赔，超过索赔有效期，没有书面证据等），则承包商权利得不到合同和法律的保护，索赔要求会被驳回。

8.3.2　合同实施控制的特点

（1）综合性。承包商最根本的合同义务是实现成本、质量、工期三大目标；而且工程范围、各方义务和权利、工程的安全、健康、环境体系和管理程序也都是由合同定义的，所以合同管理具有综合性的特点，需要与各相关方、各部门沟通，交流信息，要打破单位和部门界限，使整个项目管理职能协调一致，形成一个有序的系统过程。

承包商的合同控制不仅针对与业主之间的工程承包合同，而且包括与总合同相关的其他合同，如分包合同、供应合同、运输合同、租赁合同等的实施，还包括总合同与各分合同、各分合同之间的协调控制。

（2）专业性。合同控制又是专业性很强的管理工作。

通过合同总体分析可见，承包商除了需要按合同规定的质量要求和进度计划，完成工程的设计、施工、竣工和保修责任外，还必须遵守法律，执行工程师的指令；对自己的工作人员和分包商承担责任；按合同规定及时地提供履约担保，购买保险，承担与业主的合作义务，达到工程师满意的程度等。同时承包商有权利获得合同规定的必要的工作条件；要求工程师公平、正确地解释合同；有及时、如数地获得工程付款的权利；有对业主和工程师违约行为的索赔权利等。对这些问题和事务的处理都是专业性很强的工作。

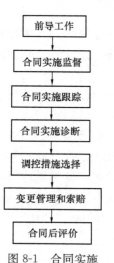

图 8-1　合同实施
控制过程

（3）动态性。合同实施控制的动态性。它表现在如下两个方面：

1）合同实施过程受到外界干扰，常常偏离目标，要不断地进行调整。

2）合同目标本身不断地变化。例如在工程过程中不断出现合同变更，使工程的质量、工期、合同价格变化，使合同双方的责权利关系发生变化。

所以，合同控制就必须是动态的，必须随变化了的情况和目标不断调整。

8.3.3　合同实施控制工作过程

工程承包合同的实施过程就是一个项目过程，需要按照项目管理方法设计工作流程。合同实施控制过程包括如下几方面工作（图 8-1）：

1. 前导工作

（1）进行合同总体分析。具体工作内容见前述第 7.2 节。

（2）承包商编制详细的实施计划。

工程合同对承包商中标后编制实施计划的批准（同意）程序、应用软件、内容要求、精细程度、修改、各方面权限等做出了细致的规定，也提出了很高的要求。

1）基本要求。

① 区别于投标阶段的实施计划，它不仅要保证合同的圆满履行，而且应更为精细，具有可行性，作为承包商工程实施的依据，又是与业主、业主的其他承包商沟通的依据。

② 内容。

A. 承包商实施工程的方法的说明和信息。

B. 工期计划。应使用经工程师同意的计划软件编制和提交。按照后期实施控制和索赔的要求，需要用搭接网络安排工期计划，注明各活动的持续时间、搭接关系、时差等。

C. 承包商的资源计划，包括劳动力、工作班组、大型设备或机械、材料的数量、使用和采购时间等。

D. 对业主或工程师提出合理要求的信息，如业主提供现场、图纸、服务或材料的安排。

E. 需要配合的主要分包商和供应商、业主、业主的其他承包商和供应商的工作等。

③ 应对工程中可能遇到的风险事件做出预测。

2）提交和审查过程。在合同签订后规定时间内，承包商需向工程师提交实施计划；工程师要做审查批准，发现有问题，可以指令修改，并提出修改的理由。

（3）合同详细分析。具体工作内容见前述第7.3节。

（4）进行"合同交底"，落实合同责任，实行目标管理。

合同分析后，应对项目管理人员、各工程小组负责人和分包商进行"合同交底"，把合同具体地落实到各责任人和合同实施的具体工作上。

1）"合同交底"，就是组织大家学习合同和合同总体分析结果，对合同的主要内容作出解释和说明，使大家熟悉合同中的主要内容、各种规定、管理程序，了解承包商的合同义务和工程范围，各种行为的法律后果等，使大家都树立全局观念，工作协调一致，避免在执行中的违约行为。

① 在我国传统的施工项目管理系统中，项目管理者和技术人员十分注重"图纸交底"，但却没有"合同交底"，所以项目经理部和各工程小组对工程的合同体系、合同基本内容不甚了解。现在，承包商需要将"按图施工"的观念转变到"按合同施工"上来。特别在合同关系复杂、使用非标准的或不熟悉的合同文本时，"合同交底"工作就显得更为重要。

② 在许多工程承包企业，投标工作为企业经营性工作，主要由企业职能部门承担，合同签订后再组织项目经理部。项目经理部的许多人员并没有参与投标过程，不熟悉合同的内容、合同签订过程和双方商讨的细节，以及合同履行应注意的问题。如果没有合同交底的过程，就会在投标阶段和施工阶段的界面上出现信息衰竭。

所以"合同交底"又是向项目经理部介绍招标投标、合同签订和其中的各种情况的过程，是合同签订的资料和信息的移交过程，使项目部了解合同的签订过程。这是连接招标投标阶段和施工阶段的桥梁，可以保证施工项目管理过程的连续性，一致性（图8-2）。

图8-2　合同签订前后组织责任变迁

③ 合同交底又是对项目部人员的培训过程和沟通过程。通过合同交底，使项目经理部对本工程的项目管理规则、运行机制有清楚的了解，同时加强施工项目部与业主、设计单位、咨询单位（项目管理公司），与分包商、供应商的联系。

④ 合同的实施需要项目经理部和企业各个部门的紧密合作，通过合同交底，可以加强项目经理部与企业的各个职能部门的联系，使整个承包企业和整个项目部对合同的义务、沟通和协调规则，工程实施计划的安排有十分清楚的，同时又是一致的理解。

2）通过合同交底将各种合同实施工作责任分解落实到各工程小组或分包商，使他们对合同实施工作表（任务单，分包合同），施工图纸，设备安装图纸，详细的施工说明等，有十分详细的了解。并对工程实施的技术和法律问题进行解释和说明，如工程的质量、技术要求和实施中的注意点、工期要求、消耗标准、相关工作之间的搭接关系、各工程小组（分包商）责任界限的划分、完不成义务的影响和法律后果等。

2. 合同实施监督

合同实施控制，首先应表现在对工程活动的监督上，即保证按照合同和合同分析的结果，按照预先确定的各种计划、设计、施工方案实施工程。工程实施状况反映在原始的工程资料（数据）上，例如质量检查表、分项工程进度报表、记工单、用料单、成本核算凭证等。

（1）工程师（业主）的实施监督

业主雇用工程师的首要目的是对工程合同的履行进行有效的监督。这是工程师最基本的职能，直接以承包商的现场施工活动作为监控对象。

1）工程师应该立足施工现场，或安排专人在现场负责工程监督工作。

2）工程师要促使并协助业主全面履行合同义务，如向承包商提供现场的占有权，使承包商能够按时、充分、无障碍地进入现场；及时提供合同规定由业主供应的材料和设备；及时作出审批；及时下达指令、图纸。这是承包商履行义务的先决条件。

3）对承包商工程实施的监督，使承包商的整个工程施工处于监督过程中。

① 检查并防止承包商工程范围的缺陷，如漏项、供应不足，对设计缺陷进行纠正。

② 对承包商的施工组织计划、施工方法（工艺）进行事前的认可和实施过程中的监督，保证工程达到合同所规定的质量、安全、健康和环境保护的要求。

③ 确保承包商的材料、设备符合合同的要求，进行事前的认可、进场检查、使用过程中的监督。在我国就有"旁站监理"的规定。

④ 监督工程实施进度。包括：

下达开工令，并监督承包商及时开工；

合同签订后，承包商应在合同规定的期限内向工程师提交进度计划，并得到认可；

监督承包商按照批准的计划实施工程；

当实际进度不能保证合同工期目标的实现，工程师可以指令承包商修改进度计划。

⑤ 对付款的审查和监督。对付款的控制是工程师控制承包商工作的最有效手段。

工程师在签发预付款、工程进度款、竣工工程价款和最终支付证书时应全面审查合同所要求的支付条件，承包商的支付证书，支付数额的合理性，并监督业主按照合同规定的程序及时批准和付款。

（2）承包商的合同实施监督

承包商合同实施监督的目的是保证按照合同完成规定的义务。主要工作有：

1）合同管理人员与项目的其他职能人员一起落实合同实施计划，为各工程小组、分包商的工作提供必要的保证。如施工现场的安排，人工、材料、机械等计划的落实，工序间的搭接关系的安排和其他一些必要的准备工作。

2）在合同范围内协调业主、工程师、项目管理各职能人员、所属的各工程小组和分包商之间的工作关系，解决合同实施中出现的问题，如合同责任界面之间的争议，工程活动之间时间上和空间上的不协调。

合同责任界面争议是工程实施中很常见的。承包商与业主、与业主的其他承包商、与材料和设备供应商、与分包商，以及工程小组与分包商之间常常相互推卸一些合同中未明确划定的工程活动的责任。对此合同管理人员需要做判定和调解工作。

3）对各工程小组和分包商进行工作指导，作经常性的合同解释，使各工程小组都有全局观念，对工程中发现的问题提出意见、建议或警告。

4）会同项目管理相关职能人员检查、监督各工程小组和分包商的合同实施情况，保证自己全面履行合同责任。承包商有责任自我监督，及时自我改正发现的问题和缺陷。

① 承包商及时开工，并以应有的进度施工，保证工程进度符合合同和工程师批准的详细的进度计划的要求。通常，承包商不仅对竣工时间承担责任，而且应该及时开工，以正常的进度开展工作。

② 按照合同要求采购、使用材料、设备和工艺，使工程符合合同规定的质量要求。承包商有责任采用可靠的、技术性良好、符合专业要求、安全稳定的方法完成工程施工。

合同管理人员应会同工程师对工程所用材料和设备开箱检查或作验收，检验是否符合图纸和技术规范等的质量要求。

③ 确保按照合同所确定的工程范围施工，不漏项，也不多余。无论是单价合同，或总价合同，没有工程师的指令，漏项和超过合同范围完成工作，都得不到相应的付款。

④ 在按照合同规定由工程师检查前，应首先自我检查核对，对未完成的工作，或有缺陷的工程指令限期采取补救措施。承包商在施工过程中出现工程暂时的不合格，或工作有缺陷的情况是难免的，但承包商应该及时纠正缺陷，及时自我完善。

⑤ 协助工程师进行隐蔽工程和已完工程的检查验收，负责验收文件的起草和验收的组织工作。

⑥ 对业主提供的设计文件、材料、设备、指令进行监督和检查。

A. 应监督业主按照合同规定的时间、数量、质量要求及时提供材料和设备。如果业主不按时提供，承包商有义务事先提出需求通知。如果业主提供的材料和设备质量、数量存在问题，应及时向业主提出申诉。

B. 对业主提供的设计文件（图纸、规范）中明显的错误，或是不可用的有告知的义务，应作出事前警告。

C. 对业主的变更指令或提出的调整措施可能引起工程成本、进度、使用功能等方面的问题和缺陷，有责任提出预警。

D. 对后期可能出现的影响工程施工，造成合同价格上升，工期延长的环境情况进行预警，并及时通知工程师。

5）会同造价工程师对向业主提出的工程款账单和分包商提交来的收款账单进行审查

和确认。

6）合同管理工作一经进入施工现场后，合同的任何变更，都应由合同管理人员负责提出；对向分包商的任何指令，向业主的任何文字答复、请示，都须经合同管理人员审查，并记录在案。承包商与业主、与总（分）包商的任何争议的协商和解决都需要有合同管理人员的参与，并对解决结果进行合同审查、分析和评价。这样不仅保证工程施工一直处于严格的合同控制中，而且使承包商的各项工作更有预见性，更能及早地预计行为的法律后果。

由于在工程实施中的许多文件，例如业主和工程师的指令、会谈纪要、备忘录、修正案、附加协议等也是合同的一部分，所以它们也应完备，没有缺陷、错误、矛盾和二义性，它们也应接受合同审查。在实际工程中这方面问题也特别多。

例如在我国的一个外资项目中，业主与承包商协商采取加速措施，将工期提前 3 个月，双方签署加速协议，由业主支付一笔赶工费用。但加速协议过于简单，未能详细分清双方责任，特别是在加速时期业主的协助义务，没有承包商权益保护条款（例如他应业主要求加速，只要采取加速措施，即使没有效果，也应获得最低补偿），没有赶工费的支付时间的规定。承包商采取了加速措施，但由于气候、业主的干扰、承包商责任等原因使总工期未能提前。结果承包商未能获得任何补偿。

7）承包商对环境的监控义务。对施工现场遇到的异常情况需要作出记录，如发现影响施工的地下障碍物，发现古墓、古建筑遗址、钱币等文物及化石或其他有考古、地质研究等价值的物品时，承包商应立即保护好现场及时以书面形式通知工程师。

3. 合同跟踪

（1）合同跟踪的概念

合同跟踪是通过对收集到的实际工程资料和数据进行整理，得到能反映工程实施状况的各种信息（如工程质量报告，进度报告，成本和工程款收支报表等），将它们与原合同规定（合同文件、合同分析文件、计划和设计）进行对比分析的过程。

（2）合同跟踪的作用

由于实际情况千变万化，会导致工程实施过程与原合同规定的偏差。这种偏差常常由小到大，逐渐积累。合同跟踪是合同动态控制的主要手段，其作用有：

1）通过合同实施情况分析，不断地找出偏离，以便及时采取措施调整合同实施过程，使之与总目标一致。所以合同跟踪是调整决策的前导工作。

2）在整个工程过程中，能使项目管理人员一直清楚地了解合同实施情况，对合同实施现状、趋向和结果有一个清醒的认识，这是非常重要的。有些管理混乱，管理水平低的工程常常只有到工程结束时才能发现实际损失，可到那时已无法挽回。

【案例 8-1】我国某承包公司在国外承包一项工程，合同签订时预计该工程能盈利 30 万美元；开工时，发现合同有些条款不利，估计能持平，即可以不盈不亏；待工程进行了几个月，发现合同很不利，预计要亏损几十万美元；待工期达到一半，再作详细核算，才发现合同极为不利，是个陷阱，预计到工程结束，至少亏损 1000 万美元以上。到这时才采取措施，损失已极为惨重。

在这个工程中如果能及早对合同进行分析、跟踪、对比，发现问题并及早采取措施，则可以把握主动权，避免或减少损失。

（3）合同跟踪的依据

1）合同文件和合同分析的结果，以及各种计划、方案、合同变更文件等，它们是比较的基础，是合同实施的目标和依据。

2）各种实际工程文件，如原始记录，各种工程报表、报告、验收结果、计量结果等。

如工程进度报告，要说明各工程活动实际开始和实际结束的日期，当前未完成活动占全部活动的百分比和/或剩余活动的工期，工程后期的主要活动及里程碑事件等。

3）对现场情况的直观了解，如通过施工现场巡视、与各种人谈话、召集小组会议、检查工程质量、工程计量等。这是最直观的感性认识，通常可以比通过报表、报告更快地发现问题，更能透彻地了解问题，有助于迅速采取措施减少损失。

（4）合同跟踪的对象

合同跟踪的对象，通常有如下几个层次：

1）对合同实施工作的跟踪。对照合同实施工作表的具体内容，分析该工作的实际完成情况。如以前面第 7 章 7.3 节中所举设备安装工作为例分析：

① 安装质量是否符合合同要求？如标高、位置、安装精度、材料质量是否符合合同要求？安装过程中设备有无损坏？

② 工程范围，如是否全都安装完毕？有无合同规定以外的安装工作或其他附加工程？

③ 工期，是否在预定期限内开工？工期有无延长？延长的原因是什么？

该工程工期变化原因可能是，业主未及时交付施工图纸；生产设备未及时运到工地；基础土建施工拖延；业主指令增加附加工程；业主提供了错误的安装图纸，造成工程返工；工程师指令暂停工程施工等。

④ 成本和收款出现异常（增加和减少）。

将上述内容汇集在合同实施工作表上，就可以检查每个合同实施工作的执行情况。对一些异常情况，如工程范围变化，成本大幅度增加，可以作进一步分析。

经过上面的分析可以得到偏差的原因和责任，从这里可以发现索赔机会。

2）对工程小组或分包商的工程和工作进行跟踪。

一个工程小组或分包商可能承担许多专业相同、工艺相近的分项工程或许多合同实施工作，所以需要对它们实施的总体情况进行检查分析。在实际工程中常常因为某一工程小组或分包商的工作质量缺陷或进度拖延而影响整个工程施工。合同管理人员应给他们提供帮助，例如协调他们之间的工作；对工程缺陷提出意见、建议或警告；责成他们在一定时间内提高质量、加快工程进度等。

作为分包合同的发包人，承包商必须对分包合同的实施进行有效的控制。这是总承包商合同管理的重要任务之一。分包合同控制的目的如下：

① 控制分包商的工作，严格监督他们按分包合同完成工程，防止因分包商工程管理失误而影响全局。

② 为向分包商索赔和对分包商反索赔作准备。总包和分包之间利益是不一致的，双方都在进行合同管理，都在寻求向对方索赔的机会。所以双方都有索赔和反索赔的任务。

3）对业主和工程师的工作进行跟踪。

① 业主和工程师必须正确地、及时地履行合同责任，及时提供各种工程实施条件。如及时发布图纸、提供场地、下达指令、作出答复、及时支付工程款等。这常常是承包商

推卸工程责任的托词，所以要特别重视。在这里合同工程师作为漏洞工程师寻找合同中，以及对方合同执行中的漏洞。

② 承包商应积极主动地做好工作，如提前催要图纸、材料，对工作事先通知。这样不仅可以让业主和工程师及早准备，而且可以推卸自己的责任。

③ 有问题及时与工程师沟通，多向他汇报情况，及时听取他的指示（书面的）。

④ 及时收集各种工程资料，对各种活动，双方的交流作出记录。

⑤ 对有恶意的业主提前防范，以及早采取措施。

4）对工程总的实施状况的跟踪。可以通过如下几方面进行：

① 工程整体施工秩序状况。如果出现以下情况，合同实施必然有问题：

A. 现场混乱、拥挤不堪，出现事先未考虑到的情况和局面；

B. 承包商与业主的其他承包商，供应商之间协调困难；

C. 合同工作之间、工程小组之间、与分包商协调困难；

D. 发生较严重的工程质量或安全事故等。

② 已完工程没能通过验收，出现大的工程质量问题，工程试生产不成功，或达不到预定的生产能力等。

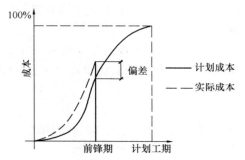

图 8-3　计划成本和实际成本累计曲线对比

③ 施工进度未能达到预定计划，主要的工程活动出现拖期，在工程周报和月报上计划和实际进度出现大的偏差。

④ 计划成本和实际的成本对比出现大的偏离（图 8-3）。

4. 合同实施诊断

在合同跟踪基础上进行合同诊断，分析在合同跟踪中发现的差异产生的原因、影响和它的责任等，分析工程实施的发展趋向。具体包括如下内容：

（1）合同实施差异的原因分析

通过对不同监督和跟踪对象的计划和实际的对比分析，不仅可以得到差异，而且可以探索引起这个差异的原因。原因分析可以采用鱼刺图，因果关系分析图（表），成本量差、价差分析等方法定性地，或定量地进行。

如通过计划成本和实际成本累计曲线的对比分析，可以得到总成本的偏差值，还能进一步分析差异产生的原因。引起计划和实际成本累计曲线偏离的原因可能有：

1）整个工程加速或延缓；

2）工程施工次序被打乱；

3）工程费用支出增加，如材料费、人工费上升；

4）增加新的附加工程，以及工程量增加；

5）工作效率低下，资源消耗增加等。

进一步分析，还可以发现更具体的原因，如引起工作效率低下的原因可能有：

内部干扰：施工组织不周全，夜间加班或人员调遣频繁；机械效率低，操作人员不熟悉新技术，违反操作规程，缺少培训，经济责任不落实，工人劳动积极性不高等。

外部干扰：图纸出错，设计修改频繁，气候条件差，场地狭窄，现场混乱，施工条件，如水、电、道路等受到影响。

进一步，还可以分析出各个原因的影响量大小。

（2）合同实施差异的责任分析

即这些原因由谁引起？该由谁承担责任？这常常是索赔的理由。一般只要原因分析详细，有根有据，则责任分析自然清楚。责任分析需要以合同为依据，按合同规定落实双方的责任。

（3）合同实施趋向预测

分别考虑不采取调控措施和采取调控措施，以及采取不同的调控措施情况下，合同的最终执行结果，如：

最终的工程状况，包括总工期的延误、总成本的超支、质量标准、所能达到的生产能力（或功能要求）等；

承包商将承担什么样的后果，如被罚款，被清算，甚至被起诉，对承包商资信、企业形象、经营战略的影响等；

最终工程经济效益（利润）水平。

综合上述各方面，即可以对合同执行情况作出综合评价和判断。

5. 采取调整措施

通常工程实施与目标的差异会逐渐积累，越来越大，最终导致工程实施远离目标，甚至可能导致整个工程的失败。所以，在工程过程中要不断地采取措施进行调整，使工程实施一直围绕合同目标进行。

（1）可能采取的主要措施

对合同实施过程中出现问题的处理通常有如下四类措施：

1）技术措施，如变更技术方案、修改工程范围，采用新的更高效率的施工方案。

2）组织和管理措施，如增加人员投入、派遣得力的管理人员、暂时停工、调整进度计划、按照合同规定指令加速。

在施工中进度计划修订是经常性的工作，如改变活动持续时间、逻辑顺序等。

3）经济措施，如增加投入、进行经济激励、动用暂列金额等。

4）合同措施。例如按照合同进行惩罚、进行合同变更、签订新的附加协议、备忘录、通过索赔解决费用超支问题等。

（2）策略的选择

对合同实施过程中出现的差异和问题，业主和承包商有不同的出发点和策略。

1）业主和工程师遇到工程问题和风险通常首先着眼于解决问题，排除干扰，使工程顺利实施，如对承包商发出指令调整施工过程，变更实施计划，加速施工；要求承包商将不符合合同要求的材料、设备，运出施工现场，重新采购符合要求的产品；对不符合要求的工程，按时修复，或拆除并重新施工。

2）承包商应首先考虑采用技术、组织和管理措施处理问题，同时要考虑：

① 保护和充分行使自己的合同权利，例如通过索赔降低自己的损失。

② 利用合同使对方的要求（权利）降到最低，即充分限制对方的合同权利，找出业主的责任。

8.4　合　同　变　更　管　理

8.4.1　概述

1. 合同变更范围

合同变更是合同实施调整措施的综合体现。合同内容频繁的变更是工程合同的特点之一。合同变更的范围很广，最常见的变更有三类：

（1）涉及合同条款的变更，如合同条件和合同协议书所定义的双方责权利关系、工作程序，或有专用条款定义的一些重大问题的变更。

这是狭义的合同变更，以前人们定义合同变更即为这一类。

（2）工程变更。指在施工过程中，工程师或业主代表在合同规定范围内对工程范围、质量、数量、性质、施工次序、时间安排和实施方案等作出变更。

这是最常见和最多的合同变更。现代工程合同扩大了工程变更的范围，赋予业主（工程师）更大的变更工程的权利。如在 FIDIC 施工合同中，工程变更包括：

1）承包商为业主的人员、业主的其他承包商、任何合法的公共当局的人员提供适当的服务、承包商的设备和临时工程，导致不可预见的费用增加。

2）现场遇到不可预见的物质条件，承包商执行工程师的处理指示，或经工程师的同意采取适当措施防止损失的扩大，导致工程变更。

3）工程师指定分包商。

4）业主和工程师的特殊要求，例如合同规定以外的钻孔、勘探开挖；对材料、工程设备、工艺做合同规定以外的检查试验，而最终证明承包商的工程质量符合合同要求；工程师改变合同所规定的试验的位置或细节，或指示承包商进行附加试验，或提供附加样品；要求承包商调查缺陷的原因，而这些缺陷非承包商责任等。

5）承包商预测将来可能会发生对工程造成不利影响、增加合同价格、延误工期的事件或情况，向工程师发出通知，工程师要求承包商提出这些影响的估计和处理建议。如果工程师批准承包商的处理建议，则产生变更。

6）工程师指令暂停超过规定期限，承包商要求复工。在要求提出后一定时间内工程师没有给出许可，承包商可将暂停所影响的工程部分作为删减项目，引起变更。

7）在缺陷责任期，承包商修补非承包商责任的缺陷引起变更。

8）工程师指令对原合同范围工程（或工作）的变更，如工程量的改变；工程质量或其他特性的改变；部分工程的标高、位置或尺寸的改变；工作的删减；永久工程所需要的附加工作、生产设备、材料或服务；实施工程的顺序或时间的改变等。

9）承包商向工程师提出合理化建议（价值工程），使工期提前，降低业主工程的施工、维护或运行费用，或提高竣工工程的效率或价值等，经工程师批准后执行。

（3）合同主体变更。如由于特殊原因造成合同当事人的变化，或合同义务和权利的转让。这通常是比较少的。

2. 合同变更的原因

在一个工程中，合同变更的次数、范围和影响的大小与该工程招标文件的完备性、技术设计的正确性，以及实施方案和实施计划的科学性直接相关。

（1）现代承包工程的特点是工程量大、结构复杂、技术和质量要求高、工期长。在工程开始前，工程设计会有许多不完备的地方，如错误、遗漏、不协调等。

（2）工程环境多变，发生未预见的事件，如：地质条件的变化、预定的工程条件不准确、政府城建和环保部门对工程新的要求、城市规划变动等。

（3）合同对复杂的工程和环境没有作出准确的说明和预见性规定。工程合同条件越来越复杂，其中考虑不周、错误、含混不清、二义性的条款就会越多。

（4）业主要求的变化。例如业主改变投资规模，削减预算，修改项目总计划。

（5）其他原因。如由于产生新技术，承包商提出合理化建议，经业主批准后实施。

3. 合同变更的影响

合同变更实质上是对合同的修改，是双方新的要约和承诺，不仅影响合同实施，而且造成"合同状态"某些因素的变化，需要对"合同状态"的内容作相应的调整。

（1）引起合同双方义务的变化。如工程量增加，则增加了承包商的工程义务，增加了费用开支和延长了工期，常常会导致索赔。

（2）定义工程目标和工程实施的各种文件，如设计图纸、成本计划和支付计划、工期计划、施工方案、技术说明和适用的规范等，都应作相应的修改和变更。

相关的其他计划也应作相应调整，如材料采购计划、劳动力安排、机械使用计划等。

（3）它不仅引起与承包合同平行的其他合同的变化，而且会引起所属的各个分包合同，如供应合同、租赁合同、工程分包合同的变更。有些重大的变更会打乱整个施工部署。

（4）变更的时间不同，会对工程有不同的影响。例如：

1）如果与变更相关的分项工程尚未开始，只需对工程设计或计划作修改或补充。如事前发现图纸错误，业主对工程有变更要求等。在这种情况下，工程变更时间比较充裕，影响较小，价格谈判和变更的落实可有条不紊地进行。

2）变更所涉及的工程正在进行，如在施工中发现设计错误或业主突然有新的要求。这种变更通常时间很紧迫，甚至可能发生现场停工，等待变更指令。

3）变更所涉及的工程已经完工，需要作返工处理。

此外，变更还会引起施工秩序被打乱，已购材料的损失等。

（5）合同变更常常会引起合同争议，如双方可能就变更的责任、影响范围、补偿方式和数额产生争议。

8.4.2 合同变更程序和申请

1. 合同变更的处理要求

（1）变更指令应及时发出。在实际工作中，变更决策时间过长和变更程序太慢会造成很大的损失，常有这两种现象：

1）现场施工停止，等待变更指令。等待变更为业主责任，通常可提出索赔。

2）变更指令不能迅速作出，而现场继续施工，造成更大的返工损失。

这不仅要求提前发现变更需求，而且要求变更程序非常简单和快捷。

（2）变更指令发出后，承包商应迅速、全面、系统地落实变更指令。

1）全面修改相关的各种文件，例如图纸、规范、施工计划、采购计划等，使它们一直反映和包容最新的变更。

2）变更指令应迅速在相关的各工程小组和分包商中得到贯彻执行，并提出相应的措施，对新出现的问题作出解释和对策，协调好各方面工作。这是合同动态管理的要求。

由于合同变更与合同签订时不一样，没有一个合理的计划期，变更时间紧，难以详细地计划和分析，很容易造成计划、安排、协调方面的漏洞，引起混乱，导致损失。而这个损失往往被认为是承包商管理失误造成的，难以得到补偿。这方面的争议常常很多。

（3）应记录、收集、整理、保存涉及变更的各种资料，如原始设计图纸、规范，设计变更资料、业主变更指令、新的计划、变更后发生的采购发票、实物或现场照片。

（4）做好变更的影响分析，应按照合同规定的程序向业主提出补偿要求。

2. 变更程序

由于合同变更对工程施工过程的影响大，容易引起双方争议，所以合同双方都应十分慎重地对待变更问题，应有一个正规的程序，应有一整套申请、审查、批准手续。

（1）重大的合同变更程序。

对重大的变更，应先进行商谈，待达成一致后，由双方签署变更协议，再实施变更。例如业主希望工程提前竣工，要求承包商采取加速措施，则合同双方可以对加速所采取的措施、工作安排、所涉及的费用赔偿等进行具体地协商，达成一致后签署备忘录或修正案。

对于重大问题，有时需很多次会议协商，在最后一次会议上签署变更协议。变更协议的法律效力优先于原合同文件，对它同样需要进行认真研究、审查分析、及时答复。

（2）常见的工程变更程序。

对于常见的工程变更，通常执行合同明确规定的工程变更程序。对承包商来说，最理想的变更程序是先估价后变更。在变更执行前，双方已就变更中涉及的费用增加和工期延误的补偿范围、补偿方法、补偿支付时间等协商达成一致，以防日后争议。

但按该程序实施变更，时间太长。合同双方对于费用和工期补偿谈判常常会有反复和争议。这会影响变更的实施和整个工程的施工进度，所以较少采用。

在 2017 版 FIDIC 合同中，按变更的发起方的不同程序略有差异。

1）业主或工程师行使合同赋予的权利，直接发出工程变更指令（即"指示变更"），由承包商执行，对价格和工期补偿的异议可以作为合同争议解决。

2）业主要求承包商提交变更建议书（即"征求建议书变更"）。

① 业主要求承包商提出一份建议书，承包商应尽快作出书面答复：或提出他不能照办的理由，或提交详细的变更建议资料，包括：对建议完成工作的说明，以及实施的进度计划；对原进度计划和竣工时间作出必要的修改建议，对变更估价的建议等。

承包商编制建议书的费用由业主承担，即如果变更获得批准，费用进入变更补偿中；如果业主方最终决定不变更，则由业主补偿。

② 工程师在收到建议书后应尽快作出答复，批准、不批准、或提出意见。

③ 如果业主批准变更，则由工程师向承包商发出执行该变更的指示。

④ 承包商在接到指令后必须执行。如果双方对合同价格和工期的调整不能达成一致，则作为争议处理。

3）承包商利用合同中的价值工程条款主动提出变更建议（在我国通常被称为"合理化建议"），为业主提高工程效率或价值或带来其他效益。

① 承包商的建议由业主确认是否采纳，其流程与业主方征求建议书变更基本相同。

② 承包商编制变更建议书的相关费用由承包商自行承担。

③ 业主方在确认签发变更令时，应在其中说明合同双方对价值工程产生的效益、费用和（或）延误的分享和分担机制。

④ 通常由承包商负责变更相关的工程设计，并承担变更相关工程的全面责任。

3. 变更申请表

工程变更通常要经过一定的手续，如申请、审查、批准、通知（指令）等，需要设计专门的变更申请书（表）（表 8-1）。

工程变更申请表

表 8-1

申请人	申请表编号	合同号
相关的分项工程和该工程的技术资料说明		
工程号	图号	施工段号
变更的依据	变更说明	
变更涉及的标准		
变更所涉及的资料		
变更影响（包括技术要求，工期，材料，劳动力，成本，机械，对其他工程的影响等）：		
变更类型	变更优先次序	
审查意见： 计划变更实施日期：		
变更申请人（签字）		
变更批准人（签字）		
变更实施决策/变更会议：		
备注		

8.4.3 合同变更责任分析和补偿问题

在工程中，合同变化是经常性的，但"变更"是被合同特别定义的，它是指业主需要对此付款的。一项变化要作为合同所定义的"变更"，有一些前提条件。不同类型的合同，变更的范围和责任认定是有很大区别的。下面主要针对施工合同进行论述。

1. 合同变更的相关性分析

在前面所述的合同变更的起因中，各种变更存在相互联系，有因果关系（图 8-4）。这是合同变更责任分析的基本逻辑关系。

（1）环境变化有可能导致业主要求、设计、合同条款、实施组织和方法和施工项目范围的变更。

（2）业主要求的变更可能会导致工程设计、合同条款、实施组织和方法、施工项目范围和实施过程的变更。

（3）业主要求、工程设计和合同条款的变化会直接导致实施组织和方法、项目范围的变更。

（4）工程实施组织和方法的变更会直接导致施工项目范围的变更。

（5）这些变更最终都可能导致合同价格和工期的变更。

在一般情况下，反向引起的可能性较小。

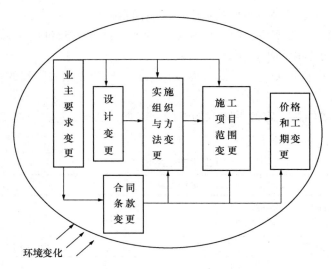

图 8-4　合同变更的相互联系

2. 工程变更的责任分析

工程变更包括设计变更、实施组织和方法变更、项目范围和实施过程变更等。工程变更的责任分析是确定工程变更起因与工程变更问题处理，即确定赔偿问题的桥梁。

（1）设计变更的责任分析。

设计变更会引起工程量的增加、减少，新增或删除工程分项，工程质量和进度的变化，实施方案的变化。一般合同赋予业主（工程师）变更设计的权利，可以直接通过下达指令，重新发布图纸或规范实现变更。它的起因可能有：

1）由于业主要求、政府城建环保部门的要求、环境变化（如地质条件变化）、不可抗力、原设计错误等导致设计的修改，需要由业主承担责任。

2）由于承包商施工过程、施工方案出现错误、疏忽、原计划的资源缺失等，导致设计的修改，需要由承包商负责。这在实际工程中比较少。

例如在某桥梁工程中采用混凝土灌注桩。在钻孔尚未达设计深度时，钻头脱落，无法取出，桩孔报废。经设计单位重新设计，改在原桩两边各打一个小桩承受上部荷载，则由此造成的费用损失由承包商承担。

3）对承包商承担的永久性工程的设计，业主不批准或要求修改设计文件。

通常，承包商对结构选型、生产设备选型、材料强度、品牌选用等方面具有设计选择权；但承包商的设计需经业主审查同意才能施工，业主常常通过对设计的认可权提高设计质量标准或工程范围。这容易产生不一致，导致争议。

① 如果承包商提出的设计文件不符合招标文件的要求，业主不认可并要求承包商修改，这种修改要求不属于工程变更。

② 如果承包商的设计符合合同，而业主的修改要求超过合同中明确规定的工作范围和性质（标准），它即为变更指令，承包商有权提出工期和费用索赔。

③ 如果原"业主要求"并不很清晰和具体，或业主对设计的修改要求没有超过合同的要求（如取技术规范的上限，或取保险系数的上限），就容易导致争议，而且其处理结果存在不确定性。

如某住宅区工程，为海边沙滩上建设数百套3层住宅楼，施工承包合同采用单价形式，但在工程量清单里只有一个基础工程分项，业主没有给基础工程图纸，要求承包商以总价形式报价，包括基础工程的设计和施工。

承包商以条型基础报价，在施工前提供设计图纸供工程师审批。工程师对承包商的设计方案提出修改意见，导致承包商的工期延误和成本增加，最终引起争议。

通常，承包商要能够证明，原设计方案满足业主功能要求，不影响工程预期目标的实现（如功能的发挥、预定的服务年限），满足法律法规以及强制性标准的要求，保证施工和运行的安全环保健康等方面的要求等。这样业主的修改意见就可能归于工程变更。

（2）施工方案变更的责任分析。

在投标文件中，承包商就提出工程的施工技术和组织计划，它不作为合同文件的一部分。合同签订后，承包商提交详细的施工计划供工程师审查。经工程师确认的施工方案也不作为合同文件，不是必须强制执行的。对此有如下问题应注意：

1）它也有一定的约束力，业主向承包商授标就表示对这个方案的认可，并作为评标的一项指标，赋予一定的分值。

2）在一些合同（如工程规范）中，业主对施工方法和临时工程做了详细的规定，承包商需要按照业主要求的施工方法投标。如果承包商的施工方法与规范不同，工程师指令要求承包商按照规范进行修改不属于工程变更。

3）从总体上说，承包商对施工方法负责，选择安全、稳定、经济的施工方法是承包商的义务和权利。这表示：

① 如果承包商的施工方法不能保证实现合同目标，工程师有权指令承包商修改方案，以保证承包商圆满地完成合同义务。如在投标书中的施工方法被证明是不可行的或有缺陷的，承包商改变（被要求改变）施工方法不能构成工程变更。

② 在通常情况下由于承包商自身原因（如失误或风险）修改施工方案所造成的损失由承包商负责。

③ 承包商为保证工程质量，保证实施方案的安全和稳定所增加的工程量，如增加工程边界，应由他负责，不属于工程变更。

【案例8-2】北京某公司与两个公司签订工程施工合同，采用固定总价合同形式。承包商进场前提供的基坑支护的施工方案为土钉喷锚护坡，进场后，根据发包人提供的地质勘测报告，经专家论证后，决定变更原施工方案，重新确定了新的基坑支护方式。承包商主张新施工方案并非是对原方案的二次深化设计，而是一个与原施工方案不同的新方案，不属于原合同价款所包含的范围，诉请增加相应价款。

法院认定虽采用新的施工方案，但仍属于原合同价款包干范围，不予调整合同价款。

当然，如果承包商变更施工方案是由于地质勘测报告的错误或不准确造成的，则应该调整合同价款。

④ 承包商对决定和修改施工方案具有相应的权利：为了更好地完成合同目标，或在不影响合同目标的前提下承包商有权采用更为科学和经济合理的施工方案，即有权进行调整。尽管合同规定需要经过工程师的批准，但工程师（业主）也不得随便干预承包商对施工方案的调整。当然承包商承担重新选择施工方案的风险和机会收益。

【案例8-3】在一国际工程中，按合同规定的总工期计划，应于××年×月×日开始现场搅拌混凝土。因承包商的混凝土拌和设备迟迟运不上工地，承包商决定使用商品混凝土，但为业主代表否决。而在承包合同中未明确规定使用何种混凝土。承包商不得已，只有继续组织设备进场，由此导致施工现场停工、工期拖延和费用增加。对此承包商提出工期和费用索赔。而业主以如下两点理由否定承包商的索赔要求：

① 已批准的施工进度计划中确定承包商用现场搅拌混凝土，承包商应遵守。

② 拌和设备运不上工地是承包商的失误，他无权要求赔偿。

最终将争议提交调解人。调解人认为：因为合同（如规范）中未明确规定一定要用工地现场搅拌的混凝土，则只要商品混凝土符合合同规定的质量标准，承包商也可以使用。因为按照惯例，实施工程的方法由承包商负责，他在不影响或为了更好地保证合同总目标的前提下，可以选择更为经济合理的施工方案，业主不得随便干预。在这前提下，业主拒绝承包商使用商品混凝土，是一个变更指令，对此可以进行工期和费用索赔。但该项索赔需要在合同规定的索赔有效期内提出。当然承包商不能因为用商品混凝土要求业主补偿任何费用。

最终承包商获得了工期和费用补偿。

4）工程师指示承包商完成合同内的工作不属于工程变更。

① 承包商工程出现问题，工程师应在合同范围内督促其完成工程责任，保证工程质量和避免延误。例如因承包商责任导致工期延误，工程师下达加速施工的指令；经检查工程质量不合格，工程师指令承包商变更施工方案，以达到合同要求。这些工作指令不是变更指令。

② 工程师的责任是监督承包商按照合同施工，按时完成合同规定的工程，而无权对具体的施工方法作出指示，也没有义务对承包商施工方法的缺陷作出预见。即使承包商已经选择的施工方法出现问题或困难，承包商应自己克服困难，无权要求工程师发出指令如何克服困难，或变更施工方法。工程师如果越权干预承包商的施工过程，会容易导致工程变更。

③ 如果工程师指示是为了帮助承包商解决存在的问题，摆脱困境，更好地完成工作，而承包商的工作又属于他的合同义务，或在他的风险范围内，则不属于变更。

5）承包商修改施工方法，在如下情况下工程师不批准，不能构成工程变更。

① 工程师有证据证明或认为，承包商的施工方案不能保证按时完成他的合同义务，例如不能保证质量、保证工期，承包商没有采用良好的施工工艺等。

② 不安全，容易造成环境污染或损害健康，或违反强制性规范要求。

③ 承包商要求变更方案（如变更施工次序、缩短工期），而业主无法完成合同规定的配合责任。例如，无法按这个方案及时提供图纸、场地、资金、设备，则有权要求承包商执行原定方案。

6）重大的设计变更必然会导致施工方案的变更。如果设计变更应由业主承担责任，则相应的施工方案的变更也由业主负责。反之，则由承包商负责。

7）对异常不利的地质条件所引起的施工方案的变更，一般作为业主的责任。一方面这是一个有经验的承包商无法预料现场气候条件除外的障碍或条件，另一方面业主负责地质勘察和提供地质报告，则他应对报告的正确性和完备性承担责任。

8）施工进度的变更。施工进度的变更是十分频繁的：在招标文件中，业主给出工程的总工期目标；承包商在投标书中有一个总进度计划（一般以横道图形式表示）；中标后承包商还要提出详细的进度计划，由工程师批准；在工程开工后，每月都可能有进度的调整。

通常只要工程师（或业主）批准承包商的进度计划（或调整后的进度计划），则新进度计划就成为有约束力的。如果业主不能按照新进度计划完成按合同应由业主完成的责任，如及时提供图纸、施工场地、水电等，则属业主的违约行为。

【案例8-4】某工程，业主在招标文件中提出工期为24个月。在投标书中，承包商的进度计划也是24个月。中标后承包商向工程师提交一份详细进度计划，说明18个月即可竣工，并论述了18个月工期的可行性。工程师批准了承包商的计划。

在工程中由于业主原因（设计图纸拖延等）造成工程停工，影响了工期，虽然实际总工期仍小于24个月，但承包商仍成功地进行了工期和与工期相关的费用索赔，因为18个月工期计划是有约束力的（见参考文献11）。

这里有如下几个问题：

① 合同规定，承包商必须于合同规定竣工之日或之前完成工程，合同鼓励承包商提前竣工（提前竣工奖励条款）。承包商为了追求最低费用（或奖励）可以进行工期优化，这属于实施方案，是承包商的权利，应该获得支持，只要他保证不拖延合同工期和不影响工程质量。

业主的延误阻碍了承包商按照其计划的竣工日期（比合同竣工日期早的）完成工程，承包商有权获得提前竣工奖励，以及因业主的延误直接导致的费用。

② 承包商不能因自身原因采用新的方案向业主要求追加费用（工期奖励除外）。工程师在同意承包商的新方案时需要注明"费用不予补偿"，防止事后不必要的纠缠。

③ 承包商在作出新计划前，需要考虑他所属分合同计划的修改。如供应提前，分包工程加速等。同样，业主在作出同意（批准，认可）前就明白承包商想提前竣工的意图，要考虑到对业主的其他合同，如供应合同、其他承包合同、设计合同的影响。如果业主不能或无法做好协调，或者证明承包商的计划是不可实现的，则可以不同意承包商的方案，要求承包商按原合同工期执行，这不属于变更。

9）其他情况。

【案例8-5】在一房地产开发项目中，业主提供了地质勘察报告，证明地下土质很好。承包商作施工方案，用挖方的余土作通往住宅区道路基础的填方。由于基础开挖施工时正值雨季，开挖后土方潮湿，且易碎，不符合道路填筑要求。承包商不得不将余土外运，另外取土作道路填方材料。

对此承包商提出索赔要求。工程师否定了该索赔要求，理由是，填方的取土作为承包商的施工方案，它因受到气候条件的影响而改变，不能提出索赔要求。

在本案例中即使没有下雨，而因业主提供的地质报告有误，地下土质过差不能用于填方，承包商也不能因为另外取土而提出索赔要求。因为：

①合同规定承包商对业主提供的水文地质资料的理解负责。而地下土质可用于填方，这是承包商对地质报告的理解，应由他自己负责。

②取土填方作为承包商的施工方案，也应由他负责。

本案例的性质完全不同于由于地质条件恶劣造成基础设计方案变化，或造成基础施工方案变化的情况。

8.4.4　合同变更中应注意的问题

（1）关于"情势变更"。

1）"情势变更"的定义。合同成立后出现了在订立合同时不可预见、不可避免的客观情况（如材料价格的暴涨、货币贬值、现场条件等），致使继续履约虽然仍有可能，但是导致一方当事人的履行成本过于巨大，对于遭受损失的一方继续履约显失公平。如采用固定合同，物价风险应由承包商承担，但出现物价暴涨，承包商难以承受，如案例 6-4。

2）"情势变更"介于在不可抗力和商业风险之间，责任界定困难，具有模糊性和不确定性。从有利于维护公平公正，防止不当得利，并保证合同继续履行角度，应该允许双方依据公平、诚实、信用等原则进行协商，进行变更。

3）如果双方都不让步，导致争议，双方可以确定解除合同，也可以提起仲裁。

4）不同国家的法律对情势变更可能有不同的认定。我国民法典五百三十三条规定："合同成立后，合同的基础条件发生了当事人在订立合同时无法预见的、不属于商业风险的重大变化，继续履行合同对于当事人一方明显不公平的，受不利影响的当事人可以与对方重新协商；在合理期限内协商不成的，当事人可以请求人民法院或者仲裁机构变更或者解除合同。人民法院或者仲裁机构应当结合案件的实际情况，根据公平原则变更或者解除合同。"

（2）有些变更指令承包商是可以拒绝执行的，如：变更违反法律法规，违反健康、安全和环境保护方面的规定，违反强制性标准；变更工作超出合同确定的工程范围；承包商难以获得变更所需物品；变更对实现工程目的和工程顺利完成产生不利影响等。

对超过合同规定工程范围的变更，承包商有权不执行或坚持先商定价格后再进行变更。

（3）对业主（工程师）的口头变更指令，承包商也必须遵照执行，但应在规定时间内书面向工程师索取书面确认。而如果工程师在规定时间内未予书面否决，则承包商的书面要求信即可作为工程师对该工程变更的书面指令。

当工程师下达口头指令时，承包商在施工现场应积极主动，为了防止拖延和遗忘，可以立刻起草一份书面确认信让工程师签字。

（4）变更的识别和确认。对于工程变更，工程师应明确表示变更的主观意图。如果未指明为变更，而承包商认为该指示是变更，则在执行之前应向工程师确认。如工程师在审批图纸时提出的一些"审批意见"或修改意见，承包商认为构成变更，就应进行确认。如果承包商没有履行"提醒义务"，可能会产生争议。

【案例 8-6】在某一国际工程中，工程师向承包商颁发了一份图纸，图纸上有工程师的批准及签字。但这份图纸的部分内容违反本工程的规范，待实施到一半后工程师发现这个问题，要求承包商返工并按规范施工。承包商就返工问题向工程师提出索赔要求，但为工程师否定。承包商提出了问题：工程师批准颁布的图纸，如果与合同规范内容不同，它能否作为工程师已批准的有约束力的工程变更？

答：（1）在国际工程中通常专用规范优先于图纸，承包商有责任遵守合同规范。

（2）如果双方一致同意，工程变更的图纸是有约束力的。但这一致同意不仅包括图纸上的批准意见，而且工程师应有变更的意图，即工程师在签发图纸时需要明确知道已经变更，而且承包商也清楚知道。如果工程师没有修改意向，仅对图纸的批准没有合同变更的效力。

（3）承包商在收到一个与规范不同的或有明显错误的图纸后，有责任在施工前将问题呈交给工程师。如果工程师书面肯定图纸变更，则就形成有约束力的工程变更。而在本例中承包商没有向工程师核实，则不能构成有约束力的工程变更。

鉴于以上原因，承包商没有索赔理由。在我国也有这样的裁决案例。

（5）应注意工程变更的实施，价格谈判和业主批准三者之间在时间上的矛盾性，防止工程变更已成为事实，工程师再发出价格和费率的调整通知，价格谈判常常迟迟达不成协议，或业主对承包商的补偿要求不批准，而价格的最终决定权却在工程师。这样承包商处于十分被动的地位。例如，某合同的工程变更条款规定：

"由工程师下达书面变更指令给承包商，承包商请求工程师给以书面详细的变更证明。在接到变更证明后，承包商开始变更工作，同时进行价格调整谈判。在谈判中没有工程师的指令，承包商不得推迟或中断变更工作。"

"价格谈判在两个月内结束。在接到变更证明后4个月内，业主应向承包商递交有约束力的价格调整和工期延长的书面变更指令。超过这个期限承包商有权拖延或停止变更。"

一般工程变更在4个月内早已完成，"超过这个期限""停止"和"拖延"都是空话。价格调整主动权完全在业主，承包商的风险较大。对此可采取如下措施：

1）在开始执行变更，争取工程师下达书面变更指令，同时，积极进行费用补偿谈判。

2）控制（即拖延）施工进度，等待变更谈判结果。这样不仅损失较小，而且谈判回旋余地较大。

3）争取以点工或按承包商的实际费用支出计算费用补偿，如采取成本加酬金方法，这样避免价格谈判中的争议。

4）应有完整的变更实施的记录和照片，请业主、工程师签字，为索赔作准备。

如双方不能达成一致意见，则需在合同的规定时间内发出不满意通知，作为争议处理。

（6）在工程中，承包商都不能擅自进行工程变更。施工中发现图纸错误或其他问题，需进行变更，首先应通知工程师，经工程师同意或通过变更程序再进行变更。否则，可能不仅得不到应有的补偿，而且会带来麻烦。

（7）在工程变更中，特别应注意因变更造成返工、停工、窝工、修改计划等引起的连带损失和低效率损失，在变更前以及在变更过程中，应重视这些影响证据的收集并由工程师签署认可。在变更谈判中应对此进行商谈，保留索赔权。在实际工程中，人们常常忽视这些损失，而最后提出索赔报告时往往因举证困难而为对方否决。

8.5　合同后评价

按照合同全生命期控制要求，在合同执行后需要进行合同后评价。将合同签订和执行过程中的利弊得失、经验教训总结出来，作为以后工程合同管理的借鉴。

由于合同管理工作比较偏重于经验，只有不断总结经验，才能不断提高管理水平，才能通过工程不断培养出高水平的合同管理者。所以这项工作十分重要。但现在人们还不重视这项工作，或尚未有意识、有组织地做这项工作。

合同实施后的评价工作包括的内容和工作流程如图 8-5 所示。

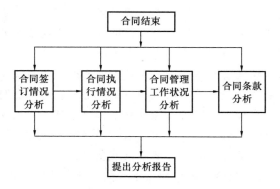

图 8-5　合同实施后评价

（1）合同签订情况评价。包括：

预定的合同战略和策划是否正确？是否已经顺利实现？

招标文件分析和合同风险分析的准确程度；

该合同环境调查，实施方案，工程预算以及报价方面的问题及经验教训；

合同谈判中的问题及经验教训，以后签订同类合同的注意点；

各个相关合同之间的协调问题等。

（2）合同执行情况评价。包括：

本合同执行战略是否正确？是否符合实际？是否达到预想的结果？

在本合同执行中出现了哪些特殊情况？应采取什么措施防止、避免或减少损失？

合同风险控制的利弊得失；

各个相关合同在执行中协调的问题等。

（3）合同管理工作评价。这是对合同管理本身，如工作职能、程序、工作成果的评价，包括：

合同管理工作对工程项目的总体贡献或影响；

合同分析的准确程度；

在投标报价和工程实施中，合同管理子系统与其他职能的协调问题，需要改进的地方；

合同控制程序的缺陷和需要改进的地方；

索赔处理和纠纷处理的经验教训等。

（4）合同条款分析。包括：

本合同的具体条款，特别对本工程有重大影响的合同条款的表达和执行利弊得失；

本合同签订和执行过程中所遇到的特殊问题的分析结果；

对具体的合同条款如何表达更为有利等。

复 习 思 考 题

（1）简述"合同交底"的工作内容，如何做好"合同交底"工作？

（2）简述合同控制的主要工作内容。

（3）合同控制与范围控制、成本控制、质量控制、进度控制等有什么联系？

（4）阅读 FIDIC 施工合同，罗列变更条款。

（5）举例说明几类变更之间存在的内在联系。

（6）在案例 8-5 中，如果业主的招标文件中规定用基础挖方的余土作通往住宅区道路的回填土，而在开挖后发现土方不符合道路回填的要求，承包商不得不将余土外运，另外取土回填，问承包商有无理由提出索赔要求？以什么理由提出索赔要求比较有利？

（7）讨论：施工实施计划是否具有合同效力？

施工合同没有明示施工实施计划作为合同的有效文件，但尚存在如下值得讨论的问题：

评标中，业主给施工组织设计以一定的分值，承包商中标是双方在这方面有"合意"？

在索赔中，承包商以工程师"同意的"施工组织设计中的进度计划、劳动力计划、设备供应计划作为依据，也作为争议解决的判据。这是否说明施工组织设计具有法律效力？

承包商对施工组织方案的安全稳定效率负责，他应有修改权。但修改权有多大？

第 4 篇
索赔及争议管理

9 索 赔 基 本 原 理

【本章提要】

建设工程是多索赔的领域。本章介绍索赔的基本原理。包括：

(1) 索赔的概念、作用、分类和基本原则。

(2) 取得索赔成功的条件。

(3) 索赔工作程序，包括索赔机会搜寻、索赔理由、索赔的证据、起草索赔报告等。索赔工作过程必须符合合同规定，需要贯穿在承包商的整个项目管理系统中。

(4) 干扰事件的影响分析。它是索赔值计算的前导工作，是索赔值计算的依据。

9.1 概 述

9.1.1 索赔的概念

(1) "索赔"这个词已为人们所熟悉。仅从字面意思看，索赔即索取赔偿。在《辞海》中，索赔被具体解释为"交易一方不履行或未正确履行契约上规定的义务而受到损失，向对方提出赔偿的要求"。

但工程中索赔不仅有索取赔偿的意思，而且表示"有权要求"，是向对方提出某项要求或申请（赔偿）的权利，法律上叫作"有权主张"。

索赔是合同和法律赋予的基本权利。对承包商来说，索赔的范围更为广泛。一般只要不是承包商自身责任造成工期延长和成本增加，都可以通过合法的途径与方式提出索赔要求，这包括如下三大类情况：

1) 业主或工程师违约，未履行合同义务，如未按合同规定及时交付设计图纸造成工程拖延，未及时支付工程款。

2) 业主行使合同规定的权利，如业主指令变更工程。

3) 发生合同规定应由业主承担的风险，如出现未能预料的不利的自然条件，其他方面干扰工程实施，恶劣的气候条件，与勘探报告不同的地质情况，国家法令的修改等。

对此，承包商按照合同有权获得相应的补偿。如果没有及时得到业主（或工程师）的补偿的确认，或双方尚未达成一致，承包商就可以向业主提出索赔要求。

它们在用词上有些差别，但处理过程和处理方法相同。所以，从管理的角度可将它们同归为索赔。

(2) 在实际工程中，索赔是双向的。业主向承包商也可能有索赔要求。FIDIC 工程施工合同明确规定业主可以向承包商提出费用索赔和（或）缺陷责任期延长的要求。但通常业主索赔数量较小，而且处理方便，业主可通过冲账、扣拨工程款、没收履约保函、扣保留金等实现对承包商的索赔。而最常见、最有代表性、处理比较困难的是承包商向业主的索赔，人们通常将它作为重点和主要对象。

9.1.2　索赔的作用

与其他领域相比，工程承包是一个索赔多发的领域，这是由工程产品、工程交易（实施）方式、工程施工过程的特殊性决定的。在现代承包工程中，索赔经常发生，而且索赔额很大。索赔与工程承包合同同时存在，它的主要作用有：

（1）有助于工程中双方更紧密地合作，有助于合同目标的实现。合同一经签订，合同双方即产生义务和权利关系。这种权利受法律保护，这种义务受法律制约。索赔是合同法律效力的具体体现，如果没有索赔和关于索赔的合同规定，则合同形同儿戏，对双方都难以形成约束，其有效性得不到保证，就不会有正常的社会经济秩序。索赔能对违约者起警诫作用，使他考虑到违约的后果，在制衡中保证合同的顺利履行，以尽力避免双方的违约行为。

（2）索赔是落实和调整合同双方经济责权利关系的手段。有权利，同时就应承担相应的经济责任。谁未履行义务，构成违约行为，造成对方损失，侵害对方权利，应承担相应的合同处罚，予以赔偿。离开索赔，合同责任就不能体现，合同双方的责权利关系就不平衡。

（3）索赔是合同和法律赋予受损失者的权利。对承包商来说，是保护自己、维护自己正当权益、避免损失、增加利润的手段。如果承包商不精通索赔业务，就会失去索赔机会，会使损失得不到合理的及时的补偿，从而不能进行正常的生产经营，甚至会破产。

由于工程承包市场竞争激烈，承包商的合同风险加大，通过索赔，可以减少或转移工程风险，保护自己，防止损失的发生，减小甚至避免损失，赢得利润。在国际工程中，索赔已成为许多承包商的经营策略之一。"赚钱靠索赔"是许多承包商的经验谈。

（4）有助于加深对合同的理解，提高合同管理水平，因为对合同条款的解释通常都是通过合同案例进行的，而这些合同案例几乎都是索赔案例。

9.1.3　索赔的分类

从不同的角度，按不同的标准，索赔有如下几种分类方法：

1. 按照索赔主体分类

（1）业主索赔。业主为获得额外费用（或合同价格的扣减），以及缺陷通知期延长的索赔。

（2）承包商索赔。承包商为获得额外费用和（或）工期延长的索赔。

2. 按照干扰事件的起因分类

（1）当事人一方的违约行为。如业主未能按合同规定及时提供图纸、技术资料、场地、道路等；业主不按合同及时支付工程款等。

（2）合同变更索赔。如合同出现错误，合同条款不全、矛盾、有二义性，设计图纸、技术规范错误；双方签订新的变更协议、备忘录、修正案；工程师下达工程变更指令等。

（3）环境变化引起的索赔，如在现场遇到一个有经验的承包商不能预见的障碍或条件，地质与业主提供的资料不同，出现未预见到的岩石、淤泥或地下水，法律变化等。

（4）不可抗力因素等原因，如恶劣的气候条件、地震、洪水、战争状态、禁运等。

3. 按合同类型分类

合同是索赔的理由和依据，按所签订的合同的类型，索赔可以分为：

（1）总承包合同索赔，即承包商和业主之间的索赔。

（2）分包合同索赔，即总承包商和分包商之间的索赔。

（3）联营体合同索赔，即联营体成员之间的索赔。

（4）劳务合同索赔，即承包商与劳务供应商之间的索赔。

（5）其他合同索赔，如承包商与材料供应商、与保险公司、与银行等之间的索赔。

4. 按索赔要求分类

按索赔要求，索赔可分为：

（1）工期索赔，即要求业主延长工期，推迟竣工日期。与此相应，业主可以向承包商索赔缺陷责任期。

（2）费用索赔，即要求业主补偿费用（包括利润损失）损失，调整合同价格。同样，业主可以向承包商索赔费用。

5. 按索赔所依据的理由分类

（1）合同内索赔。即发生了合同规定给承包商以补偿的干扰事件，承包商根据合同规定提出索赔要求，合同条件作为支持承包商索赔的理由。这是最常见的索赔。

（2）合同外索赔。指工程过程中发生的干扰事件的性质已经超过合同范围。在合同中找不出具体的依据，一般需要根据适用于合同关系的法律解决索赔问题。例如工程过程中发生重大的民事侵权行为造成承包商损失，依据民法典或其他法律提出索赔。

（3）道义索赔。承包商索赔没有合同理由，例如对干扰事件业主没有违约，或业主不应承担责任。可能是由于承包商失误（如报价失误、环境调查失误等），或发生承包商应负责的风险，造成承包商重大的损失。这将极大地影响承包商的财务能力、履约积极性、履约能力甚至危及承包企业的生存。承包商提出要求，希望业主从道义，或从工程整体利益的角度给予一定的补偿。前面8.4.4中所述的"情势变更"要求在很大程度上就是道义索赔。

【案例9-1】 某国的住宅工程门窗工程量增加索赔（见参考文献13）

（1）合同分析

合同条件中关于工程变更的条款为："……业主有权对本合同范围的工程进行他认为必要的调整。业主有权指令不加代替地取消任何工程或部分工程，有权指令增加新工程，……但增加或减少的总量不得超过合同额的25%。

这些调整并不减少承包商全面完成工程的义务，而且不赋予承包商针对业主指令的工程量的增加或减少任何要求价格补偿的权利。"

在报价单中有门窗工程一项，工作量10133.2m²。对工作内容承包商的理解（翻译）为"以平方米计算，根据工艺的要求运进、安装和油漆门和窗，根据图纸中标明的规范和尺寸施工"。即认为承包商不承担门窗制作的义务。对此项承包商报价仅为2.5LE（埃及磅）/m²。而上述的翻译"运进"是不对的，应为"提供"，即承包商承担门窗制作的责任，而报价时没有门窗详图。如果包括制作，按照当时的正常报价应为130LE/m²。

在工程中，由于业主觉得承包商门窗报价很低，则下达变更令加大门窗面积，增加门窗层数，使门窗工作量达到25090m²，且大部分门窗都有板、玻璃、纱三层。

（2）承包商的要求

承包商以业主扩大门窗面积、增加门窗层数为由要求与业主重新商讨价格，业主的答复为：合同规定业主有权变更工程，工程变更总量在合同总额25％范围之内，承包商无权要求重新商讨价格，所以门窗工程都以原合同单价支付。

合同中"25％的增减量"是针对合同总价格，而不是某个分项工程量，例如本例中尽管门窗增加了150％，但墙体工程量减少，最终合同总额并未有多少增加，所以合同价格不能调整。实际付款需要按实际工程量乘以合同单价计算，尽管这个单价是错的，仅为正常报价的1.3％。

在无奈的情况下，承包商与业主的上级接触。承包商报价存在较大失误，损失很大，希望业主能从承包商实际情况及双方友好关系出发考虑承包商的索赔要求。最终业主同意：

1）在门窗工作量增加25％的范围内按原合同单价支付，即12666.5m²（即10133.2×1.25）按原价格2.5LE/m²计算。

2）对超过的部分，双方按实际情况重新商讨价格。最终确定单价为130LE/m²，则承包商取得费用赔偿：

$$（25090-12666.5）×（130-2.5）=12423.5×127.5=1583996.25LE$$

（3）案例分析

1）这个索赔实际上是道义索赔，即承包商的索赔没有合同条件的支持，或按合同条件是不应该赔偿的。业主完全从双方友好合作的角度出发同意补偿。

2）翻译的错误是经常发生的，它会造成对合同理解的错误和报价的错误。由于不同语言之间存在着差异，工程中又有一些习惯用语。对此如果在投标前把握不准或不知业主的意图，可以向业主询问，请业主解答，切不可自以为是地解释合同。

3）在本例中报价时没有门窗详图，承包商报价会有很大风险，就应请业主对门窗的一般要求予以说明，并根据这个说明提出的要求报价。

4）当索赔或争议难以解决时，可以由双方高层进行接触，商讨解决办法，问题常常易于解决。一方面，对于高层，从长远友好合作的角度出发，许多索赔可能都是"小事"；另一方面，使上层了解索赔处理的情况和解决的困难，更容易吸取合同管理的经验和教训。

6. 按索赔的处理方式分类

（1）单项索赔。单项索赔是针对某一干扰事件提出的。索赔的处理是在合同实施过程中，干扰事件发生时，或发生后立即进行。在合同规定的索赔有效期内向工程师提交索赔意向书和索赔报告，由工程师审核后交业主，再由业主作答复。

单项索赔通常原因单一，责任单一，分析比较容易，处理起来比较简单。例如，业主的工程师指令将某分项工程素混凝土改为钢筋混凝土，对此只需提出与钢筋有关的费用索赔即可（如果该项变更没有其他影响的话）。但有些单项索赔额可能很大，处理起来很复杂，例如工程延期、工程中断、工程终止事件引起的索赔。

（2）总索赔，又叫一揽子索赔或综合索赔。这是在国际工程中经常采用的索赔处理和解决方法。一般在工程竣工前，承包商将工程过程中按合同规定程序提出但未解决的单项索赔集中起来，提出一份总索赔报告。合同双方在工程交付前或交付后进行最终谈判，以一揽子方案解决索赔问题。

1) 提出一揽子索赔，承包商需要证实采用一揽子索赔的行为的原因。通常在如下几种情况下采用一揽子索赔：

① 在工程过程中，有些单项索赔原因和影响都很复杂，不能立即解决，或双方对合同解释有争议，但双方都要忙于合同实施，可协商将单项索赔留到工程后期解决。

② 业主拖延答复单项索赔，使工程过程中的单项索赔得不到及时解决，最终不得已提出一揽子索赔。在国际工程中，许多业主就以拖的办法对待承包商的索赔要求，常常使索赔和索赔谈判旷日持久，使许多单项索赔要求被集中起来。

③ 在一些复杂的工程中，当干扰事件多，几个干扰事件一起发生，或有一定的连贯性、相互影响大，难以一一分清，或合同实施与原合同状态相比已大相径庭，合同价格的有效性较差，用单项索赔已经很难处理，则可以综合在一起提出索赔。

④ 工期索赔一般都在工程后期一揽子解决。

2) 一揽子索赔有如下特点：

① 处理和解决都很复杂。由于工程过程中的许多干扰事件搅在一起，使得原因、责任和影响的分析很为艰难，索赔报告的起草、审阅、分析、评价难度很大。

由于索赔的解决和费用补偿时间的拖延，使得最终解决还会连带引起利息的支付，违约金的扣留，预期利润的补偿，工程款的最终结算等问题。这会加剧索赔解决的困难。

② 一揽子索赔的处理，一般仍按单个索赔事件提出理由，分析影响，计算索赔值。

③ 为了索赔的成功，承包商需要保存全部工程资料和其他作为证据的资料。这使得工程项目的文档管理任务极为繁重。

④ 索赔的集中解决使索赔额积累起来，造成谈判的困难。由于索赔额大，常常超过业主工程管理人员的审批权限，需要上层作出批准；双方都不愿或不敢作出让步，所以争议更加激烈。有时一揽子索赔谈判一拖几年，花费大量的时间和金钱。

对索赔额大的一揽子索赔，需要成立专门的索赔小组负责处理。在国际承包工程中，常常需要聘请法律专家、索赔专家，或委托咨询公司、索赔公司进行索赔管理。

⑤ 由于合理的索赔要求得不到及时解决，影响承包商的资金周转和施工进度，影响承包商履行合同的能力和积极性。由于索赔无望，工程亏损，资金周转困难，承包商可能不合作，或通过其他途径弥补损失，如减少工程量，采购便宜的劣质材料等。这样会影响工程总目标的实现和双方的合作关系。

"一揽子"索赔虽然是国内外工程中的常见现象，但国际上并不鼓励采取这样的方式。在一些新工程合同中，明确规定工程师（或业主）对承包商提出的索赔报告的答复期限。这种条款设置的目的就是为了尽量避免或减少一揽子索赔情况的发生。

9.1.4　索赔的基本原则

1. 实际损失原则

工程索赔通常以赔（补）偿实际损失为原则。它体现在如下几个方面：

（1）实际损失，即干扰事件对承包商工期和费用的实际影响，以此确定索赔值。承包商不能因为索赔事件而收到额外的收益或导致损失，索赔对业主不具有任何惩罚性质。实际损失包括两个方面：

1) 直接损失，如承包商财产的直接减少，常常表现为成本的增加和实际费用的超支。

2）间接损失，如可能获得的利益的减少。例如由于业主拖欠工程款，使承包商失去这笔款的存款利息收入。

（2）所有干扰事件引起的实际损失，以及这些损失的计算，都应有详细的具体的证明。通常有：各种费用支出的账单，工资表，现场用工、用料、用机的证明、财务报表、进度报表，工程成本核算资料等。在索赔报告中需要出具这些证据，工程师或业主代表在审核承包商索赔要求时，常常要全面审查这些证据。

（3）当干扰事件属于对方的违约行为时，如果合同中有违约条款，按照法律的规定，损失赔偿额应当相当于因违约所造成的损失，包括合同履行后可以获得的利益；先用违约金抵充实际损失，不足的部分再赔偿。

2. 合同原则

赔偿实际损失原则，并不能理解为必须赔偿承包商的全部实际工期的拖延和成本的增加。通常承包商不能以自己的实际产值、生产效率、工资水平和费用开支水平计算费用索赔值。在索赔值计算中还需要考虑：

（1）符合合同规定的赔偿条件，通常要扣除如下部分：

1）承包商自己责任造成的损失，即由于承包商自己管理不善，组织失误、低效率等原因造成的工期拖延和费用的增加由他自己负责。

2）合同明确规定承包商应承担的风险范围内的损失。如某合同规定："合同价格是固定的，承包商不得以任何理由增加合同价格，如市场价格上涨，货币价格浮动，生活费用提高，工资基限提高，调整税法等"。在此范围内的损失是不能提出索赔的。

3）超过合同规定索赔有效期提出的索赔要求。

4）承包商在报价中的失误或做出的价格让步是不能纳入索赔要求的。

（2）合同规定的计算基础。如合同中的人工费单价、材料费单价、机械费单价、各种费用的取值标准和各分部分项工程合同单价都是索赔值的计算基础[①]。

（3）有些合同对索赔值的计算规定了计算方法，计算采用的公式、计算过程等。例如FIDIC合同中规定的调价公式。这些需要执行。

3. 合理性原则

（1）符合规定的，或通用的会计核算原则。索赔值的计算是在成本计划和成本核算基础上，通过计划和实际成本对比进行的。实际成本的核算需要与计划成本（报价成本）的核算有一致性，而且符合通用的会计核算原则，例如采用正确的成本项目的划分方法，各成本项目的核算方法，工地管理费和企业管理费的分摊方法等。

（2）计算方法的选用需要符合大家公认的基本原则，符合工程惯例，能够为业主、工程师、调解人或仲裁人接受。例如在我国，需要符合工程概预算制度的规定；在国际工程中应符合大家一致认可的典型的案例所采用的计算方法。

---

① 传统合同对于工程变更的计价是基于承包商投标时在工程量清单中所填报的单价，但由于工程招标时竞争激烈，这个价格通常较低，与工程变更实施时的实际成本有差距。承包商一般不愿从事工程量增加的变更。而ECC合同对于这类工程变更"补偿"计价是按照承包商实施该工程变更时的实际成本加管理费计算，或按照实施该项变更时的预计实际成本加管理费计算。这样对合同双方比较公正，可避免争议。

4. 有利原则

如果选用不利的计算方法，会使索赔值计算过低，使自己的实际损失得不到应有的补偿，或失去可能获得的利益。承包商提出的索赔值中通常要包括如下几方面因素：

（1）承包商所受的实际损失。它是索赔的实际期望值，也是最低目标。如果最后承包商通过索赔从业主处获得的实际补偿低于这个值，则导致亏损。甚至有时承包商希望通过索赔弥补自己其他方面的损失，如报价低、报价失误、合同规定风险范围内的损失、施工中管理失误造成的损失等。

（2）对方的反索赔。在承包商提出索赔后，业主可能采取各种措施进行反索赔，以抵消或降低索赔值。例如在索赔报告中寻找薄弱环节，以否定承包商的索赔要求；抓住承包商的失误或问题，向承包商提出罚款、扣款或其他索赔，以平衡承包商提出的索赔。

在很多工程项目中，工程师或业主代表需要反索赔的业绩和成就感，会积极地反索赔。即使承包商提出的索赔值完全符合实际，他们也希望通过他们的分析和反驳降低承包商索赔的有效值，这也显著增加了承包商获得赔偿的难度。

（3）最终解决中的让步。对重大的索赔，在最后解决中，承包商常常需要作出让步，即在索赔值上打折扣，以争取对方对索赔的认可，争取索赔的早日解决。

这几个因素的共同作用常常使得承包商的赔偿要求与最终解决，即双方达成一致的实际赔偿值相差甚远。承包商在索赔值计算中应考虑这几个因素，留有余地，所以索赔要求应大于实际损失值。这样最终解决才会有利于承包商。但这又应是有理由和依据的，不能被对方轻易反驳或攻击。

9.2　取得索赔成功的条件

对于特定干扰事件的索赔没有预定的统一标准的解决，要取得索赔的成功需要许多条件。

9.2.1　有确凿的干扰事件

索赔主要是由于在工程实施中存在一些干扰事件，它们是索赔的起因和索赔处理的对象，事态调查、索赔理由分析、影响分析、索赔值计算等都针对具体的干扰事件。

确实存在不符合合同或违反合同的干扰事件，它对承包商的工期和成本造成影响。这是事实，有确凿的证据证明。由于合同双方都在进行合同管理，都在对工程施工过程进行监督和跟踪，对索赔事件都应该，也都能够清楚地了解。所以承包商提出的任何索赔，首先必须是真实的。常见的可以提出索赔的干扰事件有：

（1）业主没有按合同规定的要求交付设计资料、设计图纸，使工程延期。例如，推迟交付，提供的设计资料出错等；业主提供的设备和材料不合格，或未在规定的时间内提供。

（2）业主没按合同规定的日期交付施工场地，交付行驶道路，接通水电等，使承包商的施工人员和设备不能进场，工程不能及时开工，延误工期。

（3）工程地质与业主提供的勘探资料不同，出现异常情况，如发现未预见到的地下水，图纸上未标明的管线、古墓、文物或其他有价物品。

（4）合同缺陷，如合同条款不全，错误，或文件之间矛盾、不一致、有二义性，招标文件不完备，业主提供的信息有错误。

（5）工程师指令工程变更，变更工程内容、技术规范等。

（6）由于设计错误，业主和工程师作出错误的指令，提供错误的数据、资料等造成工程修改、报废、返工、停工、窝工等。

（7）业主和工程师没有正确地履行合同义务，或超越合同规定不适当地干扰承包商的施工过程和施工方案，如拖延图纸批准，拖延隐蔽工程验收，不及时下达指令、决定等。

（8）业主要求加快工程进度，指令承包商采取加速措施，其原因是：

1）已发生的工期延长责任完全非承包商引起，业主已认可承包商的工期索赔。

2）实际工期没有拖延，而业主希望工程提前竣工，及早投入使用。

（9）业主没按合同规定的时间和数量支付工程款。

（10）物价大幅度上涨，造成材料价格、人工工资大幅度上涨。

（11）合同基准日期（通常为投标截止日期前28天的当日）之后，国家法令的修改（如提高工资税，提高海关税，颁布新的外汇管制法等），货币贬值，使承包商蒙受损失。

（12）发生业主风险事件，如反常的气候条件、洪水、革命、暴乱、内战、政局变化、战争、经济封锁、禁运、罢工和其他一个有经验的承包商无法预见的任何自然力作用等。

（13）其他，如业主提前使用部分工程引起损失，业主雇用的其他方违约等。

9.2.2 有利的合同条件

索赔是单方面主张权利的要求，需要有合同条件的支持，有合适的理由。索赔要求、处理过程、索赔值的计算方法、解决方法都必须符合合同的规定。不同的合同类型、合同条件，对风险有不同的定义和规定，有不同的赔（补）偿范围、条件和方法，则索赔要求会有不同的合法性，有不同的解决结果。有时索赔还涉及适用于合同关系的法律。

干扰事件是承包商的索赔机会，但它们能否作为索赔事件，承包商能否进行有效的索赔，还要看它们的合同背景，即具体的合同条款，由它判定干扰事件的责任由谁承担，承担什么样的责任，应赔偿多少等。在索赔报告中需要指明索赔要求是按合同的哪一条款提出的。寻找索赔理由主要通过合同分析进行。

承包商要寻找合适的索赔理由，有时不仅要进行深入细致的合同分析，还要有合理和有利的行为相配合。

【案例9-2】在某桥梁工程中，某承包企业按业主提供的地质勘察报告作了施工方案，并投标报价。业主向该承包商发出了中标函。由于该承包商以前曾在本地区进行过桥梁工程的施工，按照以前的经验，他觉得业主提供的地质报告不准确，实际地质条件可能复杂得多，在做详细的施工组织设计时，修改了挖掘方案，为此增加了不少设备和材料费用。结果现场开挖完全证实了他的判断，承包商向业主提出了两种方案费用差别的索赔。但为业主否决，业主的理由是：按合同规定，施工方案是承包商应负的责任，他应保证施工方案的可用性、安全、稳定和效率。承包商变更施工方案是为了履行他的合同义务，不能给予赔偿。

实质上，承包商的这种预见性为业主节约了大量的工期和费用。如果承包商不采取变更措施，施工中出现新的与招标文件不一样的地质条件，此时再变换方案，业主要承担工期延误及与它相关的费用赔偿、原方案和新方案的费用差额，低效率损失等。理由是地质条件是一个有经验的承包商无法预见的。

由于承包商不当行为，使自己处于非常不利的地位。要取得本索赔的成功，承包商在变更施工方案前到现场挖一下，作一个简单的勘察，拿出复杂地质条件的证据，向业主提交报告，并建议作为不可预见的地质情况变更施工方案。则业主需要慎重地考虑这个问题，并作出答复。无论业主同意或不同意变更方案，承包商的索赔地位都十分有利。

这可能也是前述案例 8-2 中承包商没能获得赔偿的原因。

9.2.3 有确凿的证据证明

与律师打官司相似，索赔的成败常常不仅在于事件本身的实情和理由，而且在于承包商能否找到足够的有利于自己的书面证据证明索赔要求。证据不足或没有证据，索赔是不能成立的。证据作为索赔文件的一部分，是对方反索赔攻击的重点之一，关系到索赔的成败。

1. 索赔证据的基本要求

（1）真实性。索赔证据必须是在实际工程过程中产生，完全反映实际情况，能经得住对方的推敲。由于在工程过程中合同双方都在进行合同管理，收集工程资料，所以双方应有相同的证据。使用不实的、虚假的证据是违反商业道德甚至法律的。

（2）全面性。所提供的证据应能说明事件的全过程。索赔报告中所涉及的干扰事件、索赔理由、影响、索赔值等都应有相应的证据，不能零乱和支离破碎，否则业主将退回索赔报告，要求重新补充证据。这会拖延索赔的解决，损害承包商在索赔中的有利地位。

（3）法律证明效力。索赔证据需要有法律证明效力，特别对准备递交仲裁的索赔报告更要注意这一点。

1）证据必须是干扰事件发生当时的书面文件，一切口头承诺、口头协议不算。

2）合同变更协议需要由双方签署，或以会谈纪要的形式确定，且为决定性决议。一切商讨性、意向性的意见或建议不算。有些重要文件需要经各方认可。

3）对现场重大事件、特殊情况的记录应该更为细致、完备，应由工程师签署认可。

（4）及时性。这里包括两方面内容：

1）证据是在合同签订和合同实施过程中产生的，主要为合同资料、工程或其他活动发生时的记录或产生的文件，合同双方信息沟通资料等。除了专门规定外（如按 FIDIC 合同，对工程师口头指令的书面确认），后补的证据通常不容易被认可。

干扰事件发生时，承包商应有同期记录，这对以后提出索赔要求，支持其索赔理由是必要的。而工程师在收到承包商的索赔意向通知后，应对这同期记录进行审查，并可指令承包商保持合理的同期记录。

2）证据作为索赔报告的一部分，一般和索赔报告一起交付工程师和业主。FIDIC 规定，承包商应向工程师递交一份说明索赔款额及提出索赔依据的"详细材料"。

通常，对于报价和详细的成本核算资料属于承包商的商业秘密，不能透露。但在索赔报告中，必须提交详细的计算依据，工程师要为承包商保密。

2. 证据的种类

在索赔中要考虑，工程师、业主、调解人和仲裁人需要哪些证据，哪些证据最能说明问题，最有说服力。这需要有索赔工作经验。通常在干扰事件发生后，承包商可以征求工程师的意见，按工程师的要求收集证据。常见的索赔证据有：

（1）招标文件、合同文本及附件，其他的各种签约（备忘录，修正案、补充说明等），业主认可的工程实施计划，各种工程图纸（包括图纸修改指令），技术规范等。

承包商的报价文件，包括各种工程预算和其他作为报价依据的资料，如环境调查资料、标前会议和澄清会议资料等。

（2）来往信件，如业主的变更指令，各种认可信、通知、对承包商问题的答复信等。这里要注意，商讨性的和意向性的信件通常不能作为变更指令或合同变更文件。

（3）各种会谈纪要。如在标前会议上和在决标前的澄清会议上，业主对承包商问题的书面答复，或双方签署的会谈纪要；在合同实施过程中，业主、工程师和承包商定期会商，作出的书面决议或决定等。但会谈纪要须经各方签署才有法律效力，才可作为合同的补充。通常，会谈后，按会谈结果起草会谈纪要交各方面审查，如有不同意见或反驳须在规定期限内提出，超过这个期限不作答复即被作为认可纪要内容处理。所以，对会谈纪要也要像对待合同一样认真审查，及时答复，及时表达不满。

一般的会谈或谈话单方面的记录，只要对方承认，也能作为证据，但它的证明效力不足。但通过对它的分析可以得到当时讨论的问题，遇到的事件，各方面的观点意见，可以发现干扰事件发生的日期和经过，作为寻找其他证据和分析问题的引导。

（4）施工进度计划和实际施工进度记录。包括总进度计划，开工后业主的工程师批准的详细的进度计划，每月进度修改计划，实际施工进度记录，进度报表等。对索赔有重大影响的，不仅是工程施工顺序、各工序的持续时间，而且还包括劳动力、管理人员、机械设备、现场设施的安排计划和实际情况，材料的采购订货、运输、使用计划和实际消耗等。

（5）施工现场的工程文件，如施工记录、施工备忘录、施工日报、工长或检查员的工作日记等。它们应能全面反映工程施工中的各种情况，如劳动力数量与分布、设备数量与使用（运转、闲置及停工）情况、进度、质量、特殊情况及处理。

（6）工程签证。签证在工程中经常用到，通常是工程师或业主代表对工程中发生的异常情况的确认。签证的种类很多，它们都是索赔的证据。

1）报导性签证。例如出现恶劣的气候条件和地质条件造成现场停工，承包商记录这些情况，让工程师签证确认。这个签证不等于认可索赔，仅是现场的写实性描述。在报导性签证之后仍需要按照合同规定的程序提出索赔要求。

2）工程变更签证，通常是工程师对工程变更起因、状况、变更数量和过程的确认。

（7）工程照片和录像。它们作为证据最清楚和直观，如工程进度的照片、隐蔽工程覆盖前的照片、业主责任造成返工和工程损坏的照片等，照片上应注明日期。

（8）气象报告。如果遇到恶劣的天气，应作记录，并请工程师签证。

（9）各种检查验收报告和各种技术鉴定报告等专业证明文件。工程水文地质勘探报告、土质分析报告、文物和化石的发现记录、地基承载力试验报告、隐蔽工程验收报告、材料试验报告、材料设备开箱验收报告、工程验收报告等。它们能证明承包商的工程质量。

（10）工地的交接记录（如场地平整情况，水、电、路情况等），图纸和各种资料交接记录。工程中送停电，送停水，道路开通和封闭的记录和证明。它们应由工程师签证。

（11）建筑材料和设备的采购、订货、运输、进场，使用方面的记录、凭证和报表等。

（12）市场行情资料，包括市场价格、物价指数、工资指数、汇率等公布材料。

（13）各种会计核算资料。包括工资单、工资报表、工程款账单，各种收付款原始凭证，总分类账、管理费用报表，工程成本报表等。

（14）国家法律、法令、政策文件。如因工资税增加，提出索赔，索赔报告中只需引用文号、条款号即可，而在索赔报告后附上复印件。

9.2.4　有逻辑性

索赔要求必须合情合理，符合实际情况，真实反映由于干扰事件引起的实际损失，采用合理的计算方法和计算基础。承包商在索赔报告中需要证明和强调干扰事件与责任，与合同理由，与施工过程所受到的影响，与承包商所受到的损失，与所提出的索赔要求，与证据之间存在着因果关系，形成一个从前到后的逻辑链（图 9-1）。

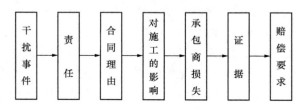

图 9-1　索赔逻辑关系

对方反索赔就是在企图打破这个逻辑链。

9.2.5　双方合作关系

承包商必须圆满地履行合同义务，使业主满意。通常，合同双方关系密切，业主对承包商的工作和工程感到满意，则索赔易于解决；如果双方关系紧张，业主对承包商抱着不信任的甚至是敌对的态度，则索赔难以解决。

9.2.6　其他条件

1. 承包商的工程管理水平

从承包商的角度来说，承包商的工程管理能力，是影响索赔的主要因素。承包商的工程管理中没有失误行为，能全面严格履行合同义务，不违约；有一整套合同监督、跟踪、诊断程序，并严格执行这些程序；有健全有效的文档管理系统；重视索赔，熟悉索赔业务，严格按合同规定的要求和程序提出索赔，有丰富的索赔处理经验，注重索赔策略和方法的研究，则更容易取得索赔的成功。

要取得索赔的成功，需要企业和项目各职能管理部门的支持，最重要的涉及如下方面：

（1）有效的合同管理系统

合同是索赔的依据。索赔是合同管理的一部分，是解决双方合同争议的独特方法。所以，人们常常将索赔称为合同索赔。

1）签订一个有利的合同是索赔成功的前提。索赔的成败、索赔额的大小及解决结果常常取决于合同的完善程度和表达方式。合同有利，则承包商在工程中处于有利地位，无论进行索赔或反索赔都能得心应手，有理有利。合同不利，则形成了承包商的不利地位和败势，往往只能被动挨打，对损失防不胜防，利用索赔（反索赔）进行补救的余地已经很小，常常连一些索赔专家和法律专家也无能为力。

2）在合同分析、合同监督和跟踪中发现索赔机会。

在合同实施过程中，合同管理人员进行合同监督和跟踪，首先保证承包商全面履行合同、不违约，并且监督和跟踪对方合同完成情况，将每日的工程实施情况与合同分析的结果相对照，一经发现两者之间不符合，或在合同实施中出现有争议的问题，就应作进一步的分析，进行索赔处理。这些索赔机会是索赔的起点。

3）合同变更直接作为索赔事件。对业主的变更指令，合同双方签署的变更协议、会议纪要、修正案等，合同管理者不仅要落实这些变更，调整合同实施计划，修改原合同规定的责权利关系，而且要进一步分析合同变更造成的影响，提出合理的索赔要求。

4）合同管理提供索赔所需要的证据。在合同管理中要处理大量的合同资料和工程资料，它们都作为索赔的证据。这依赖日常工作的积累，在于对合同履行的全面控制。

5）处理索赔事件。索赔是一项正常的合同管理业务，日常单项索赔事件由合同管理人员负责处理。由他进行干扰事件分析、影响分析、收集证据、准备索赔报告。对重大的一揽子索赔需要成立专门的索赔小组负责具体工作，合同管理人员在小组中起着主导作用。

（2）高水平的计划和控制体系

从根本上说，索赔是干扰事件造成工程实施过程与预定计划的差异引起的，索赔值的大小常常由这个差异决定，所以计划是干扰事件影响分析的尺度和索赔值计算的基础。

1）通过实际施工状态和施工计划的对比分析发现索赔机会。

在实际施工过程中工程进度的变化，施工顺序、劳动力、机械、材料使用量的变化都可能是干扰事件的影响，进一步的定量分析即可得到索赔值。

2）工期索赔由实际的和计划的关键线路分析得到。

3）提供索赔值计算的计算基础和计算证据。

（3）精细的成本管理工作

在施工项目管理中，成本管理包括工程预算和估价，成本计划、成本核算、成本控制（监督、跟踪、诊断）等。它们都与索赔有密切的联系。

1）工程预算和报价是费用索赔的计算基础。通常，索赔值以合同报价为计算基础和依据，通过分析实际成本和计划成本的差异得到。要取得索赔的成功必须：

①报价费用项目的划分必须详细、合理；报价合理、反映实际，这样可以及时发现索赔机会，方便干扰事件的影响分析，使得索赔的计算准确、索赔要求有根有据。

②由于索赔报告的提出有严格的时限，索赔值必须符合一定的精度要求，所以需要有一个有效的成本核算和成本控制系统。

2）通过对实际成本跟踪和分析寻找和发现索赔机会。成本计划是成本分析的基础，成本分析就是研究计划成本和实际成本的差异以及差异产生的原因。而这些原因常常就是索赔机会。在此基础上进行干扰事件的影响分析和索赔值的计算就十分清楚和方便。

3）索赔需要及时的、准确的、完整的和详细的成本核算和分析资料作为索赔值计算的证据，例如各种会计凭证、财务报表、账单等。

（4）周全的文档管理系统

索赔需要证据，它构成索赔报告的一部分。没有证据或证据不足，索赔是不能成立的。文档管理给索赔及时地、准确地、有条理地提供分析资料和证据，用以证明干扰事件的存在和影响，证明承包商的损失，证明索赔要求的合理性和合法性。

在日常工作中，承包商应注重取得经济活动的证据，需要保持完整的实际工程记录。

现代信息技术的应用能极大地提高信息管理效率，很好地满足索赔的需要。

当然，索赔（反索赔）能力反映承包商的综合管理水平。索赔管理还涉及工程技术、设计、保险、经营、公共关系等各个方面。

2. 承包商积极主动的索赔要求

对干扰事件造成的损失，承包商只有"索"，业主才有可能"赔"，不"索"则不"赔"。如果承包商放弃索赔机会，例如，没有索赔意识，不重视索赔；不精通索赔业务，不会索赔；对索赔缺乏信心，怕得罪业主，损害合作关系，或怕后期合作困难，不敢索赔，则任何业主都不可能主动提出赔偿，工程师也不会提示或主动要求承包商向业主索赔。

按照 FIDIC 合同，如果承包商没有将自己的诉求以索赔的方式递交给工程师，则他可能就无法进一步通过其他方式（如 DAAB 或仲裁）解决争议，就会失去争取自己权益的机会。所以承包商需要有索赔的主动性和积极性：

（1）培养工程管理人员的索赔意识和索赔处理能力，在工程中推行有效的索赔管理；

（2）积极地寻找索赔机会；

（3）一经发现索赔机会，则严格按照索赔程序，及早地提出索赔意向通知，主动报告并请示工程师；

（4）及早提交索赔报告（不必等到索赔有效期截止前）；

（5）在提出索赔要求后，经常与业主，与工程师接触、协商，敦促工程师及早审查索赔报告，业主及早审查和批准索赔报告；

（6）催促业主及早支付赔（补）偿费等。

3. 良好的工程承包市场环境和有成熟的索赔处理机制

业主以及工程师的诚实信用，公正性和管理水平对索赔的成功有重要的影响。如果业主和工程师的信誉好，处理问题比较公正，能实事求是地对待承包商的索赔要求，则索赔比较容易解决；如果业主不讲信誉，办事不公正，则索赔很难解决。虽然承包商有将索赔争议递交仲裁的权利，但仲裁费时、费钱、费精力。大多数索赔数额较小，不值得仲裁。它们的解决只有靠业主、工程师和承包商三方协商。

4. 法律的完备性和严肃性

如果工程法律不完备，人们有法不依，或人们不习惯用法律和合同手段解决工程问题，则索赔是很难得到合理解决的。

9.3　索赔工作程序和索赔报告

对一个（或一些）具体的干扰事件进行索赔涉及许多工作。承包商对待每一个索赔，特别对重大索赔，要像对待一个新项目一样，进行认真详细的分析、计划，有组织、有步骤地工作，提出有说服力的索赔报告。

9.3.1　索赔工作程序

从总体上分析，承包商的索赔工作包括如下两个方面：

（1）承包商与业主和工程师之间涉及索赔的一些事务性工作。

这些工作，以及工作过程通常由合同条件规定，如 FIDIC 合同条件对索赔程序和争议的解决程序有非常详细的和具体的规定。承包商必须严格按照合同规定的程序工作。这是索赔有效的前提条件之一。

（2）承包商为了提出索赔要求和使索赔要求得到合理解决所进行的内部管理工作。它们为索赔的提出和解决服务，需要与合同规定的索赔程序同步进行。同时这些工作又应融合于整个项目管理中，获得项目各职能人员和企业职能部门的支持和帮助。

承包商索赔工作通常可能细分为如下几大步骤：

（1）索赔意向通知。在干扰事件发生后，承包商需要抓住索赔机会迅速作出反应，在合同规定时间内，向工程师递交索赔意向通知。该项通知是承包商就具体的干扰事件向工程师表示索赔的愿望和要求，是保护自己索赔权利的措施。如果超过这个期限，业主有权拒绝承包商的索赔要求。承包商要主动尽早提出索赔要求，而拖延多有不利：

1）可能超过合同规定的索赔有效期。

2）尽早提出索赔意向，对业主和工程师起提醒作用，敦促他们及早采取措施，消除干扰事件的影响，否则承包商有利用业主和工程师过失扩大损失，以增加索赔值之嫌。

3）拖延会使业主和工程师对索赔的合理性产生怀疑，影响承包商的索赔地位。

4）"夜长梦多"，可能会给索赔的解决带来新的波折，如工程中会出现新的问题，对方有充裕的时间进行反索赔等。

5）尽早提出，尽早解决，则能尽早获得赔偿，增强承包商的财务能力。拖延会使许多单项索赔集中起来，带来处理和解决的困难。

（2）在干扰事件发生时，承包商应做好当时记录，以作为他以后准备提出索赔的依据。工程师在收到上述索赔通知后，应对这些记录作审查，并可指令承包商继续做好同期记录。

（3）承包商对索赔的内部处理过程。一经干扰事件发生，承包商就应进行索赔处理，直到正式提交索赔报告，其中包括许多复杂的分析工作（图 9-2）。

1）寻找索赔机会和事态调查。通过对合同实施的跟踪、分析、诊断，发现了索赔机会，则应对它进行详细的调查和跟踪，以了解事件经过、前因后果，掌握事件详细情况。

2）干扰事件原因分析，即分析这些干扰事件是由谁引起的，它的责任该由谁来负担。一般只有非承包商责任的干扰事件才有可能提出索赔。如果干扰事件责任是多方面的，则需要划分各人的责任范围，按责任大小，分担损失。

3）索赔根据分析，即寻找索赔理由，主要指合同条款，需要按合同判明干扰事件是否违约，是否在合同规定的赔（补）偿范围之内。这需要进行全面的合同分析。

4）损失调查，即干扰事件的影响分析。损失调查

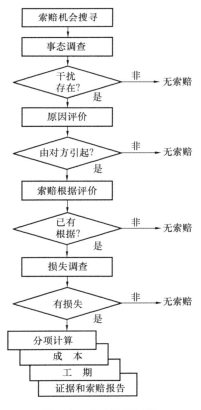

图 9-2　索赔处理过程

229

的重点是收集、分析、对比实际和计划的施工进度，工程成本和费用方面的资料，在此基础上计算工期的延长和费用的增加值。如果干扰事件没有造成损失，则无索赔可言。

5）收集证据。干扰事件一经发生，承包商应按工程师的要求做好并在干扰事件持续期间内保持完整的当时记录。

6）起草索赔报告。索赔报告是上述各项工作的结果和总括。

（4）提交索赔报告。承包商需要在合同规定的时间内向工程师提交索赔报告，否则第一个索赔通知时效将因此失效，承包商因此丧失了索赔的所有权利。

如果干扰事件持续时间长，承包商应按工程师要求的合理时间间隔，提交中间索赔报告（或阶段索赔报告），并于干扰事件影响结束后的规定时间内提交最终索赔报告。

（5）解决索赔。从递交索赔报告到最终获得赔偿的支付是索赔的解决过程。这个阶段工作的重点是，通过谈判，或调解，或仲裁，使索赔得到合理的解决。

1）在承包商提出索赔报告后规定时间内工程师必须对承包商的索赔要求作出答复。对工程师认可的索赔要求（或部分要求），承包商有权在工程进度付款中获得支付。

工程师需要审查分析索赔报告，评价索赔要求的合理性和合法性。如果觉得理由不足，或证据不足，可以要求承包商作出解释，或进一步补充证据，或要求承包商修改索赔要求，工程师作出索赔处理意见，并提交业主。

2）根据工程师的处理意见，业主审查、批准承包商的索赔报告。业主也可能反驳，否定或部分否定承包商的索赔要求。承包商常常需要作进一步的解释和补充证据；工程师也需就处理意见作出说明。

3）三方就索赔的解决进行磋商，达成一致。这里可能有复杂的谈判过程。

如果承包商和业主双方对索赔的解决达不成一致，有一方或双方都不满意工程师的处理意见（或决定），则产生了争议，双方需要按照合同规定的程序解决争议。

9.3.2　索赔报告

1. 索赔报告的基本要求

索赔报告是向对方提出索赔要求的书面文件，是承包商对索赔事件处理的结果。业主的反应（认可或反驳）就是针对索赔报告。工程师、业主、调解人或仲裁人通过索赔报告了解和分析合同实施情况和承包商的索赔要求，评价它的合理性，并据此作出决议。所以索赔报告对索赔的解决有重大影响。索赔报告应充满说服力，合情合理，有根有据，逻辑性强，能说服工程师、业主、调解人和仲裁人，同时它又应是有法律效力的正规的书面文件。

索赔报告如果起草不当，会损害承包商在索赔中的有利地位和条件，使正当的索赔要求得不到应有的妥善解决。起草索赔报告需要实际工作经验，对重大的索赔或一揽子索赔最好在有经验的律师或索赔专家的指导下起草。索赔报告的一般要求有：

（1）索赔事件应是真实的。这是整个索赔的基本要求。这关系到承包商的信誉和索赔的成败，不可含糊，必须保证。如果承包商提出不真实的、不合情理、缺乏根据的索赔要求，工程师会立即拒绝。这还会影响对承包商的信任和以后的索赔。索赔报告中所指出的干扰事件需要有得力的证据来证明。这些证据应附于索赔报告之后。

对索赔事件的叙述必须清楚、明确，不包含任何估计和猜测，也不可用估计和猜测式的语言，诸如"可能""大概""也许"等。这会使索赔要求苍白无力。

（2）责任分析应清楚，准确。一般索赔报告中所针对的干扰事件都是由对方责任引起的，应将责任全部推给对方。不可用含混的字眼和自我批评式的语言，否则会丧失自己在索赔中的有利地位。

（3）在索赔报告中应特别强调如下几点：

1）干扰事件的不可预见性和突然性。即使一个有经验的承包商对它也不可能有预见或准备，对它的发生承包商无法制止，也不能影响。

2）在干扰事件发生后承包商已立即将情况通知了工程师，听取并执行工程师的处理指令；或承包商为了避免和减轻干扰事件的影响和损失尽了最大努力，采取了能够采取的措施。在索赔报告中可以叙述所采取的措施以及它们的效果。

3）由于干扰事件的影响，使承包商的工程过程受到严重干扰，使工期拖延，费用增加。应强调，干扰事件、对方责任、工程受到的影响和索赔值之间有直接的因果关系，形成逻辑链。业主反索赔常常也着眼于否定这个逻辑关系，以否定承包商的索赔要求。

4）承包商的索赔要求应有合同文件的支持，可以直接引用相应合同条款。承包商需要十分准确地选择作为索赔理由的合同条款。

这能使索赔理由更充足，使工程师和业主在感情上易于接受承包商的索赔要求。

（4）索赔报告通常很简洁，条理清楚，各种结论、定义准确，有逻辑性。但索赔证据和索赔值的计算应很详细和精确。如果承包商不能提交详细资料足以证明索赔的全部要求的依据，则他只有权得到索赔中他能证明有依据的部分。

承包商应尽力避免索赔报告中出现用词不当、语法错误、计算错误、打字错误等问题。否则会降低索赔报告的可信度，使人觉得承包商不严肃、轻率或弄虚作假。

（5）用词要婉转。索赔是以利益为原则，而不是以立场为原则，不以辨明是非为目的。承包商追求的是，通过索赔（当然也可以通过其他形式或名目）使自己的损失得到补偿，获得合理的收益。在整个索赔的处理和解决过程中，承包商需要牢牢把握这个方向。由于索赔要求只有最终获得业主、工程师、调解人或仲裁人等的认可才有效，最终获得赔偿才算成功，所以索赔的技巧和策略极为重要，承包商应考虑采用不同的形式、手段，采取各种措施争取索赔的成功，同时又不损害双方的友谊和自己的声誉。

作为承包商，在索赔报告中应避免使用强硬的不友好的抗议式的语言。如不宜用"……你方违反合同条款……，使我方受到严重损害，因此我方提出……"，宜用"请求贵方作出公平合理的调整""请在×合同条款下考虑我方的要求"。不能因为语言损害对方的面子，伤了和气和双方的感情，导致索赔的失败。

在索赔报告中，以及在索赔谈判中应强调干扰事件的不可预见性，强调不可抗力的原因，或应由对方负责的第三方责任，应避免出现对业主代表和工程师当事人个人的指责。

2. 索赔报告的格式和内容

索赔文件通常包括三个部分：

（1）承包商或他的授权人致业主或工程师的信。在信中简要介绍索赔要求、干扰事件经过和索赔理由等。

（2）索赔报告正文。在工程中，对单项索赔，应设计统一格式的索赔报告。这使得索赔处理比较方便。索赔报告的一般格式见表9-1。

索赔报告的一般格式　　　　　　　　　　　　　表 9-1

××项目索赔报告

负责人：	编号：	日期：
题目：		
事件：		
理由：		
影响：		

结论：

成本增加：

工期拖延：

一揽子索赔报告的格式可以比较灵活。不管什么格式的索赔报告，形式可能不同，但实质性的内容相似，一般主要包括：

1）题目。简洁地说明针对什么提出索赔。

2）索赔事件。叙述事件的起因（如业主的变更指令、通知等）、事件经过、事件过程中双方的活动，重点叙述己方按合同所采取的行为（以推卸自己的合同责任）、对方不符合合同的行为或没履行合同义务的情况。要提出事件的时间、地点和事件的结果，并引用报告后面的证据作为证明。

3）理由。总结上述事件，同时引用合同条文或合同变更和补充协议条款，证明对方行为违反合同或对方的要求超出合同规定，造成了该干扰事件，有责任对由此造成的损失作出补（赔）偿。

4）影响。简要说明事件对施工过程的影响，且与上述事件有直接的因果关系。重点围绕由于干扰事件造成成本增加和工期延长，与后面的费用和延误计算又应有对应关系。

5）结论。由于上述事件的影响，造成承包商工期延长和费用增加。通过详细的索赔值的计算（包括工期分析和各费用项目分项计算），提出具体的费用索赔值和工期索赔值。

（3）附件。即该报告所列举事实、理由、影响的证明文件和各种计算基础，计算依据的证明文件。

9.4　干扰事件的影响分析

承包商的索赔要求都表现为一定的具体的索赔值，通常有工期的延长和费用的增加。在索赔报告中需要准确客观地估算干扰事件对工期和成本的影响，定量地提出索赔要求，出具详细的索赔值计算文件。计算文件通常是对方反索赔的攻击重点之一，所以索赔值的计算必须详细、周密，计算方法合情合理，各种计算基础数据有根有据。

但是干扰事件直接影响的是施工过程，造成施工方案、施工进度、劳动力、材料、机械的使用和各种费用支出的变化，最终表现为工期的延长和费用的增加。所以干扰事件对施工过程的影响分析，是索赔值计算的前提。它构成了干扰事件与索赔要求的因果关系和数量关系。只有分析准确、透彻，索赔值计算才能正确、合理。

9.4.1　分析的基础

干扰事件的影响分析基础有两个方面：

1. 干扰事件的实情，即事实根据

承包商可以提出索赔的干扰事件需要符合两个条件：

（1）该干扰事件确实存在，而且事情的经过有详细的具有法律证明效力的书面证据。索赔报告中需要详细地叙述事件的前因后果，在索赔报告后需要附有相应的各种证据。

（2）干扰事件非承包商责任。干扰事件的发生不是由承包商引起的，或承包商对此没有责任。对于工程中因承包商自己或他的分包商等原因造成的损失，应由承包商自己承担，所以在干扰事件的影响分析中应将双方的责任区分开来。

2. 合同依据

合同是索赔的依据，也是索赔值计算的依据。合同中对索赔有专门的规定，需要落实在计算中。这主要有：合同价格的调整条件和方法、工程变更的补偿条件和补偿计算方法、附加工程价格确定方法、业主的合同责任和工期补偿条件等。

例如，某合同规定："合同价格是固定的……承包商不得以任何理由增加合同价格，如市场价格上涨，货币价格浮动，生活费用提高，工资基限提高，调整税法等。"在此范围内，尽管市场物价上涨等干扰事件存在，非承包商责任，承包商的损失也存在，但却不能提出索赔。它们是合同规定的承包商应承担的风险。

9.4.2　干扰事件影响分析的步骤

在实际工程中，干扰事件的影响比较复杂，许多因素、甚至许多干扰事件搅在一起，常常双方都有责任，难以具体分清，在这方面的争议较多。通常可以从对如下三种状态的分析入手，分清各方的责任，分析各干扰事件的实际影响，以准确地计算索赔值。

1. 合同状态（又被称为计划状态或报价状态）分析

合同确定的工期和价格是针对"合同状态"的，即合同签订时的合同条件、环境和实施方案。如果合同条件、工程环境、实施方案等没有变化，承包商应在合同规定的工期内，按合同规定的要求（范围、质量、技术等）完成工程，并得到相应的合同价格。

合同状态分析是不考虑任何干扰事件的影响，重新分析合同签订时的合同状态各要素，分析依据是招标文件和承包商投标文件，包括合同条件、工程范围、工程量清单、规范、施工图纸、施工方案和施工进度计划（包括人力、材料、设备等需要量）、报价文件等。

2. 可能状态分析

可能状态是在合同状态的基础上考虑干扰事件的作用。为了区分各方面责任，这里的干扰事件必须是非承包商责任引起的，而且不在合同规定的承包商应承担的风险范围内，符合合同规定的赔偿条件。仍然引用上述合同状态的分析方法和分析过程，再一次进行工程量核算、网络计划分析，确定这种状态下的劳动力、管理人员、机械设备、材料、工地临时设施和各种附加费用的需要量，最终得到这种状态下的工期和费用。

这种状态实质上是合同状态加上特定干扰事件影响后的可能情况，所以被称为可能状态。即由于这些干扰事件发生，造成工程范围、工程环境、承包商责任或实施方案的变化，使原"合同状态"被打破，应按合同的规定，调整合同工期和价格，形成新的平衡。

3. 实际状态分析

按照实际的工程量、生产效率、人力安排、价格水平、施工方案和施工进度安排等确定实际的工期和费用。这种分析以承包商的实际工程资料为依据。

比较上述三种状态的分析结果可以得到：

（1）实际状态和合同状态结果之差即为工期的实际延长和费用的实际增加量。这里包括所有因素的影响，如业主原因的、承包商原因的、其他外界干扰引起的等。

（2）可能状态和合同状态结果之差即为按合同规定承包商真正有理由提出工期和费用索赔的部分，即为工期和费用的索赔值。

（3）实际状态和可能状态结果之差为承包商自身责任造成的损失和合同规定承包商应承担的风险，通常还包括承包商投标报价失误造成的损失。

【案例 9-3】 某大型路桥工程（见参考文献 13），采用 FIDIC 合同条件。中标合同价7825 万美元。工期 24 个月。工期拖延罚款 95000 美元/天。

1）事态描述。在桥墩开挖中，地质条件异常，淤泥深度比招标文件所述深得多，基岩高程低于设计图纸 3.5m，图纸多次修改。工程结束时，承包商提出 6.5 个月工期和3645 万美元费用索赔。

2）影响分析。业主在反驳承包商的索赔要求时采用了三种状态分析方法。

① 合同状态分析。业主全面分析承包商报价，经详细核算后，承包商的合理报价应为 8350 万美元，工期 24 个月。承包商将报价降低了 525 万美元（即 8350 万－7825 万），这为他在投标时认可的损失，应当由承包商自己承担。

② 可能状态分析。由于复杂的地质条件、修改设计、迟交图纸等原因，造成承包商费用增加，经核算可能状态总成本应为 9874 万美元，工期约为 28 个月（这里不计承包商责任和承包商风险的事件）。

③ 实际状态分析。承包商提出的索赔是在实际总成本和实际总工期分析基础之上的，即实际总成本为 11470 万美元（7825 万＋3645 万），实际工期为 30.5 个月。

3）业主的反索赔：实际状态与可能状态成本之差 1596 万美元（即 11470 万－9874万）为承包商自己管理失误造成的损失，或抬高索赔值造成的，由承包商自己负责。

承包商有权提出的索赔仅为 1524 万美元（9874 万－8350 万）和 4 个月工期索赔。由于承包商在投标时已认可了 525 万美元损失，则仅能赔偿 999 万美元（即 1524 万－525万）。

由于承包商原因造成工期拖延 2.5 个月（即 6.5 月减 4 个月），对此业主可以要求承包商支付误期违约金：

误期赔偿金＝95000 美元/天×76 天＝7220000 美元

4）最终双方达成一致：业主向承包商支付为：

999 万－722 万＝277 万美元

9.4.3　分析的注意点

这种分析方法从总体上将双方的责任区分开来，同时体现了合同精神，比较科学和合理。但分析时应注意：

（1）按照索赔处理方法不同，分析的对象有所不同。在日常的单项索赔中仅需分析与该干扰事件相关的分部分项工程或单位工程的各种状态，而在一揽子索赔（总索赔）中，需要分析整个工程项目的各种状态。

（2）三种状态的分析需要采用相同的分析对象、分析方法、分析过程和分析结果表达形式，如相同格式的表格。这样做的好处有：

1）方便分析结果的对比；

2）方便索赔值的计算；

3）方便对方对索赔报告的审查分析；

4）方便索赔的谈判和最终解决，使谈判人员对干扰事件的影响一目了然。

（3）分析要详细，能区分出各干扰事件、各费用项目、各工程活动（合同事件），这样使用分项法计算索赔值非常方便。

（4）在实际工程中常常会出现混合原因（或责任）的索赔问题。不同种类、不同责任人、不同性质的干扰事件常常搅在一起，如业主违约，同时又有不可抗力事件发生；工程质量问题是设计单位和施工承包单位共同原因引起的等。要提出索赔，就需要能够证明其损失是由于业主原因造成的。有些还有双方共同原因而合同又没有明确规定责任的情况，就需要按照合同解释程序分析确定承担主体。

对这些要准确地计算索赔值，需要将它们的影响区别开来，但常常是很困难的，会带来很大的争议，需要协商解决，有时要提交争议处理。这里特别要注意：

1）各干扰事件的发生和影响之间的逻辑关系（先后顺序关系和因果关系）。

2）这些原因对损失影响的大小，是主要影响还是次要影响。

这样干扰事件的影响分析和索赔值的计算才是合理的。

（5）在工程成本管理中人们经常采用差异分析的方法，这种方法也经常有效地被用在干扰事件的影响分析上。

【案例 9-4】某工程报价中有钢筋混凝土梁 $40m^3$，测算模板 $285m^2$，支模工作内容包括现场运输、安装、拆除、清理、刷油等。

由于发生许多干扰事件，造成人工费的增加。现对人工费索赔分析如下：

1）合同状态分析：

预算支模用工 3.5 小时/m^2，工资单价为 5 美元/小时，则模板报价中人工费为：

$$5 美元/小时×3.5 小时/m^2×285m^2＝4987.5 美元$$

2）实际状态分析：

在实际工程施工中按照工程师计量、用工记录、承包商的工资报表记录：

① 由于工程师指令工程变更，使实际钢筋混凝土梁为 $43m^3$，模板为 $308m^2$；

② 模板小组 12 人共计工作了 12.5 天（每天 8 小时），其中因为等待变更，现场 12 人停工 6 小时；

③ 由于国家政策变化，造成工资上涨到 5.5 美元/小时。

则实际模板工资支出为：

$$5.5 美元/小时×8 小时/（天·人）×12.5 天×12 人＝6600 美元$$

实际状态与合同状态的总差额为：

$$6600 美元－4987.5 美元＝1612.5 美元$$

3）可能状态分析：

由于设计变更、国家政策的变化和等待变更指令属于业主的责任和风险，则

① 设计变更所引起的人工费变化

$$5 美元/小时×3.5 小时/m^2×（308－285）m^2＝402.5 美元$$

② 工资上涨引起的人工费变化

(5.5—5) 美元/小时×3.5 小时/m²×308m²＝539 美元

③ 停工等待变更指令引起的人工费增加

5.5 美元/小时×12 人×6 小时＝396 美元

④ 可能状态人工费增加总额为：

402.5＋539＋396＝1337.5 美元

则承包商有理由提出费用索赔的数量为 1337.5 美元。

4）劳动效率降低是由承包商自己负责，则：

承包商实际使用工时＝8 小时/（工日·人）×12.5 天×12 人－6 小时/人×12 人＝1128 工时

承包商用工超量＝1128 工时－3.5 小时/m²×308m²＝50 小时

相应人工费增量＝5.5 美元/工时×50 工时＝275 美元

复 习 思 考 题

（1）试查阅其他书籍，罗列对"索赔"一词的不同解释，分析它们的差异。

（2）索赔证据有哪些基本要求？

（3）试分析我国施工合同示范文本，列出承包商可以索赔的干扰事件及其理由。

（4）为什么说对一个特定的干扰事件，没有一个预定的统一标准的解决结果？

（5）在索赔的处理过程中，需要项目管理的其他职能人员提供什么样的帮助？

（6）为什么说在工程中应尽力避免一揽子索赔？

（7）试分析 FIDIC 合同的索赔程序。

（8）简述在干扰事件的影响分析中三种状态分析的基本思路。

10 工 期 索 赔

【本章提要】

工期索赔是十分复杂的，不仅需要适宜的工期计划方法和工具、严格工期控制过程、有效的信息管理，而且需要广博的知识和实践经验。本章主要包括：

（1）概述，包括工期索赔的目的、常见的工期延误事件的原因和性质分析。

（2）工期索赔的分析过程，重要影响因素，对工期管理的要求，以及分析的困难。

（3）干扰事件对工程活动的影响分析。

（4）干扰事件对总工期的影响分析。由于在实际工程中采用不同的工期计划和控制方法，又有不同的工期索赔处理方式，延伸出许多种工期索赔计算方法，其计算结果有较大的差异。

最后还讨论了干扰事件重叠影响分析和时差使用权问题。

10.1 工 期 索 赔 概 述

10.1.1 工期索赔的目的

工期延误是工程中的一个常见的现象，由此引起的争议也很多。通常工程延误对合同双方都会造成损失：

（1）业主因工程不能及时交付使用，或投入生产，不能按计划实现投资目的，失去盈利机会，并增加各种管理费的开支。

对已经产生的工期延误，业主通常采用两种解决办法：

1）不采取加速措施，将合同工期顺延，工程施工仍按原定方案和计划实施。则会导致工程的推迟交付和投产，使工程的运行、工程产品进入市场的时间推迟。

2）指令承包商采取加速措施，以全部或部分地弥补已经损失的工期。

为了保证工程按期竣工，业主在合同中会设置严密的进度控制程序条款和误期违约金条款。

（2）因工期延误，承包商增加现场工人工资、机械停置费用、工地管理费和其他费用支出，最终还可能要支付合同规定的误期违约金。所以承包商进行工期索赔的目的通常有：

1）免去或推卸自己对已经产生的工期延长的合同责任，使自己不支付或尽可能少支付误期违约金。

2）进行因工期延误而造成的费用损失的索赔。工期延误费用损失通常都很大。

3）如果工期延误由业主责任引起的，或应由业主承担的风险事件造成的，业主要求承包商加速施工，弥补工期损失，承包商还可以提出因采取加速措施而增加的费用索赔。

10.1.2　工期延误干扰事件的起因

合同工期确定后，非承包商原因的干扰事件影响了工程的关键线路活动，或造成整个工程的停工、拖延，必然会引起总工期的延长。通常有以下几类：

（1）业主没有履行合同义务，导致工期延误。如：

1）业主没有按合同规定提供施工条件，如拖延提供施工场地、施工图纸及技术资料，未办理业主负责的审批手续，未按合同要求及时提供材料、设备、机械等导致停工等。

2）业主逾期支付工程款，经催告后在规定期限内仍不支付，承包商有权暂停施工。

3）业主或工程师未及时履行协助义务（如未及时对隐蔽工程进行验收、未及时安排由其指定分包的单位进场施工），导致工期延误等。

（2）工程变更。如：

1）施工过程中发生设计变更等；

2）业主要求增加工程量或增加新的工程分项；

3）非承包商原因工程师要求暂停施工等。

在工程变更过程中，还可能有等待变更指令、变更工程的施工准备、材料采购、机械设备准备等，引起工期进一步延误。

（3）根据合同约定，应当由业主承担工期延误风险的情形。如：

1）不可抗力事件；

2）由业主的其他承包商、指定分包商原因造成的工期延误；

3）工程设计或勘察资料等技术材料存在重大错误；

4）施工现场条件与合同约定明显不符；

5）非承包商原因停水、停电、停气造成工程停工等；

6）其他非承包商原因导致工期顺延或延长的情形，如政府举办重大活动要求停工等。

10.1.3　工期延误事件的性质分析

工期延误事件的性质由合同规定的责任确定，它又决定了承包商能否获得工期和相关费用的补偿。按照工程承包合同（例如 FIDIC 和我国的施工合同文本），承包商能够获得工期延长和费用补偿权利不同的规定，干扰事件分为如下几类：

（1）允许工期顺延同时承包商又有权提出相关费用索赔的情况。

这类干扰事件是由业主责任引起的，或合同规定应由业主负责的情况。例如：现场遇到不可预见的物质条件、进场道路受阻、地下发现文物或其他有价值物品、施工进度计划因法律改变调整等。

（2）允许工期延长，同时承包商有权获得费用和利润补偿的情况。这类干扰事件主要是由于业主违约和工程变更等引起的，如业主不能及时地发布图纸和指令，没能及时支付工程款等。

（3）允许工期顺延，但承包商无权提出与工期相关的费用索赔的情况。既非业主责任，又非承包商责任的延误属于这一类，如恶劣的气候条件、政府行为、不可抗力事件等引起的延误。

（4）承包商自身责任的拖延，属于不可原谅的延误，不能要求工期延长，也不能要求费用补偿。如承包商施工组织不当、设备或材料准备不充分、工程质量问题造成的返工等。

10.2 工期索赔的分析过程

10.2.1 工期索赔分析的基本思路

工期索赔只有在总工期发生延误时，承包商才有可能得到补偿，因此要分析干扰事件对总工期的影响。工期索赔值一般可通过原网络计划与可能状态的网络计划对比得到，分析的重点是两种状态的关键线路。

分析的基本思路为：假设工程施工一直按原网络计划确定的施工顺序和进度进行。由于发生了一个或若干个干扰事件，使网络计划中的某个或某些活动受到干扰，如持续时间延长，或活动之间逻辑关系变化，或新的活动增加。将这些活动受干扰后的持续时间引入网络计划中，重新进行网络计划分析，得到一新工期。新工期与原工期之差即为干扰事件对总工期的影响，即为工期索赔值。通常，如果受干扰的活动在关键线路上，该活动的持续时间的延长即为总工期的延长值。如果该活动在非关键线路上，受干扰后仍在非关键线路上，则这个干扰事件对总工期无影响，就不能提出工期索赔。

干扰后的网络计划又作为新的实施计划，如果有新的干扰事件发生，则在此基础上可进行新一轮分析，提出新的工期索赔。

这样，在工程实施过程中进度计划是动态的，不断地被调整。而干扰事件引起的工期索赔也可以随之同步进行。

从上述讨论可见，工期索赔值的分析有两个主要步骤：

（1）确定干扰事件对工程活动的影响。即确定由于干扰事件发生，使与之相关的工程活动持续时间和逻辑关系等所产生的变化。

（2）由于工程活动的变化，对总工期产生的影响。这需要采用一定的分析技术，计算出干扰事件造成总工期（进度）的延误，这即为干扰事件的工期索赔值。

10.2.2 工期延误计算的主要影响因素

工期延误的计算受许多因素的影响。

（1）计划的工程活动持续时间和总工期。包括：

1）决定各工程活动持续时间的因素，如工程量、实施技术和方法、劳动组织、环境和现场条件、材料设备供应、工具、作业（工序）流程安排、其他方配合工作等。

2）总工期计划。如在承包商投标文件中的总工期计划，在合同签订后提交的并经工程师同意的详细的进度计划，以及在工程中业主、工程师和承包商共同商定调整的进度计划。

总工期是在确定各个工程活动持续时间和逻辑关系基础上，经过网络计划分析得到的。

（2）实际工程活动受干扰事件影响的资料。干扰事件的实际影响可以从施工日志、工程进度表、进度报告、进度调整计划、签证、会谈纪要、来往信件等分析出来。

不同的干扰事件，对工程的影响面是不同的，可以分为如下层次：

1）干扰事件仅影响网络计划中的一项工程活动（包括作业工序）。

2）干扰事件影响某专业工程的系列活动，常常分布在网络计划的一条线路上。

3）干扰事件影响某区段（单位工程、单项工程），常常体现在一个子网络上。

4）干扰事件影响整个工程，造成整个工程实施的中断。

（3）工期计划和控制的方法和过程。如是否采用网络计划方法，或采用哪种网络计划方法，以及是否随工程进展不断调整网络计划等。

（4）工期索赔的处理方式。一般而言，有如下工期索赔处理方式：

1）编制了详细的进度计划，并且随工程进展不断调整进度计划。只要发生干扰事件引起工期延误就提出索赔，及时对因干扰事件的实际影响进行分析，并尽快处理。

2）编制了详细的进度计划，在工程过程中，当事人专注于工程施工，要求承包商在工程过程中提出索赔要求，保持各种记录，在工程竣工前后一并处理。

3）初始计划不是很详细，在工程过程中也没有详细记录，在工程竣工前后一揽子处理工期索赔问题等。这种情况在我国工程中比较常见。

4）对干扰事件的处理方式，如业主指令停工10天，可能是整个现场直接停工，也可能在这个10天中承包商调整计划，局部断断续续施工。并且停工期间需要做一些未完工程的处理，停工后再开工，需要准备、清除干扰事件的后果等。

10.2.3　对工期管理的基本要求

要科学地分析出干扰事件对总工期的影响，准确地计算工期索赔值，不仅需要科学的工期延误分析方法，而且对工程项目管理提出了很高的要求，需要严密的工期管理体系，使工期计划和控制形成一个持续渐进的过程。按照现代工程承包合同的要求，业主（工程师）和承包商的进度管理应该达到如下要求：

（1）承包商的投标文件、中标后的进度（实施）计划，以及工程中各阶段调整的进度计划都要是准确的。特别是，中标后承包商应提供详细的进度计划，应注明实施工程的方法和顺序，明确活动的逻辑关系和时差，双方要一致认可这个工期计划。

最好用单代号搭接网络编制工期计划，能够明确显示活动之间的逻辑关系，并且网络计划和施工实施方案能够互为参照，保证一致性。

（2）确保工程进度的有效控制。在施工过程中，应进行持续、严格的进度控制，按照双方约定的形式保存记录，实时跟踪和调整。合同参与方都应遵守合同中关于通知、答复，以及干扰事件评估的程序性要求。

1）不断记录各工作的实际开始和结束时间，实际完成的工程量（实际进度），逻辑关系、工法和工序的变化，采取的补救或赶工措施，及批准的工期顺延。

实际的施工进度计划可以用横道图表示，记录每个工序的实际开始和结束时间。

2）每月底提交本月的月报，详细说明本月各工作的实际进度，包括已完工程和未完工程的百分比，以及本月的计划和实际工作的对比，本期工期变化情况。

（3）进度计划应不断更新。通常，根据工程实际进度承包商至少每月更新一次进度计划，月底提交下月度详细的计划，应包括原计划安排和新的计划安排，预测下月所有合同内的工作以及新的附加工作所消耗的时间、工作的暂停时间等。这实质上是一个更新后的进度计划。

（4）当出现施工工期变更时，需要记录工期变更的原因、责任、影响量等详细信息，事先确定对进度计划的必要修改和变更需要延长的工期。此时，承包商应及时提交工期顺延的申请，工程师及时做出评估，双方一致确定工期顺延量，这样形成新的合同竣工工期。

在导致工期延长的干扰事件发生后，合同双方尽可能快地进行处理，给出清晰而又确定的工期延长处理结果，而不是在干扰事件的影响全部结束后再进行处理。

这样，可以确保进度计划的执行、工程变更与工期索赔同步进行。

如果工程延误的责任不能及时确定，工程师有可能指令加速施工，或承包商有可能采取赶工措施，这些情况都可能导致推定加速变更，会使索赔的处理更加复杂。

（5）工程竣工时，提供完整的竣工报告，应包括进度计划的执行和调整情况、工期延误的处理情况的说明，对尚没有解决的工期索赔提出最终处理要求。

10.2.4　工期延误分析的困难

虽然在工程项目管理中对工期计划和控制有比较完备的程序和方法，在国际上对干扰事件的工期影响分析和计算有一些准则和计算方法[①]，但工期索赔在国内外工程中都存在很大的困难和很多问题，准确分析和计算的难度很大，其主要原因是：

（1）上述工期管理的基本要求是一种理想状态，很难在工程中完全遵守。在我国，虽然工程项目管理方法和工具已经被人们所掌握，计算机程序（如网络计划程序）也很成熟和普及，但尚不能在工程中得到有效应用。大部分工程的施工管理还是比较粗放的，施工计划的精细程度、工期计划和控制方法都达不到这样的要求。"计划没有变化快"仍然是比较普遍的现象。

（2）通常，在风险事件发生后承包商及时提出工期延长的要求是有可能的，但要及时处理且双方达成一致意见，常常是比较困难的。

1）工期延误的影响常常无法很快估算出结果。通常在事件发生时做初步评估，预测风险事件所造成的全部影响，先批准部分工期顺延，然后再根据干扰事件所展现出的实际影响，适当增加新的工期延长。最终工期延误值需要等到影响结束才能确定。

根据风险事件发生时对工期的影响进行评估，确定延误天数和补偿可能会较高。在大多数情况下，工程虽有延误但并不会全面停工，因此导致的实际延误难以界定。

2）双方要忙于工程实施，来不及处理索赔事宜。工期计划每月都要进行调整（变更），不能一旦出现了不一致的情况就提交争议解决。如果处理索赔和争议会影响正常的工程施工，就违背了工程合同的基本原则。

3）在工期纠纷处理中，需要延误分析技术和详细的证明资料，需要有经验的人员进行评估，而承包商往往对导致工期延长的原因能够提供证据证明，但很难提供对延误的影响过程和具体程度。所以，即使工期延误的原因和责任明确，但影响分析常常却是很困难的。如业主提供图纸拖延，承包商有权利停工，但实际可能仅仅做些调整，如局部停工，或低效率施工，尽可能缩小影响范围；或者业主的干扰事件表面上仅仅影响部分工程活动，但可能后期影响还会延续和扩散。所以当时很难界定影响范围和影响量，双方会有很多分歧。

（3）工期延误原因和影响的复杂性。造成工期延误的原因众多，既有业主原因也有承包商原因，形成双方责任的共同延误。在共同延误情况下，要具体分析哪一种情况的延误是有效的，要分离各方工期延误责任承担量和造成的具体损失是很难的。

---

① 英国工程法学会推荐的《工期迟延与干扰索赔分析准则》（Delay and Disruption Protocol）逐渐被国际工程领域作为工期管理和展延分析应用的一种准技术标准。

例如在多个工序交叉施工情况下，某一工程变更或某一主材迟延提供对总工期的影响，需要结合其他同时进行的工程活动的情况判断，这需要熟悉现场情况，需要大量的证据资料。

（4）工期补偿的原则存在矛盾。

1）按照赔偿实际损失原则，工期索赔应该由干扰事件引起的整个工程的最终实际延误决定，而这只有在该干扰事件结束或工程竣工后才能评估，或判断最终的实际影响。但现在工程合同（及工期延误的处理准则）要求，工期延长申请应当在引起该延误事件发生后尽快地提出和处理，不能等到风险事件对工程的全部影响结束后再对承包商的工期延长申请做出处理，且一旦批准工期延长就不能撤回。这些要求是相互矛盾的。

2）承包商工期延长的权利与工程的实际影响量之间存在不一致性。按照工程合同中工期延长的相关条款，承包商有权利延长工期，但承包商不一定使用或足额使用这个权利，以及承包商还可以采取措施降低干扰事件的影响。这既是他的权利，又是他的责任。如施工现场因为政府活动交通要封闭 10 天，承包商可以提出 10 天工期索赔，但承包商事先得到信息，可以在施工现场储备材料，修改施工安排，做一些受交通运输影响较小的工作；又如，业主拖延工程款支付 2 个月，承包商有权暂停工程施工，提出工期索赔，但承包商并没有停工，或没有全部停工。

所以，许多工程在结束时，承包商有理由提出的工期索赔的累计值远远高于最终的实际延误量（如案例 14-6）。如果"申请尽快提出"，且"批准后就不能撤回"，既缺少处理的柔性，又不符合实际情况，更重要的是可能对业主也是不公平的。

较好的处理办法是，工程师在初步评估时对干扰事件的全部影响不需要（也不能）完全准确测算，应当基于当时可以获得的信息做出合理预期，批准工期延长暂定值；如果没有必要的信息做决定，只能批准最短的工期延长量。每隔一段时间再考量一下阶段的工期延长量，最后再按照实际情况适当调整。

（5）在我国，工期索赔的提出在工程过程中，但处理往往在工程竣工前后，这样许多干扰事件（业主责任的和承包商责任的）相互影响，形成最终延误，这需要合理分配延误责任、运用科学合理的方法计算延误天数，同时还要对相关证据进行保存和甄别。而在大部分工程中，项目管理的精细化程度还远远达不到这个要求，无法提供分析所需要的信息。

10.3　干扰事件对工程活动的影响分析

在进行总体网络计划分析前，需要先确定干扰事件对工程活动持续时间的影响。

由于实际情况千变万化，干扰事件也是形式多样，难以一一描述，下面就干扰事件引起常见的几类工程活动的变化，介绍其分析方法。其中所举的一些例子，有特定的合同背景和环境，仅作为参考。

1. 工程活动开始时间的拖延

在工程中，业主推迟提供设计图纸、建筑场地、行驶道路等，会造成一些工程活动的开始时间的推迟，影响某些专业工程、区段，甚至整个工程的工期。

如果这些活动直接影响整个工程的开工，则实际推迟天数可直接作为工期延长天数，即为工期索赔天数。一般用现场实际的记录作为证据。

【案例10-1】在某承包工程中，承包商总承包该工程的全部设计和施工。合同规定，业主应于1987年2月中旬前向承包商提供全部设计资料。该工程主要结构设计部分约占75％，其他轻型结构和辅助设计部分约占25％。

在合同实施过程中，业主在1987年9月至1987年12月间才陆续将主要结构设计资料交付齐全；其余的结构设计资料，在1988年3月到1988年7月底才陆续交付齐全。这以设计资料交接表及附属的资料交接手续为证据。

对此，承包商提出工期拖延索赔：主要结构设计资料的提供期可以取1987年9月初至12月底的中值，即为1987年10月中旬。其他结构设计资料的提供期可以取1988年3月初至7月底的中值，即1988年5月中旬。

综合这两方面，以平衡点作为全部设计资料的提供期（图10-1）。

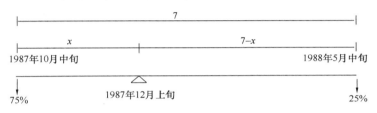

图 10-1 图纸拖延对工期的影响分析

在图10-1中，1987年10月中旬至1988年5月中旬为7个月。

$$x \times 75\% = (7 - x) \times 25\%$$

$$x = 1.75 \text{ 个月}$$

则全部设计资料的提供期应为1987年12月上旬，即1987年10月中旬向后推1.75个月。由于设计资料延缓干扰造成工期延长的索赔值约为9.5个月，即由1987年2月中旬拖延至1987年12月上旬。

案例分析：该案例中索赔值的计算方法，表面上看是公平的，但在有些情况下不尽合理。因为在计算中没有考虑设计资料对设计工作的实际影响。这里有如下几种情况：

（1）如果设计资料未按设计工作进程提供，即需要等设计资料齐备后，才能进行设计工作，则主要结构的设计开始期应为1987年12月。同样，其余结构的设计开始期应为1988年7月底。

（2）如果设计资料完全按设计工作进程提供，则开始提供设计资料后，即可开始设计工作，则主要结构的设计开始期应为1987年9月。

（3）其他轻型结构和零星工程的施工很迟，而且它们有独立性，这些设计工作推迟，并不影响施工进度，所以不应考虑它对总工期的影响。

2. 工程活动持续时间的延长

通常，工程量增加超过合同规定的承包商应承担的风险范围，可以进行工期索赔。可以按工程量增加的比例同步延长所涉及的网络计划活动的持续时间。

【案例10-2】某工程中，原合同规定两阶段施工，工期为：土建工程21个月，安装工程12个月。现以一定量的劳动力需要量作为相对单位，则合同所规定的土建工程量可折算为 310 个相对单位,安装工程量折算为 70 个相对单位。

合同规定,在工程量增减 10% 的范围内作为承包商的工期风险,不能要求工期补偿。

在施工过程中,土建和安装各分项工程的工程量都有较大幅度的增加,同时又有许多附加工程。实际土建工程量增加到 430 个相对单位,实际安装工程量增加到 117 个相对单位。对此,承包商提出工期索赔:

考虑到工程量增加 10% 作为承包商的风险,则

土建工程量应为:$310 \times 1.1 = 341$ 相对单位,

安装工程量应为:$70 \times 1.1 = 77$ 相对单位。

由于工程量增加造成工期延长为:

土建工程工期延长 $= 21 \times (430/341 - 1) = 5.5$ 个月

安装工程工期延长 $= 12 \times (117/77 - 1) = 6.2$ 个月

则,总工期索赔 $= 5.5 + 6.2 = 11.7$ 个月

这里将原计划工程量增加 10% 作为计算基数,一方面考虑到合同规定的风险,另一方面由于工程量的增加,工作效率会有所提高。

这不是对工程变更引起工期延长的精细分析,而是基于合同总工期计划上的匡算。

3. 增加新的工程活动

业主指令增加新的附加工程,即增加合同中未包括的,但又在合同规定范围内的新的工程分项。这需要增加新的网络计划活动。在这里要确定:

(1) 新活动的持续时间。

(2) 新活动与其他活动之间的逻辑关系,以及新活动的开始时间。

这可以由合同双方商讨或签订新的附加协议确定。

4. 工程活动之间逻辑关系的变化

业主指令变更施工次序会引起网络计划中活动之间逻辑关系的变化。对此,需要调整网络计划结构。它的实际影响可由新旧两个网络计划的对比分析得到。

在实际工程中,逻辑关系的变化对总工期的影响是很难计算的。

5. 工程活动中断

对业主责任造成的局部工程停工、返工、窝工、等待变更指令等事件,可以根据工程师签字认可的实际工程记录,延长相应网络计划活动的持续时间。

对由于恶劣气候条件或其他不可抗力因素造成的工程活动暂时中断,或业主指令停止部分工程施工,使活动持续时间延长,一般按工程活动实际停滞时间,即从停工到重新开工这段时间计算。

如果干扰事件还有其他不利的后果需要处理,索赔值还要加上清除后果需要的时间。

6. 其他影响分析

在实际工作中,工程变更的实际影响往往远大于上述分析的结果。如恶劣的气候条件造成工地混乱,需要在开工前清理场地,有时需要重新招雇工人,组织施工,重新安装和检修施工机械设备;工程变更还涉及等待变更指令,变更的实施准备,材料采购、人员组织、机械设备的准备,以及对其他工程活动的影响。在这些情况下,应以工程师填写或签证的现场实际工程活动记录作为证据。

10.4 总工期延误的计算方法

在确定干扰事件对工程活动影响的基础上，即可计算干扰事件对整个工期的影响，即工期索赔值。在这个过程中，选择恰当的工期延误分析方法，将有利于厘清工期延误的责任，合理计算延误的时间，使工期索赔要求具有科学性和说服力。工期延误的分析方法通常与工程所采用的工期计划和控制方法有关，在实际工程中通常可以采用如下分析方法。

10.4.1 网络计划分析方法

网络计划分析方法是通过分析干扰事件发生前后的网络计划，比较两种工期计算结果，确定索赔值。它是基于对计划进度网络图、调整的计划进度网络图、实际进度网络图等进行分析计算得到的。通常，在计划状态的基础上，将承包商责任的和业主责任的干扰事件区分开来，分别加载，得到实际状态的工期、可能状态的工期，就可以分别得到承包商有权提出的工期索赔值和自己应承担的部分。

采用网络分析方法，由于工期计划和控制、工期索赔的处理方式不同，又有很多种工期延误分析方法，在国际工程中有不同的名称，如计划影响分析法、时间影响分析法、实际工期与计划工期对比法、影响事件剔除分析法、视窗延误分析法、独立延误类型法等。下面就以一个案例简要介绍分析的大致思路。

例如，某工程的主要活动的实施计划由图 10-2（a）的网络计划给出，经网络计划分析，计划工期 22 周，由它所确定的时标网络如图 10-2（b）所示。

在合同实施过程中受到干扰，使工程活动发生了如下变化：

（1）因承包商原因，活动 L14 的开始时间拖延 2 周；

（2）因业主原因，活动 L25 的工期延长 2 周，即实际工期为 6 周；

（3）由于业主原因，活动 L46 的工期延长 4 周，即实际工期为 10 周；

（4）增加活动 L78，持续时间为 6 周，L78 在 L13 结束后开始，在 L89 开始前结束；

（5）因承包商自身原因使工程活动 L89 延长 1 周。

最终实际工期计划执行情况如图 10-3 所示，其总工期为 27 周，比原计划延长 5 周。

对此，如果实践中采用不同的工期控制方法和过程，使用不同的网络分析方法，工期延误索赔就会得到不同的结果。

方法 1：如果在工程开始时就编制进度计划，整个工程过程中一直采用网络计划进行工期控制，而且在干扰事件发生时及时更新网络计划，则干扰事件影响的次序为：

（1）承包商对 L14 的干扰先发生，但推迟 2 周仅占用了 L14 的时差，不影响总工期，但使 L14、L46 成为关键线路；

（2）L25 受到业主干扰延长 2 周，它在关键线路上，承包商有权延长总工期 2 周；且由于 L25 延长，使 L46 又成为非关键线路活动，有 2 周时差；

（3）第 6 周，业主指令增加活动 L78，它的紧后活动是 L89，也不影响总工期；

（4）业主干扰使 L46 延长 4 周，它又成为关键线路活动，引起总工期延长 2 周，则承包商有权提出 2 周工期索赔；

（5）第 22 周，承包商自身责任引起 L89 延误 1 周，属于"不可原谅延误"，工期不得顺延。

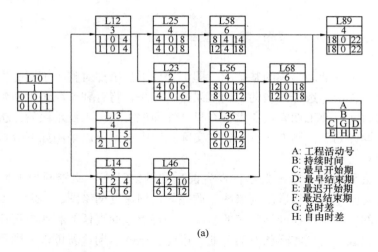

(a)

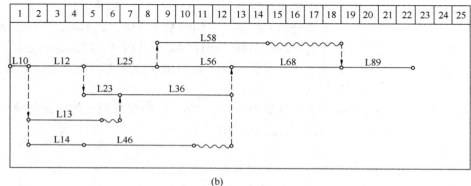

(b)

图 10-2 某工程原工期计划

（a）原工期计划网络图；（b）原工期计划时标网络图

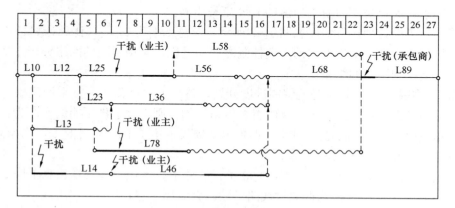

图 10-3 实际工期计划执行情况

这样，承包商有理由提出工期延误的索赔仅为 4 周。

这是一种科学的、合理的分析方法，适用于各种干扰事件的工期索赔，可以准确地计算各个干扰事件对竣工日期的影响。但它以采用计算机网络分析技术进行工期的计划和控制，需要经常性更新关键线路，需要及时处理工期索赔事件，有较为完整的同期记录，否则分析极为困难，甚至不可能。这对工程管理精细化提出了更高的要求。

方法2：如果在开工时做了一个初始工期计划（图10-2），而在工程实施过程中没有及时调整，在每个干扰事件发生时，分别依据原初始网络计划提出索赔要求。通过将业主责任的各个干扰事件的延误时间简单相加得出承包商应索赔的工期。则：

（1）L14的总时差是2周，承包商拖延2周开始不影响总工期，但它用完了该线路上的时差；

（2）由于活动L25在关键线路上，工期延长2周，承包商有权顺延总工期2周；

（3）活动L46工期延长4周，由于它的紧前活动L14用完了线路上的时差，已经处于关键线路上，则承包商有权顺延总工期4周。

则承包商有理由提出索赔的工期延误为6周。

这种方法快速简单，理由充分，在工期索赔中应用也比较广泛。

但通过上面这个案例分析，它的问题也是很明显的：忽略了在多关键线路情况下干扰事件之间的重叠影响，导致计算结果偏大。如由于L25延长2周，L46就由时差为0变为时差为2周，它再延长4周，对总工期的影响仅2周。这导致承包商"有理由"提出的工期索赔值累计还大于总工期的实际延误量。

方法3：如果开工时没有编制详细的进度计划，或实际施工过程变化很大，初始进度计划已经没有很大的可比性，在施工中没有定期对进度计划进行更新，但工程实施过程记录和竣工资料比较可靠，可以采用干扰事件剔除法分析。其分析过程如下：

（1）按照工程实施情况记录，编制实际进度（竣工）计划。它反映进度的"实际状态"，显示各工程活动的实际开始和结束时间，以及它们的逻辑关系（图10-3）。

（2）以此实际进度计划为基础，将业主责任的干扰事件排除。这需要逐一分析承包商责任的干扰事件对相关工程活动持续时间的影响，计算出"无业主干扰状态"下的持续时间。

如图10-4所示，L25实际持续时间为6周，其中业主干扰为2周，则还原为4周。

（3）通过重新计算得到新的计划竣工日期。它包括了承包商自身责任引起的延误的影响（图10-4），与原初始进度计划确定的日期（图10-2）又是不一致的。

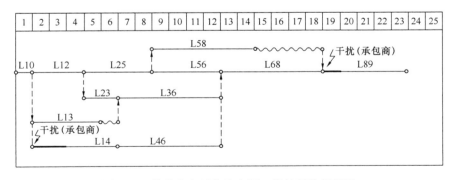

图10-4　排除业主干扰的实际工期计划执行情况

（4）实际竣工日期与新的竣工日期之差即为业主责任造成的延误时间，即承包商有权要求工期的延长值。即：

承包商有权要求工期顺延量＝27 周－23 周＝4 周

这种方法特别适合于在竣工后承包商和业主发生争议，需要对进度计划和实际进度进行追溯分析的情况。如果对实施过程的回溯是准确的，则这种方法的计算结果还是比较真实地反映实际情况的。

在采用仲裁方式解决工期争议中，常常采用这种方法。它的主要缺点是：需要保持工程现场的详细记录（活动内容、持续时间、逻辑关系、干扰事件的影响等），需要在竣工后对工程的实施状况进行回溯分析，需要做出假设，有一定的事后主观性。

方法 4：如果开工时编制了详细的进度计划，在施工中没有定期对进度计划进行更新，但工程实施过程记录和竣工资料比较可靠，可以采用剔除承包商责任事件的方法进行分析，以确定工期索赔值。其分析过程与上面方法 3 相似，得到"可能状态"的竣工时间为 24 周（图 10-5）。则：

承包商有理由提出工期索赔值＝可能状态竣工时间－计划状态竣工时间

＝24 周－22 周＝2 周

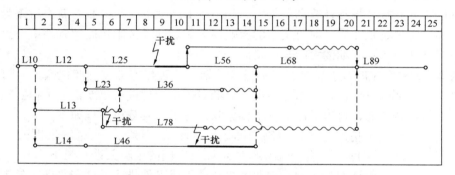

图 10-5　排除承包商责任的实际工期计划（可能状态）执行情况

方法 5：通常施工项目可以分解成几个阶段，如施工准备、基础工程、主体结构工程、装饰工程和安装工程等。在施工中，近期进度计划是比较准确的，而远期计划是粗略的，则可以先分析干扰事件对工程特定阶段的影响，再分析对总工期的影响。其分析过程如下：

（1）将整个工程划分为多个时间区段，通常按照里程碑事件或重大变更的发生以及重要延误事件的发生进行划分。

（2）分析干扰事件对该阶段的影响。即针对本阶段，将加上干扰事件影响的更新的进度计划与原计划比较，则：

该阶段的工期延误＝更新进度计划的完工日期－原计划完工日期

双方就此达成一致意见，并按此方法依次确定各个阶段的延误。

（3）最后将各个阶段的工期延误进行合并分析，确定总工期的延误。

有些工程分为许多相对独立的区段，也可以采用类似的方法进行分析。

实际上，这种分析方法更符合在工程实践中进度计划的渐进性特点，可以与其他方法综合运用。

从上述分析可见，采用网络计划技术进行分析，就是以实际竣工日期、合同规定竣工日期、承包商责任和风险引起的拖延、业主责任和风险引起的拖延四个参数之间进行比较。但采用不同的参数进行比较，得到的结果是不同的，其主要原因是存在着对干扰事件的重叠影响和时差的使用权的不同处理方法。

上述各种网络计划分析方法都存在一定的局限性。

10.4.2　比例计算法

比例计算法属于对比分析法。在实际工程中，干扰事件常常仅影响某些单项工程、单位工程或分部分项工程的工期，要分析它们对总工期的影响，可以采用更为简单的比例分析方法。

1. 以合同价所占比例计算

如对于附加工程，一般可以用工程费用增加占合同总价的比例来确定工期的延长量。

【案例10-3】某工程合同总价380万元，总工期15个月。现业主指令增加附加工程的价格为76万元，则承包商提出：

$$总工期索赔＝原合同总工期×附加工程或新增工程量价格/原合同总价$$
$$＝15个月×76万/380万＝3个月$$

又如，部分工程（单项工程或区段）的工期延误，可以按照合同价的比例计算其对总工期的影响。

【案例10-4】在某工程施工中，业主推迟了对办公楼工程基础设计图纸的批准，使该单项工程延期10周。该单项工程合同价为80万美元，而整个工程合同总价为400万美元。则承包商提出工期索赔为：

$$总工期索赔＝受干扰部分工程的工期拖延量×该部分合同价/整个工程合同总价$$
$$＝10周×80万/400万＝2周$$

2. 根据工程量所占比例推算

$$延误天数＝计划工期×（新增工程量/计划工程量）$$

比例分析方法有如下特点：

（1）计算简单、方便，不需作复杂的网络计划分析，容易掌握和使用，易于理解和接受，适用于工期延误原因比较单一，仅发生了业主单方责任延误的情况，所以，在工程实践中用得也比较多。

（2）分析结果不符合实际情况，不太合理，也不太科学。它无法区分关键线路，无法考虑时差。从网络计划分析可以看到，关键线路活动的任何延长，即为总工期的延长；而非关键线路活动延长常常对总工期没有影响。所以有时工程造价或工程量变更也不一定导致工期延长，不能统一以合同价格比例折算。

（3）对有些情况不适用，例如业主变更工程施工次序，业主指令采取加速措施，业主指令删减工程量或部分工程等，如果仍用这种方法，会得到错误的结果。所以，它不能用于处理一些复杂的工期索赔事件。

（4）如果在施工过程中工程量和价款发生了重大变化，或施工方法和条件有很大的差异，采用比例计算就会有大的误差。

（5）由于合同工期和价格是在合同签订前确定的，承包商有一个合理的做标期和施工准备期，而在工程过程中发生工程变更，可能会造成施工现场的停工、返工，计划要重新修改，要增加或重新安排劳动力、材料和设备，会引起施工现场的混乱和低效率。这使得工程变更的实际影响比按比例法计算的结果要大得多。这方面的影响补偿要求的处理不确定性较大，常常需要详细的施工现场记录证明。

10.4.3　其他方法

（1）直接法，即按实际工期延长记录确定补偿天数。这通常适用于一些简单的情况，如发生了停水、停电、极端天气等意外风险事件导致整个工程停工，可以按照现场记录确定干扰事件引起的延误天数，相加便可作为总工期的延误天数。

（2）在干扰事件发生前由双方商讨，在变更协议中直接确定补偿天数由承包商"包干"。这要在事前对干扰事件的工期影响有比较准确的分析判断，否则"商定"的工期补偿可能与实际情况不符。

协议加记录法，即将上述两种方法结合起来。在干扰事件发生前，经过双方协商约定补偿天数，再结合施工日志等现场资料中记载的干扰事件实际影响，双方商讨确定延误天数。这可能更符合实际情况。

10.4.4　干扰事件的重叠影响分析

干扰事件的重叠影响有两种情况：

1. 不同干扰事件工期索赔之间的影响

从上面网络计划分析案例中，可以看到工期索赔之间可能存在重叠影响。例如在前述采用"方法2"的计算结果较大，主要是 L25 和 L46 分别受到不同的干扰事件影响。L25 先受到干扰，需要延长 2 周。由于在干扰前和干扰后它都处于关键线路上，所以总工期延长至 25 周，即工期索赔 2 周。此后在第 7 周初 L46 才开始，这时它也受到干扰延长 4 周。由于它原来有 2 周时差，现 L25 延长 2 周又给它增加 2 周时差，它也成为关键线路活动。则它们的共同实际影响仅为 2 周。

这种现象在原工期网络计划中存在多关键线路情况下更为突出。

2. 不同类型和责任主体的干扰事件相继发生，形成共同影响

在实际工程中，引起工期拖延的干扰事件的持续时间可能比较长，可能使不同责任主体和不同性质的干扰事件相继发生，相互重叠。这种重叠给工期索赔和由此引起的费用索赔的解决带来许多困难，也容易引起争议。

例如，在施工过程中发生两个干扰事件：业主责任延误（如图纸拖延）从 5 月 1 日到 5 月 25 日，从 5 月 15 日开始承包商责任延误直到 6 月 10 日（图 10-6），形成不同主体责任的干扰事件的共同影响。

对此，国内外还没有成熟的解决办法和计算方法，人们曾提出不少处理这类问题的原则。主要处理方式有如下几种：

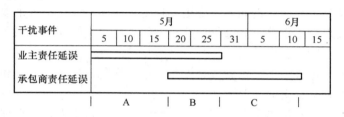

图 10-6　业主、承包商共同原因延误分析

（1）首先发生原则

即某一个干扰事件先发生，在它结束之前，都作为它的影响，不考虑在此过程中发生

的其他类型的干扰事件的影响。在它结束后，再考虑后续干扰事件的影响。

按照这个原则，从5月1日到5月25日（即A和B）都为业主责任，工期和费用都给予补偿；承包商责任的影响从5月25日起算到6月10日（即C段），不顺延工期，也不补偿费用。处理结果是，业主应准予工期顺延25天，同时给与25天相关的费用补偿。

这种处理方式的特点是：

1）简单明了，易于执行。即使多个干扰事件先后发生，也可以分段分摊影响责任。

2）逻辑上易于理解，比较合理。如在上述干扰事件中，业主图纸拖延，现场停工，即使承包商设备进场，也不能进行施工，这是由于业主责任延误的影响尚没有结束。

3）这种"一刀切""谁先发生谁倒霉"的原则，有时不太公平。如两个干扰事件前后相差一天发生，但影响却持续三个月，而由仅提前一天引起干扰事件的某一方承担全部责任，似乎不太公平，这会鼓励人们采取一些策略规避自己的损失，对工程的实施也不利，而且与现代工程中强调的合作、伙伴关系、风险共担的理念相违背。

（2）比例分摊原则

在重叠期间按照比例计算分摊到不同的干扰事件上。即在上例中，需分三段：

A段，业主责任，工期顺延，同时费用补偿；

B段，有两个干扰事件的影响存在，则业主责任和承包商责任各算一半；

C段，承包商责任。

处理结果是，业主应准予工期顺延20天，同时准予20天相关的费用补偿。

它符合"在发生的损失、损害或伤害是由承包商应承担责任的事件及业主风险事件共同导致的情形下，承包商对损害影响的比例进行相应扣减"的原则。

（3）对承包商"工期补偿从宽，费用补偿从严"的原则[27]

根据国际工程的普遍做法，如英国颁布的工期延误和干扰索赔分析准则（SCL准则），在业主承担责任的延误和承包商承担责任的延误重合时，承包商的同期延误不应减少任何应得的工期顺延（即对承包商最有利的解决）。但承包商只能要求工期延长而不能索赔任何额外费用。这种分担原则在国际工程中的应用越来越普遍。

这个原则的出发点是，工期已经延误，如果让承包商承担，他就要采取措施，会对工程的质量造成不利影响，所以由业主承担工期延误责任较好；而费用由承包商承担，即如果业主事件没有发生，承包商也要支付相应费用的。

用这个原则处理图10-6的情况，则B段工期予以顺延，但费用不予补偿。处理结果是，业主应准予工期顺延25天，同时准予15天相关的费用补偿。

这个原则与现代工程合同设计中，对其他方（如政府、不可抗力因素）造成承包商的工期延误，仅顺延工期，而不赔偿费用的规定，其出发点是相似的。

（4）主导原因原则

在两个干扰事件存在一定因果关系时，分析这些干扰事件哪个是主导原因，由主导原因的干扰事件承担责任。

从上面的分析可见，不同的原则，其结果有比较大的差异。所以，在国际工程中，主张在合同签订前就这些原则的选取达成一致，否则容易产生争议。

10.4.5 时差的影响和时差使用权问题分析

1. 时差的影响

在非关键线路上的活动是相互联系的，前面活动占用时差，就可能会使线路成为关键线路，后续活动成为关键线性活动，失去时间机动余地，如果再受到干扰就会影响总工期。而在干扰发生前，有些活动已经完成或已经开始，如果这些活动已占用线路上的时差，就会使干扰事件的实际影响与上述理论分析的结果存在差异。

2. 时差的重要性

（1）时差是一种重要的资源。通常，时差是承包商在组织施工时，通过对活动之间逻辑关系的合理安排，在不同空间和作业面上穿插进行施工作业而产生的。这样承包商在计划中为自己的施工活动的时间安排留下可调整的余地，如为了资源的平衡而占用非关键线路活动的时差。

现代国际工程合同要求承包商在提交的计划中要明确标注活动的时差，这样使时差成为一个需要明示的双方共同关注的问题，就会引起时差使用权问题。这会对工期延误计算结果和责任分析产生很大的影响。

（2）对时差的不同处理方式会导致工期延误索赔结果有很大的差异。

前述网络计划分析的几种方法计算结果的差异，有一部分是时差的使用权引起的。

1）在方法 1 和方法 2 中，因承包商原因 L14 推迟了 2 周开始，占用了 2 周的时差（这是符合计划要求的），使 L46 在受干扰前已经为关键线路活动。此后干扰事件才发生，活动 L46 受干扰延长 4 周，直接导致总工期延长 4 周（图 10-5）。这说明，赋予承包商对时差的使用权。

2）在方法 3（图 10-4）和方法 4（图 10-5）中，将承包商对时差的占用作为由他引起的干扰事件，则直接取消了承包商的时差使用权。

3. 活动占用时差时网络计划分析

在前述网络计划分析方法计算工期延误值时，这个问题容易引起争议。通常的处理方法是：

（1）如果采用网络计划方法，且实时调整进度计划，在单项索赔的分析中，这个问题易于解决。工程过程中的网络计划调整通常将已完成的活动除外，仅对调整日期（即干扰事件发生期）以后的未完成活动和未开始活动进行网络计划分析。这样所进行的分析自然已考虑了前面活动占用时差的影响（如前述方法 1）。这实质上是认可了"时差属于先占用者"的原则，或活动有时差，双方都可以用。

（2）在一揽子索赔中，由于干扰事件比较多，许多因素综合在一起，使可能状态和合同状态的网络计划已大相径庭。如果干扰事件发生前的某些活动使用了原计划网络中规定的时差，则可以认为该活动的持续时间得到了相应的延长。例如，在上述例子中，如果 L14 在第 4～7 周内完成，然后，才发生前述的干扰事件，则可将 L14 活动的持续时间改为 5 周（即 3 周原计划工期和 2 周被占用的时差）。

这样进行总网络计划分析，其结果总工期为 27 周，则干扰事件的影响为 4 周。它是由于 L46 延长 4 周造成的。这样处理就是赋予承包商时差使用权，比较客观地反映了实际情况。

4. 时差的使用权问题的分析

上述几种网络计划分析方法处理结果是不一样的，这主要涉及时差的使用权问题，即谁有权利使用工程活动的时差。这是个比较复杂的，容易引起争议的问题。

（1）时差分配原则。时差使用权应确定基本原则，应由合同明确规范时差使用权的分配方式，应形成相应的行业惯例。

1）时差作为一种资源，应鼓励双方尽量不占用时差，或尽量节约时差的使用，不能鼓励尽早尽快地使用。

2）关注对整个工程的影响，促进高效率地完成合同。即谁使用，或谁失去使用权对工程实施的影响更大。

3）促进社会成本的降低。对合同双方，时差的作用不是均衡的，一般情况下，承包商具体实施工程，他的责任更大。如果承包商使用时差，可以灵活组织施工，降低成本，有利于工程的优化，对工程有更大的效益。在工期延误情况下，减少对他的工期延误处罚，更能保证工程质量。所以，应尽量让承包商使用时差。

4）应保证公平性。时差不应该是被某一方独占使用的，即也不能完全剥夺业主的使用权利。

（2）时差的使用权分配方法。通常有几种选择：

1）完全由承包商拥有，如上述方法1、方法2、方法3。

2）完全由业主拥有，如上述方法4。

3）谁先占用时差时，谁就拥有时差（即只要还有时差，就可以用）。如《SCL准则》核心原则第八条认为："如果在业主风险事件发生时进度计划中存在剩余的总时差，应该根据业主延误将路径上的总时差降低到零以下再考虑工期延长"。

这符合有些工程合同的规定：只有在业主责任的延误使得竣工日期超过合同规定的竣工日期时工期延长才会被批准。即如果在业主责任的干扰事件发生时活动还有时差，则业主可以使用，只有在总时差用完后了承包商才能够获得工期的延长。

"谁先占用，谁就拥有"的原则客观上鼓励双方尽早占用工程活动的时差。这样又可能不能发挥时差的最大价值，对于工程总目标是不利的。

4）时差占用权按比例分配。如果双方共同影响了一个有时差的工程活动而导致了延误，则时差分配应按照比例计算。如业主和承包商各占一半。

这种刚性的比例分配看似公平，但实质上也存在许多问题，如：当承包商使用时差超过其所占之比例，业主没有占用时差，也没有实质性损失，但却要判断承包商要承担一定的责任。如上述案例中，要将L14的时差使用权给业主一周，承包商只能用一周，则再发生业主责任L46的延误，业主就要多承担一周延误的责任，上面几种计算方法的结果又有不同。

这是很复杂的，它的处理方式可以有多种选项。

例如，当业主干扰首先出现并使用完了所有的总时差，随后由于承包商责任的干扰造成进一步延误，最终造成总工期延误并要支付违约赔偿，而如果没有起初的业主干扰，承包商就不会误期违约。对此可以选择的处理方式有：

1）由业主占用时差，但对承包商责任的延误应实行"对工期从宽，费用从严"的原则，给予工期顺延，而费用不补偿。

2）将时差在双方之间分配，各占一半。即业主只能占用时差的一半，另一半作为业主责任的干扰事件，业主要补偿工期和费用。承包商占用时差的一半，其工期延误不承担责任，另一半需要承担误期违约金。

3) 如果双方责任的干扰事件先后发生，时差的分配原则上应按照比例计算，但先占者使用大部分。因为在时差已经被占用情况下，另外一方应该尽量避免再出现延误。

当然，还可以有其他的处理方式。

从前面的案例分析可见，对时差的不同的处理方式选择，直接影响承包商的误期违约金、能够获得的工期补偿，以及能够获得的与工期相关的费用补偿的数量。

复 习 思 考 题

（1）在许多工程中各干扰事件的工期索赔之和常常远大于实际总工期的拖延量，这是什么原因？（请阅读案例14-6）

（2）讨论：因政府活动，施工现场交通要封闭10天，承包商提出10天工期索赔，但承包商施工现场并未完全停工，在期间完成了按正常进度计算约6天的工程量，作为工程师应如何处理这个索赔问题？按照什么准则处理？

（3）工期索赔采用比例计算法会带来什么问题？

（4）在本章第4节的网络计划分析案例中，如果按照时差平均分配的原则，几种计算方法会有什么结果？

（5）假设您是工程师，针对图10-3的进度计划，在实施工程中分别出现如下情况：

1）L23受业主干扰拖延2周，同时L46因承包商原因延长6周。

2）L23因承包商原因拖延2周，同时L46受业主干扰延长6周。

3）由于承包商原因拖延L14开工，占用时差2周；后来业主原因导致L46延长2周。

4）业主原因拖延L14开工，占用时差2周；后来承包商原因导致L46延长2周。

试分别做出如下决定，并简要说明其理由和分析依据：

1）确定承包商工期的延长值；

2）确定承包商工期相关费用补偿的时间；

3）确定承包商承担误期违约金的时间。

11 费用和利润索赔

【本章提要】

本章主要包括如下内容：

（1）费用索赔的计算方法、依据和过程。费用索赔的计算方法与投标报价相联系。

（2）主要类型干扰事件（包括工期拖延、工程变更、加速施工、工程中断、合同终止等）的费用索赔的计算方法。

（3）利润索赔计算方法。

11.1 概　　述

11.1.1 费用损失的计算方法

对干扰事件对成本和费用的影响进行定量分析和计算是极为困难和复杂的。目前，还没有大家统一认可的、通用的计算方法。选用不同的计算方法，对索赔值影响很大。

通常，费用索赔的计算有总费用法、分项法等方法。

1. 总费用法

（1）基本思路

它的基本思路是把固定总价合同转化为成本加酬金合同，以承包商的额外增加的成本为基数，加上管理费和利润等附加费作为索赔值。即承包商将自己在工程中的实际花费与合同价格进行比较，以两者的差额作为计算基数。

例如，某工程项目的原合同价格如下：

工地的总成本：（直接费＋工地管理费）	3800000 元
公司管理费：（总成本×10%）	380000 元
利润：（总成本＋公司管理费）×7%	292600 元
合同价格	4472600 元

在实际的工程项目中，由于完全非承包商原因造成实际的工地总成本增加至 4200000 元。如果采用总费用法计算索赔值如下：

总成本增加量：（4200000－3800000）	400000 元
总部管理费：（总成本增量×10%）	40000 元
利润：（仍为7%）	30800 元
利息支付：（按实际时间和利率计算）	4000 元
索赔值	474800 元

（2）使用条件

1）承包商的费用支出是合理的，有确凿的证明，使总费用核算是准确的；工程成本核算符合普遍认可的会计原则；成本分摊方法，分摊基础选择合理；实际总成本与报价总成本所包括的内容一致。通常，承包商要提出实际工程费用的记录文件以及会计师事务（或造价审核机构）所签署的支持文件。

2）承包商的报价是合理的，反映实际情况，合同价格经过专家评审是科学的。如果报价计算不合理，则按这种方法计算的索赔值也不合理。

3）费用损失的责任，或干扰事件的责任完全在于业主或其他人，承包商在工程中无任何过失，也没有发生承包商风险范围内的损失。这通常不太可能。

4）合同争议的性质不适用其他计算方法。例如由于业主原因造成工程性质发生根本变化，原合同报价已完全不适用，或者多个干扰事件原因和影响搅在一起，很难具体分清各个索赔事件的具体影响和费用额度。有时，业主和承包商签订协议，或在合同中规定，对于一些特殊的干扰事件，例如特殊的附加工程、业主要求加速施工、承包商向业主提供特殊服务等，可采用这种方法计算赔（补）偿值。

（3）在计算过程中应注意的问题

1）索赔值计算中的管理费率一般采用承包商实际的管理费分摊率。这符合赔偿实际损失的原则。但实际管理费率涉及企业的实际管理费开支和企业同期完成的其他工程的合同额，其计算和核实都是很困难的，所以通常都用合同报价中的管理费率，或双方商定的费率。这全在于双方商讨。

2）由于工程成本增加使承包商的支出增加，而业主支付不足，会引起工程的负现金流量的增加，在索赔中可以计算利息支出（作为资金成本）。它可按实际索赔数额，拖延时间和承包商向银行贷款的利率（或合同中规定的利率）计算。

这种计算方法由于没有对单个干扰事件所影响各费用项目的精确分析，无法详细审核，所以不容易被工程师、仲裁人或法官认可。这种计算方法实际用得较少。

2. 修正总费用法

修正总费用法是对总费用法的改进，即在总费用计算的基础上，去掉一些不合理的因素，按修正后的总费用计算索赔值。修正的内容包括：

1）扣减承包商责任的报价失误、现场管理不善、成本控制问题、劳动力和材料的短缺，承包商应承担的风险事件（如天气）导致的费用损失。

2）将索赔值计算的时间段修正为受到外界影响的时间段，而不是整个施工期。

3）将损失修正为受影响时间段内的干扰事件造成的某些分项工作的损失，而不是时间段内所有工作所受损失。

4）与干扰事件影响的工作范围无关的费用不列入总费用。

3. 分项法

分项法是按每个（或每类）干扰事件，以及这事件所影响的各个费用项目分别计算索赔值的方法。分项法计算索赔值，通常分三步：

（1）分析每个或每类干扰事件所影响的费用项目。这些费用项目通常应与合同报价中的费用项目一致。

（2）确定各费用项目索赔值的计算基础和计算方法，计算各费用项目受干扰事件影响后的实际成本或费用值，并与合同报价中的费用值对比，即可得到该项费用的索赔值。

（3）将各费用项目的计算值列表汇总，得到总费用索赔值。

用分项法计算，重要的是不能遗漏。不仅考虑直接成本，即现场材料、人员、设备的直接损耗，而且要计入附加成本，例如工地管理费分摊，由于完成工程量不足而没有获得的企业管理费，人员在现场延长停滞时间所产生的附加费（如假期、差旅费、工地住宿补贴、工资的上涨），因推迟支付造成的财务损失，保险费和保函费用增加等。

分项法的特点有：

1）比总费用法复杂，处理起来困难。

2）反映实际情况，比较合理、科学，人们在逻辑上容易接受。

3）为索赔报告的进一步分析评价、审核，双方责任的划分，双方谈判和最终解决提供方便。

4）适应面广，适用大多数合同和干扰事件的费用索赔。

所以，通常在实际工程中费用索赔计算都采用分项法。但对具体的干扰事件和具体费用项目，分项法的计算方法又是千差万别。

4. 实际费用法

实际费用法是以承包商受某干扰事件影响所增加支付的实际费用为依据，计算出直接费，再加上应得的间接费和利润，即是承包商应得的索赔值。

由于实际费用法所依据的是实际发生的成本记录或单据，所以，在施工过程中，系统而准确地积累记录资料是非常重要的。

11.1.2 可以索赔的费用项目与计算依据

既然一般的工程项目都应用分项法计算费用索赔值，则合同的类型、报价的内容、费用项目的划分方法和影响因素、计算过程、所用的基本价格及费率标准等，对索赔值的计算就起到了决定的作用。合同报价中的各个费用项目都可以进行索赔，例如人工费、材料费、机械费、工地管理费、企业管理费、其他待摊费、利润等。承包商的报价是按照招标文件的要求、环境、实施方案和投标策略等编制的，它的计算过程和依据如下：

1. 直接费

（1）人工费

人工费仅指生产工人的工资及相关费用：

$$人工费＝人工的工资单价×工程量×劳动效率$$

人工的工资单价按照劳动力供应和投入方案，工程小组的劳动组合，人员的招聘、培训、调遣、支付工资、解聘所支付的费用，及社会福利保险，承包商应支付的税收等，计算平均值（通常以日或小时为单位），劳动效率的单位一般为每单位工程量的用工时（或日）数。

（2）材料费

$$材料费＝材料单价×工程量×每单位工程量材料消耗标准$$

材料单价按照采购方案、材料的技术标准，综合考虑市场价格、采购、运输、保险、储存、海关税等各种费用而计算得到。

（3）设备费

进入直接费的设备费一般仅为该分项工程的专用设备。

$$设备费＝设备台班费×工程量×每单位工程量设备台班的消耗量$$

按照设备供应方案，设备台班费综合考虑设备的折旧费、调运、清关费用、进出场安装及拆卸费用、燃料动力费、操作人员工资、维护保养费等计算得到设备总费用；再按照设备的计划使用时间（台班数）、或该分项工程的工程量，分摊到每台班或单位分项工程量中。

（4）每项工程直接费及工程总直接费

对于每一个工程分项（按招标文件工程量清单）其直接费是该分项的人工费、材料费、机械费之和，而工程总直接费为：

$$工程总直接费＝\Sigma 各分项工程直接费$$

2. 工地管理费

报价中的其他分摊费用包括非常复杂的内容，而且不同的工程项目有不同的范围和划分方法。例如，有的工程项目将早期的现场投入作为"开办费"独立列项报价；有的将它作为一般的工地管理费分摊进入单价中。这两种划分对费用索赔，特别是由于工期拖延的费用索赔有很大的影响。如果都作为工地管理费分摊，那么一般该项内容主要包括：现场清理、进场道路费用、现场试验费、施工用水电费用、施工中通用的机械、脚手架、临时设施费、交通费、现场管理人员工资、行政办公费、劳保用品费、保函手续费、保险费、广告宣传费等。这些费用一般都要根据工程项目的基本情况、环境状况以及施工组织状况分项独立地进行估算，最后计算汇总的额度。即：

$$工地管理费总额＝\Sigma 工地管理费的各分项数额$$
$$工地管理费分摊率＝（工地管理费总额/工程总直接费）×100\%$$
$$工地总成本＝工程总直接费＋工地管理费$$

3. 总部管理费与其他待摊费用

本项主要包括企业总部管理费和利息等。

总部管理费是作为承包商整体生产经营的附带费用，包括不能直接分配到工程中的间接费用。它一般由企业根据企业计划的工地总成本额（或总合同额）与预计的企业管理费开支总额进行计算，确定一个比例分摊到各个工程项目中。因此：

$$总部管理费分摊＝工地总成本×总部管理费分摊率$$
$$工程项目的总成本＝工地总成本＋总部管理费分摊$$

4. 利润和风险准备金

它是由管理者基于投标策略和企业的经营策略确定的一个总系数（利润率）。其计算基础是工程项目的总成本或工程项目的总报价。当然对于相同数额的利润，计算基础不同，那么利润率就会不同。如果以工程项目的总成本作为计算的基础，其利润率为 R_1；以工程项目的总报价作为计算基础，其利润率为 R_2，那么：

$$R_1＝R_2/（1-R_2）　　或$$
$$R_2＝R_1/（1+R_1）$$

5. 总报价（不含税）

$$总报价＝工程总成本＋利润(包括风险金)$$
$$总分摊费用＝工地管理费＋总部管理费等＋利润$$
$$总分摊率＝（总分摊费用/总直接费）×100\%$$

6. 各分项报价

如果采用平衡报价方法，即各个分项工程按照统一的分摊率分摊间接费用，那么

某分项总报价＝该分项工程直接费×（1＋总分摊率）

某分项单价＝该分项总报价/该分项工程量

如果采用不平衡报价方法，在保证总报价不变的情况下，按照不同的分项工程选择不同的分摊率。一般对在前期完成的分项工程或者预计工程量会增加的分项工程，可以适当提高分摊率，那么，虽然总价可能不变，但是承包商有更好的现金流，或能在变更中获得了更高的变更价格，也相当于提高了报价。

7. 报价中各种费用的总体构成分析

在索赔值的计算中，各种费用项目的额度分析也十分重要。其分析有两种方法：

（1）按照合同报价中的各费用项目占总费用的比例进行拆分，即以合同总报价为100％，计算各费用项目所占的比例。例如，某工程项目的报价费用构成见表11-1。

某工程项目的费用项目分析表（一）　　　　　　　表 11-1

序号	费用项目	金额（美元）	比率
1	直接费	1339097	72.1％
2	工地管理费	269251	14.5％
3	总部管理费	148552	8％
4	利润率	100000	5.4％
5	合同报价	1856900	100％

（2）按照前述的报价计算结果分析，即在直接费基础上计算工地管理费，在工地总成本的基础上计算总部管理费，上述合同报价又可得到表11-2。

某工程项目的费用项目分析表（二）　　　　　　　表 11-2

序号	费用项目	金额	比率
Ⅰ	直接费	1339097	
Ⅱ	工地管理费	269251	20.107％（计算基础为Ⅰ）
Ⅲ	总部管理费	148552	9.236％（计算基础为Ⅰ＋Ⅱ）
Ⅳ	利润率	100000	5.69％（计算基础为Ⅰ＋Ⅱ＋Ⅲ）
Ⅴ	合同报价	1856900	Ⅰ＋Ⅱ＋Ⅲ＋Ⅳ

由于索赔值的计算与报价过程一致，并且通常首先得出直接费（实际损失），然后计算其他费用项目，而不是先得出报价，所以，上述第二种费用项目的分析方法及比率，在工程索赔实践中应用得更为广泛。

按照这种分析方法，如果已知一个工程项目的合同总报价1856900美元，利润率5.69％，总部管理费率9.236％，工地管理费率20.107％，要反算出合同总报价中各个费用项目的数额，可以按照以下公式进行计算：

合同中的利润＝［利润率/（1＋利润率）］×合同报价

＝［5.69％/（1＋5.69％）］×1856900

＝100000 美元

总部管理费＝［总部管理费率/（1＋总部管理费率）］×（合同报价－利润）

＝［9.236％/（1＋9.236％）］×（1856900－100000）

$$=148552 \text{ 美元}$$

工地管理费＝[工地管理费率/(1＋工地管理费率)]×(报价－利润－总部管理费)

$$=[20.107\%/(1+20.107\%)]×(1856900-148552-100000)$$

$$=269252 \text{ 美元}$$

除此以外，按照合同状态所确定的平均进度，还有以下几个重要的数据对费用索赔的计算有重大的影响：

1）月（或周）平均完成的合同工程量

月（或周）平均完成的合同工程量＝合同总价格/合同总工期（月或周）

2）月（或周）平均总部管理费

月（或周）平均总部管理费＝合同价格中包括的总部管理费/合同总工期

3）月（或周）平均工地管理费

月（或周）平均工地管理费＝合同价格中包括的工地管理费/合同总工期

如果承包商某月实际完成了上述工程量，那么一般可以说，该月的施工进度是正常的，承包商已经从业主那里获得了合同规定的利润、总部管理费和工地管理费。

8. 费用索赔中常用到的主要数据

上面这些报价的详细资料对索赔管理是十分重要的。在合同的履行过程中，上述这些费用项目产生变化是索赔机会搜寻、干扰事件影响分析、索赔值计算的重要依据。在费用索赔中，经常用到如下数据：

（1）分项工程工程量和合同单价；

（2）人工工资单价及计算的依据（例如基本工资、税收、保险，社会福利等）、劳动效率、劳动力投入强度等；

（3）材料单价及计算基础（例如买价、运输费、海关税等）、材料消耗标准；

（4）设备投入量、台班费（其中折旧费）、设备所使用的时间、进出场费用等；

（5）工地现场管理费总额、工地现场管理费分摊率、工地现场管理费各个分项计算的依据，例如，管理人员的投入量、管理人员工资、补贴、社会保险、带薪假及差旅费等；

（6）总部管理费总额及费率；

（7）利润额及利润率等。

为了成功地进行费用索赔，承包商的预算成本和实际成本核算应该具有相同的内容、计算项目一致、达到相同的详细程度。这样才能进行对比分析，才能将实际费用分解到各个分项工程（工程量报价单所列）、合同事件和费用项目中。

承包商应该建立该工程项目上述各种费用的数据库系统，这会对索赔的处理和解决，例如索赔值的计算、索赔报告的起草以及索赔谈判等，都有很大的帮助。

11.2　工期拖延的费用索赔

11.2.1　工期拖延对费用的影响

对由于业主责任造成的工期拖延，承包商在提出工期索赔的同时，还可以提出与工期有关的费用索赔。由于引起工期拖延的干扰事件有各种不同的情况，其对费用的影响也是各不相同的。

（1）由于业主原因造成整个工程停工，则造成全部人工和机械设备的停滞，其他分包商也受到影响，承包商还要支付与时间相关的费用，如部分的现场管理费，承包商因完成的合同工程量不足而减少了企业管理费的收入等。

（2）由于业主原因造成非关键线路工作停工，总工期不延长。但若这种干扰造成人工和设备的停工，承包商有权对由于这种停工所造成的费用提出索赔。

（3）在工程某个阶段，由于业主的干扰造成工程虽未停工，但却在一种混乱的低效率状态下施工，例如业主打乱施工次序，局部停工造成人力、设备的集中使用。由于不断出现加班或等待变更指令等状况，完成工程量较少，这样不仅工期拖延，而且也有费用损失，包括劳动力、设备低效率损失，现场管理费和企业管理费损失等。

（4）计算的依据和原则。

1）对因变更使工期延长和中断引起费用补偿，应以工程量清单或费率表为依据。

2）除变更情况外，其他原因导致延期的费用赔偿应以承包商实际发生的额外费用为依据，需要承包商证明已遭受到费用损失。

虽然干扰事件影响总工期拖延，且工期索赔常常在工程竣工前处理，但误期费用赔偿计算应参照干扰事件发生时的费用状况，而不是参照工程后期竣工所延长的时段，通常也不完全参照投标书中的报价费用。

3）对双方责任事件的共同延误，承包商需要将业主责任引起的费用从整个延误引起的费用中识别出来，才能获得相应的补偿。按照费用从严的原则，若因承包商延误在任何情况下均可能导致这些额外费用，则承包商无权获得此类额外费用的补偿。

4）为了避免争议，最好在合同中约定适用于工期延误的费用补偿计算方法或金额。

11.2.2 人工费损失计算

在工期延误情况下，人工费的损失可能有两种情况：

（1）现场工人的停工、窝工。

一般按照施工日记上记录的实际停工工时（或工日）数和报价单上的人工费单价计算。有时考虑到工人处于停工状态，工资中的有些费用，如生产工人的劳动保护费、辅助工资和现场补贴等在停工时可能不需支付，可以采用最低的人工费单价计算。

（2）低生产效率的损失。

由于干扰事件，工人虽未停工，但处于低效率施工状态。这体现在一段时间内，现场施工所完成的工程量未达到计划的工程量，但用工数量却达到或超过计划数。在这种情况下，要准确地分析和评价干扰事件的影响是极为困难的。通常人们以投标书所确定的劳动力的构成、投入量和工作效率为依据，与实际的劳动力投入量和工作效率相比较，再扣除不应由业主负责的劳动力的消耗，以计算费用损失：

劳动力损失费用索赔＝（实际使用工日－已完工程中人工工日含量－其他用工数－承包商责任或风险引起的劳动力损失）×劳动力单价

【案例11-1】某工程，按原合同规定的施工计划，工程全部需要劳动力为255918人·日。开工后，由于业主指令工程变更，使合同工程量增加20%（工程量增加索赔另外提出）。由于业主没有及时提供设计资料而造成工期拖延13.5个月。在这个阶段，工地上实际使用劳动力85604人·日，其中临时工程用工9695人·日，非直接生产用工31887人·日。这些有记工单和工资表为证据。

而在这一阶段，实际仅完成合同工程量的 9.4%。

承包商对由此造成的生产效率降低提出费用索赔，其分析如下：

由于工程量增加 20%，则相应全部工程的劳动力总需要量也应按比例增加。

合同工程劳动力总需要量＝255918×(1+20%)=307102 人·日

9.4% 工程量所需劳动力＝307102 人·日×9.4%=28868 人·日

则在这一阶段的劳动生产效率损失应为工地实际使用劳动力数量扣除 9.4% 工程量所需劳动力数、临时工程用工和非直接生产用工。即

劳动生产效率损失＝85604-28868-9695-31887=15154 人·日

合同中生产工人人工费报价为 34 美元/人·日，工地交通费 2.2 美元/人·日。则：

人工费损失＝15154 人·日×34 美元/人·日=515236 美元

工地交通费＝15154 人·日×2.2 美元/(人·日)=33339 美元

其他费用，如膳食补贴、工器具费用、各种管理费等项目索赔值计算从略。

案例分析：当然这种计算也会有许多问题：

(1) 这种计算要求投标书中劳动效率和单价的确定是科学的符合实际的。如果投标书中承包商把劳动效率定得较高，即计划用人工数较少，而采用较高的单价，则承包商通过索赔会获得意外的收益。所以有些工程师在处理此类问题时，要重新审核承包商的报价依据，有时为了客观起见，还要参考本工程的其他投标书中的劳动效率值。

(2) 需要确定正常（未受影响）情况下应有的工作效率。通常可以参照承包商在其他相似工程上的实际记录数据模拟生产效率的变化。还可以使用一些机构（如工程承包商协会，工程咨询协会等）公布的数据。

(3) 要扣除与业主无关（即承包商责任和风险）的事件对生产效率的影响，包括天气、现场停工或返工、疏于监督等造成的经济损失，工程师需要有详细的现场记录，否则容易引起争议，而且它的事后核实比较困难。

11.2.3　材料费索赔

一般工期拖延中没有直接材料的额外消耗，但可能有：

(1) 由于工期拖延，造成承包商订购的材料推迟交货，而使承包商蒙受的损失。这凭实际损失证明索赔。

(2) 由于工期延长同时材料价格上涨造成的损失。这按材料价格指数和未完工程中材料费的含量调整（见后面本节的分析）。

11.2.4　机械费索赔

机械费的索赔与人工费很相似，一般按如下公式计算：

$$机械费索赔＝停滞台班数×停滞台班费单价$$

停滞台班数按照施工日记计算。

如果设备是自己的，停滞台班费主要包括折旧费用、利息、维修保养费、固定税费等。一般为正常设备台班费的 60%~70%。如果是租赁的设备，则按租金计算。

与劳动力一样，施工设备也有低效率损失。它通过将当期正常设备运营状态与实际效率相比较，计算索赔值。但应该扣除在这时间内这些设备可能有的其他使用收入或消耗的机时。

11.2.5　工地管理费索赔

由于在施工现场停工期间没有完成计划工程量，或完成的工程量不足，承包商不能通过当期完成的工程价款收到计划所确定的工地管理费（包括措施项目费用，现场办公室的租金、保函保险的续期费等）。但现场工地管理费的支出依然存在，业主应赔偿这一阶段工地管理费的实际支出。如果这阶段尚有工地管理费收入，例如在这一阶段完成部分工程，则应扣除工程款收入中所包含的工地管理费数额。

工地管理费的内涵比较复杂，有些是固定的，有些与时间有关，有些与工程量有关，而且关系比较复杂，使得实际工地管理费的计算和审核都十分困难。通常有如下几种算法：

1. Hudson 公式

它的基本依据是按照正常情况承包商完成计划工程量，在相应的价格中承包商收到业主的工地管理费。现由于停止施工，承包商没有完成工程量，造成工地管理费收入的减少，业主应该按比例给予赔偿。

工期延误工地管理费索赔＝（合同中包括的工地管理费/合同工期）×延误期限

如果由于索赔事件的干扰，承包商现场没有完全停工，而是在一种低效率和混乱状态下施工，例如工程变更、业主指令局部停工等，则使用 Hudson 公式时应扣除这个阶段已完工程量所需的时间。

【案例 11-2】某工程合同工程量 1856900 美元，合同工期 12 个月，合同价格中工地管理费 269251 美元，由于业主图纸供应不及时，造成施工现场局部停工 2 个月，在这两个月中，承包商共完成工程量 78500 美元。它相当于正常情况的施工期为：

$$78500÷(1856900÷12)＝0.5 个月$$

则由于工期拖延造成的管理费索赔为：

$$(269251 美元/12 个月)×(2－0.5)个月＝33656.37 美元$$

Hudson 公式由于它计算简单方便，所以在不少工程案例中使用，但它有如下问题：

（1）它不符合赔偿实际损失原则。它是以承包商应完成计划工程量的现场开支为前提的，而不是实际情况。

（2）它的应用前提：

1）报价中工地管理费的核算和分摊是科学的、合理的，符合实际。

2）工地管理费内含的费用项目都与工期有关，即它们都随工期的延长而直线上升。实际上工地管理费中许多费用项目是一次性投入后分摊的，由于工期的延长，这些一次性投入并非与工期成正比同步增长。

3）承包商在停工状态下工地管理费的各项开支与正常施工状态下的开支相同。

但在实际工程中上述三个前提都有问题，而且显然按照 Hudson 公式计算赔偿的费用过高，特别对于大型或特大型工程，一般在实际应用中应考虑一个比较恰当的折扣。

2. 分项计算

按工地管理费的分项报价和实际开支分别计算。即按照施工现场停滞时间内实际现场管理人员开支及附加费，属于工地管理费的临时设施、福利设施的折旧、营运费用，日常管理费的开支等逐一列项计算，求和，再扣除这一阶段已完工程中的工地管理费份额。

这是一种比较精确的计算方法，大型工程中用得较多，但计算和审核比较困难，信息处理量大。

在我国，可以以工程量清单中与延期相关的措施项目费为基础，结合工程延期时间的开支情况逐项进行计算，再按一定比例折算（因为这些费用要素并不是都与工期相关，或完全呈线性关系）。

11.2.6　由于物价上涨引起的费用调整

由于工期拖延，同时物价上涨，引起未完工程费用的增加，承包商可要求相应的补偿。

（1）对可调价格合同

如果合同规定材料和人工费可以调整，则在后期完成的工程价款结算中用合同规定的调价公式直接进行调整，自然就包括了工期拖延和物价上涨的影响。如用 FIDIC 合同的调价公式对工资和物价按价格指数变化情况分别进行调整（见本章第 5 节）。

对我国国内工程，可以按照有关造价管理部门规定的方法和系数调整合同价格。

（2）对固定价格合同

本项调整可按如下方法进行：

1）如果整个工程中断，则可以对未完工程成本按通货膨胀率作总的调整。

【案例 11-3】 某工程由于业主原因使工程中断 4 个月，中断后尚有 3800 万美元计划工程量未完成。国家公布的年通货膨胀率为 5%。对此承包商提出费用索赔为：

$$38000000 \times 5\% \times 4/12 = 633333 \text{ 美元}$$

当然，这个计算方法又有问题。计算基数中不能包括与资源价格无关的因素（如利润等）。

2）如果由于业主原因，工程没有中断，但处于低效率施工状态，造成工期拖延，则分析计算较为复杂。

【案例 11-4】 某房屋翻修工程，采用固定总价合同，合同价格 186654 英镑，合同工期 62 周，由于业主原因造成工期拖延了 38 周，最终实际工程结算价格为 192486 英镑。合同签订时公布的物价指数为 164，计划合同竣工期（即 62 周）物价指数为 195，现拖延了 38 周，实际竣工时（100 周）物价指数为 220。设合同签订时物价指数为 100，则到计划合同竣工期物价上涨幅度为：

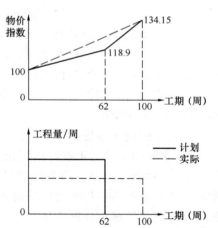

图 11-1　物价指数与工程进度图

$$[(195-164)/164] \times 100\% = 18.9\%$$

到实际竣工期物价上涨幅度为：

$$[(220-164)/164] \times 100\% = 34.15\%$$

承包商有理由提出由于工期延长和物价上涨而产生的费用索赔。计算的基本假设（图 11-1）：

① 在合同工期和延长期物价上升是直线的；

② 计划工程进度和实际工程进度都是均衡的，即每月完成的工程量都相等。

这样，合同总报价中承包商应承担的物价上涨风险为：

$$[192486/ (1+18.9\%/2)] \times (18.9\%/2) =16619.39 \text{ 英镑}$$

上式中前面一项为，如果不考虑物价上涨的因素承包商的工程总报价。而在实际工期100 周中，由于物价上涨造成费用增加量为：

$$[192486/ (1+18.9\%/2)] \times (34.15\%/2) =30038.02 \text{ 英镑}$$

则由于拖延了 38 周和物价上涨造成费用的增加为：

$$30038.02-16619.39=13418.63 \text{ 英镑}$$

当然，在上面的计算中，计算基数用实际工程价款，而不是合同报价，而且其中包括利润和管理费。这种计算方法值得商榷，并不十分准确，但还是有说服力的。[11]

（3）由于物价调整造成的费用索赔值一般不再计算企业管理费和利润索赔。

11.2.7 企业管理费的计算

1. 工期延误引起的企业管理费的变化

因工期延误引起的企业总部管理费索赔可以分为两个部分：

（1）可以通过记录直接归因于具体工程的业主责任导致延误的费用。通常这种情况比较少，额度也比较小，可以通过分项法逐一进行计算汇总，提出索赔。

（2）不可直接归因的于具体工程的总部管理费。这是通常意义上的总部管理费，它作为一项可以预见的费用，会随着具体工程工期的延长改变。

假设承包市场状况较好，如果承包商能够及时完成工程，他的资源能够用于新工程项目，获得相应的企业管理费收入。由于承包项目的资产专用性特点，在业主责任引起的工期延误期间，承包商的资源无法通过其他途径获得预期应该得到的利益，以弥补损失，业主需要对此做出费用的补偿。通常，制造业这个现象就比较少。

2. 分析要点

按照赔偿实际损失原则，企业管理费的计算应将承包企业的实际管理费开支，用合理的会计核算方法，分摊到已计算好的工程直接费超支额或有争议的合同上。所以它涉及企业同期完成的其他合同额和实际的企业管理费总额，而不仅仅是某个工程合同的问题。

由于它以企业实际管理费开支为基础，所以其证实和计算都很困难，争议也比较大。在其中，分摊方法极为重要，直接影响到索赔值的大小，关系到承包商利润。

3. 常用的计算方法

（1）按企业管理费率计算

与报价相似，在前面各项计算求和的基础上（扣除物价调整）乘以企业管理费分摊率。从理论上讲，应用当期承包商企业的实际分摊率，但由于它的审查和分析十分困难，所以通常仍采用报价中的企业管理费分摊率。

这比较简单，实际使用也比较多。这完全在于双方的协商一致。

（2）采用 Hudson 公式

可以采用如下公式计算：

企业管理费索赔＝（合同中企业管理费分摊率×合同额/合同工期）×延误时间

按照赔偿实际损失原则，这里还可以应用承包商近年实际平均综合企业管理费分摊率计算。在国际上，它又被称为 Emden 公式。

由于此公式计算得到的总部管理费的数量存在着重复计算，可以用一个系数进行调整。

（3）日费率分摊法（Eichleay 法）

这种方法通常用于因等待变更或等待图纸、材料等造成工程中断，或业主（工程师）指令暂停工程，而承包商又无其他可替代工程的情况。承包商因实际完成合同额减少而损失管理费收入，向业主收取由于工程延期的管理费。

计算的基本思路为，按合同额分配企业管理费，再用日费率法计算损失。其公式为：

争议合同应分摊的管理费＝争议合同额×同期企业管理费总额/承包商同期完成的总合同额

日管理费率＝争议合同应分摊的管理费/争议合同实际执行天数

管理费索赔值＝日管理费率×争议合同延长天数

【案例 11-5】某工程，原合同工期 240 天，该合同在实施过程中拖延了 60 天，即实际工期为 300 天。在这 300 天中承包商总的生产经营状态见表 11-3。

承包商生产经营状况表（单位：美元）　　　　　　　　表 11-3

项目	争议合同	其他合同	全部合同
合同额	200000	400000	600000
实际直接总成本	240000	320000	560000
当期企业管理费			60000
总利润			－20000

则：争议合同应分摊的管理费＝200000×60000/600000＝20000 美元

日管理费率＝20000/300＝66.7 美元/天

因工期延长可提出管理费索赔额＝66.7×60＝4000 美元

案例分析：这里有两个问题：

1）争议合同管理费按原合同额分摊，这不容易被人接受，因为通常会计核算按工程实际直接费总成本（对土建工程）或人工费（安装工程）分摊管理费。上例中，如果按实际直接费总成本分摊，则管理费索赔额结果为 5143 美元。

2）实际合同履行天数中包括了合同延缓天数，结果必小于报价中采用的管理费率，降低了索赔额。

该公式是 1960 年在美国的工程案例中应用的。同样，它适用于工程承包市场的繁荣期，假设没有干扰事件影响，承包商可以及时完成工程，将相应的资源通过投入其他项目获得预期的企业管理费和利润。

（4）总直接费分摊法

按费用索赔中的直接费作为计算基础分摊管理费。其公式为：

每单位直接费应分摊到的管理费＝合同执行期间总管理费/合同执行期间总直接费

争议合同管理费分摊额＝每单位直接费分摊到的管理×争议合同实际直接费

【案例 11-6】某争议合同实际直接费为 400000 元，在争议合同执行期间，承包商同时完成的其他合同的直接费为 1600000 元，这个阶段企业总的管理费为 200000 元。则

单位直接费分摊到的管理费＝200000/（400000＋1600000）＝0.1

争议合同可分摊到的管理费＝0.1×400000＝40000 元；

这种方法简单易行，说服力较强，使用面较广，但也有它的局限：

1）它适用于承包商在此期间承担的各工程项目的主要费用比例变化不大的情况，否则明显不合理，而且误差会很大。如材料费、设备费所占比重比较大的工程，分配的管理费比较多，则不反映实际情况。

2）如果工程受到干扰而拖延时间较长，在延期过程中又无其他工程可以替代，则该工程实际直接费较小，按这种分摊方式分摊到的管理费较少，使承包商蒙受损失。

而分配的标准又可以是灵活的，如用直接人工费，直接人工工时，甚至用实物工程量。这就看是否合理和有利。

（5）特殊基础分摊法

基本思路为，将管理费开支按用途分成许多分项，按这些分项的性质分别确定分摊基础，分别计算分摊额。这要求对各个分项的内容和性质进行专门研究，见表11-4。

这是一种精确又很复杂的分摊方法，用得较少，通常适用于工程量大，风险大的项目。

特殊基础分摊法 表 11-4

管理费分项	分摊基础
管理人员工资	直接费或直接人工费
与工资相关的费用如福利、保险、税金等	人工费（直接生产工人＋管理人员）
劳保费、工器具使用费	直接人工费
利息支出	总直接费

11.2.8 非关键线路活动拖延的费用索赔

由于业主责任引起干扰事件仅影响非关键线路，即造成局部工作或工程暂停，且非关键线路的拖延在时差范围内，不影响总工期，则没有总工期的索赔。

但这些拖延如果导致承包商费用的损失，就存在相关的费用索赔。通常主要有：

（1）人工费损失。即在这种局部停工中，承包商已安排的劳动力、技术人员无法调到其他地方或做其他工作，或工程师（或业主）指令不作其他安排，或者由于干扰导致劳动效率的降低带来的损失。这些损失应按实际记工单由业主支付，计算方法与前面相同。

如果工程师指令承包商将停滞的人工和设备用于他处，以减少损失，则可以计算由于这种安排而引起的人员调遣、设备的搬迁方面的费用损失。

（2）机械费损失。为这些局部工程专门租用或购置的设备已经进场。由于停工，这些设备无法挪作他用，停滞在施工现场。这个损失也应由业主承担。

（3）对工地管理费，一般情况下，如果其他方面工程仍顺利进行，承包商完成的工程量没有减少，而且总工期没有拖延，则没有工地管理费的索赔。但如果承包商能够有实际证据证明他为此局部停工多支付了工地管理费，可以按实际支付提出索赔。

11.3 工程变更的费用索赔

11.3.1 概述

（1）工程变更与索赔的区别。

在合同中，工程变更与索赔是有区别的，按照不同的程序进行。如在新的 FIDIC 合同的工程变更条款中，承包商自然具有延期和调价的权利。承包商按照变更程序提出工程变更补偿要求后，如果双方就补偿达成一致，就不会导致索赔，无需按索赔程序进行。

而如果工程师和业主不同意承包商的要求，双方不能达成一致，承包商可以将它提交作为争议处理。由于工程的复杂性，双方不能达成一致的情况较多。

由于争议处理不很及时，且 DAAB 的设置并不普及，在工程实践中，承包商还是按照工程变更程序提交补偿要求，如果不一致，再按照索赔程序再发出通知。

但无论哪种情况，承包商都需要提出补偿的详细资料和理由。这些与索赔又是一致的。所以，二者之间并没有明显的分界线。

（2）在日常的索赔（或补偿）事件处理中，工程变更的比例很大，而且变更的形式多样，影响也是非常复杂的。

工程变更的费用索赔常常不仅仅涉及变更本身，而且还要考虑到变更产生的影响，例如按照业主要求编制变更建议书的费用；涉及工期的顺延，以及由于变更所引起的停工、窝工、返工，人员和机械设备低效率损失、材料的积压损失等，需要进行精细的分析。

11.3.2　工程量变更

工程量变更是最为常见的工程变更，它包括工程量增加、减少和工程分项的删除。它可能是由于设计变更或业主有新的要求而引起的，也可能是由于业主在招标文件中提供的工程量表不准确造成的。

1. 对于固定总价合同情况

对于固定总价合同，在业主没有修改设计或业主要求的情况下，工程量作为承包商的风险，一般不给予承包商以价格补偿。

业主有权调减工程范围，并相应减少合同总额，但需要对删减部分做出合理补偿。

2. 对于单价合同情况

业主提供的工程量表上的数字仅为参考数字。实际工程价款是按照实际完成的工程量与合同单价计算的，所以对工程量的增加可以直接作为月进度款列入结算账单中。

3. 对删除工程分项的限制

（1）业主有权取消工程分项，并相应减少合同总额，但通常无权删减合同中关键分项，而且需要对删除部分做出合理补偿，包括现场管理费、总部管理费的损失。

（2）业主有权删除部分工程，但这种删除仅限于业主不再需要这些工程的情况。业主不能将在本合同中删除的部分工程再另行发包给其他承包商或自己完成，否则承包商有权提出所损失的现场管理费和企业管理费，以及该被删除工程中所包含的利润索赔。

11.3.3　附加工程

附加工程是指增加合同工程量清单中没有的工程分项。这种增加可能是由于设计变更、设计遗漏、工程量清单遗漏，业主要求增加等原因造成的。

附加工程索赔的关键问题是工程量的确定和相关单价或费率的确定，应该采用合理的、公平的、适宜的、可适用的费率和价格。

1. 合同内附加工程

通常合同都赋予业主（工程师）以指令附加工程的权利，但这种附加工程通常被认为是合同内（"永久工程所需要"）的附加工程。有些合同对工程范围有如下定义："合同工程范围包括在工程量表中列出的工程和供应，同时也包括工程量表中未列出的，但为本工程的稳定、完整、安全、可靠和高效率运行所必需的，或为合同工程的总功能服务的供应和工程"。

由于合同内的附加工程受合同制约，承包商无权拒绝，而且它的价格计算以合同报价作为依据。工程量可以按附加工程的图纸或实际计量，单价通常由表 11-5 确定。

附加工程的费用索赔分析表　　　　　　　　　　　　　表 11-5

费用项目	条件	计算基础
同合同价格	合同中有相同的分项工程	该分项工程合同单价和附加工程量
	合同中仅有相似的分项工程	对该相似分项工程单价作调整，附加工程量
	合同中既无相同，又无相似的分项工程	按合同规定的方法确定单价，附加工程量

（1）在上表中"相同"的分项工程是指附加工程的工作内容、性质、工作条件、难度与合同中某个分项工程相同，则它的算法与该分项工程相同。

（2）对上表中第二种情况，如附加工程的内容、性质相同，但难度增加、工作效率降低等，可以考虑这些因素对相似的分项工程单价做相应的调整。

（3）对上述第三种情况，施工合同规定，应根据该工作的合理成本和利润，并考虑其他相关因素后确定价格。由于本合同报价中无法提供参照指标，有时可以采用如下方法：

1）采用同一地区、同一时间，相同或相似分项工程单价。这要取得其他工程合同价或市场价格资料，如行业协会发布的价格信息。参考其他参加竞争的投标人提出的报价。

2）按实际消耗进行价格分析（与投标报价相似）。在实际直接费（合理分析的，而不是实际消耗）的基础上加上合同报价中确定的管理费率和利润率。

2. 合同外附加工程

合同外附加工程通常指新增工程分项与本合同工程系统没有必然的联系。通常承包商对于附加工程是欢迎的，因为增加新的工程分项可以降低现场许多固定费用的分摊，能获得更大的收益。但常常由于如下原因使承包商随着附加工程的增加，亏损加大：

（1）合同单价是按工程开始前条件确定的，工程中由于物价的上涨，这个价格已经与实际背离，特别当合同规定不许调价时。

（2）承包商采用低价策略中标，合同单价过低。

（3）承包商报价中有错误。

由于变更工程仍按合同单价计算，业主企图通过附加工程增加工程范围，同时减少支付。

对合同外的附加工程，其赔偿确认常常是困难的。双方要事先约定处理方法。承包商有权拒绝执行，或要求重新签订协议，确定价格，然后再执行。这种新价格确定常常又是承包商新的机会，因为：

1）承包商有权按照变更时的公平的市场价格获得补偿。

2）对新增的工程业主不可能再通过招标发包，而是直接委托，承包商是在无竞争状态下进行报价。

对此，承包商要与业主、工程师沟通，及时办好变更手续，在变更中做好现场记录。

11.3.4　工程质量的变化

由于业主修改设计，提高工程质量标准，或工程师对符合合同要求的工程"不满意"，指令要求承包商提高建筑材料、工艺、工程质量标准，都可能导致费用索赔。质量变化的费用索赔，主要采用量差和价差分析的方法。典型的案例可见案例 14-3 混凝土标准提高的费用索赔。

11.3.5　工程变更超过限额的处理

1. 工程变更超过合同限定的总额

许多施工合同中规定，当工程的整个变更使最终有效合同额增加或减少超过合同总价格的一定数量时（如原 FIDIC 土木工程施工合同规定正负 15%），允许对超过部分的合同价格中的管理费用进行适当调整。这是由于工程范围的增加和减少超过限额，原合同价格的依据发生变化，使分摊费用出现大的偏差。

这里有如下几个问题：

（1）这里的正负 15% 是指整个工程变更之和，而不是指某一个分项工程工程量的变更。

例如，某工程合同总价格 1000 万元，由于工程变更使最终合同价达到 1500 万元，则变更增加了 500 万元，超过了 15%（即 150 万元）。这里增加的 500 万元是按照原合同单价计算的。

（2）调整仅针对超过 15% 的部分，如本例中仅针对：

$$1500 \text{万} - 1000 \text{万} \times (1 + 15\%) = 350 \text{万元}$$

（3）仅调整管理费中的固定费用。一般由于工程量的增加，固定费用分摊会减少，反之由于工程量的减少，固定费用的分摊会增加。所以当有效合同额增加时，应扣除部分管理费，例如在工程中，按合同报价中管理费的比率，350 万元工程款中含管理费 62 万元。则可以按报价测算，扣减一定的数额。通常合同双方要进行磋商。

（4）这个调整仅针对价格而言，并没有包括由于变更引起的其他影响，如工期拖延、劳动效率降低等情况。这些索赔另外计算。

2. 单项工程量超过规定额度的情况

有些工程合同规定，当某分项工程量变更超过一定范围时，允许对该分项工程的单价进行调整。新 FIDIC 施工合同规定，对非"固定费率项目"（即该分项采用单价计价方式），在如下情况下，应对相关的费率或价格进行调整：

工程量的变化量超过工程量表中所列数量的 10%；

此数量变化与该项工作规定的费率乘积，超过中标合同金额的 0.01%；

此数量变化直接改变该项工作的单位成本超过 1%。

这种调整主要针对合同单价中的固定费用（主要为现场管理费和企业管理费等项目）。因为固定费用总额并不随工程量的增加或减少而变化。通常，工程量增加，该分项的固定费用的分摊减少，则单价降低；反之，工程量减少，则该分项的单价上升。

新单价应按照合同规定的估价方法进行计算，也仅适用于超过部分的工程量。

例如，某分项工程量为 400m³ 混凝土，合同单价为 200 元/m³，单价中的管理费共 30元。合同规定，单项工程量超过 25% 即可调整单价。现实际工程量为 600m³，则：

调整后单价中管理费 $= 30 \text{ 元/m}^3 \times 400\text{m}^3 / 600\text{m}^3 = 20 \text{ 元/m}^3$

则调整后单价应为：

$$200 + (20 - 30) = 190 \text{ 元/m}^3$$

在工程量增加 25% 范围以内用原价，即

$$200 \times 400 \times (1+25\%) = 100000 \text{ 元}$$

超过部分采用新价格：

$$190 \times (600 - 400 \times 1.25) = 19000 \text{ 元}$$

则该分项工程实际总价格为：

$$100000 + 19000 = 119000 \text{ 元}$$

11.3.6　其他情况

（1）工程变更可能引起工期的延误，补偿还应包括与时间延误有关的费用。

（2）对复杂的难以精确分析计算的变更，业主可以与承包商提前商定变更可能造成的总体影响，确定一个固定的变更价格，包括工程变更调整的价格，以及对工期影响相关的费用和其他费用，让承包商包干。

（3）工程变更可能会引起其他不可预见的费用，如打断正常的施工节奏，破坏了施工过程原有协同，现场发生拥挤、中断和窝工现象，资源投入强度突然增加导致现场供应不足，对其他工程部分产生影响等，都会增加变更成本。

对此，承包商必须提出这些损失的证据，并识别与变更的因果关系，才能提出索赔要求。

11.4　加速施工的费用索赔

11.4.1　承包商有权提出加速施工引起的费用索赔的情况

（1）由于非承包商责任造成工期拖延，业主希望工程能按时交付，由工程师下达指令承包商采取加速措施。这种赶工属于变更。

（2）工程虽未拖延，由于市场等原因，业主希望工程提前交付，与承包商协商采取加速措施。

（3）推定加速施工。由于发生干扰事件，已经造成工期拖延，但双方对工期拖延的责任产生争议。承包商提出工期索赔要求，工程师（业主）认为是承包商的责任，直接指令承包商加速，承包商被迫采取加速措施（按施工合同，对于承包商责任的拖延，工程师可以指令加速）。但最终经承包商申诉，或经调解，或经仲裁，确定工期拖延为业主责任，承包商工期索赔成功，则工程师的加速指令即被推定为赶工指令，业主应承担相应的责任。

这种情况处理起来比较复杂，应该尽量避免。

11.4.2　加速施工的合同处理要求

新的 FIDIC 合同要求先落实业主对工期延误的责任，再就赶工补偿达成一致，再实施赶工措施。如果对工期延误的责任达不成一致，就提交争议解决，再采取措施，即没有赋予业主直接指示承包商为了减少业主的工期延误而加速施工的权利。

但常常做不到，双方对工期延误的责任不一致，争议解决时间较长，会进一步延误工程的实施，这对双方都不利。业主常常会指令加速，承包商也必须执行。

对此，可以在合同中增加赶工补偿的相关条款，工程师（业主）有权指令加速施工，同时应明确规定赶工费用支付的条款。若合同没有规定赶工条款，双方应在赶工开始前商

定赶工措施和支付方法。

承包商在采用赶工措施时应保存详细的记录。

11.4.3　加速施工的费用索赔计算

加速施工的费用索赔的精确计算是十分困难的。

（1）它常常与引起工期拖延的干扰事件，以及相关的费用索赔相联系，需要通盘考虑。

（2）整个合同报价的依据也发生变化，会涉及实施方法的变化，劳动力投入的增加、劳动效率降低（由于加班、频繁调动、工作岗位变化、工作面减小等）、加班费补贴，材料（特别是周转材料）的增加、运输方式的变化、使用量的增加，设备数量的增加、使用效率的降低，管理人员数量的增加，分包商索赔、供应商提前交货的索赔等。

【案例11-7】在某工程中，合同规定某种材料须从国外某地购得，由海运至工地，一切费用由承包商承担。现由于业主指令加速工程施工，经业主同意，该材料改海运为空运。对此，承包商提出费用索赔：

原合同报价中的海运价格为 2.61 美元/千克，

现空运价格为 13.54 美元/千克，

该批材料共重 28.366 千克，则费用索赔＝28.366 千克×（13.54—2.61）美元/千克＝310.04 美元

（3）通常还要扣除由于使工期提前而减少的与时间相关的费用。

加速施工的费用分析见表11-6。

加速施工的费用索赔分析表　　　　　　　　　　表 11-6

费用项目	内容说明	计算基础
人工费	增加劳动力投入，不经济地使用劳动力使生产效率降低	报价中的人工费单价，实际劳动力使用量，已完成工程中劳动力计划用量
	节假日加班，夜班补贴	实际加班天数，合同规定或劳资合同规定的加班补贴标准
材料费	增加材料投入，不经济地使用材料	实际材料使用量，已完成工程中材料计划使用量，报价中的材料价格或实际价格
	因材料提前交货给供应商的补偿	实际支出
	改变运输方式	材料数量，实际运输价格，原计划运输方式的价格
	材料代用	代用数量差，价格差
机械费	增加机械使用时间，不经济地使用机械	实际费用，报价中的机械费，实际租金等
	增加新设备投入	新设备报价，新设备使用时间
工地管理费	增加管理人员的工资	计划用量，实际用量，报价标准
	增加人员的其他费用，如福利费、工地补贴、交通费、劳保、假期等	实际增加人·月数，报价中的费率标准
	增加临时设施费	实际增加量，实际费用
	现场日常管理费支出	实际开支数，原报价中包含的数量

费用项目	内容说明	计算基础
其他	分包商索赔	按实际情况确定
	企业管理费	上述费用之和，报价中的企业管理费率
扣除：工地管理费	由于工期缩短，减少工地交通费、办公费、工器具使用费、设施费用等支出	缩短月数，报价中的费率标准
扣除：其他附加费	保函、保险和企业管理费等	

（4）在实际工程中，由于加速施工的实际费用支出的计算和核实都很困难，容易产生矛盾和争议，为了简化起见，合同双方在变更协议中可以核定赶工费赔偿总额（包括赶工奖励），由承包商包干使用。

11.5 其他情况的费用索赔

11.5.1 工程中断

（1）工程中断指由于某种原因使承包商正常工作进程受到扰乱或者停止，在一段时间后又继续开工。

停工阶段，承包商应采取措施防止损失扩大，并做好各种停工手续，做好停工期间的现场记录，应在合理的时间间隔内，定期通报停工期间人工、机械的停置情况及补偿报告，并要求发包方签收、答复。

（2）工程中断索赔的费用项目和它的计算基础基本上同前述工程延期索赔。另外还可能有如下费用项目（表 11-7）。

工程中断费用索赔补充分析表　　　　　　　　　　表 11-7

费用项目	内容说明	计算基础
人工费	人员的遣返费、赔偿金以及重新招雇费用	实际支出
机械费	重新的进出场费用	实际支出或按合同报价标准
其他费用	如工地清理、重新计划、安排、重新准备施工等	按实际支出

因业主责任造成的停工，承包商还有权索赔利润。

11.5.2 合同终止

在工程竣工前，合同被迫终止，并且不再继续进行。它的原因通常有，业主认为该工程已不再需要，或因国家计划调整，项目被取消；政府、城建、环保等部门的干预；业主违约，濒于破产或已破产，无力支付工程款，按合同条件承包商有权终止合同等。

在这种情况下，合同终止并不影响承包商的索赔权利。

（1）承包商对于业主任何先前的违约和尚未解决的索赔拥有权利。

（2）对先前的合同争议，以及合同终止的争议，承包商仍有权提交调解和仲裁。

（3）业主应按合同中规定的费率和价格向承包商支付合同终止前完成的全部工作的费用。这时工程项目已处于清算状态，首先需要进行工程的全盘清查，结清已完工程价款。

承包商有权获得所完成的工程的全部价款减去已经获得的支付。

另外还可以对因为合同终止引起的承包商的损失提出索赔，见表 11-8。

合同终止的损失费用索赔分析表 表 11-8

费用项目	内容说明	计算基础
人工费	遣散工人的费用，给工人的赔偿金，善后处理工作人员费用	按实际损失计算
机械费	已交付的机械租金，为机械运行已作的一切物质准备费用，机械作价处理损失（包括未提折旧），已交纳的保险费等	
材料费	已购材料，已订购材料的费用损失，材料作价处理损失	
现场费用	临时工程和承包商撤离现场、并运回承包商本国工作地点的费用	
其他附加费用	分包商索赔 已交纳的保险费、银行费用等 开办费和工地管理费损失 合理导致的任何其他费用或债务	

对因不可抗力事件导致合同终止，业主仅补偿承包商的费用；而因业主违约引起的合同终止，承包商还有权索赔利润。

11.5.3　特殊服务

对业主要求承包商提供特殊的服务，如完成合同规定以外的义务，完成一些应由业主承担的工作（如提供资源），为了降低由于业主干扰带来的损失所采取的措施，执行工程师的指令对非承包商责任的工程缺陷进行原因调查等，业主应该进行补偿。通常可以采用如下三种方法计算赔（补）偿值：

（1）以点工计算。这里点工价格除包括直接劳务费价格外，在索赔中还要考虑节假日的额外工资、加班费、保险费、税收、交通费、住宿费、膳食补贴、企业管理费和利润等。

（2）用成本加酬金方法计算。

（3）承包商就特殊服务项目作报价，双方签署附加协议。这与合同报价形式相同。

11.5.4　材料和劳务价格上涨的索赔

如果合同允许对材料和劳务等费用上涨进行调整，合同应明确规定调整方法、依据、计算公式等。现在，FIDIC 施工合同采用国际上通用的物价指数调整方法。

（1）确定合同价格的组成要素，作为调整对象。通常有不可调部分（与物价无关的）、工资和主要材料（如设备、水泥、钢材和木材）等。

（2）确定各组成要素在合同价格中的比重系数。各组成要素系数之和应该等于 1。各部分成本的比重系数在许多标书中要求承包商在投标时即提出，并在价格分析中予以论证。但也有的是由业主在标书中规定一个允许范围，由承包商在此范围内选定。

（3）确定价格考核的地点和时间。

1）价格考核地点一般在工程所在地，或指定的某地市场价格或由指定的机构颁布的价格指数。

2）时间包括：

① 投标基准日期，通常以投标截止期前 28 天当日。承包商在投标文件中应提出报价

所依据的工资和材料的基本价格表。

在承包商投标文件中的价格指数必须符合实际，业主应该对基本价格表进行审查。如果定得高了，会导致承包商的损失；而定低了会导致业主的损失。

② 调整到现行价格的指定日期。对按月结算工程款的情况，通常为期中付款证书指定期间最后一天的 49 天前的当日。

同样实际的工资和物价（或分别各种材料）也以公布的价格作为依据。一般不考虑承包商对工人的实际支付和材料的实际采购价格。因为业主或工程师审查和控制承包商个别支付和采购价格是困难的，而且会导致承包商不积极的控制采购成本。

（4）工程价款调值公式。

$$P = P_0 \cdot (a_0 + a_1 \cdot A/A_0 + a_2 \cdot B/B_0 + a_3 \cdot C/C_0 + a_4 \cdot D/D_0)$$

式中
P——调整后合同价款或工程实际结算款；

P_0——合同价款中工程预算进度款；

a_0——固定要素，代表合同支付中不能调整的部分；

a_1、a_2、a_3、$a_4 \cdots$——有关成本要素（如人工费用、钢材费用、水泥费用等）在合同总价中所占的比重，$a_0 + a_1 + a_2 + a_3 + a_4 \cdots = 1$；

A_0、B_0、C_0、D_0——基准日期与 a_1、a_2、a_3、a_4 对应的各项费用的价格指数或价格；

A、B、C、D——与特定付款证书有关的期间最后一天的 49 天前与 a_1、a_2、a_3、a_4 对应的各费用的现行价格指数或价格。

【案例 11-8】某国际工程合同规定允许价格调整，并采用国际通用的调整公式。调整以投标截止期前 28 天的参照价格为基数，通过对报价的测算分析确定各个调整项目占合同总价的比例。投标截止期前 28 天当日的参考价格见表 11-9。而在第 i 个月完成的工程量为 230 万美元，第 i 个月的参考价格指数见表 11-9。

第 i 个月的参考价格指数 　　　　表 11-9

调整费用项目	占合同价比例 （I）	投标截止期前 28 天 参考价格 （T_0）	第 i 个月公布 参考价格 （T_i）	T_i/T_0	$I \cdot (T_i/T_0)$
不可调部分	0.30	无	无	1	0.30
工资（美元/工日）	0.25	3	3.6	1.2	0.30
钢材（美元/t）	0.12	520	580	1.115	0.134
水泥（美元/t）	0.06	80	82	1.025	0.062
燃料（美元/升）	0.08	0.4	0.48	1.2	0.096
木材（美元/m³）	0.1	420	480	1.143	0.114
其他材料	0.09	100	120	1.2	0.108
合计	1				1.114

则，第 i 月的物价调整后工程价款为：

$$P_i = P_0 \times \sum I \times (T_i/T_0) = 230 \times 1.114 = 256.22 \text{ 万美元}$$

则，由于物价引起的调整为：

$$P_i - P_0 = 256.22 - 230 = 26.22 \text{ 万美元}$$

对我国国内工程，可以按照有关部门规定的方法和价格指数进行调整。

11.5.5　拖欠工程款引起的利息索赔

对业主未按合同规定支付工程款的情况，如果合同中有明确的规定，则按照合同规定执行，我国施工合同条件规定，可按银行有关逾期付款办法或"工程价款结算办法"的有关规定处理。如果合同中没有明确的规定，则按照相关的政府法律执行。其索赔值通常可采用如下公式计算：

$$包括利息在内的应付款＝拖欠工程款数额×(1＋年利率×拖欠天数/365)$$

利息开始计取的时间从应当有权获得支付之日开始计取。

这里的年利率可采用由合同指定银行的利率或合同指定利率，例如某合同规定按照银行贷款利率加 2 个百分点。

11.6　利　润　索　赔

11.6.1　可以索赔利润的情况

在工程合同中，费用是指承包商在现场内外发生的（或将发生的）所有合理开支，包括管理费用及类似的支出，但不包括利润。在 FIDIC 合同中对承包商的利润索赔有专门的规定，通常在如下情况下，承包商不仅可以索赔费用，还可以索赔利润。

（1）业主没有履行或没有恰当地履行合同义务。如提供错误的数据和放线资料，拖延提供设计图纸和施工场地，在颁发移交证书前使用工程，妨碍承包商工程竣工试验等。

（2）业主违约行为。如业主删除工程，又发包给其他承包商；由于业主不支付工程款，承包商暂停工程的施工；由于业主的严重违约行为，承包商终止合同，带来的预期利润损失。

（3）业主指令工程变更。如工程量的增加、附加工程等；工程师指令钻孔勘探；要求修补非承包商责任的缺陷；为其他承包商提供工作条件和设施；指令承包商调查工程缺陷，而结果证明缺陷非承包商责任等。

（4）出现业主风险事件，引起的工程破坏，承包商按照工程师的指令维修等。

11.6.2　利润索赔的计算原则和方法

不同的干扰事件，利润索赔的计算方法不同，可以分为如下几类：

（1）在大多数情况下，可以按照前面费用索赔的各分项的计算结果（通常物价上涨引起的费用索赔除外），乘以合同规定的利润率。这通常适用于业主指令工程变更和业主风险事件的情况，例如工程量增加、增加合同规定以外的工作。这种算法与报价一致。

（2）由于业主没有履行他的合同义务或者业主违约导致承包商工程延误（如暂停）情况下，承包商的工程直接费、现场管理费索赔数额较少，可以采用前述 Hudson 公式，或Eichley 公式，将利润与企业管理费一起计算索赔值。

（3）业主严重违约导致合同终止，承包商还可以索赔剩余工程中的利润；或业主将部分工程删去，再发包给其他承包商，则承包商可以索赔被删除部分工程的利润。

利润补偿的额度应当是在没有干扰事件情况下承包商所应获得的实际利润额（实际损失原则），但对剩余工程的可得利润的计算与证实都很困难，一般不能按照承包商报价中的利润率计算。常常要依据最近三年承包企业的实际利润率计算，需要审查承包商企业的财务报告来确定。

【案例 11-9】在我国某地一工厂的车间厂房、办公楼施工工程，经邀请招标，由 A 建设工程有限公司以 1050 万元中标。A 的报价是依据当地的预算定额编制的，在合同中 A 承诺在预算价格的基础上让利 18%。但中标后业主又将工程委托给另外承包商 B 完成。A 向法院起诉向业主索赔该工程的可得利润，法庭支持承包商的要求。

但根据合同报价分析无法确定承包商 A 的可得利润。法庭接受了按照 A 近几年企业实际利润率和当地同类企业的平均利润率测算本工程的可得利润率的建议。法庭委托政府价格主管部门设立的价格鉴定机构测算承包商 A 的可得利润。

鉴定依据：工程施工合同和图纸、预算书，地方的价格评估暂行办法、工程预算定额和工程取费标准、当地的工程造价信息、当地统计局资料，A 在本工程中标前三年经审计合格的资产负债表和损益表。

（1）按照施工图纸和预算定额测算，工程预算造价为 12676111 元。

（2）根据 A 企业前三年经过审计的财务会计报表，该企业的税前利润率分别为 2.36%，2.4% 和 1.88%，前三年的平均税前利润率为 2.22%。

（3）通过统计年鉴分析，近三年该市同类建筑企业的平均利润率分别为 2.98%，3.43%，3.76%。

（4）按照本次委托鉴定的目的和要求，对被测算对象赋予不同的权重：A 公司的利润率权重为 60%，当地近三个年度同类企业平均利润率分别赋予 10%、10%、20% 的权重，则可得利润率的测算值为：

$$可得利润率 = 2.22\% \times 60\% + 2.98\% \times 10\% + 3.43\% \times 10\% + 3.76\% \times 20\%$$
$$= 2.72\%$$

（5）计算 A 的可得利润：

$$工程项目可得利润 = 预算总造价 \times (1 - 下浮率) \times 可得利润率$$
$$= 12676111 \times (1 - 18\%) \times 2.72\% = 282728 \ 元$$

这种分析计算比较反映实际情况，符合索赔值计算的基本原则。

复习思考题

（1）在我国的某工程中，采用标准的建设工程施工合同文本。在施工过程中，由于业主图纸拖延造成现场全部停工 2 个月。问承包商能够索取哪些费用项目？

（2）在案例 11-1 中，如果承包商在合同报价中在保持人工费总额不变的情况下，提高劳动效率（即增加总合同用工量），并提高劳动力单价。这对本项索赔会产生什么影响？作为业主应如何防止这种现象？

（3）在某工程中，承包商的施工组织计划在某阶段采用两班制作业。在这一阶段的施工中由于业主原因造成整个工程中断，施工设备停滞，业主需要赔偿承包商的损失。问：在费用索赔的计算中，承包商能否索取每天两个停滞台班费？为什么？

（4）讨论：对总承包商和管理承包商是否能用 Hudson 公式和计算企业管理费的索赔？为什么？

（5）讨论题：在案例 11-9 中，如果在现场开工后工程项目取消，业主应补偿承包商哪些费用？利润补偿应该如何计算较好？

12   索赔的处理与争议解决

【本章提要】

本章讨论索赔处理和合同争议的解决，内容包括：

（1）反索赔。主要讨论了反驳索赔报告和业主对承包商的索赔。对承包商、工程师与业主来说，反索赔与索赔有同等重要的地位。

（2）承包商索赔处理的策略。在索赔处理过程中，策略研究是十分重要的，它是承包商经营策略的一部分。

（3）合同争议的解决方法。

12.1 反 索 赔

12.1.1 反索赔的含义及意义

1. 反索赔的含义

反索赔一般有两种解释：

（1）将业主向承包商提出的索赔要求称为"反索赔"；

（2）对对方提出的索赔要求进行反驳、反击，或防止对方提出索赔要求。

有索赔，必有反索赔。在工程中，业主与承包商之间，总承包商和分包商之间等都可能有索赔和反索赔。例如承包商向业主索赔，则业主反索赔；同时业主又可能向承包商索赔，承包商需要反索赔；工程师一方面通过圆满地工作防止索赔事件的发生，另一方面又必须妥善地解决合同双方的各种索赔和反索赔问题。所以工程中索赔和反索赔关系是很复杂的。

索赔和反索赔是矛和盾的关系，进攻和防守的关系。在合同实施过程中承包商需要能攻善守，攻守相济，才能立于不败之地。即对方企图索赔却找不到我方的薄弱环节，找不到向我方索赔的理由；我方提出索赔，对方无法推卸自己的合同责任，找不到反驳的理由。

2. 反索赔的意义

在合同实施过程中，合同双方都在进行合同管理，都在寻找索赔机会，一经干扰事件发生，都在企图推卸自己的合同责任，都在企图进行索赔。所以对合同双方来说，反索赔与索赔有同等重要的意义，主要表现在：

（1）减少和防止损失的发生。如果不能进行有效的反索赔，不能推卸自己对干扰事件的合同责任，则需要满足对方的索赔要求，支付赔偿费用，致使己方蒙受损失。索赔和反索赔是一对矛盾，所以一个索赔成功的案例，常常又是反索赔不成功的案例。

对合同双方来说，反索赔同样直接关系工程经济效益的高低，反映着工程管理水平。

（2）不能进行有效地反索赔，处于被动挨打的局面，影响工程管理人员的士气，进而影响整个工程的施工和管理。在国际工程中常常有这种情况：由于不能进行有效的反索赔，己方管理者处于被动地位，被对方索赔怕了，工作中缩手缩脚，与对方交往诚惶诚恐，丧失主动权。而许多承包商也常采用这个策略，在工程刚开始就抓住时机积极地进行索赔，以打掉对方管理人员的锐气和信心，使他们受到心理上的挫折。这是应该防止的。对于苛刻的对手必须针锋相对，丝毫不让。

（3）不能进行有效的反索赔，同样也不能进行有效的索赔。

1）不能有效地进行反索赔，处于被动挨打的局面，是不可能进行有效的索赔的，承包商的工作漏洞百出，对对方的索赔无法反击，则无法避免损失的发生，也无力追回损失。

同样不能进行有效的索赔，在工作中一直忙于分析和反驳对方的索赔报告，也难以摆脱被动局面，也不能进行有效的反索赔。

2）由于工程的复杂性，对干扰事件常常双方都有责任，所以索赔中有反索赔，反索赔中又有索赔，形成一种错综复杂的局面（见案例14-1）。不同时具备攻防本领是不能取胜的，不仅要对对方提出的索赔进行反驳，而且要反驳对方对我方索赔的反驳。

3）通过反驳索赔不仅可以否定对方的索赔要求，使自己免予损失，而且可以重新发现索赔机会，找到向对方索赔的理由。因为反索赔同样要进行合同分析、事态调查、责任分析、审查对方索赔报告。用这种方法可以摆脱被动局面，变不利为有利，使守中有攻，能达到更好的反索赔效果。这是反索赔策略之一。

所以索赔和反索赔是不可分离的。业主和承包商都需要具备这两个方面的本领。对工程师，由于他特殊的地位和职责，反索赔对他有更为重要的意义。

12.1.2 反索赔的内容和基本原则

1. 反索赔的内容

反索赔的目的是防止损失的发生，则它必然包括如下两方面内容：

（1）防止对方提出索赔。在合同实施中进行积极防御，"先为不可胜"（《孙子兵法·形篇》），使自己处于不能被索赔的地位。这是合同管理的主要任务。

积极防御通常表现在：

1）通过有效的合同管理，防止自己违约，使自己完全按合同办事，使对方找不到索赔的理由和根据，处于不被索赔的地位。工程按合同顺利实施，没有损失发生，不需提出索赔，合同双方没有争议，达到很好的合作效果，皆大欢喜。

2）但上述仅为一种理想状态，在合同实施中的干扰事件总是有的，许多干扰是合同双方不能影响和控制的。干扰事件一经发生，就应着手研究，收集证据，一方面作索赔处理，另一方面又准备反击对方的索赔。这两手都不可缺少。

3）在实际工程中干扰事件常常双方都有责任，许多承包商采取先发制人的策略，首先提出索赔。它的好处有：

① 尽早提出索赔，防止超过索赔有效期限而失去索赔机会。

② 尽早提出索赔，能够使索赔尽快地获得解决。

③ 争取索赔中的有利地位，因为对方要花许多时间和精力分析研究，以反驳己方的索赔报告。这样有利于打乱对方的步骤，争取主动权。

④ 为最终的索赔解决留下余地。通常，索赔解决过程中双方都需要作出让步，对首先提出的，且索赔额比较高的一方较为有利。

（2）对对方（业主，总包或分包）已提出的索赔要求进行反驳，否定或部分否定对方的索赔要求，使自己不受或少受损失。最常见的反击对方索赔要求的措施有：

1）反驳对方的索赔报告，找出理由和证据，证明对方的索赔报告不符合事实、不符合合同规定、没有证据、计算不准确，以推卸或减轻自己的赔偿责任，使自己不受或少受损失。

2）用己方的索赔对抗（平衡）对方的索赔要求，使最终解决双方都作让步。

在工程过程中干扰事件的责任常常是双方的，对方也有失误和违约行为，也有薄弱环节。抓住对方的失误，提出索赔，在最终索赔解决中双方都作让步。这是以"攻"对"攻"，攻对方的薄弱环节。用索赔对抗索赔，是常用的反索赔手段。

在国际工程中业主常常用这个措施对待承包商的索赔要求，如找出工程中的质量问题，承包商管理不善之处加重处罚，以对抗承包商的索赔要求，达到少支付或不支付的目的。这是业主反索赔的重要措施。所以，人们才将业主对承包商的索赔定义为"反索赔"。

这两种措施都很重要，常常索赔和反索赔同时进行，即索赔报告中既有索赔，也有反索赔；反索赔报告中既有反索赔，也有索赔。攻守手段并用会达到很好的索赔效果。

2. 反索赔的基本原则

反索赔的目的同样是使对方的索赔要求得到合理解决。无论是不符合实际损失的超额赔偿，还是强词夺理、对合理的索赔要求不承认，或赖着不赔，都不是索赔的合理解决方式。反索赔的原则是，以事实为根据，以合同（法律）为依据，实事求是地认可合理的索赔要求，反驳、拒绝不合理的索赔要求，按法律原则公平合理地解决索赔问题。

12.1.3　反索赔的主要步骤

在接到对方索赔报告后，就应制定反索赔的策略和计划，着手对索赔报告进行分析和反驳。反索赔与索赔有相似的处理过程。通常对重大的或一揽子索赔的反驳处理过程如图 12-1 所示。

1. 合同总体分析

反索赔同样是以合同作为反驳的理由和根据。合同分析的目的是，分析、评价对方索赔要求的理由和依据。重点是，与对方索赔报告中提出的问题有关的合同条款，以找出对对方不利，对己方有利的合同条文，构成对对方索赔要求否定的理由。

2. 事态调查

反索赔仍然基于事实基础之上，以己方对合同实施过程跟踪和监督获得的各种实际工程资料作为证据，用以对照索赔报告所描述的事情经过和所附证据。通过调查可以确定干扰事件的起因、事件经过、持续时间、影响范围等真实的详细的情况，以指认不真实、不肯定、没有证据的索赔事件。

在此需要收集所有与反索赔相关的工程资料。

3. 三种状态分析

在事态调查和收集、整理工程资料的基础上进行合同状态、可能状态、实际状态分析。通过分析可以达到：

（1）全面地评价合同、合同实施状况，评价双方合同义务的完成情况。

（2）对对方有理由提出索赔的部分进行总概括，分析出对方有理由提出索赔的干扰事件有哪些，索赔的大约值或最高值。

（3）对对方的失误和风险范围进行具体指认，并对其影响进行分析，以准备向对方提出索赔。国外的承包商和业主在进行反索赔时，特别注意寻找向对方索赔的机会。

4. 索赔报告分析

可以通过索赔分析评价表对索赔报告进行全面分析，对索赔要求、索赔理由进行逐条分析评价。其中，分别列出对方索赔报告中的干扰事件、索赔理由、索赔要求，并对应性提出己方的反驳理由、证据、处理意见或对策等。

5. 起草并向对方递交反索赔报告

反索赔报告也是正规的法律文件，在争议解决中，应递交给调解人或仲裁人。

12.1.4　索赔报告中常见问题分析

对对方（业主、总包或分包等）提出的索赔，需要进行反驳，不能直接地全盘认可。反驳索赔报告的目的是找出索赔报告中的漏洞和薄弱环节，以全部或部分地否定索赔要求。

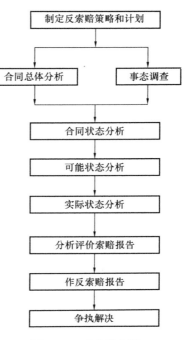

图 12-1　反索赔步骤

任何一份索赔报告，即使是索赔专家作出的，漏洞和薄弱环节总是有的，问题在于能否找到。这完全在于双方管理水平、索赔经验和能力的权衡和较量。索赔报告常见的问题有：

（1）提出的索赔事件不真实、不肯定、没有根据。事件的真实性可以从两方面证实：

1）对方索赔报告后面的证据。不管事实怎样，只要对方索赔报告后未提出事件经过的有力证据，即可要求对方补充证据，或否定索赔要求。

2）己方合同跟踪的结果，从其中寻找对对方不利的，构成否定对方索赔要求的证据。

（2）干扰事件是存在的，但责任不在我方。通常有：

1）责任在于索赔者自己，由于他疏忽大意，管理不善造成损失，或在干扰事件发生后未采取得力有效的措施降低损失，或未遵守工程师的指令、通知等。对方提出索赔，有推卸责任、转移风险的企图。在国际工程中甚至有无中生有或恶人先告状的现象。

2）干扰事件是由其他方面引起的，不应由我方赔偿。

3）双方都有责任，则应按各自的责任分担损失。

（3）索赔报告没有对合同作总体分析，没有引用合同条文，或对合同理解有错误，对方从自己的利益和观点出发解释合同，所以索赔理由不足，或索赔要求是片面的、不客观的。

反索赔和索赔一样，要能找到对自己有利的，或对对方不利的合同条文，使对方不能推卸或不能完全推卸自己的合同责任。例如：

1）对方未能在合同规定的索赔有效期内提出索赔意向或索赔报告，故索赔无效；

2）该干扰事件在合同规定的对方应承担的风险范围内，不能提出索赔要求，或应从索赔中扣除这部分；

3）索赔要求不在合同规定的赔（补）偿范围内，如合同未明确规定，或未具体规定补偿条件、范围、补偿方法等；

4）虽然干扰事件为我方责任，但按合同规定我方没有赔偿责任，例如合同中有对我方的免责条款或合同规定不予赔偿等。

（4）索赔报告夸大干扰事件的影响，所提出的索赔事件和影响之间不存在因果关系。如在某工程中，总承包商负责的装饰材料未能及时运达工地，使分包商装饰工程受到干扰而拖延，但拖延天数在该工程活动的时差范围内，不影响工期，或影响很小。且总包已事先通知分包，而施工计划又允许人力作调整，则不能对分包商的工期和劳动力损失作赔偿。

又如干扰事件发生后，承包商能够但没有采取积极的措施避免或降低损失，未及时通知工程师，而是听之任之，扩大了干扰事件的影响范围和影响量。这些损失应由他自己承担。

（5）索赔值的计算不合理，多估冒算，漫天要价。按照通常的索赔策略，索赔者要扩大索赔额，给自己留有充分的余地，以争取有利的解决。例如将因自己管理不善造成的损失和属于自己风险范围内的损失纳入索赔要求中；采用对自己有利的但是不合理的计算方法等。所以索赔值常常会有虚假成分，甚至可能离谱太远。

索赔值的审核工作量大，涉及资料多，过程复杂，技术性强，要花费许多时间和精力。

索赔值的审核是在三种状态分析基础上进行的，分析的重点在于：

1）各数据的准确性。对索赔报告中所涉及的各个计算基础数据都须作审查、核对，以找出其中的错误和不恰当的地方。例如：工程量增加或附加工程的实际量方结果；工地上劳动力、管理人员、材料、机械设备的实际使用量；支出凭据上的各种费用支出；各个费用项目的"计划－实际"量差、价差分析；索赔报告中所引用的单价；各种价格指数等。

2）计算方法的合理性。尽管通常都用分项法计算，但不同的计算方法对计算结果影响很大。在实际工程中，这方面争议常常很大，对于重大的索赔，须经过双方协商谈判才能对计算方法达到一致，特别对于总部管理费的分摊方法，工期拖延的费用索赔计算方法等。

3）对索赔值审查中特别应注意的问题。

在索赔值审查中特别应注意如下几个容易被人们忽视，也极容易引起争议的问题：

① 在索赔报告中，对方常常全部地推卸责任，完全以自己工程中的实际费用损失作为索赔值的计算基础，即使用公式：

$$费用索赔值＝实际费用－合同价格$$

这在大多数情况下是不对的，因为索赔值的计算需要扣除两个因素的影响：

A. 合同规定的对方应承担的风险或我方的免责范围。

B. 由对方工程管理失误造成的损失。通常，干扰事件的责任都是双方面的。

要扣除这两个因素，分析和审核索赔报告，比较科学和合理的方法是采用三种状态的分析方法。

② 索赔值的计算基础是合同报价，或在合同报价的基础上，按合同规定进行调整。

而在实际工程中人们常常用自己实际的工作量、生产效率、工资水平、价格水平，作为索赔值的计算依据，这样会过高地计算了索赔值。对此，是不能认可的。

在许多国际工程索赔实例中，承包商由于招标文件理解错误，或疏忽大意，报错了单价，例如小数点错了一位，使单价减少 10 倍。在索赔值的计算中，所有涉及该分项的费用索赔需要使用这个错误的单价计算。

通常在索赔中，只有在一些少数情况下允许调整合同单价，例如：

工程中断，则机械费索赔所用单价需要在合同单价基础上作调整（打一定的折扣），因为合同中的机械费报价是运行状态下，而工程停止时机械为停滞状态；

工程量增加或减少超过合同规定的额度，使原单价变得不合理，则应按合同规定调整；

工程量增加或附加工程的工作性质、条件、内容等与合同中的一些分项工程不一样时，可以调整合同单价并用于这些增加或附加的工程等。

③ 要防止报价策略的影响。当工程变更使某分项工程实际工程量大幅度增加时，要防止承包商在投标时就预见到这种情况，采用不平衡报价，有意识提高该项单价。如果按照合同单价计算实际工程价款，承包商就获得了超额利益。这不符合赔偿实际损失原则。

比较典型的是在后面案例 14-3 中，土方工程量大幅度增加，运距增加，工程师采用现场实测承包商劳动效率的方法，结果计算实际单价还低于合同所报单价。工程师的这种处理方法是合理的，也是科学的。

④ 在对一揽子索赔处理中，在分析合同状态时，常常会发现原报价中：

A. 由于对方在报价时未注意到工程的复杂程度、质量标准、工程规模等造成报价失误；

B. 对于固定总价合同，承包商报价中出现漏项，或工程量计算错误；

C. 由于报价前环境调查出错，报价中的材料价格过低，使报价过低；

D. 出于投标策略降低了报价等。

这些问题应由对方自己承担，不能补偿，所以在总索赔额中应扣除这些因素。

⑤ 索赔的基本原则是赔偿实际损失，它不应该带惩罚性。即使对于工程合同中约定的违约金的赔偿，如对逾期违约金，如果提出损害的赔偿太高，属于惩罚性的，法庭可能会裁决该条款无效。

⑥ 防止重复计算。在日常的单项索赔之间，在一揽子索赔中的各干扰事件和各费用项目索赔值的计算之间都可能有重复计算的现象，应予以剔除。

A. 工期索赔中的重复计算。在实际工程中，工期索赔多算、重复计算的情况比较普遍（见案例 14-6）。一般在工程结束前，通过对合同状态和可能状态的总网络分析对比，才能正确地计算总工期索赔值。

B. 费用索赔的重复计算。例如：

若工期重复计算，则与工期相关的费用索赔必然也是重复计算，应予以扣除；

一个延误事件，计算了多项赔偿；

按干扰事件的性质和责任者不同，有的工期拖延允许提出与工期相关的费用索赔，有些不允许提出费用索赔，应区别对待；

在工程拖延或中断期内，有时局部工程仍在施工（在低效率施工），则在计算与工期相关的费用索赔时，则应扣除该期内已完工程中所包含的现场管理费等。

如在某工程中，由于业主指令增加工程量和附加工程造成工期延长和费用增加，分包商向总包提出索赔。分包商按报价方式计算了工程量增加和附加工程费用（其中也包括了工地管理费和其他附加费）。这些费用在工程进度款中支付。对工期延长，分包商又提出与工期相关的费用索赔，如工地管理费、总部管理费等。这后一项与工期相关的费用索赔有部分是重复计算的，应扣除增加的工程价格中所包括的工地管理费、总部管理费的份额。

（6）在对方的索赔报告中未能提出支持其索赔的详细资料，对方没有、也不能够对索赔要求作出进一步解释，并提供更详细的证据。如：

证据不足、证据不当或仅有片面的证据，索赔是不成立的。

证据不足，即证据不足以证明干扰事件的真相、全过程或证明事件的影响。

证据不当，即证据与本索赔事件无关或关系不大，证据的法律证明效力不足。

片面的证据，即仅出具对自己有利的证据。如合同双方在合同实施过程中，对某问题进行过两次会谈，作过两次不同决议，则按合同变更次序，第二次决议（备忘录或会谈纪要）的法律效力应优先于第一次决议。如果在与该问题相关的索赔报告中仅出具第一次会谈纪要作为双方决议的证据，则它是片面的、不完全的。

又如，尽管对某一具体问题合同双方有过书面协商，但未达成一致，或未最终确定，或未签署附加协议，则这些书面协商文件无法律约束力，不能作为证据。

上述这些问题在索赔报告中都屡见不鲜。如果认可这样的索赔报告，则自己要受到损失，而且这种解决也是不合理的，不公平的。所以对对方的索赔报告必须进行全面地、系统地分析、评价和反驳，以找出问题，剔除不合理的部分，为索赔的合理解决提供依据。

12.1.5　反索赔报告内容

反索赔报告是上述工作的总结，向对方（索赔者）表明自己的分析结果、立场、对索赔要求的处理意见以及反索赔的证据。

根据索赔事件的性质、索赔值的大小、复杂程度，对索赔要求的反驳（或认可）程度不同，反索赔报告的内容差别很大。对一般的单项索赔，如果索赔理由、证据不足，与实际事态不符，则其反索赔报告可能很简单，只需一封信，指出问题所在，附上相关证据即可。对复杂的一揽子索赔，其反索赔报告可能相当复杂，其格式变化也很大。

例如某工程中，承包商向业主提出一份一揽子索赔报告，业主的咨询工程师提出了一份反索赔报告，其内容和结构包括：

第一部分：业主代表致承包商代表的答复信。

在本信中简要叙述业主代表于××年×月×日收到承包商代表××年×月×日签发的一揽子索赔报告，承包商对业主的主要责难，承包商的主要观点以及索赔要求。

业主在对一揽子索赔报告处理后发现承包商索赔要求不合理，简要阐述业主的立场、态度以及最终结论，即对承包商索赔要求完全反驳或部分认可，或反过来向承包商提出索赔要求，对解决双方争议的意见或安排，列出反索赔文件的目录。

第二部分：反索赔报告正文

（1）引言。主要说明就本工程项目合同（合同号），承包商于××年×月×日向业主提出了一揽子索赔报告，列出承包商的索赔要求。

（2）合同分析。主要分析合同的法律基础、合同语言、合同文件及变更、合同价格、工程范围、工程变更补偿条件、施工工期的规定及工期延长的条件、合同违约责任等。

（3）合同实施情况简述和评价。主要包括合同状态、可能状态、实际状态的分析。这里重点针对对方索赔报告中的问题和干扰事件，叙述事实情况，应包括三种状态的分析结果，对双方合同义务完成情况和工程施工情况作评价。目标是，推卸自己对对方索赔报告中提出的干扰事件的合同责任。

1）合同状态。根据招标文件、合同签订前环境条件、施工方案等预计承包商总工时花费、工期、劳动力投入、必要的机械设备、仪器、临时设施，进而测算总费用，确定承包商一个合理的报价，并与实际报价对比。

2）可能状态分析。在计划状态的基础上考虑合同规定不由承包商负责的干扰事件的影响，进行调整计算，得到可能状态下的结果。

3）实际状态分析。根据承包商的工程实施报告和现场实际情况分析得到实际状态。

（4）索赔报告分析。

1）总体分析。简要叙述承包商的索赔报告的内容和索赔要求。

① 承包商对业主的主要指责。按照索赔报告所提及的干扰事件进行罗列，并简要说明。

② 业主的立场。指出承包商的指责是没有根据的或不真实的，业主行为符合合同要求，而承包商则未完成他的合同责任。

③ 结论：业主在合同实施中没有违约，按合同规定没有赔偿的义务，承包商自己应对工程拖延、费用增加承担责任。

2）详细分析。详细分析可以按干扰事件，也可以按单项（或单位）工程分别进行，这应与一揽子索赔报告相吻合。例如对办公楼单项工程的分析：

① 引言。本单项工程合同价及承包商的索赔要求。

② 承包商的主要责难。列出承包商索赔报告中所列的干扰事件及索赔理由。

③ 业主的立场。针对上述责难逐条提出反驳，详细叙述自己的反索赔理由和证据，全部或部分地否定对方的索赔要求。

④ 结论。根据上述分析业主不承认，或部分承认承包商的索赔要求（列出数额）。

3）业主对承包商的索赔要求。针对实际状态与可能状态之间的差额，指出承包商在报价、施工组织、施工管理等方面的失误造成了业主的损失，如工期拖延、工程质量和工作量未达到合同要求等，业主提出索赔要求（有时可另外出具索赔报告提出索赔）。

4）总结论。对上面内容做总概括，包括合同总体分析、合同实施情况、对对方索赔报告总评价和索赔值分析、己方提出的索赔要求、双方要求的结果比较，最终提出解决意见，即业主认为应向承包商支付多少/或不支付/或承包商应向业主支付。

第三部分：附件，即上述反索赔中所提出的证据。

12.1.6 业主索赔

在 FIDIC 施工合同条件中明确规定了业主索赔。

1. 业主索赔的目的

（1）向承包商追回因为承包商违约，或不能全面地履行合同所造成的损失，获得补偿。但在工程中，直接以这个作为第一目的的业主较少。因为对业主来说，工程价款与工程最终产品或服务的收益相比,常常还不是最大的。

(2)在合同中明确规定业主索赔条款,能够对承包商起威慑作用,以加强承包商的合同责任,保证承包商按照合同规定的质量和工期要求圆满地交付工程,以迅速实现投资目的。这对业主来说更为重要。

(3)业主常常通过向承包商索赔来平衡承包商的索赔要求,达到不向或尽可能地少向承包商赔偿。当承包商提出较大的索赔要求时,这是业主主要的反索赔手段。

2. 业主索赔的分类

(1)逾期违约金赔偿。由于承包商责任造成竣工时间的拖延,承包商应向业主赔偿逾期违约金。

1)通常工程合同中有逾期违约金条款,约定逾期违约赔偿的前提、方法、数额和最高限额。逾期违约金赔偿属于违约金,无须证明损失。按照法律规定,如果逾期违约金太高,过度超过业主因工期拖延产生的损失,则不具有强制力,应该进行调整。

2)在没有逾期违约金条款,或逾期违约金条款无效情况下,承包商对业主的工期延误责任适用一般损害赔偿原则。这与承包商向业主索赔的处理原则和过程是相同的:

① 对商业性项目,主要赔偿业主因工程预期所损失的收益,如房屋的租金、承租协议规定的其他赔偿金。对一般公共性建筑,通常赔偿延误期间的全部利息以及业主须支付的其他费用。

② 按照赔偿实际损失原则,业主需要提供相关的损失证据。

3)承包商对由于自己责任造成的工期拖延有赶工的权利与义务,以减少逾期违约金赔偿,而且有些工程延误的责任还可能有业主原因,所以竣工的延误量只有实际竣工时才可能证明。所以逾期违约金通常只有在竣工时才能正式确定。

(2)工程缺陷损失赔偿。竣工工程没有达到合同规定的要求,存在缺陷,业主有权拒收,要求承包商修复工程缺陷,达到合同要求。但在如下情况下,业主从自身的利益出发,可以接收有缺陷的工程。

1)工程虽有缺陷但并不影响安全和使用功能的要求;

2)缺陷修复时间较长,而业主对工程有比较紧急的使用要求,不能等待;

3)承包商修复工程缺陷达到合同要求,可能造成很大损失,或者根本不可能的。

FIDIC施工合同规定,业主可以要求颁发接收证书,接收有缺陷的工程,但合同价格应相应减少,以弥补由于这些工程缺陷给业主带来的价值损失。

在这里要计算工程缺陷给业主造成的"价值损失"是十分困难的,需要考虑:

1)工程缺陷的状态和程度,如工程完成程度,是否缺项。

2)工程满足或达到合同规定的使用要求的程度,如缺陷对工程的使用功能、最终产品的质量、工程的使用寿命、维护费用和生产成本,或市场价值等有多大的影响。

3)缺陷的原因是由于承包商的风险责任造成的,还是由于承包商违约造成的(如偷工减料)。

4)如果采取复原措施,承包商将要承担的费用量。

(3)承包商没有圆满履行合同导致业主损失,一般按照业主的实际损失赔偿。

1)由于承包商的工程设备、材料、设计和工艺经检验不合格,业主代表指令拒收、或作再度检验,进而导致业主费用的增加;或工程未能通过竣工检验,由业主代表指令做重复竣工检验和/或竣工后检验，由此导致业主费用的增加。

2）承包商责任造成工期拖延导致业主费用损失，或工程师指令修订进度计划加速施工，由此导致业主费用增加，如业主对项目管理公司增加支付等。

3）如果承包商未按合同要求办理保险并保持有效，或未按合同规定向业主提供保险证明、保险单及保险费收据，业主办理相应的保险并交付费用。

4）由于承包商违约行为导致业主、业主的其他承包商等遭到其他方面的索赔，或由于承包商责任（如环境污染）引起其他方索赔或诉讼，由此导致业主的费用。

5）其他，如承包商没有按照合同规定清理现场，业主完成承包商责任的扫尾和清理缺陷；承包商没有遵守法律导致业主费用增加等。

对此，业主应及时使用自己的权利，及时让承包商知道他自己的违约责任和后果。

（4）业主对工程的修复费用。

工程施工合同履行期间，如果发生事故、缺陷、故障或其他紧急事件，工程师指令承包商进行紧急补救或其他工作；或者工程师指令承包商更换不合格的材料，拆除不合格的工程等，而承包商不积极、无能力或不愿执行工程师的指令时，业主可雇用其他人员从事该项工作或修理。如果按照合同规定这些工作应该由承包商完成，则承包商应赔偿业主的费用损失。在采取措施和计算修复费用时应注意：

1）通常工程的缺陷由原承包商维修是最经济的和合理的。业主有权要原承包商维修，同时业主也有义务给予原承包商的修复的机会和条件。对原承包商，这既是一项义务同时又是一项权利。只有有证据证明原承包商有意拖延，或缺陷是严重的，该承包商无法修复，业主选择其他承包商完成是合理的。

2）不管双方对缺陷的责任、对修复的措施和范围有什么争议，原承包商应首先执行工程师的指令，积极进行维修，防止事后使自己处于不利地位。

3）修复损害赔偿的目的是使业主实现工程的基本使用要求，达到合同所规定的标准。所以业主的修复方案和标准应该是合理的，有预见性的。当工程修复和复原导致业主的工程超过合同规定的要求，则超过合同标准部分的费用不由承包商承担。

4）在缺陷发现时业主应及时采取措施，不应不合理地耽搁。在修复方案的制定、维修承包商的选择时，业主有义务尽量减少损失。对不合理的开支，承包商不予承担。

5）与承包商对业主的索赔原则一样，业主修复费用的索赔需要有证据证明。

6）如果承包商责任的缺陷或损害使业主不能使用该全部工程或部分工程，对不能按期投入使用的部分工程停止合同，业主有权收回为该部分工程投入的全部费用，并拆除工程。承包商承担业主的费用损失。

（5）承包商违约导致合同终止。合同规定，由于承包商严重的违约行为或承包商的原因（如破产等）导致业主终止合同，业主可雇用其他承包商完成，或自己完成，业主有权从承包商处收回业主蒙受的任何损失和损害赔偿费，以及完成工程的费用。

在计算业主完成的实际费用时应考虑：

1）业主完成的工程的范围和标准应是原先合同定义的，业主不能扩大原合同工程范围和提高质量标准。

2）业主应该以合理的方式委托他人或自己完成，包括应以合适的招标方式，合理的价格委托其他承包商。

3）业主在选择剩余工程实施时机和方案时，应该尽力减少承包商的损失。

（6）其他费用索赔的情况。

按照 FIDIC 工程施工合同，在如下情况下业主可以向承包商提出其他费用索赔：

1）承包商在工程中使用业主现场提供的水、电、气等。

2）承包商使用业主（通常由业主的其他承包商）提供的设备和其他实施。

这些通常按照业主的实际开支，或按照合同规定的计价方式由承包商支付。

（7）缺陷通知期的延长。如果承包商责任的某缺陷或损害达到使工程、分项工程或某项主要生产设备不能按原定的目的使用的程度，业主有权按照合同规定对其缺陷通知期延长，但缺陷通知期的延长不得超过两年。

12.2　承包商的索赔处理策略

12.2.1　索赔处理需防止两种倾向

索赔不仅是工程项目管理的一部分，而且是承包商经营管理的一部分。如何看待和对待索赔，实际上是个经营战略问题，是承包商对利益和关系、利益和信誉的权衡。不能积极有效地进行索赔，承包商会蒙受经济损失；进行索赔，或多或少地会影响合同双方的合作关系；而索赔过多过滥，会损害承包商的信誉，影响承包商的长远利益。这里要防止两种倾向：

（1）只讲关系、义气和情谊，忽视索赔，致使损失得不到应有补偿，正当的权益受到侵害。对一些重大的索赔，这会影响企业正常的生产经营，甚至危及企业的生存。

在国际工程中，若不能进行有效的索赔，业主会觉得承包商经营管理水平不高，常常会得寸进尺。承包商不仅会丧失索赔机会，而且还可能反被对方索赔，蒙受更大的损失。

合同所规定的双方的平等地位，承包商的权益，在合同实施中，同样需要经过抗争才能够实现。要承包商自觉地、主动地保护它，争取它。如果承包商主动放弃这个权益而受到损失，常常法律也不能提供保护。对此，可以用两个极端的例子来说明这个问题：

某承包商承包一工程，签好合同后，将合同文本锁入抽屉，不作分析和研究，在合同实施中也不争取自己的权益，致使失去索赔机会，损失 100 万美元。

另一个承包商在签好合同后，加强合同管理，积极争取自己的正当权益，成功地进行了 100 万美元的索赔，业主应当向他支付 100 万美元补偿。但他申明，出于友好合作，只向业主索取 90 万美元，另 10 万美元作为让步。

对前者，业主是不会感激的。业主会认为，这是承包商经营管理水平不高，是承包商无能。而对后者，业主是非常感激的。因为承包商作了让步，是"重义"。业主明显地感到，自己少受 10 万美元的损失。这种心理状态是很自然的。

（2）在索赔处理和解决中，管理人员好大喜功，只注重索赔，承包商以索赔额的高低作为评价项目部或索赔小组工作成果的唯一指标，而不顾合同双方的关系、承包商的信誉和长远利益。特别当承包商希望将来与业主进一步合作或在当地进一步扩展业务时，更要注意这个问题，应有长远的眼光。

当然承包商需要理性地对待索赔问题，不能为追逐利润，滥用索赔；或违反商业道德，采用不正当手段甚至非法手段搞索赔；或多估冒算，漫天要价。索赔的根本目的在于保护自身利益，追回损失（报价低也是一种损失），避免亏本，不得已而用之。索赔是一种正当的权益要求，不是无理争利，否则会产生如下影响：

1）在合同实施过程中，合同双方关系紧张，产生不信任、甚至敌对情绪，不利于合同的继续履行和双方的进一步合作。

2）承包商信誉受到损害，不利于将来的继续经营，不利于在工程所在地继续扩展业务。任何业主在资格预审或评标中对这样的承包商都会存有戒心，都会敬而远之。

3）承包商的行为如违反法律，会受到相应的法律处罚。

承包商应正确地、辩证地对待索赔问题。在任何工程中，索赔是不可避免的，通过索赔能保护自身利益，使损失得到补偿，增加收益，所以不能不重视索赔问题。

但从根本上说，由于干扰事件影响工程的正常施工，造成混乱和拖延，造成损失，采用索赔追索已产生的损失，或防止将产生的损失，是不得已而用之。从合同双方整体利益出发，应极力避免干扰事件，避免索赔的产生。而且对一具体的干扰事件，能否取得索赔的成功，能否及时地、如数地获得补偿，是很难预料的，也很难把握。所以承包商切不可将索赔作为一个经营策略，或取得利润的基本手段，尤其不应预先寄希望于索赔，例如在投标中有意压低报价，获得工程，指望通过索赔弥补损失。这是非常危险的，会将经营管理引入误区。

12.2.2 承包商索赔的基本方针

1. 全面履行合同义务

承包商应以积极合作的态度履行合同义务，主动配合业主完成各项工程，建立良好的合作关系。这具体体现在：

（1）按合同规定的质量、数量、工期要求完成工程，守信誉，不偷工减料，不以次充好，认真做好工程质量控制工作。在合同实施中无违约行为，使业主和工程师对承包商的工程和工作、对双方的合作感到满意。

（2）积极地配合业主和工程师搞好工程管理工作，协调各方面的关系。在工程中，业主和工程师会有这样或那样的失误和问题，作为承包商有义务执行他们的指令；但又应及时提醒，指出他们的失误，遇到问题主动配合，弥补他们工作不足之处，以免造成损失。

（3）对事先不能预见的干扰事件，应及时采取措施，降低其影响，减少损失。切不可听之任之，袖手旁观，甚至幸灾乐祸，从中渔利。

在友好、和谐、相互信任和依赖的合作气氛中，不仅合同能顺利实施，双方心情舒畅，而且承包商会有良好的信誉，业主和承包商在新项目上能继续合作。

在这种气氛中，承包商实事求是地就干扰事件提出索赔要求，也容易为业主认可。

2. 着眼于重大索赔

对已经出现的干扰事件或对方违约行为的索赔，一般着眼于重大的、有影响的、索赔额大的事件，不要斤斤计较。索赔次数太多，太频繁，容易引起对方的反感。但承包商对这些"小事"又不能不问，应作相应的处理，告诉主业，出于友好合作的诚意，放弃这些索赔要求。有时又可作为索赔谈判中让步的余地。

在国际工程中，有些承包商常常斤斤计较，寸利必得。特别在工程刚开始时，让对方感到，他很精干，而且不容易作让步，利益不能受到侵犯，这样从心理上战胜对方。这实质上是索赔的处理策略，不是基本方针。

3. 注意灵活性

在具体的索赔处理过程中要有灵活性，讲究策略，要准备并能够作让步，力求使索赔的解决双方都满意，皆大欢喜。

承包商的索赔要求能够获得业主的认可，而业主又对承包商的工程和工作很满意，这是索赔的最佳解决。这看起来是一对矛盾，但有时也能够统一。这里有两个问题：

（1）双方具体的利益所在和事先的期望

对双方利益和期望的分析，是制定索赔基本方针和策略的基础。通常，双方利益差距越大，事先期望越高，索赔的解决越困难，双方越不容易满足。

通常承包商的利益或目标为：

1）使工程顺利通过验收，交付业主使用，圆满履行自己的合同义务；

2）进行工期索赔，推卸或免去自己对工期拖延的违约责任；

3）对业主、总（分）包商的索赔进行反索赔，减少费用损失；

4）对业主、总（分）包商进行索赔，取得费用损失的补偿，争取更多收益。

而业主的具体利益或目标可能是：

1）顺利完成工程项目，及早交付使用，实现投资目的；

2）使工程更加完美，如延长保修期，增加服务项目，提高工程质量标准；

3）反驳承包商的索赔要求，尽量减少或不对承包商进行费用补偿，减少额外支出；

4）对承包商的违约行为，如工期拖延、工程不符合质量标准、工程量不足等，施行合同处罚，提出索赔。

从上述分析可见，双方的利益有一致的，也有不一致和矛盾的。通过对双方利益的分析，可以做到"知己知彼"。针对对方的具体利益和期望采取相应的对策。

在实际索赔解决中，对方对索赔解决的实际期望是很难暴露出来的。通常双方都将合同违约责任推给对方，表现出对索赔有很高的期望，而将真实情况隐蔽着。它的好处有：

1）为自己在谈判中的让步留下余地。如果对方知道我方索赔的实际期望，则可以直逼这条底线，要求我方再作让步，而我方已无让步余地。例如，承包商预计索赔收益为10 万美元，而提出 30 万美元的索赔要求，即使经对方审核，减少一部分，再逐步讨价还价，最后实际赔偿 10 万美元，还能达到目标。而如果期望 10 万美元，就提出 10 万美元的索赔，从 10 万美元开始谈判，最后可能 5 万美元也难以达到。这是常识。

2）能够得到有利的解决，而且能使对方对最终解决有满足感。

由于提出的索赔值较高，经过双方谈判，承包商作了很大让步，好像遭受了很大损失，这使得对方索赔谈判人员对自己的反索赔工作感到满意，使问题易于解决。

在实际索赔谈判中，要摸清对方的实际利益所在和对索赔解决的实际期望是困难的。"步步为营"是双方都常用的攻守策略，尽可能多地取得利益，又是双方的共同愿望，所以索赔谈判常常是双方智慧、能力和韧性的较量。

（2）让步

在索赔和争议的最终解决中，让步是必不可少的，需要通过让步达成妥协。

让步作为索赔谈判的主要策略之一，也是索赔处理的重要方法，它有许多技巧。让步的目的是取得经济效益，达到索赔目标，是为了取得更大的经济利益而做出的局部牺牲。

在实际工程中，让步应注意如下几个问题：

1）让步的时机。让步应在双方争议激烈，谈判濒于破裂时或出现僵局时做出。

2）让步的条件。让步是为了取得利益而做出的妥协，是双方面的，常常是对等的，我方做出让步，应同时争取对方做出相应的让步，这才体现双方利益的平衡。让步不能轻易地做出，应使对方感到，这个让步是很艰难的。

3）让步应在对方感兴趣或利益所在之处。如向业主提出延长保修期，增加服务项目或附加工程，提高工程质量，提前投产，放弃部分小的索赔要求，直至在索赔值上做出让步，以使业主认可承包商的索赔要求，达到双方都满意或比较满意的解决。

同时又应注意，承包商不能靠牺牲"血本"作出让步，不过多地损害自己的利益。

4）让步应有步骤。需要在谈判前作详细计划，设计让步的方案。在谈判中切不可一让到底，一下子达到自己实际期望的底线。这样常常很为被动。

索赔谈判常常要持续很长时间。在国际工程中，有些工程完工数年，而索赔争议仍然没能解决。对承包商来说，让步的余地越大，越有主动权。

4. 争取以和平的方式解决争议

承包商一般都应争取以和平的方式解决索赔争议。这对双方都有利。

在索赔中，"以战取胜"，即用尖锐对抗的形式，在谈判中以凌厉的攻势压倒对方，或在一开始就企图用仲裁或诉讼的方式解决索赔问题，是不可取的。这常常会导致：

（1）失去对方的友谊，双方关系紧张，使合同难以继续履行，承包商的地位更为不利。

（2）失去将来的合作机会，由于双方关系搞僵，业主如果再有工程，绝不会委托给曾与他打过官司的承包商。承包商在当地会有一个不好的声誉，影响到将来的经营。

（3）"以战取胜"也是不给自己留下余地。如果遭到对方反击，自己的回旋余地较小，这是很危险的，有时会造成承包商的保函和保留金回收的困难。而且在实际工程中，常常干扰事件的责任都是双方面的，承包商也可能有疏忽和违约行为。对一个具体的索赔事件，承包商常常很难有绝对的取胜把握。

（4）两败俱伤。双方争议激烈，最终以仲裁或诉讼解决问题，常常需要花费许多时间、精力、金钱和信誉。特别当争议很复杂时，解决过程持续时间很长，最终导致两败俱伤。这样的实例是很多的（见案例14-9）。

（5）有时难以取胜。在国际工程中，合同常常以业主（即工程）所在国法律为基础，合同争议也按该国法律解决，并在该国仲裁或诉讼。这对承包商极为不利。许多国际工程专家告诫，如果争议在当地仲裁或诉讼，对外国的承包商不会有好的结果，应尽力争取在非正式场合，以和平的方式解决争议。通常，除非万不得已，例如争议款额巨大，或自己被严重侵权，同时自己有成功的把握，一般情况下不要提出仲裁或诉讼。

当然，这仅是一个基本方针，具体采取什么形式解决，需要审时度势，看是否有利。

5. 变不利为有利，变被动为主动

在工程中，承包商处于不利的和被动的地位，具体体现在一些风险型合同条款上，例如：

业主和工程师对工程施工、建筑材料等的认可权和检查权；

对工程变更赔偿条件的限制；

对合同价格调整条件的限制；

对工程变更程序的不合理的规定；

FIDIC条件规定索赔有效期为28天，但有的国际工程合同规定为14天，甚至7天；

争议只能在当地，按当地法律解决，拒绝国际仲裁机构裁决。

这些条款几乎都与索赔有关，这使承包商索赔很艰难，有时甚至不可能。

承包商的不利地位还表现在：一方面索赔要求只有经业主认可，并实际支付赔偿才算成功；另一方面，业主拒绝承包商的索赔要求，承包商常常也只能以协商的方式解决争议。

要改变这种状况，争取索赔的成功，承包商主要应从如下几方面努力：

（1）争取签订较为有利的合同。如果合同不利，在合同实施过程中和索赔中，承包商的不利地位很难改变。这要求承包商必须重视合同签订前的合同文本研究，重视与业主的合同谈判，争取对不利的不公平的条款作修改。在招标文件分析中注意索赔机会分析。

（2）提高合同管理水平，使自己不违约，按合同办事。同时积极配合业主和工程师搞好工程项目管理，尽量减少干扰事件的发生，避免双方的损失和失误，减少合同争议。

在工程施工中要抓好资料收集工作，为索赔（反索赔）准备证据；经常与工程师和业主沟通，遇到问题多书面请示，以避免自己的违约责任。

（3）提高索赔管理水平。一旦有干扰事件发生，造成工期延长和费用损失，应进行积极的有策略的索赔，使整个索赔报告有根有据，有理有利，无懈可击。

提出索赔报告后，应不断地与业主和工程师联系，催促尽早地解决索赔问题；工程中的每一单项索赔应及早独立解决，尽量不要以一揽子方式解决所有索赔问题。

（4）在索赔谈判中争取主动。承包商对具体的索赔事件，特别对重大索赔和一揽子索赔应进行详细的策略研究。同时，派最有能力、最有谈判经验的专家参加谈判。在谈判中，承包商要有公关能力、谈判艺术、策略、锲而不舍的精神和灵活性，项目管理的各职能人员和公司的各职能部门应全力配合和支持谈判。

（5）积极主动地搞好与业主代表、工程师的关系，使他们能理解、同情承包商的索赔要求。

12.2.3 承包商索赔策略分析

如何才能够既不损失利益，取得索赔的成功，又不伤害双方的合作关系和承包商的信誉，合同双方皆大欢喜，对合作满意？

这不仅与索赔数量有关，而且与承包商的索赔策略、索赔处理的技巧有关。

对重大的索赔（反索赔），需要进行策略研究，作为制订索赔方案、索赔谈判和解决计划的依据，以指导具体的索赔工作。

索赔策略是承包商经营策略的一部分，需要体现承包商的总体目标，体现承包商长远利益和目前利益，全局利益和局部利益的统一，通常由承包商亲自把握并制定。合同管理人员要为索赔策略制定提供所需要的信息和资料，并对它提出意见和建议。

索赔（反索赔）的策略研究，对不同的情况，包含着不同的内容，有不同的重点。

（1）确定目标。

1）提出任务，确定索赔所要达到的目标。承包商的索赔目标即为承包商的索赔基本要求，是承包商对索赔的最终期望。它由承包商根据合同实施状况，承包商所受的损失和总的经营目标确定，对各个目标应分析其实现的可能性。

2）分析实现目标的基本条件。除了进行认真的、有策略的索赔处理外，承包商特别应重视在索赔处理期间的工程施工管理。若承包商能更顺利地圆满履行自己的合同义务，使业主对工程满意，这对索赔的解决是个促进。

当然，对于不讲信誉的业主（如严重拖欠工程款，拒不承认承包商合理的索赔要求），则要可能注意控制（放慢）工程进度。虽然在索赔解决期间承包商仍应继续努力履行合同，不得中止施工。但工程越接近完成，承包商的索赔地位越不利，主动权越少。对此，承包商可以提出，由于索赔解决不了，造成财务困难，无钱购买材料，发放工资，工程无法进行。

3）分析实现目标的风险。在索赔过程中的风险是很多的，主要有：

① 承包商履行合同义务的失误。如没有在合同规定的索赔有效期内提出索赔，没有完成合同规定的工程量，没有按合同规定工期交付工程等。

② 工地上的风险，如工程没有达到合同所规定的质量标准，工程不能顺利通过验收等。

③ 其他方面风险，如业主可能提出合同处罚或反索赔要求，或者其他方面可能有不利于承包商索赔的证词或证据等。

（2）对业主的分析。

1）分析业主的兴趣和利益所在，其目的为：

① 在一个较友好的气氛中将对方引入谈判。直接提交一份索赔报告，业主常常难以接受，或不作答复，或拖延解决，而从业主感兴趣的议题入手，逐渐进入谈判较为有利。

② 分析业主的利益所在，研究双方利益的一致性和矛盾性，在谈判中，可以在对方感兴趣的地方，而又不过多地损害承包商自己利益的情况下作让步，使双方都能满意。

2）分析合同的法律基础的特点和业主商业习惯、文化特点、民族特性。

对业主的社会心理、价值观念、传统文化、生活习惯，甚至包括业主本人的兴趣、爱好的了解和尊重，对索赔的处理和解决有极大的影响，有时直接关系到索赔甚至整个项目的成败。国外的承包商在工程投标、洽商、施工、索赔（反索赔）中特别注重研究这方面的内容。实践证明，他们更容易取得成功。

（3）承包商的经营战略分析。这直接制约着索赔策略和计划。应考虑如下问题：

1）有无可能与业主继续进行新的合作，如业主有无新的工程项目？

2）承包商是否打算在当地继续扩展业务？或扩展业务的前景如何？

3）承包商与业主之间的关系对在当地扩展业务有何影响？

这些问题决定了承包商对整个索赔的基本方针。

（4）承包商的主要对外关系分析。在工程中，承包商有多方面的合作关系，如与业主、工程师、设计单位、业主的其他承包商和供应商、业主的上级主管部门或政府机关等。承包商对各方面要进行详细分析，利用这些关系，广泛地接触、宣传，争取他们的同情和支持，造成有利于自己的氛围，从各方面向业主施加影响。这有时比直接与业主谈判更为有效。

在其中，承包商与工程师的关系一直起关键作用。因为工程师代表业主作工程管理，许多作为证据的工程资料需他认可签证才有效。索赔文件首先由他审阅、签字，才能交业主处理。出现争议，他又首先作为调解人，提出调解方案。所以，与工程师建立友好和谐的合作关系，取得他的理解和帮助，常常决定索赔的成败。

在国际工程中，承包商的代理人（或担保人）通常起着非常微妙的作用。他可以办承包商不能或不好出面办的事。他懂得当地的风俗习惯、社会风情、法律特点、经济和政治状况，他又与其他方面有着密切联系。他在其中斡旋、调停，能使承包商的索赔获得在谈判桌上难以获得的有利解决。

有时，与业主上级的交往，或双方高层的接触，常常有利于问题的解决。许多工程索赔问题，双方具体工作人员谈不成，争议很长时间，但在双方高层人员的眼中，从战略的角度看都是小问题，故很容易得到解决。

（5）对业主索赔的估计。

在承包商提出索赔后，业主常常作出反索赔对策和措施。例如找一些借口提出罚款和扣款，在工程验收时挑毛病，提出索赔，用以平衡承包商的索赔。这是需要充分估计到的。对业主已经提出的和可能还将提出的索赔项目进行具体分析。

（6）承包商的索赔值估计。承包商对自己已经提出的及准备提出的索赔进行分析。

（7）合同双方索赔要求对比分析。

综合双方索赔值的估计，可以看出双方要求的差异。这里有两种情况：

1）我方目标是要通过索赔得到费用补偿，则两估计值对比后，我方应有余额。

2）如我方为反索赔，目标是为了反击业主的索赔要求，不给业主以费用补偿，则两估计值对比后至少应平衡。

（8）可能的谈判过程。一般索赔最终都在谈判桌上解决。索赔谈判是合同双方面对面的较量，一切索赔计划和策略都要在此付诸实施，接受检验；索赔（反索赔）文件在此交换，推敲，反驳。双方都派最精明强干的专家参加谈判。

索赔谈判属于合同谈判，更大范围地说，属于商务谈判，有许多技巧和注意点，例如掌握大量信息，充分了解问题所在；了解对手情况以及谈判心理；使用简单的语言，简明扼要富有逻辑性；掌握谈判时机，行动迅速；派得力的谈判小组，充分授权。

但索赔谈判又有它的特点：业主处于主导地位；承包商还必须继续实施工程，还希望与业主保持良好的关系，以后继续合作，不能影响声誉。

索赔谈判一般可分为四个阶段。

1）进入谈判阶段。需要将对方引入谈判，最简单的是，递交一份索赔报告，要求业主在一定期限内答复。但这样往往谈判气氛比较紧张，因为承包商向业主索赔，要求业主追加费用，就好像债主上门讨债，而承包商又不能像债主那样毫无顾忌，索赔最终还得由业主认可才有效。如果业主拒绝谈判，中断谈判，可能会使谈判旷日持久。

要在一个友好和谐的气氛中将业主引入谈判，谈判的策略和技巧是很重要的。通常从他感兴趣的议题或对他有利的议题入手，订立相应的开谈方案。

2）事态调查阶段。对合同实施情况进行回顾、分析、提出证据，这个阶段的重点是弄清事件真实情况。这时承包商尚不急于提费用索赔要求，应多提出证据。

3）分析阶段。对这些干扰事件的责任进行分析。这里可能有不少争议，如对合同条文的解释不一致。同时双方各自提出事态对自己的影响及其结果。承包商在此提出工期和费用索赔。这时事态已比较清楚，责任也基本上落实。

4) 解决问题阶段。对于双方提出的索赔，讨论解决办法，通过协商谈判，或通过其他方式得到最终解决。承包商事先要作计划，用流程图表示可能的谈判过程。

索赔谈判还应注意如下几点：

1) 注意谈判心理，搞好私人关系，发挥公关能力。在谈判中尽量避免对工程师和业主代表当事人的指责，多谈干扰的不可预见性，少谈他们个人的失误，以保证他们的面子。通常只要对方认可我方索赔要求，赔偿损失即可，而并非一定要对方承认错误。

2) 多谈困难，多诉苦，强调不合理的解决对承包商的财务、施工能力的影响，强调对工程的干扰。无论索赔能否解决，或解决程度如何，在谈判中，以及解决以后，都要以受损失者的面貌出现。给对方一个受损失者的形象。这样不仅能争取同情和支持，而且争取一个好的声誉和保持友好关系。索赔和拳击不同，即使非常成功，取得意想不到的利益，也不能以胜利者的姿态出现。

(9) 可能的谈判结果。这与前面分析的承包商的索赔目标相对应。用前面分析的结果说明这些目标实现的可能性，实现的困难和障碍。如果目标不符合实际，可以进行调整。

12.3　工程合同争议的解决方式

12.3.1　概述

1. 工程合同争议与索赔

合同争议通常具体表现在，合同当事人双方对合同规定的义务和权利理解不一致，最终导致对合同的履行或不履行的后果和责任的分担产生争议，如双方对索赔要求存在重大分歧，不能达成一致；业主否定工程变更，拒绝承包商的额外支付要求。

合同争议和索赔是孪生的：合同争议最常见的形式是索赔处理争议；索赔的解决程序直接连接着合同争议的解决程序；如果不涉及赔偿问题，则任何争议就没有意义了。

2. 争议解决和研究的重要性

(1) 由于工程、工程合同的特殊性，工程承包领域争议是非常多的，几乎没有工程合同没有争议。所以，争执的解决是合同的重要内容之一，在合同设计中有重要的地位，新FIDIC 合同将争议裁决/调解作为常设机制，合同中专门设置 DAAB 角色。

(2) 争议对于工程及合同双方当事人的经济关系和各自利益有巨大影响。

(3) 争执常常体现了合同存在的矛盾性，以及合同设计缺陷，工程中出现意外情况，相关方不同的诉求等，对争执的分析和研究能够加深对合同的理解。

在英美国家，争议与争议解决是工程合同研究的重点，是新的工程合同改革推进的重要动力。在修订标准合同文本时都会吸收新的争议解决结果和司法解释，使之不断完善。

英国最权威的工程法律期刊 Construction Law Journal，从 2000 年到 2010 年的 11 年间刊登了 215 篇文章，其中有 210 篇研究文章。在这 210 篇文章中，有超过 60% 的文章主题是有关索赔、争议与争议解决的，具体包括调解、裁决、争议评审委员会、争议管理等。

(4) 我国工程界对典型争议处理颁布了一些案例，但讨论不多，也没有引导出一些处理准则以形成共识，缺少相应的机制。在这方面工程界和学术界还应该有更大的作为。

3. 合同争议的解决原则

（1）迅速解决争议，使合同争议的解决简单、方便、低成本。

（2）公平合理地解决合同争议，促进工程承包市场有秩序地稳定地发展。

（3）符合合同和法律的规定。通常在合同中明确规定争议解决程序条款。这会使合同当事人对合同履行充满信心，减少风险，有利于合同的顺利实施。

（4）尽量达到双方都能满意的结果。

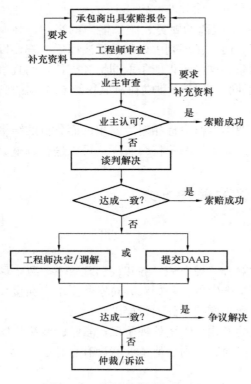

图 12-2　常见的索赔解决过程

4. 工程索赔争议解决的程序

承包商提出索赔，将索赔报告交工程师。经工程师检查、审核，提出处理意见，再交业主。如果业主和工程师不提出疑问或反驳意见，也不要求补充或核实证明材料和数据，表示认可，则索赔成功。

而如果业主不认可，全部地或部分地否定索赔报告，不承认承包商的索赔要求，则产生了索赔争议。在实际工程中，直接地、全部地认可索赔要求的情况是极少的。所以绝大多数索赔都会导致争议，特别当干扰事件原因比较复杂、索赔额比较大的时候。

合同争议的解决是一个复杂、细致的过程（图 12-2）。它占用承包商大量的时间和金钱。在国际工程中，对于大的复杂的工程或出现重大索赔争议，有时还要请索赔专家或委托咨询公司处理索赔问题。

争议的解决有各种途径，可以"私了"，也可"法庭上见"；可双方商讨，也可请他人调解。这完全由合同双方决定。一般它受争议的额度、双方的索赔要求和实际期望值、期望的满足程度、双方在处理索赔问题上的策略（灵活性）等因素的影响。

12.3.2　工程合同争议的解决途径

1. 工程师的决定

对承包商提出的索赔要求先由工程师作出决定。在施工合同中，工程师有权发布指令，解释合同，决定合同价格的调整和工期（保修期）的延长。但由于以下原因，工程师的公正性常常不能保证，人们对工程师的权利提出批评。

（1）工程师受雇于业主，作为业主代表，为业主服务，在争议解决中更倾向于业主。

（2）有些干扰事件直接是工程师责任引起的，例如下达错误指令、拖延发布图纸和批准等，工程师从自身责任和面子等角度出发会不公正地对待承包商的索赔要求。

（3）在许多工程中，前期咨询、勘察设计和项目管理由一个单位承担，它的好处是可以保证项目管理的连续性，但会对承包商产生极为不利的影响。例如计划错误、勘察设计不全、出现错误或不及时，工程师会从自己的利益角度出发，不能正确对待承包商的索赔要求。

这会影响承包商的履约能力和积极性。当然，承包商可以将争议提交仲裁，仲裁人员可以重新审议工程师的指令和决定。

2. 协商

协商解决，即双方"私了"。合同双方按照合同规定，通过摆事实讲道理，弄清责任，共同商讨，互作让步，使争议得到解决。

它是解决任何争议首先采用的最基本的，也是最常见的，最有效的方法。这种解决方法的特点是：简单，时间短，双方都不需额外花费，气氛平和，能达到双赢的结果。

（1）在承包商递交索赔报告后，对业主提出的反驳、不认可或双方存在分歧，可以通过谈判弄清干扰事件的实情，按合同条文辩明是非，确定各自责任，经过友好磋商，互作让步，双方在自愿、互谅的基础上，通过双方谈判达成解决争议的协议。

（2）在谈判中，有时对一些争议的焦点问题须请专家咨询或鉴定，其目的是弄清是非，分清责任，统一对合同的理解，消除争议。例如对合同理解的分歧可请法律专家咨询；对承包商工程技术和质量问题的分歧可请技术专家或者质检部门作检查、鉴定。

（3）协商解决对双方都有利，为将来进一步友好合作创造条件。绝大多数工程合同争议都通过协商解决，即使在按 FIDIC 合同规定的仲裁程序执行前，首先必须经过友好协商阶段。

（4）在协商中，需要有专业知识、经验和谈判艺术，要能倾听对方的观点，识别对方当事人的需要和利益，清楚表达自己的观点。

3. 调解

如果合同双方经过协商谈判不能就索赔的解决达成一致，可以邀请中间人进行调解。调解是在第三者的参与下，以事实、合同条款和法律为根据，通过对当事人的说服，使合同双方自愿地、公平合理地达成解决协议。如果双方经调解后达成协议，由合同双方和调解人共同签订调解协议书。

（1）第三方的角色是积极的。调解人经过分析索赔和反索赔报告，了解合同实施过程和干扰事件实情，按合同作出自己的判断，提出新的解决方案，平衡和拉近当事人要求，并劝说双方再作商讨，都降低要求，达成一致，仍以和平的方式解决争议。

调解在自愿的基础上进行，其结果无法律约束力。如果当事人一方对调解结果不满，或对调解协议有反悔，则他必须在接到调解书之日起一定时间内，按合同关于争议解决的规定，向仲裁委员会申请仲裁，也可直接向法院起诉。超过这个期限，调解协议具有法律效力。

如果调解书生效后，争议一方不执行调解决议，则被认为是违法行为。

（2）这种解决争议的方法有如下优点：

1）提出调解要求能较好地表达承包商对谈判结果的不满意和争取公平合理解决争议的决心。

2）由于调解人的介入，增加了索赔解决的公正性。业主要顾忌到自己的影响和声誉等，容易接受调解人的劝说和意见。而且由于调解决议是当事人双方选择的，所以一般比仲裁决议更容易执行。

3）灵活性较大，程序上也很简单。一方面双方可以继续协商谈判；另一方面，调解决定没有法律约束力，承包商仍有机会追求更高层次的解决方法。

4）节约时间和费用。

5）双方关系比较友好，气氛平和，不伤感情。

（3）调解人立场公正，不偏袒或歧视任何一方，按照合同和法律，在查清事实、分清责任、辩明是非的基础上，对争议双方进行说服，提出解决方案，调解结果比较公正和合理。

在合同实施过程中，日常索赔争议的调解人为工程师。如果对争议不能通过协商达成一致，双方都可以请工程师出面调解。工程师在接受任何一方委托后，在规定期限内作出调解意见，书面通知合同双方。如果双方认为这个调解是合理的、公正的，双方都接受，在此基础可再进行协商，得到满意解决。工程师作为专家，参与合同的签订和施工全过程，了解情况，他的调解更具有专业性，有利于争议的解决。

对于较大的索赔，可以聘请知名的工程专家、法律专家、DAAB 成员、仲裁人，或请对双方都有影响的人物作调解人。

（4）在我国，承包工程争议的调解通常还有两种形式：

1）行政调解，由合同管理机关，工商管理部门，业务主管部门等作为调解人。

2）司法调解。在仲裁和诉讼过程中，首先提出调解，并为双方接受。

4. 仲裁

当争议双方不能通过协商和调解达成一致时，可按合同仲裁条款的规定采用仲裁方式解决。仲裁作为正规的法律程序，其结果对双方都有约束力。

（1）国内仲裁。按照《中华人民共和国仲裁法》，仲裁是仲裁委员会对合同争议所进行的裁决。仲裁委员会在直辖市和省、自治区人民政府所在地的市设立，也可在其他设区的市设立，由相应的人民政府组织有关部门和商会统一组建。仲裁委员会是中国仲裁协会会员。

在我国，实行一裁终局制度。裁决作出后，当事人就同一争议再申请仲裁，或向人民法院起诉，则不再予以受理。

申请和受理仲裁的前提是，当事人之间要有仲裁协议。它可以是在合同中订立的仲裁条款，或以其他形式在争议发生前后达成的请求仲裁的书面协议。仲裁程序通常为：

1）申请和受理。当事人申请仲裁应向仲裁委员会递交仲裁协议、仲裁申请书。

2）仲裁委员会在收到仲裁申请书之日起规定期限内，如认为符合受理条件，应当受理，则通知当事人；如认为不符合受理条件，则也应通知当事人，并说明不受理理由。

仲裁委员会受理仲裁申请后，应在仲裁规则规定的期限内将仲裁规则和仲裁员名册送达申请人。并将仲裁申请书副本、仲裁规则、仲裁员名册送达被申请人。

被申请人收到仲裁申请书副本后，应在仲裁规则规定的期限内向仲裁委员会提交答辩书。仲裁委员会收到答辩书后，应当在仲裁规则规定期限内将答辩书副本送达申请人。

当事人申请仲裁后，仍可以自行协商和解，达成和解协议，申请人可以放弃或变更仲裁请求，被申请人可以承认或者反驳仲裁请求。

3）组成仲裁庭。仲裁庭可以由 3 名仲裁员或 1 名仲裁员组成。如果设 3 名仲裁员，则需要设首席仲裁员。

3 名仲裁员中由合同双方各选 1 人，或各自委托仲裁委员会主任指定 1 名仲裁员。由当事人共同选定或共同委托仲裁委员会主任指定第三名仲裁员作为首席仲裁员。

如仅用 1 名仲裁员成立仲裁庭，应当由当事人共同选择或委托仲裁委员会主任指定。

4）开庭和裁决。仲裁按仲裁规则进行。仲裁应当开庭进行，也可按当事人协议不开庭，而按仲裁申请书、答辩书以及其他材料作出裁决。

当事人可以提供证据，仲裁庭可以进行调查，收集证据，也可以进行专门鉴定。仲裁人有权公开、审查和修改先前对争议的任何处理决定，如工程师决定、争议裁决委员会的决定。

在仲裁裁决前，可以先行调解，如果达成一致，则调解协议与仲裁书具有同等法律效力。

仲裁决定按多数仲裁员的意见作出，它自作出之日起产生法律效力。

工程竣工之前或之后均可开始仲裁，但在工程进行过程中，合同双方的各自义务不得因正在进行仲裁而改变。

5）执行。仲裁裁决作出后，当事人应当履行裁决。如果当事人不履行，另一方可以依照民事诉讼法规定向法院申请执行。

（2）国际工程仲裁

对国际工程合同争议，当事人可以根据仲裁协议申请仲裁。

1）除合同中另有规定外，一般按照国际商会仲裁和调解章程裁决。合同还可以指明用其他国际组织的仲裁规则。

2）国际仲裁机构通常有两种形式：

① 临时性仲裁机构。它的产生过程由合同规定，一般合同双方各指定一名仲裁员，再由这两位仲裁员选定另一人作为首席仲裁员。三人成立仲裁小组，共同审理争议，以少数服从多数原则，作出裁决。所以仲裁人的选择，他们的公正性对争议的最终解决影响很大。

② 国际常设的仲裁机构，如国际商会仲裁院、伦敦仲裁院、瑞士苏黎世商会仲裁院、瑞典斯德哥尔摩商会仲裁院、中国国际经济贸易仲裁委员会、罗马仲裁协会等。

3）仲裁地点通常有如下几种情况：

① 在工程所在国仲裁，这是较为常见的。许多第三世界国家，特别是中东一些国家规定，承包合同争议只准使用本国法律，在本国进行仲裁，或由本国法庭裁决。裁决结果要符合本国法律，拒绝其他第三国或国际仲裁机构裁决。

② 在被诉方所在国，或在对被诉方有利的国度仲裁。例如在南京的某工程建设中，业主为英国投资者，承包商为我国的一建筑企业。承包合同的仲裁条款规定：如果业主提出仲裁，仲裁地点在中国上海；如果承包商提出仲裁，仲裁地点在新加坡。

③ 在一指定的第三国仲裁，特别在所选定的常设的仲裁机构所在国（地）进行。

4）仲裁的效力，即仲裁决定是否为终局性的。如果合同一方或双方对裁决不服，是否还可以提起诉讼，或说明，裁决对当事人（特别是业主）有无约束力，是否可以强制执行。在某国际工程施工合同中对仲裁的效力作了如下规定：争议只能在当地（工程所在地），按本国规则和程序仲裁；不能够借助仲裁结果强迫业主履行他的义务。

5）国际仲裁存在如下问题：

① 仲裁（特别选择常设仲裁机构）时间太长，程序过于复杂。从提交仲裁到裁决常常需要一年，甚至几年时间。资料表明，在巴黎进行国际仲裁平均要 18 个月，而且土木

工程仲裁案例时间更长。

② 仲裁费用很高。不仅要支付仲裁员费用，而且需支付许多代理和律师费用、相关的取证、资料、交通等费用，使得最终索赔解决费用很高。甚至有人说，争议一经提交国际仲裁，常常只有律师是赢家。

③ 仲裁人员对工程的实施过程，对合同的签订过程、工程实施的细节不很熟悉，常常仅凭各种书面报告（如索赔报告，反索赔报告）裁决，结果难以预料。如果要他们了解工程过程，则又要花费更多时间和费用。

所以，若非重大的索赔或侵权行为，一般不要提请仲裁。

【案例 12-1】在非洲某水电工程中，工程施工期不到 3 年，原合同价 2500 万美元。由于种种原因，在合同实施中承包商提出许多索赔，总值达 2000 万美元。工程师作出处理决定，认为总计补偿 1200 万美元比较合理。业主愿意接受工程师的决定。

但承包商不肯接受，要求补偿 1800 万美元。由于双方达不成协议，承包商向国际商会提出仲裁要求。双方各聘请一名仲裁员，由他们指定首席仲裁员。本案仲裁前后经历近 3 年时间，相当于建设期，光仲裁费花去近 500 万美元。最终裁决为：业主给予承包商 1200 万美元的补偿，即维持工程师的决定。经过国际仲裁，双方都受到很大损失。

5. 诉讼

诉讼是运用司法程序解决争议，由法院受理并行使审判权，对合同双方的争议作出强制性判决。法院受理经济合同争议案件可能有以下情况：

（1）合同双方没有仲裁协议，或仲裁协议无效，当事人一方向法院提出起诉状。

（2）虽有仲裁协议，当事人向法院提出起诉，未声明有仲裁协议；法院受理后另一方在首次开庭前对法院受理案件未提异议，则该仲裁协议被视为无效，法院继续受理。

（3）如果仲裁决定被法院依法裁定撤销或不予执行，当事人向法院提出起诉，法院依据《民事诉讼法》（对经济犯罪行为则依据《刑事诉讼法》）审理该争议。

法院在判决前再作一次调解，如仍达不成协议，可依法判决。

建设工程合同的争议专业性较强，法院往往需要更多地借助司法鉴定来认定案件相关事实，包括工程价款鉴定、工程质量鉴定、工期鉴定、其他技术鉴定等。

6. 争议解决的其他方法

最近几十年来，国际上对工程合同争议的解决提出了许多新的方式，并取得了很好的效果，例如微型谈判（Minitrial）、争议避免/裁决委员会（DAAB）、雇佣法官（Rent-a-judge）、专家解决（Expert Resolution）、法庭指定导师（Court-appointed Master）等，共同的特点在于：

（1）给双方提供一个非对抗环境解决合同争议的机会。

（2）时间短，费用少。

（3）不损害双方的合作关系，更为公平合理，更符合专业性特点。

2017 版 FIDIC 合同条件引入了 DAAB（DisputeAvoidance/AdjudicationBoard，争端避免/裁决委员会）机制。它通过设置一个 DAAB 角色，强化其争端避免功能，规定了更为清晰、完整和严谨的工作规则和程序，能够为工程合同的履行和争议解决提供更好的保障。

在商谈工程承包合同时就确定 DAAB 的人选及运行机制。

1. DAAB 的人选和要求

（1）DAAB 的人选。一般按照工程的规模和复杂程度，可以为一人、三人、五人不等。人选一般由两种形式确定：

1）双方事先商定并在合同中指明。

2）合同生效后，在规定的时间内双方共同协商任命。

人选要征得双方一致同意。如果为 3 人小组，则合同双方各推举 1 人，最后一人由双方共同协商决定，并指定其为 DAAB 主席。

若合同双方在规定的期限内未就 DAAB 成员任命达成一致，可由合同（投标书附录）指定的人员或机构经与合同双方进行必要协商后直接任命。

（2）DAAB 成员的要求。

1）DAAB 成员一般为本工程领域的技术、管理和合同专家，工作经验丰富、威信高、声誉好，办事公正；精通合同，能流利使用合同规定的语言；具有报价和成本分析能力；掌握进度计划方法，具有施工计划变更影响的分析能力；了解项目风险，具有风险识别、规避、影响和责任分析、补偿方面的知识和经验；具有信息收集和处理能力等。

2）需要公正行事、遵守合同。任职期间，完全独立于合同当事人任何一方，与业主、工程师、承包商没有任何经济利益及业务上的联系，有时甚至要求不同国籍。除从业主和承包商处按合同获得专业服务的酬金外，不能谋求任何其他经济利益。

3）身体健康，能够在工地现场工作。

4）对有关工程和争议资料有保密的责任。

2. DAAB 的运行机制

（1）DAAB 成员的报酬由业主、承包商及 DAAB 成员商定并在 DAAB 协议中明确规定，合同双方各负责该报酬和其他相关费用的一半。

（2）委任终止。DAAB 的委任只有在双方共同商定，一致同意情况下才能终止。

通常，DAAB 在项目最终证书已生效或被视作已生效当天解散，或在双方商定的其他时间或情况下，任期终止。

（3）替职。如果某 DAAB 成员拒绝履行职责，或由于死亡、伤残、辞职，或其委任已终止而不能尽其职责，双方可同意终止对该 DAAB 成员的委任，任命一合格人选替代。

3. DAAB 的争议避免和解决程序

（1）争议避免

DAAB 小组每隔一段时间进入现场，了解合同实施过程，主动参与解决合同履行中的任何问题，有责任对将发生或可能发生的争议提出预警，要求双方采取措施避免或预防。

在争议发生时，合同双方可书面联合请求 DAAB 就此争议提供协助，争取协商解决。DAAB 提出避免争议的建议，但不要求强制执行，也不对未来的争议解决过程形成约束。

（2）争议发生后的解决程序

1）合同任何一方就争议以书面形式提交 DAAB，并将副本送另一方和工程师。

2）DAAB 可要求各方迅速向其提供做出决定所必备的资料、现场通道和相应设施。

3）DAAB 小组可召集听证会，结合自己的调查了解作出判断，在合同规定时间内向合同双方提出解决决定并抄送工程师。

4）承包商应以应有的努力继续施工，承包商和业主应立即执行 DAAB 的决定。

5）如果任何一方对 DAAB 决定不满意或部分不满意，应在收到决定通知后规定时间内通知另一方，并抄送 DAAB 和工程师；或如果 DAAB 未能在收到争议通知后的规定时间内做出决定，任何一方均可将其不满在合同规定时间内通知对方，并申明将争议提交仲裁。

若由于任命期满或其他原因，没有 DAAB 处理争议，任一方可直接提起仲裁。

6）双方在收到 DAAB 决定后规定时间内均未通知对方表示不满意，或已发出部分不满意通知并明确标出不满意部分，则 DAAB 的决定（或部分决定）将成为最终及有约束力的决定，并应迅速遵照执行。

7）如果任何一方未能遵守双方的协议或具有约束力的决定（或部分决定），另一方可将未能履行协议的情况直接提交仲裁。双方应在仲裁前再努力以友好方式解决争端。

4. DAAB 的特点

（1）由于 DAAB 小组成员为工程专家，与合同各方没有利益关系，同时他们又在一定程度上介入工程过程，所以争议的解决比较公正，更有说服力，容易为双方接受。

（2）采用 DAAB 方式能增加双方的信任感，降低投标中的风险。同时这种争议解决方式不影响双方的合作关系，对双方的影响（如企业形象和声誉）小。

（3）时间短，一般争议的解决不超过两个月。

（4）DAAB 方式有一定的费用开支。如果没有争议发生，这笔费用也不是白费的，因为 DAAB 成员在现场能起到咨询的作用，对防止争议、降低干扰事件的影响、提高管理水平有很大益处。如果有争议发生，这笔费用比仲裁费用就省得多。

（5）DAAB 方式增加了一个管理层次和费用，会影响工程师工作的积极性和有效性。

复 习 思 考 题

（1）试分析 FIDIC 工程施工合同条件，列出业主可以向承包商索赔的条款。

（2）简述反索赔的主要过程，与索赔的程序有什么异同？

（3）合同争议的解决通常有几种方法？各有什么适用条件？各有什么优缺点？

（4）在 2017 版 FIDIC 施工合同中，由工程师进行合同管理，又设置 DAAB 机制，将双方对工程变更的不一致作为争议处理，在我国能否推广？由此会带来什么问题？

（5）阅读本书中索赔案例，思考作为业主如何进行反索赔。

第 5 篇
工程合同管理和索赔实务

13 合同管理实务

【本章提要】

本章介绍了几个有代表性的工程合同的策划、签订、履行的案例。从本章的案例中可以清楚地看到工程合同管理的工作过程、思路、分析问题的出发点和方法。

13.1 合同体系策划案例（案例 13-1）

13.1.1 工程概况

（1）某城市地铁一号线一期工程，线路全长 21.7km，投资概算约 84 亿元，预定工期 4 年 9 个月，于 1999 年底开工。

（2）工程系统结构。

1）该工程所包括的单体工程有：16 个车站，以及它们之间的区间段，1 个指挥中心，1 个车辆段基地。

2）专业工程子系统构成。该工程系统结构涉及：

① 专业工程系统：城市规划、交通规划、线路、测量、工程地质与水文地质、车辆及车辆检修、行车组织与运营管理、轨道、车站建筑、车站结构、隧道、结构防水、房屋建筑、站场、桥涵、路基、通信、信号、中高压供电、牵引供电、动力照明、接触网、电力监控、车站设备监控、防灾报警、通风与空调、环境控制、给水排水，消防、自动售检票、自动扶梯及电梯、环境保护、劳动安全卫生等。

② 设备系统：线路、轨道、环境控制（通风与空调）、给水排水、供电、消防、接触网、通信、信号、车站设备监控（BAS）、防灾报警（FAS）、自动售检票（AFC）、电力监控（SCADA）等。

（3）建设过程的特殊性。

1）该建设工程项目包含车站建设、隧道挖掘、轨道铺设、车辆制造、信息通信等几乎涉及现代土木工程、电子信息工程、机电设备工程的所有高新技术领域。

2）工程投资大，建设工期长，涉及的专业系统复杂、专业性强、风险高。

3）该工程贯穿中心城市的南北，经过商业中心、文化教育中心、金融中心、娱乐区、工业区、居民区等，地下管线密集，交通繁忙，道路狭窄，牵涉的社会面广，有许多现场周边的社会问题需要处理。

4）工程水文地质条件极其复杂，线路上有多种地质构造。（其他略）

（4）建设项目预期总目标。

1）投资目标。严格按照国家批准的概算控制工程总投资，各单位工程和各系统造价都控制在国家批准的概算以内。

2）工期目标。按照预定工期建成并投入正式运营。

3）质量目标。全面达到规定的质量标准，工程综合评定达到国家优良等级标准；单体设备调试无故障，全线联调一次开通；没有发生重大质量事故。

4）安全目标。确保工程实施过程中无重大安全事故，确保工程设备、管线、消防的安全，无死亡事故。

5）环保目标。施工现场做到文明、整齐有序；在施工及运营期，噪声、大气、废水等污染控制在国家标准范围内，线路周边环境良好，取得良好综合环境效益。

6）社会目标。建设让各方面满意的地铁工程，不发生群体性事件等。

13.1.2　合同策划的主要依据

（1）工程的 WBS。针对上述工程系统结构和建设过程，分解出工程项目范围内各阶段的全部工作，得到该工程的 WBS 图（略）。

（2）访问国内外兄弟城市轨道交通建设项目，收集资料，分析和总结经验和教训。特别是，所采用的工程承发包方式、实施效果、存在的问题等。

（3）前期进行广泛调研，了解潜在的承包商、供应商、设计单位、工程咨询单位的情况，如技术能力、信誉、能够承包工程的范围、供应链。

（4）业主的主要实施策略。

1）由于该城市要建十几条轨道交通线路，作为第一条地铁，以安全、高质量为工程首要目标，以合理的工期和造价完成工程。

通过本工程为后面线路建设积累经验，制订标准文本和管理体系。

2）不仅要委托有同类工程经验的设计和施工企业，还要有丰富经验的项目经理和现场技术人员。

3）针对不同的工程系统和不同的标段采用不同的发包方式。要通过承包合同，最大限度调动承包商的积极性，加大承包商的工程风险，同时给予盈利机会，避免在价格上竞争。

4）在我国，业主深层次介入工程管理是有利的，要加强业主对设备和大宗材料的控制，采用以业主供应（甲供）为主的方式。

5）对项目管理工作，在保证业主对项目实施严密控制的前提下，以"小业主，大社会"为原则。项目管理工作分阶段委托给设计监理、施工监理、造价咨询等单位，同时加大业主对工程实施过程的控制权。（其他略）

13.1.3　工程合同体系策划

该工程合同体系策划中最主要的几个方面：

1. 工程设计的合同结构

城市轨道交通项目设计工作有其独特的特点。主要表现在以下几方面：

（1）设计工程量很大，工作界面复杂。涉及已建和在建项目之间、城市建设和城市规划之间、各系统设计之间、各标段设计之间、系统与标段之间的技术问题和接口处理。

（2）协调困难。在设计工作中不仅需要与规划、市政、供电、消防、交通、通信等部门进行协调，还需与业主、设计监理（或设计咨询单位）、其他各设计单位、承包商、供应商进行协调。

（3）专业系统多而复杂，接口多，均需在设计过程中加以协调和解决。

（4）设计服务期长，不确定因素多，因设计边界条件改变、施工现场条件变化、不可抗力、设计缺陷等各种主客观因素需进行设计变更和现场服务。

由于在当时国内综合性的可以独立承担全部地铁项目设计的单位较少，在设计集成管理方面的专业人员和实践经验相对缺乏，为了减少风险，采取设计"总体/总承包"模式。

业主委托一家设计院承担设计总体/总承包任务，它负责工程总体设计（线路规划）和整个工程的设计总包工作。设计总包单位经业主方同意，再将部分标段（如部分车站）的设计工作委托给其他设计单位，这些标段设计合同由业主、设计总体/总包单位和标段设计单位三方共同签署。业主通过设计监理（咨询）对设计总包单位实施管理与协调。他们又一起对标段设计单位实施管理与协调，则设计合同关系如图 13-1 所示。

实践证明，该工程设计承包方式保证了业主对工程设计的控制，减少了工程集成风险，增强了设计工作的总体完整性、安全性、统一性和协调性，同时避免了业主管理工程量过大、界面不清、多头领导的问题。

2. 施工合同策划

总体原则是，施工标段尽量划大，以减少界面，特别要注意车站和区间段的合理归属。标段大，单个合同的合同额大，减少施工标段界面，同时能够引起大企业的重视，加大投入。

但当时我国城市轨道交通建设刚起步，这类工程的土建施工除了需要大量有经验的施工人员和管理人员以外，还需要大量价值高的机械设备（如盾构机），标段打包也不宜过大，否则也不能保证充分竞争。

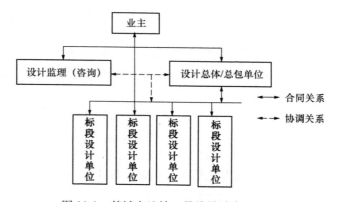

图 13-1　某城市地铁一号线设计合同关系

（1）该工程共设十六个车站十五个区间，其中五个半区间采用土压平衡盾构法施工，盾构推进总长度约 10.9km，盾构区间划分为三个标段（分别为"盾构施工 1""盾构施工 2""盾构施工 3"标段），其余区间按矿山法、明挖法和高架结构划分标段，并将相邻的车站划入各个标段。土建标段总体上按照工法相近、施工区域相近的原则进行划分。

（2）"盾构施工 1"标段采用"设计—施工平行"发包模式。根据该标段的实际情况分析，由于盾构工程的特殊性和复杂性，"设计—施工平行"承包模式极易造成由于设计图纸与现场施工情况不符，或承包商对工程量清单、图纸等理解上的差异而引起频繁变更，会影响工程的顺利进行，尤其不利于对投资和进度的有效控制，合同设计时要注意规避。

（3）在"盾构施工2"和"盾构施工3"标段采用"设计—施工总承包"模式，施工承包商承担设计任务，将设计经业主方同意后分包给具有相应资质的单位。这对于业主控制投资较有利，也能充分发挥施工单位的主观能动性，但对于承包商风险较大。

在工程结束后进行合同后评价，对该工程中的"设计—施工"总承包商进行座谈时，他们反映由于存在如下因素，使总承包商风险加大：

1）我国的承包商还缺乏"设计—施工"总承包的经验，对"设计—施工"总承包合同的理解也不够深入；

2）承包商前期介入较少，对地铁工程施工环境，特别是地质条件不很熟悉；

3）由于投标时竞争激烈，中标价较低，承包商为了确保利润，倾向于降低设计和施工标准，或进行不当变更，容易导致质量和安全问题，最终加大业主风险。

这些是当时我国工程总承包管理的基本问题。

3.物资采购合同策划

（1）采购模式。由于本工程的物资需求量巨大，供应难度大，为保证物资的质量和及时供应，业主根据物资采购的主体和资金来源等因素，将采购分为三类：

1）业主方采购的物资（甲供），主要包括：钢材、水泥、防火材料、装饰与安装的主材、风水电设备、车辆段设备、专业系统设备（通信系统、供电系统、ATC系统、FAS系统、BAS系统、AFC系统等）。

2）业主控制，承包商采购的物资（甲控乙供）包括：混凝土及外加剂、锚具、支座等。

3）承包商自行采购物资（乙供）包括：除上述以外的材料以及施工机械设备等。

这样土建施工承包商用的混凝土由业主统一采购供应，业主还要负责向混凝土供应商和土建承包商供应水泥，而混凝土中的外加剂由业主控制，混凝土供应商采购，这样就土建工程施工形成复杂的采购合同关系（图13-2）。

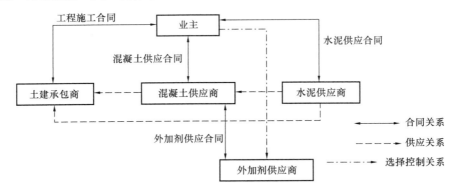

图13-2　供应关系图

这种集成化的合同设计方法，加大供应商和承包商的合同责任，让不同的供应商和承包商之间直接沟通。这三种（土建施工、混凝土供应、水泥供应和外加剂供应）合同之间有复杂的关系，须有良好的接口，以保证整个施工和供应过程的顺利连接。如土建承包商对业主提供的混凝土质量的控制，以及混凝土供应商对水泥的质量监控负有责任，它们在供应时间和数量方面要有比较好的协调，在材料的接收、检验等方面承担责任等。

（2）实施效果

在本工程结束后，分别邀请施工项目经理、供应商座谈，进行合同后评价。综合工程的实施状况和他们对这种供应方式的评价，这种主要材料由业主集中供应的方式与由各个标段的承包商分别采购方式相比，主要有如下优点：

1）由于业主是政府下辖单位，由业主对混凝土和水泥的供应实行统一计划、采购、检验、储运、配送，对工程材料物流过程实施统一监控，有效地保证了业主对于工程质量的控制，防止假冒伪劣材料的流入，从而保证了工程质量。

2）业主统一采购，形成大批量的采购，比每个标段承包商分别采购降低了材料价格，可以优选供应厂家和运输方案，从而降低采购成本。

3）能保证按时、按质、按量、经济合理地组织材料供应，全方位地满足工程建设施工和管理的需要，能保证工程进度计划的实现。

这种模式更有利于各标段之间的协调与沟通，充分发挥业主协调职能。

4）推广使用商品混凝土，避免现场搅拌混凝土，对环境保护起到了一定的作用。

5）由业主统一采购材料，有助于工程投资的科学管理，提高资金的使用效果，保证工程资金的专款专用。对承包商来说，与自己采购相比，可以减少资金的投入。

当然，由于这种供应关系复杂，加大了项目计划和现场控制的难度，发生问题也不容易分清责任。还需要分别专门设计混凝土供应合同、外加剂供应合同和水泥供应合同。通过三份采购合同条款的设计克服可能的问题，最大限度地发挥上述优点。

4. 系统设备采购招标

本工程设备系统招标投标项目主要包括：车辆、车辆段工艺维修设备、空调通风系统、制冷与给水排水系统、电扶梯、供电、信号、通信、FAS、BAS、AFC 等。

（1）车辆，根据国家部委相关规定在国家定点企业范围内采取邀请招标方式，其余机电设备系统的采购均采取资格预审的公开招标方式。

经过调查，总结和汲取正在建设的兄弟城市地铁的建设经验和教训，并实地考察深入了解潜在供货商实力状况，对车辆重要部件配置、空调通风、冷却水等系统设计、电扶梯选型、车辆段维修工艺设计及设备配置方案等进行了优化，保证了招标项目质量水平。

（2）通信系统采购

经过系统分析，将通信系统的采购划分为设备系统（无线系统、传输系统）采购、通信设备安装、系统集成三个部分，采购方式如图 13-3 所示。

1）设备系统采购是对无线系统和传输系统设备以及相关仪器材料、备品备件等的采购。供应商负责系统设备的产品设

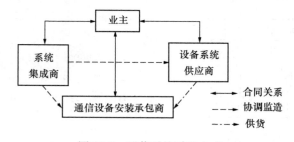

图 13-3　通信系统采购方式

计、生产监造、出厂检验、运输、安装督导、调试验收、对业主方相关人员的培训服务、质保期服务和项目实施服务等，并服从系统集成商的管理。实质上，它属于设计-供应的采购模式。

2）通信设备安装服务商负责整个通信系统（公网和专网）的所有设备的安装和线路建设，以及除无线系统和传输系统以外所有子系统的采购任务。

3）通信系统集成商主要负责通信系统的设计联络、方案优化、进度控制、接口协调管理、设备出厂检验、到货管理、安装调试、联调、试运行，直至通过业主最终验收等一系列系统集成工作。

5．服务类采购招标

本工程服务主要包括招标管理咨询、监理、保险顾问、法律顾问、造价咨询、技术鉴定、安全监测和软件等。可以通过公开招标投标完成，如监理、保险顾问、法律顾问等；也可以是议标，如招标代理、造价咨询、技术鉴定、安全检测等。

最终对整个工程业主共签订了约 425 份合同（不包括补充协议），其构成见表 13-1。

某城市轨道交通一号线工程合同结构表 表 13-1

序号	合同类别	数量	说明
1	可行性研究和工程规划合同	6	
2	勘察合同	21	
3	设计合同	23	
4	土建施工合同	33	
5	土建材料供应合同	49	
6	工程监理合同	18	
7	装饰工程和景观绿化合同	17	其中景观绿化合同3份
8	系统和设备采购合同	88	包括安装
9	咨询合同	72	造价咨询、专项技术咨询等
10	技术服务合同	17	质量和安全监测、探伤检测、荷载试验等
11	施工准备合同	60	水电通信线路改动、拆迁、临时用地、树木补偿、临时用水电、城市道路开挖和恢复等
12	其他合同	18	广告经营权转让、商铺租赁、运行人员培训、布展工程、标志设计、地铁用图、文件制作等
13	保险合同	3	
	合计	425	

随着我国城市轨道交通工程的迅猛发展，承包企业、设计单位、系统设备供应商能力的提升，以及我国推行总承包和 PPP 融资模式，该市后续线路的工程承发包的集成度越来越高，线路建设工程合同的数量逐渐减少。

13.1.4 合同选型

（1）设计合同采用固定总价形式，除了车站形式变化，如地下站改为地面站和区间形式发生变化等重大变更以外，合同总价不调整。

（2）施工合同均采用综合单价形式。

（3）设计—施工总承包合同采用固定总价合同。如果由于业主原因导致工程范围改变、功能和技术要求改变、工程界面条件变化等，承包商有权提出合同价款变更要求。

（4）材料、设备采购合同采用单价形式。

（5）监理合同采取固定费率形式，最终合同价款以固定费率乘以监理工程决算价计算。

（6）在上述合同中，物价上涨超过一定的幅度的由业主承担风险。

13.1.5　招标策划

1. 招标工作时间安排

在工程总体计划的基础上进行招标总体策划，分别确定土建工程、设备与物资采购、安装与装饰工程等各项招标的范围、技术特征、时间节点、界面接口、商务条件、市场竞争和招标评标策略等，进一步编制招标计划，包括工程标段划分、总体招标阶段划分、各标段招标时间安排等内容。为了确保工期目标，以盾构施工为主线进行安排。

为了使各标段工程项目按时开工并略有提前，编制计划时招标项目的评标定标时间应比计划开工时间提前 2 个月，以使招标计划具有一定弹性并为施工项目作好开工前的准备。

2. 招标程序设计

由于当时我国招标投标有许多刚性的规定，并不适合城市轨道交通工程的要求，业主设置了专门的招标投标程序和一些问题的处理方法，报请上级建设行政主管部门批准后执行。

（1）城市轨道交通工程专业性强，受各方面、各部门的限制较多。招标方式通常采用公开招标或邀请招标，进行严格的资格预审，没有相同工程业绩的不能投标。

（2）开标后不立即进行评标和宣布中标单位。由于工程系统复杂，评标工作量很大，评委很难在短时间内完成对招标文件的全面了解，评标前设置较长时间的"清标"程序。

在清标过程中，对招标文件中发现的一些非实质性偏差、不明确或差错的内容，业主可要求投标人作出书面澄清。对报价计算错误，允许业主做出修改，并作为有效的投标报价。

评委在评标时，以《清标报告》为导读，进一步对投标文件进行详细评审，既节约时间，又使评审工作更细致全面。

（3）评标时给评委留出较多的阅读标书的时间，少则 1～2 天，多则 3～5 天。

（4）在评标阶段安排投标人的项目经理和项目总工答辩，评标人针对工程的特点、技术方案、实施计划、风险，以及评标中发现的问题等提问，以严格考查投标人的项目经理和总工的能力、经验，以及对本工程的熟悉程度。

（5）评标指标的设计。与当时国内普遍采用的以报价竞争为主的评标方式不同，按照工程总目标和实施策略（如不在价格上过度竞争，选择可靠的实施方案、有能力和经验的企业和项目班子），以及招标标段的发包方式、工程特殊性等综合考虑，进行评标指标和分值的设计。如盾构施工 2 标段采用"设计—施工"总承包模式评标指标和分值如下。

1）技术。总分 60 分，分布见表 13-2。

某地铁工程盾构"设计-施工"投标文件技术标评分细目　　　　表 13-2

序号	名称	分值	内容（分指标）
1	设计方案	9	设计组织和计划安排、隧道和管片设计、设计分包资质和业绩
2	工程总体计划	4	工程范围（工作分解、时间安排、逻辑关系）、进度计划合理性和可行性
3	施工设备	7.5	盾构机选型与设计方案、管模及其他设备

序号	名称	分值	内容（分指标）
4	施工方案	18	工程现场熟悉与要点把握，施工准备，盾构机掘进，建、构筑物与管线保护，施工测量与监测，管片生产方案，联络通道和泵房施工，洞门施工及端头加固方案，补充地质勘察，交通组织
5	施工现场	3.5	施工现场布置，环保与安全文明施工，质量保证措施，现场实验室
6	项目班子成员	7	项目经理与总工，技术人员与管理人员，熟练技术工人，人员计划，技术支持，分包商资质与能力
7	投标人情况	3.5	企业资历、信誉，类似工程经验
8	投标人答辩	6	
9	合理化建议	1.5	合理化建议、其他竞争措施及优惠条件
	合计	60	

2）经济。总分 40 分。

以有效投标人的平均价为"基准价"，作为报价评审的主要依据。

经确认的投标报价超过基准价 10%（不包括）的投标人将被淘汰，不进入下一阶段详细评审。

投标报价在基准价下浮 6% 的基础上，每增加 1% 扣 1 分，每减少 1% 扣 0.5 分，中间数按内插法计算。

（6）评标专家库由业主专门设计，分为四大类：土建类，物资、建筑材料类，机电设备类以及经济类，由业主选择国内本领域的专家组成。

（7）参照 FIDIC 合同和我国的施工合同示范文本，根据业主的合同策略和工程的特殊性起草施工合同、设计施工总承包合同、设计合同以及与之配套的混凝土供应合同、水泥供应合同等，起草相应的招标文件，形成本工程的标准文本系列。

13.1.6　合同策划效果分析

在工程建成并投入运行后进行项目后评价，该轨道交通项目全面达到了预期的总目标，投资目标、工期目标、质量目标、安全目标、环保目标、社会目标都符合预期设定。

在工程结束后，召开施工单位、咨询单位、供应商、设计单位人员座谈会，进行合同后评价，就合同策划、招标投标和合同实施情况提出问题、意见和建议，普遍反映较好，达到各方面满意的效果。

13.2　合同签订的案例分析（案例 13-2）

13.2.1　工程概况

本工程为非洲某国政府的两个学院的建设，资金由非洲银行提供，属技术援助项目，招标范围仅为土建工程的施工。

13.2.2　招标投标过程

我国某工程承包公司获得该国建设两所学院的招标信息，考虑到准备在该国发展业务，决定参加该项目的投标。由于我国与该国没有外交关系，经过几番周折，投标小组到达该国时离投标截止日期仅 20 天。

购买标书后，没有时间进行全面的招标文件分析和详细的环境调查，仅粗略地估算各种费用，仓促投标报价，待开标后发现报价低于正常价格的 30%。

开标后业主代表、工程师进行了投标文件的分析，对授标产生分歧。工程师坚持我国该公司的投标书为废标，因为报价太低肯定亏损，如果授标则肯定完不成工程。但业主代表坚持将该标授予我国公司，并坚信中国公司信誉好，工程项目一定很顺利。

最终我国公司中标。

13.2.3　合同商谈和签订

（1）合同中的问题。中标后承包商分析了招标文件，调查了市场价格，发现报价太低，合同风险太大，如果承接，至少亏损 100 万美元以上。合同中有如下问题：

1）没有固定汇率条款，合同以当地货币计价，而调查发现，汇率一直变动不定。

2）合同中没有预付款的条款，按照合同所确定的付款方式，承包商要投入很多自有资金，这样不仅造成资金困难，而且增加财务成本和财务风险。

3）合同条款规定不免税，工程的税收约为合同价格的 13%，而按照非洲银行与该国政府的协议本工程应该是免税的。

（2）承包商的努力。在收到中标函后，承包商与业主代表进行了多次接触。一方面谢谢他的支持和信任，决心搞好工程为他争光，另一方面又讲述了所遇到的困难——由于报价太低，亏损是难免的，希望他在几个方面给予支持：

1）按照国际惯例将汇率以投标截止日期前 28 天的中央银行的外汇汇率固定下来，以减少承包商的汇率风险。

2）合同中虽没有预付款，但作为非洲银行的经援项目通常有预付款。没有预付款承包商无力进行工程施工。

3）通过调查获悉，在非洲银行与该国政府的经济援助协议上本项目是免税的。而本项目必须执行这个协议，所以应该免税。合同规定由承包商交纳税赋是不对的，应予修改。

（3）最终状况。由于业主代表坚持将标授予中国的公司，如果这个项目失败，会影响他的声誉，甚至要承担责任，所以对承包商提出的上述三个要求，他尽了最大努力与政府交涉，并帮承包商讲话。最终承包商的三点要求都得到了满足，扭转了本工程的不利局面。

最后承包商顺利地完成了合同。业主满意，在经济上不仅不亏损而且略有盈余。

13.2.4　评述

（1）承包商新到一个地方承接工程需要十分谨慎，特别在国际工程中，需要详细地进行环境调查，进行招标文件的分析。本工程虽然结果尚好，但实属侥幸。

（2）合同中没有固定汇率的条款，在进行标后谈判时可以引用国际惯例要求业主修改合同条件。

（3）本工程中业主代表的立场以及所作出的努力起了十分关键的作用。能够获得业主代表、工程师的同情和支持对合同的签订和工程实施都是十分重要的。

13.3　合同履行的案例分析（案例 13-3）

1. 工程概况

某毛纺厂建设工程，由英国某纺织企业出资 85%，中国某省纺织工业总公司出资 15% 成立的合资企业（以下简称 A 方），总投资约为 1800 万美元，总建筑面积 22610m²，其中土建总投资为 3000 多万元人民币。该厂位于丘陵地区，原有许多农田及藕塘，高低起伏不平，近旁有一国道。土方工程量很大，厂房基础采用搅拌桩和振动桩约 8000 多根，主厂房主体结构为钢结构，生产工艺设备和钢结构由英国进口，设计单位为某省纺织工业设计院。

2. 土建工程招标及合同签订过程

土建工程包括生活区 4 栋宿舍、生产厂房（不包括钢结构安装）、办公楼、污水处理站、油罐区、锅炉房等共 15 个单项工程。业主希望及早投产并实现效益。土方工程先招标，土建工程第二次招标，限定总工期为半年，共 27 周，跨越一个夏季和冬季。

由于工期紧，招标过程很短，从发标书到投标截止仅 10 天时间。招标图纸设计较粗略，没有施工详图，钢筋混凝土结构没有配筋图。

工程量清单由业主提出目录，工程量由投标人计算并报单价，最终评标核定总价。合同采用固定总价合同形式，要求报价中的材料价格调整独立计算。

开始共有 10 家国内施工企业参加投标，第一次收到投标书后，发现各企业都用国内的概预算定额分项和计算价格，未按照招标文件要求报出完全单价，也未按招标文件的要求编制投标书，使投标文件的分析十分困难。故业主退回投标文件，要求重新报价。这时就有 5 家企业退出竞争。这样经过四次反复退回投标文件重新做标，才勉强符合要求。A 方最终决定我国某承包公司 B（以下简称 B 方）中标。

本工程采用固定总价合同，合同总价为 17518563 元人民币（其中包括不可预见风险费 1200000 元）。

3. 合同条件分析

本工程合同条件选择是在投标报价之后，由 A 方与 B 方议定。A 方坚持用英国的 ICE 施工合同文本，而 B 方坚持使用我国施工合同示范文本。但 A 方认为示范文本不完备，不符合国际惯例，可执行性差。最后由 A 方起草合同文本，基本上采用 ICE 的内容，增加了示范文本的几个条款。1995 年 6 月 23 日 A 方提出合同条件，6 月 24 日双方签订合同。

合同条件相关的内容如下：

（1）合同在中国实施，以中华人民共和国的法律作为合同的法律基础。

（2）合同文本用英文编写，并翻译成中文，双方同意两种文本具有相同的效力。

（3）A 方的义务和权利。

1）A 方任命 A 方的现场经理和代表负责工程管理工作。

2）B 方的设备一经进入施工现场即被认为是为本工程专用，没有 A 方代表的同意，B 方不得将它们移出工地。

3）A 方负责提供道路、场地，并将水电管路接到工地。A 方提供 2 个 75kVA 发电机供 B 方在本工程中使用，提供方式由 B 方购买，A 方负责费用。发电机的运行费用由 B 方承担。施工用水电费用由 B 方承担，按照实际使用量和规定的单价在工程款中扣除。

4）合同价格的调整需要在 A 方代表签字的书面变更指令作出后才有效。增加和减少工程量必须按照投标报价所确定的费率和价格计算。

如果变更指令会引起合同价格的增加或减少，或造成工程竣工期的拖延，则 B 方在接到变更指令后 7 天内书面通知 A 方代表，由 A 方代表作出确认，并且在双方商讨变更的价格和工期拖延量后才能实施变更，否则 A 方对变更不予付款。

5）如果发现有由于 B 方负责的材料、设备、工艺所引起的质量缺陷，A 方发出指令，B 方应尽快按合同修正这些缺陷，并承担费用。

6）本工程执行英国规范，由 A 方提供一本相关的英国规范给 B 方。A 方及 A 方代表有权指令 B 方采取保证工程质量达到合同所规定标准的措施。

（4）B 方义务和权利。

1）若发现施工详图中的任何错误和异常应及时通知 A 方，但 B 方不能修改任何由 A 方提供的图纸和文件，否则将承担由此造成的全部损失费用。

2）B 方负责现场以外的场地、道路的许可证及相关费用。（其他略）

（5）合同价格。

1）本合同采用固定总价方式，总造价为 17518563 元人民币。它已包括 B 方在工程施工的所有花费和应由 B 方承担的不可预见的风险费用。

2）付款方式。

① 签订合同时，A 方付给 B 方 400 万元备料款。

② 每月按当月工程进度付款。在每月的最后一个星期五，B 方提交本月的已完成工程量的款额账单。在接到 B 方账单后，A 方代表 7 天内作出审查并支付。

③ A 方保留合同价的 5% 作为保留金。在工程竣工验收合格后 A 方将保留金的一半支付给 B 方，待保修期结束且没有工程缺陷后，再支付另外的一半。

（6）合同工期。

1）合同工期共 27 周，从 1995 年 7 月 17 日到 1996 年 1 月 20 日。

2）若工程在合同规定时间内竣工，A 方奖励 B 方 20 万元，另外每提前 1 天再奖励 1 万元。若不能在合同规定时间内竣工，拖延的第一周违约金为 20 万元，在合同规定竣工日期一周以后，每超过一天，B 方赔偿违约金 5000 元。

3）若在施工期间发生超过 14 天的阴雨或冰冻天气，或由于 A 方责任引起的干扰，A 方给予 B 方以延长工期的权利。若发生地震等 B 方不能控制的事件导致工期延误，B 方应立即通知 A 方代表，提出工期顺延要求，A 方应根据实际情况顺延工期。

（7）违约责任和解除合同。

1）若 B 方未在合同规定时间内完成工程或违反合同有关规定，A 方有权指令 B 方在规定时间内完成合同义务。若 B 方未履行，A 方可以雇用另一承包商完成工程，全部费用由 B 方承担。

2）如果 B 方破产，不能支付到期的债务，发生财务危机，A 方有权解除合同。

3）A 方认为 B 方不能安全、正确地履行合同义务，或已无力履行本工程合同的义务或公然忽视履行合同，则可指令 B 方停工，并由 B 方承担停工责任。若 B 方拒不执行 A

方指令，则 A 方有权终止对 B 方的雇用。

（8）争议的解决。本合同的争议应首先以友好协商的方式解决，若不能达成一致，任何一方都有权提请仲裁。若 A 方提请仲裁，则仲裁地点在上海；若 B 方提请仲裁，则仲裁地点在新加坡。（其他略）

4. 合同实施状况

本工程土方工程从 1995 年 5 月 11 日开始，7 月中旬结束，土建施工队伍 7 月份就进场（比土建施工合同进场日期提前）。但在施工过程中由于如下原因造成施工进度的拖延、工程质量问题和施工现场的混乱：

（1）在当年八月份出现较长时间的阴雨天气；

（2）由于设计不完备，A 方发出许多工程变更指令；

（3）B 方施工组织失误、资金投入不够、工程难度超过预先的设想；

（4）B 方施工质量差，被业主代表指令停工返工等。

按照原计划工程于 1996 年 1 月结束并投入使用，但到 1996 年 2 月下旬，即开工后的31 周，还有大量的合同工程没有完成。业主以如下理由终止了和承包商的合同关系：

（1）承包商施工质量太差，不符合合同规定，又无力整改；

（2）工期拖延而又无力弥补；

（3）使用过多无资历的分包商，而且施工现场出现多级分包。

A 方将原属于 B 方工程范围内的一些未开始的分项工程删除，并另发包给其他承包商，并催促 B 方尽快施工，完成剩余工程。

1996 年 5 月，工程仍未竣工，A 方仍以上面三个理由指令 B 方停止合同工作，终止合同工程，由其他承包商完成。

在工程过程中 B 方提出近 1200 万的索赔要求，一直没有得到解决。而双方经过几轮会谈，在 10 个月后，最终业主仅赔偿承包商 30 万元。

本工程无论从 A 方或 B 方的角度都不算成功的工程，都有许多经验教训值得记取。

5. B 方的教训

在本工程中，B 方受到很大损失，不仅经济上亏本很大，而且工期拖延，被 A 方逐出现场，对企业形象有很大的影响。这个工程的教训是深刻的。

（1）从根本上说，本工程采用固定总价合同，招标图纸比较粗略，做标期短，地形和地质条件复杂，所使用的合同条件和规范是承包商所不熟悉的。对 B 方来说，几个重大风险集中起来，失败的可能性是很大的，承包商的损失是不可避免的。

1996 年 7 月，工程结束时 B 方提出实际工程量的决算价格为 1882 万元（不包括许多索赔）。经过长达近十个月的商谈，A 方最终认可的实际工程量决算价格为 1416 万元人民币。双方结算的差异主要在于：

1）本工程招标图纸较粗略，而 A 方在招标文件中没给出工程量，由 B 方计算工程量，而 B 方计算的数字都很低。例如图纸缺少钢筋配筋图，承包商报价时预算 402t 钢筋，而按后来颁发的详细的施工图核算应约为 720t。在工程中，由于工程变更又增加了 290t，即整个实际用量约为 1010t。由于为固定总价合同，A 方认为详细的施工图用量与 B 方报价之差 318t（即 720t－402t），合计价格 100 多万元是 B 方报价的失误，或为获得工程而作出的让步，在任何情况下不予补偿。

2) B 方在工程管理上的失误。例如：

在工程施工中 B 方现场人员发现缺少住宅楼的基础图纸，再审查报价发现漏报了住宅楼的基础价格约 30 万元人民币。分析责任时，B 方的预算员坚持，在招标文件中 A 方漏发了基础图，而 A 方代表坚持是 B 方的估价师把基础图弄丢了。由于采用了固定总价合同，B 方最终承担了这个损失。这个问题实质上是 B 方自己的责任，他应该：

① 接到招标文件后应对招标文件的完备性进行审查，将图纸和图纸目录进行校对，如果发现有缺少，应要求 A 方补充。

② 在制定施工方案或作报价时仍能发现图纸的缺少，这时仍可以向业主索要，或自己出钱复印，这样可以避免损失。

（2）报价的失误。B 方报价按照我国国内的定额和取费标准，但没有考虑到合同的具体要求，合同条件对 B 方责任的规定，英国规范对工程质量、安全的要求，例如：

1) 开工后，A 方代表指令 B 方按照工程规范的要求为 A 方的现场管理人员建造临时设施。办公室地面要有防潮层和地砖，厕所按现场人数设位，要有高位水箱、化粪池，并贴瓷砖。这大大超出 B 方的预算。

2) A 方要求 B 方有安全措施，包括设立急救室、医务设备，施工人员在工地上应配备专用防钉鞋、防灰镜、防雨具，而我国工程中都没有这些配备，B 方报价中都没有考虑到。

3) 由于施工工地在一个国道西侧，弃土须堆到国道东侧，这样需要切断该国道。在这个过程中发生了申请切断国道许可、设告示栏、运土过程中交通管制和安全措施、施工后修复国道等各种费用，而 B 方报价中未考虑到这些费用。B 方向 A 方提出索赔，但被 A 方反驳，因为合同已规定这是 B 方责任，应由 B 方支付费用。

当然，在本工程中，A 方在招标文件中没有提出合同条件，而在确定承包商中标后才提出合同条件。这是不对的，违反惯例。这也容易造成承包商报价的失误。

（3）工程管理中合同管理过于薄弱，施工人员没有合同的概念，不了解国际工程的惯例和合同的要求，仍按照国内通常的方法施工、处理与业主的关系。例如：

1) 对 A 方代表的指令不积极执行，作"冷处理"，造成英方代表许多误解，导致双方关系紧张。

例如，B 方按图纸规定对内墙用纸筋灰粉刷，A 方代表（英国人）到现场一看，认为用草和石灰粉刷，质量不能保证，指令暂停工程。B 方代表、A 方的其他中方人员和设计人员向他说明纸筋灰在中国用得较多，质量能保证。A 方代表要求先粉刷一间，让他确认一下，如果确实可行，再继续施工。但 B 方对 A 方代表的指令没有贯彻，粉刷工程小组虽然已经听到 A 方代表的指令，但仍按原计划继续粉纸筋灰。几天后粉刷工程即将结束，A 方代表再到现场一看，发现自己指令未得到贯彻，非常生气，拒绝接收纸筋灰粉刷工程，要求全部铲除，重粉水泥砂浆。因为图纸规定使用纸筋灰，B 方就此提出费用索赔，包括：

① 已粉好的纸筋灰工程的费用；

② 返工清理；

③ 两种粉刷价差索赔。

但 A 方代表仅认可两种粉刷的价差赔偿，而对返工造成的损失不予认可，因为他已下达停工指令，继续施工的损失应由 B 方承担。而且 A 方代表感到 B 方代表对他不尊重。所以导致后期在很多方面双方关系非常紧张。

2）施工现场几乎没有书面记录。本工程变更很多，由于缺少记录，造成许多工程款无法如数获得补偿。

例如在施工现场有三个很大的水塘，勘察单位人员未走到水塘处，仅地形图上有明显的等高线，但未注明是水塘。承包商现场考察时也未注意到水塘。施工后发现水塘，按工程要求必须清除淤泥，并要回填，B 方提出 6600m³ 的淤泥外运量，费用 133000 元的索赔要求，认为招标文件中未标明水塘，则应作为新增工程分项处理。

A 方工程师认为，对此合同双方都有责任：A 方未在图上标明，提供了不详细的信息；而 B 方未认真考察现场。最终 A 方还是同意这项补偿。但 B 方在施工现场没有任何记录、照片，没有任何经 A 方代表认可的证明材料，例如土方外运多少、运到何处、回填多少、从何处取土。最终 A 方仅承认 60000 元的赔偿。

3）乙方的工程报价及结算人员与施工现场脱节，现场没有估价师，每月 B 方派工程量统计员到现场与业主结算，他只按图纸和原工程量清单结算，而忽视现场的记录和工程变更，与现场 B 方代表较少沟通。

4）合同规定，A 的任何变更指令需要再次由 A 方代表书面确认，并双方商谈价格后再执行，承包商才能获得付款。而在现场，承包商为业主完成了许多额外工作和工程变更，但没有注意到获取业主的书面确认，也没有和业主商谈补偿费用，也没有现场的任何书面记录，导致许多附加工程款项无法获得补偿。A 方代表对他的同事说："你们怎么只知干活，不知要钱？""估价师每月进入现场一次，像郊游似的，工程怎么能盈利呢？"

5）业主出于安全的考虑，要求承包商在工程四周增加围墙，当然这是合同内的附加工程。业主提出了基本要求：围墙高 2m，上部为压顶，花墙，下部为实心一砖墙，再下面为条型大放脚基础，再下为道砟垫层。业主要求承包商以延长米报价，所报单价包括所有材料、土方工程。承包商的估算师未到现场详细调查，仅按照正常的地平以上 2m 高，下为大放脚和道砟，正常土质的挖基槽计算费用，而忽视了当地为丘陵地带，而且有许多藕塘和稻田，淤泥很多，施工难度极大。结果实际土方量、道砟的用量和砌砖工程量大大超过预算。由于按延长米报价，业主不予补偿。

6）由于本工程仓促上马，设计不完备，所以变更很多。业主代表为了控制投资，在开工后再次强调，承包商收到变更指令或变更图纸，需要在 7 天内报业主批准，并双方商定变更价格，达成一致后再进行变更，否则业主对变更不予支付。

这一条应该说对承包商是有利的。但施工中 B 方代表在收到书面指令后不去让业主确认，不去谈价格（因为预算员不在施工现场），而本工程的变更又特别多，所以大量的工程变更费用都未能拿到。

（4）承包商工程质量差，工作不努力，拖拉，缺少责任心，使 A 方代表对 B 方失去信任和信心。例如像许多国内工程一样，施工现场出现了许多未经业主代表批准的分包商，以及多级分包现象，工程分包关系复杂。他们没有工作热情，施工质量差，工地上协调困难，现场混乱，A 方代表甚至 B 方代表都难以控制。这在任何国际工程中都是不允许的。

在相当一部分墙体工程中，由于施工质量太差，高低不平，无法通过验收，A 方代表指令加厚粉刷，为了保证质量，要求 B 方在墙面上加钢丝网，而不给承包商以费用补偿。这不仅大大增加了 B 方的开支，而且 A 方对工程不满意。

投标前 A 方提供了一本适用于本工程的英国规范，但 B 方工程人员从未读过，施工后这本规范找不到了，而 B 方人员根深蒂固的概念是按图施工，结果造成许多返工。

例如在施工图上将消防管道与电线管道放于同一管道沟中，中间没有任何隔离，B 方按图施工，完成后，A 方代表拒绝验收，因为：

1) 这样做极不安全，违反了 A 方所提供的工程规范。

2) 即使施工图上两管放在一起，是错的，但合同规定，承包商若发现施工图中的任何错误和异常，应及时通知 A 方。作为一个有经验的承包商应能够发现这个常识性的错误。

所以 A 方代表指令 B 方返工，将两管隔离，而不给承包商任何补偿。

6. A 方的教训

在本工程中 A 方也受到很大损失，表现在：

(1) 工期拖延。原合同工期 27 周，从 1995 年 7 月 17 日到 1996 年 1 月 20 日，但实际工程到 1996 年 9 月尚未完成，严重影响了投资计划的实现。双方就工程款的结算工作一直拖到 1997 年 4 月。

(2) 质量很差。如主厂房地坑防水砂浆粉刷后漏水；许多地方混凝土工程跑模；混凝土板浇捣不密实出现孔洞，柱子倾斜；由于内墙砌筑不平，造成粉刷太厚，表面开裂等。

(3) 由于承包商未能按质按量完成工程，业主不得不终止与 B 方的合同，而将剩余的工程再发包，请另外的承包商来完成。这给业主带来很大的麻烦，对工程施工现场造成很大的混乱。

(4) 当然 A 方的合同管理也有许多教训值得记取：

1) 本工程初期，A 方的总经理制定工程总目标，作合同总策划。但他是搞经营出身的，没有工程背景，仅按市场状况作计划，急切地想上马这个项目，想压缩工期，所以将计划和设计时间、招标投标时间、施工准备期缩短，这是违反客观规律的，结果欲速则不达，不仅未提前，反而大大延长了工期。

2) 由于项目仓促上马，设计和计划不完备，工程中业主的指令所造成的变更太多，地质条件又十分复杂，不应该用固定总价合同。这个合同的选型出错，打倒了承包商，当然也损害了工程的整体目标。

3) 如果要尽快上马这个项目，应采用承包商所熟悉的合同条件。而本工程采用承包商不熟悉的英国合同文本、英国规范，对承包商风险太大，工程不可能顺利。

4) 采用固定总价合同，则业主不仅应给承包商提供完备图纸，合同的条件，而且应给承包商合理的做标期、施工准备期等，而且应帮助承包商理解合同条件，双方及时沟通。但在本工程中业主及业主代表未能做好这些工作。

5) 业主及业主代表对承包商的施工力量、管理水平、工程习惯等了解太少，投标阶段和授标后也没有给承包商以帮助。

复 习 思 考 题

1. 我国许多城市持续建设城市轨道交通线路工程，试调查分析，从开始建设至今，建设一条线路业主所签订的合同的数量变化情况，并分析其原因。

2. 试分析，在案例 13-3 中，业主的合同策划存在什么问题？

14 工程索赔实务

【本章提要】

本章介绍了几个有代表性的工程索赔（反索赔）案例。这些案例涉及工程总承包合同、联营体合同、分包合同，有相关的索赔（反索赔）策略研究、合同分析文件、索赔和反索赔报告，以及解决结果。

从本章的案例中可以看到工程索赔的工作过程、思路、分析问题的方法等。

14.1　综合索赔（反索赔）（案例 14-1）

14.1.1　项目概况和项目实施情况

1. 项目概况

A 国某发电厂工程建设项目，主要合同关系如图 14-1 所示。主要当事人：业主为 A 国某能源生产和输送总公司（以下简称为 A 方），工程总承包商为 B 国某设备供应商（以下简称为 B 方），总承包联营体成员为 C 国某土建施工和设备安装公司（以下简称为 C 方），分包商也为 C 方（同总承包联营体成员）。合同的签订过程：

1980 年 9 月 21 日 A 方与 B 方签订合同，由 B 方总承包 A 方的发电厂工程的全部设计、设备供应、土建施工、安装。

在这以前，B 方曾与 C 方洽谈，双方同意联营承包该工程。1980 年 11 月 15 日，B 方和 C 方正式签订内部联营体合同，由 C 方承担该工程的土建施工。C 方工程合同总报价为 4850 万美元。

由于 A 国国内政局变化，总承包合同签订后尚未实施就中断了 2 年，1983 年 8 月 15 日，A 方决定继续实施该工程。A、B 双方签订一项修正案，确定原合同有效，并按实际情况对合同某些条款作了修改。总承包合同总报价为 27500 万美元。

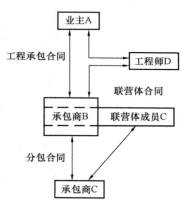

图 14-1　合同关系图

1983 年 9 月 10 日，B、C 双方又在原联营体合同的基础上签订一项修正案，决定继续联营承包。C 方将自己所承担的土建工程价格降至 4300 万美元。

1985 年 7 月 20 日，在工程进行中，B 方与 C 方又签订分包合同，由 C 方承包该项目的机械设备安装工程，合同价格为 1900 万美元。

这样，C 方既是承包联营体成员，又是 B 方的分包商。

2. 工程实施情况

由于整个工程仓促上马，计划和施工准备不足，致使在工程过程中出现许多问题，如设计资料、图纸交付过迟；施工计划被打乱，次序变更；工程量大幅度增加；材料供应拖延；施工中出现技术质量问题等。

这使得工期延长，承包商成本大幅度增加，产生了激烈的合同争议。对比总承包合同的修正案，主要工程工期延缓为：

混凝土工程推迟 7 个月；

钢结构安装推迟 13 个月；

1 号机组试运行推迟 27.5 个月；

2 号机组试运行推迟 36 个月。整个工期比原计划延长 3 年，直到 1990 年才结束。

3. 索赔要求

在工程过程中，A、B、C 三方之间有许多单项索赔都未解决。所有索赔都在工程结束前一揽子索赔中解决。各方主要索赔要求有：

（1）关于 B—C 联营体合同一揽子索赔。

就联营体合同实施中的问题，C 方向 B 方提出一揽子索赔要求为：工期延误 27.7 个月，费用 5970 万美元（原合同价为 4300 万美元）。

（2）分包合同一揽子索赔。

1987 年 10 月 31 日，C 方就分包合同向 B 方提出 2950 万美元的费用索赔（而分包合同价格为 1900 万美元）。

（3）总承包合同一揽子索赔。

工程结束前，A 方向 B 方提出工程逾期违约金 5000 万美元。在 1989 年 5 月，2 号机投产出现故障，A 方警告，对 B 方按合同规定清算损失，即 B 方必须承担 A 方因工期拖延，工程不能投产所产生的全部损失。

工程结束前，B 方向 A 方提出 10000 万美元的一揽子费用索赔（而总承包合同价格为 27500 万美元）。

这样形成复杂的索赔和反索赔关系。下面是对工程过程中索赔（反索赔）报告和其他文件进行分析。

14.1.2　B 方对总承包合同的索赔、反索赔策略分析

1. 基本情况

由于工程施工受到严重的干扰和工程管理失误，使工期拖延，工程迟迟不能交付使用。对比总承包合同和 1 号修正案，1 号机组推迟交付使用 27.5 个月，2 号机组试运行出现质量问题。1988 年 6 月，A 方向 B 方提出清算损失的警告，在工程结束前又向 B 方提出工期拖延违约金的索赔。

在此情况下，B 方于 1989 年 6 月作索赔策略研究。

2. A—B 总承包合同分析

（1）合同的法律基础及其特点。

总承包合同在 A、B 双方之间签订，在 A 国实施。合同规定 A 国法律适应于合同关系。该国没有合同法，合同法律基础的执行次序为总承包合同、A 国民法、伊斯兰宗教法。

在该国家，当合同与法律规定以及宗教法规定不一致甚至矛盾时，宗教法常常优先于国家法律和合同。而该宗教法的法律来源有两个基本部分：

1) 主要法律来源为可兰经。由于现代经济问题十分复杂，在法律实践中常常采用类推的方法，由学者对可兰经进行解释，并比照过去大家一致认可的一些法律事件，以解决当前的法律问题。

2) 在争议解决中还可引用第二法律来源。包括：

① 公平原则。法律应避免作不公平的判决。假设两个事件表面相同，则在上述的法律原则适用后（如按照类推原则）解决结果也应该相同。

② 政府和法院应保护公众和私人的利益，应注意防止有一些人利用法律条款的不完备和漏洞达到自己险恶的目的。

③ 通常的风俗习惯。

这种法律特点常常使外国人很不适应。他必须着眼于严格履行合同，在争议中不能期望得到较多的法律援助。

（2）合同语言。合同协议书和合同条件采用英语和当地语言文本。如果两个文本之间有矛盾，以当地语言文本解释为准。合同的其他文件以英语为准。

（3）合同内容。本合同的文本及优先次序与 FIDIC 合同相同。但在本合同签订后，由于 A 国政局变动，暂停了两年，此后双方签订了 1 号修正案。该修正案具有最高的优先地位，它不仅修改了工期和价格，而且修改了工程范围。原合同规定蒸汽机由 B 方供应并安装。但 1 号修正案中，A 方准备选择另外的蒸汽机供应商。

（4）B 方主要责任和工程范围。

1) 合同工程的类型和范围由工程量表和规范定义，在 1 号修正案及附录中有部分修改。合同范围包括，合同中注明的为项目运行所必需的工程和各种设施，以及合同中未注明的，但是属于合同工程明显必要组成部分，或由合同工程引伸出的工程和供应。

2) 工程变更程序。工程师向 B 方递交书面变更指令，B 方应要求工程师发出书面确认信。接到书面确认信后，B 方应执行变更，同时可以进行变更价格调整的谈判。没有工程师的允许，B 方不得推迟或中断变更工作。

在接到变更确认后 2 个月内完成与工程师的价格谈判，送 A 方批准。如果在接到变更确认后 4 个月内 A 方没有批准变更价格和相应的工期顺延，则 B 方有权拖延或中止变更。

3) B 方有责任向 A 方的供应商提供有关工程结构方面的信息，并检查和监督供应和安装的正确性。

4) B 方负责合同范围内材料和设备的采购、运输和保管。进口材料的海关税由 A 方支付。B 方每次应将海运的发运期和到港期通知工程师，并按需要提交发运文件。（其他略）

（5）A 方义务。

1) A 方委托工程师负责工程技术管理工作。

2) B 方须向工程师提交施工文件供批准，工程师应在 14 天内批准或提出修改意见。如果 A 方完不成自己的合同责任造成对 B 方损失，则工期可以顺延。（其他略）

（6）验收。

1) 如果所有合同工程已完成，承包商应在 21 天前将竣工试验的日期通知工程师。经工程师同意，在 10 天后进行竣工试验。如果试验合格，由工程师签署证明，确定工程的完工日期。但只有待工程运行 60 天后，验收才正式有效。

2）在保修期结束后 14 天内工程师签署最终接收证书，并由业主在保修期结束后 60 天内批准。由工程师与业主共同签署最终接收证书，表示业主对工程完全满意，合同正式结束，B 方全部合同责任解除，但保修期内更换的部件或设备除外。

3）如果竣工验收发现问题，则工程移交证明不能签发。A 方有权在承包商运行人员的监督下，为合同的目的而运行工程。

（7）合同价格。

1）原合同协议书中有合同价格，但由于 1 号备忘录修改了工程范围，则同时也修改了工程价格，这个修改后的价格是有效的合同价格。

2）B 方必须完成工程师指令的变更和附加工程，前提是该变更所引起的增加净值不超过合同价的 25%，降低不多于 10%。如果突破该限制，合同价格可以适当调整。

B 方应在变更实施前将该变更可能对合同价格的影响通知工程师。

（8）工期。

1）原合同确定了开工日期，经 1 号备忘录重新确定了开工期。合同还规定几个主要单项工程完成时间为：1 号机组工期 34 个月，2 号机组工期 38 个月，3 号机组工期 42 个月，4 号机组工期 46 个月。

2）工期变更。由于按 1 号备忘录蒸汽机已由 A 方另外发包，则 A 方必须在开工后的 3 个月内向 B 方提交蒸汽生产设备的详细资料，否则工期应予推迟。

3）如果发生附加工程或不可预见情况影响施工进度，B 方应在 10 天内通知工程师。

（9）违约责任。

如果 B 方在合同工期内未完成工程，有责任向 A 方支付 5000 万美元的误期违约金。如果拖期太久，A 方可向 B 方清算由于工期拖延而造成的损失。

如果因 B 方完不成工程造成 A 方重大损失，A 方有权向 B 方提出清算损失的要求。这不是违约金处罚，而是由 B 方赔偿 A 方全部实际损失。

（10）索赔。如果发生引起索赔的干扰事件，B 方应在 28 天内向工程师提出书面要求，否则 B 方无权要求任何补偿。

（11）争议的解决。争议如果不能通过友好协商达成一致，则可以提请仲裁。

仲裁在 A 方首都进行，也可以在合同双方一致同意的其他地方进行。仲裁按照 A 国民法所规定的程序进行，裁决结果必须符合 A 国法律规定。

3.B 方的目标

（1）目标（图 14-2）

B 方经过认真研究，确定就总承包合同与 A 方的索赔和反索赔处理的基本目标：

1）使工程顺利通过验收，交付使用，使 A 方认可并接收该工程；

2）制止（反驳）A 方清算损失的要求；

3）反驳 A 方的费用索赔要求，即不对 A 方支付

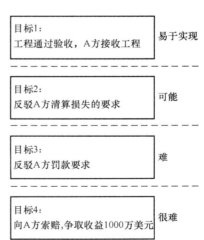

图 14-2 B 方索赔目标分析

工程拖延的合同违约金；

4）向 A 方提出索赔。B 方希望争取通过索赔得到附加收入 1000 万美元。

（2）目标实现的可能性分析

上述目标 1 和目标 2 易于实现。由于 A 方急等着工程使用，所以只要工程能够使用，A 方就会接收工程。但 B 方必须保证工程顺利施工，机组试运行不再出现质量问题。

目标 3 有一定的难度。这要求 B 方提出足够的理由，向 A 方提出一定数额的索赔，以平衡 A 方的索赔要求。

目标 4 很难实现。为达此目的，B 方需要提高向 A 方的索赔值，但目前还找不到这样的索赔理由。

（3）索赔处理中应注意的问题

1）对索赔谈判妨碍最大的是 2 号机组试运行出现的技术问题。这会使 B 方的谈判地位受到损害，所以应在开谈前尽力解决这个问题，使机组试运行成功，并顺利投产。

2）在索赔谈判中应强调合理的补偿和公平的解决，这在伊斯兰宗教法中有重要地位。这样，B 方才能将许多合同外的索赔要求纳入索赔中。在谈判中避免进行合同的法律分析，避免将索赔要求仅限于合同条款范围内，否则会使 B 方处于不利的地位，使索赔风险加大。

如果进行合同法律分析，以下几点会成为 A 方的主要攻击点：

① B 方没有在合同规定的索赔有效期内提出索赔要求；

② B 方没有工程受到干扰的详细证明；

③ B 方有明显的工期拖延的责任；

④ B 方没有及时向 A 方递交工程进度计划等。

3）避免将合同争议交临时仲裁机构仲裁或 A 国法庭裁决，这对 B 方不利，应尽一切努力争取双方协商解决。

4）应考虑到 B 方提出索赔后，A 方有可能提高索赔值进行对抗。按照 A 国的文化特点和商业习惯，在谈判中应强调照顾双方利益的平衡和合理公正的解决，不要强调对方的违约行为和进行责任分析。

4. 对 A 方的分析

（1）A 方的目标和兴趣。

尽管 A 方提出很高的清算损失和违约金要求，但通过对 A 方各方面的情况分析发现，A 方的主要目标按优先次序排列如下：

1）发电机组尽可能快地并网发电。当时正为用电时节，应尽快投产运行。

2）尽可能延长试运行期限（合同规定，试运行费用由 B 方承担）。

3）尽可能延长保修期。由于一号机组试运行出现故障，A 方对工程质量产生怀疑。

4）尽量少向 B 方支付赔偿费，不再追加工程投资。

5）向 B 方索赔以弥补工程拖延、工程质量等问题造成的损失。但作为国家投资项目，A 方对此实质上的兴趣是不大的。

（2）基于对 A、B 双方利益的分析，B 方在索赔谈判中的基本方针和策略为：

1）以反索赔对抗索赔，最终达到平衡。

2）在谈判中注重与第三方，如 B 方的 A 国担保人和监理工程师的预先磋商，这比直接与 A 方会谈更为有效。

3）A 国在能源工程方面将有大量的投资，B 方打算与 A 方建立长期的合作关系，所以在谈判中应强调双方利益的一致性，达到双方谅解和信任，减少对抗。

4）尽量争取在非正式场合解决争议。若将争议提交 A 国法庭，解决结果不会对 B 方有利，而且双方关系搞僵对将来的合作不利。所以，在谈判中要准备作较大的让步。

5）着手组建谈判小组。它应由几位忠诚的专家学者组成。

5. B 方的主要对外关系分析

分析 B 方的主要对外关系，包括 A 方、A 方的主管部门、工程师、B 方的担保人等。

6. 对 A 方索赔的估计

A 方已向 B 方提出的索赔主要有如下项目：

由于工期延长的误期违约金；

土建和机械安装未达合同工程量，应调整相应的合同价格；

土建和机械安装未按合同规定技术和质量要求施工，应扣留部分工程款；

因土建、机械和电器工程设计和施工失误造成 A 方工程成本增加；

由于 B 方失误造成 A 方的其他承包商损失；

由于工期延长使 A 方工程管理费和其他费用增加。

将这些索赔按单位工程和费用项目拆分。考虑到工程结束时，在 B 方向 A 方提出索赔后，A 方还可能再一次提高索赔值，估计 A 方的最终索赔最高值为 12963 万美元，最低可能为 9550 万美元。

7. B 方有理由向 A 方提出的索赔

B 方有理由就如下问题向 A 方提出索赔：

设计资料拖延；

工程范围变更；

图纸批准拖延；

由于 A 方干扰，使 B 方生产效率降低，不经济地使用劳动力和管理人员等。

分别按单位工程如土建、机械安装、电气工程进行索赔值估算。最终得到，B 方有理由提出 9610 万美元的费用索赔。

8. 双方索赔值比较

按单位工程和费用项目列表 14-1，比较双方索赔值。经过进一步分析对比，B 方索赔尚不能完全平衡 A 方的索赔值。

B/A 双方索赔值对比表（单位：1000 万美元）　　　　　　表 14-1

费用项目	B 方索赔		A 方索赔		备注
	最低估计	最高估计	最低估计	最高估计	
土木建筑	1.71		1.36	1.57	
电气工程	1.81	1.91	1.43	3.19	
机械安装	1.3		0.28	0.34	
其他	4.69		6.48	7.53	
总和	9.51	9.61	9.55	12.63	

注："其他"中包括支付的推迟、财务成本、社会支出、总部管理费等。

对各单位工程和各费用项目上双方索赔值的差别进行进一步的分析对比。

9. 谈判进程分析

总体上预计谈判分为进入谈判，事态调查分析，结论，解决四个阶段。

（1）进入谈判。估计 2 号机组试生产要到 1989 年 8 月底进行，所以谈判至少要在 9 月初才能开始，不能早于它。在开谈前，B 方一定要保证 2 号机组试生产成功。

这个阶段的主要目标是将 A 方引入谈判，最终签署谈判备忘录，确定双方主要谈判议题，大致谈判过程安排，谈判时间安排等。谈判只有从 A 方感兴趣的议题入手，如工程缺陷和未完成项目的处理，或讨论 A 方已提出的索赔等。

（2）事态调查。主要目标是，B 方要证明自己按合同规定完成设备供应和工程施工，并尽了一切努力保证合同的正常实施。如果讨论工期拖延问题，B 方应证明，这不是他的责任，而且自己为减少工期拖延影响作了最大努力。

这个阶段尽量不谈及费用赔偿问题，而仅澄清事实，多提证据。向 A 方展示 B 方的工程实际成本约为 47500 万美元，即亏损 20000 万美元。

由于 B 方的根本目的在于反索赔，达到不向 A 方支付即可，所以如果在这个阶段和 A 方达成谅解，A 方收回索赔要求，则谈判即可结束。

（3）结论。这阶段拟分为两步：

1）争取合理平衡和补偿；

2）提出 B 方索赔以平衡 A 方索赔或争取收益。

这一阶段的目标是向 A 方说明，由于工程受到干扰，工程实际成本大幅度增加，希望得到合理补偿。根据本工程特点，B 方工程施工中失误较多，所以如果 A 方不提出，不要进行合同法律方面的分析和讨论，主要强调合理的平衡和补偿。

（4）解决。应争取通过谈判解决争议。在谈判中强调，为了将来继续合作，B 方作较大的让步，承担工程超支费用的一半。另一半，即 B 方的索赔要求 10000 万美元，希望 A 方本着合理平衡和公平原则，予以承担。作为让步方案，B 方准备在延长工程保修期等方面提供更多的服务。

作可能的索赔谈判过程图和可能的进度计划横道图。（略）

14.1.3　B—C 双方联营体合同的索赔和反索赔

1. 联营体合同分析

（1）合同类型。本合同为联营体合同，由 B 方向 A 方承担总包合同责任，C 方仅完成 B 方委托的工程，和 A 方无合同关系，合同酬金也由 B 方直接支付，则该合同为内部联营体合同。这种联营体没有公司资产，没有对外关系的代表，没有法人资格，为非典型的民法意义上的内部公司。它虽形式上与分包相同，但性质却不一样。联营体成员应共同承担工程风险，有相互忠诚和信任的责任，按一定比例的利益互惠。

（2）法律基础。合同规定，B 国法律适用于合同关系。则该联营体合同的法律基础为：联营体合同，B 国民法。

（3）联营体双方合同义务。

1）B 方主要合同义务包括：工地总领导和管理工作，生产设备的提供，电气设备的提供和安装，控制设备的提供和安装，工地施工准备工作，向 C 方提供土建设计资料。

B 方的合作义务主要包括：独立承担对业主的工程责任，在与业主或其他方面交往中保护 C 方利益，与 C 方进行技术的和商务的总合作，一定比例的利益互惠。

2）C 方联营体合同义务主要包括：完成土建施工，土建施工所必需的图纸设计和批准手续，承担土建工程相关的风险。

（4）工程变更。C 方承包的工程采用固定总价形式，由 B 方支付。由 B 方指令的工程变更及其相应的费用补偿仅限于重大的变更，且仅按每单个建筑物和设施地平面以上外部体积的增加量计算。

由 A 方指令的重大工程变更，B 方可以对 C 方进行工期和费用的补偿。而小的变更，C 方得不到补偿。

（5）合同违约责任。

由于疏忽造成的违约责任的赔偿仅限于直接对人员和物品的损害，否则不予赔偿。

由于故意的或有预谋的行为造成合同伙伴人身或财产的损害，违约者必须承担全部损失的赔偿责任。

B 方在工程管理中由于工作失误造成 C 方损失，最高赔偿限额为 5 万美元。

（6）争议的解决和仲裁。

合同采用 B 国语言。如果合同争议不能通过协商和调解解决，则可以采用仲裁手段解决。仲裁地点在 B 国，并使用 B 国仲裁法律和程序。（其他分析略）

2. C 方向 B 方提出联营体合同一揽子索赔

土建工程完成前，C 方向 B 方提出联营体合同一揽子索赔，工期索赔 27.7 月，单项索赔之和为 7370 万美元，扣除单项索赔之间的重复影响，最终一揽子索赔额为 5970 万美元。索赔报告大致结构如下：

第一部分为 C 方法人代表致 B 方法人代表的索赔信。在信中提出索赔要求，简述主要索赔原因。该索赔的处理截止日期为 1989 年 9 月 30 日，C 方保留对索赔的重新审核权和对截止日期以后干扰事件的继续索赔权。

要求 B 方在 1 个月内对本索赔报告作出明确答复。

第二部分为索赔报告正文。它分为如下几章：

（1）总述和一揽子索赔表

按干扰事件的性质分项列出各单项索赔要求（表 14-2）。

总 索 赔 表 表 14-2

序号	索赔项目	费用（1000 万美元）	工期（月）
1	设计资料拖延	1.1	11.45
2	工程变更	2.16	9.4
3	加速措施	1.4	—4
4	图纸批准拖延	0.21	5.85
5	材料供应拖延	0.14	4
6	其他索赔	0.96	1
	合计	5.97	27.7

（2）对上述各索赔项目作进一步说明，包括各索赔事件的概况，影响和索赔理由。

（3）结论。由于 B 方没有完成自己的合同责任或违反合同规定，造成工程拖延，使 C

方成本增加，C 方有权利对此向 B 方提出合理的补偿要求。

（4）合同签订和实施过程分析，主要包括：

1）合同签订过程、合同工期、双方的合同责任等。

2）在工程设计过程中 B 方的合同责任，列出合同规定各设计资料供应日期和实际交付日期对比表，以此证明设计资料供应的延误。

3）工程变更情况，列出合同工程量和实际工程量对比表。

4）其他索赔项目的详细情况。

（5）干扰事件对 C 方承担的各单项工程的影响。

本工程有 10 个单项工程，分别详细陈述各单项工程受到的影响。例如，汽轮机组工程受到设计资料拖延，工程范围扩大，加速施工等影响共 60 个细目。

（6）工期索赔计算。按索赔项目分别计算由于 B 方责任造成的工期的延长，每一项都列出详细的计算过程和证据。

（7）费用损失计算。按索赔事件和各费用项目采用分项法计算索赔值。

（8）工程量增加和工程技术复杂程度增加的详细计算过程和计算基础。

（9）分包商索赔。在前述每一项索赔值计算中都包括分包商的索赔。这里详细列出前面各索赔项目中分包商索赔值的计算过程和计算基础。

第三部分为各种证据。（略）

3. B 方的反索赔

B 方对 C 方提出的联营体合同索赔报告进行系统分析。

（1）对 C 方合同报价和工程实施情况分析。

1）合同状态分析。C 方的初次合同报价为 4850 万美元，这是符合实际的。但合同实施推迟 3 年后，在联营体合同的 1 号修正案中，C 方将合同价降到 4300 万美元。这不符合实际情况，因为：

① 虽然工程推迟，但所有的工程量未减少。

② 由于工程推迟，各种物价上涨，仅由于工资上涨就得提高合同价格 750 万至 1000 万美元。而 C 方不仅不提高报价，反而降低价格，这是不正常的。经合同状态分析，当时合理工程报价应为 5900 万美元。这差价 1600 万美元（即 5900 万－4300 万）是 C 方在工程一开始就承认的损失，这应由 C 方自己承担，最终索赔值中应扣除它。

2）可能状态分析。在合同状态的基础上考虑外界干扰因素的影响和工程量的增加，可能状况的费用应为 7300 万美元。干扰事件主要包括：

A 方和 B 方造成的设计资料拖延；

增加工程量和附加工程；

变更施工次序；

等待工程变更造成的停工等。

3）分析 C 方提供的索赔报告和工程实施的实际状况。这里面包括如下因素：

① 合理的索赔要求；

② C 方自己责任造成的损失，如 C 方在工程施工、工程管理中的失误；

③ C 方在索赔值计算中多估冒算，重复计算，取费标准太高等。

4）工期。原合同工期 26 个月，其中主要工程施工工期 23 个月。在合同状态工期网络计划的基础上，加上由 A 方和 B 方造成的干扰事件，再一次进行关键线路分析，工期延长至 36 个月，即 C 方有理由提出索赔的工期为 10 个月。其中，最初 6 个月的开工推迟引起成本增加，可提出费用索赔；另 4 个月工期延误是由工程量增加造成的。

而实际工期比合同工期推迟了 27.7 个月（即为 C 方提出的工期索赔值）。这 17.7 个月的差异是由 C 方自己工程管理失误造成的。

（2）对 C 方索赔的反驳。

1）设计资料供应推迟。这是事实。但 A、B 和 C 三方都有责任。C 方在自己所承担的设计范围内也有失误。

其中，A 方责任影响约 800 万美元。这应向 A 方提出索赔并由 A 方支付。

B 方责任造成的损失约为 300 万美元。对此 B 方的反驳为：

① 作为联营体合同，双方应共同承担风险。在风险范围内的相互影响和干扰是不能提出索赔的。

② B 方的违约行为是由于疏忽造成的，而且它仅造成 C 方费用损失，而没有直接造成人员和物品损失，按合同 B 方不予赔偿。且 C 方又未指责 B 方有故意或预谋行为。

结论：B 方确实有责任，但按合同规定，B 方没有费用赔偿责任。

2）工程变更。这项索赔值为 2160 万美元，几乎占整个索赔值的一半。其中：

① 因工程量增加造成工期延长而导致费用增加为 800 万美元。

这一项费用是重复计算项目。因为工程量增加而引起的工期延长，在按实际完成的工程价款中已经包括工地管理费、总部管理费等附加费，不能另外再重复计算。

② 工程技术复杂程度增加索赔为 300 万美元。此项索赔合同没有明确规定，故理由不足，且技术难度增加在技术上无法证明，B 方不能给予赔偿。

③ 增加工程量和附加工程 1060 万美元。这项索赔值估算过高，其中有两个问题：

A. C 方索赔报告中称主要工程工程量增加了 65%，而按 B 方实际工程资料证明，实际工程量仅增加 20%。其中混凝土工程变更最大，按合同施工图纸计算工程量为 56000m³，最终实际混凝土量为 66000m³。而 C 方称增加 65% 是由于 C 方报价时按照初步设计文件估算 40000m³，产生了差额。这是 C 方报价风险，责任应由 C 方承担，因为设计并未修改。

这个 20% 的增量是由于三方面原因引起的：A 方的要求，B 方的变更，C 方实施方案问题。

B. 价格计算不对，没按合同报价的计算方法和计算基础计算索赔值。

按合同计价方法和实际增加的工程量核算，这项工程变更费用为 600 万美元。

经详细分析，其中，100 万美元由 A 方引起，应向 A 索赔；300 万美元由 C 方自己责任造成的，应由 C 方自己承担；另外 200 万美元由 B 方责任造成。

但同样 B 方对此没有赔偿责任，因为：

A. 建筑物和设施地坪以上体积未变化，故不在合同规定的赔偿范围内，它属于 C 方应承担的风险；

B. B 方是疏忽行为，没有造成人员和物品损害，仅费用损失，且 C 方未指责 B 方有故意或预谋行为，所以无索赔理由。

3）加速施工索赔值为 1400 万美元。

在1986年10月，B方指令C方采取加速措施，双方签订缩短工期的协议。这个协议作为合同变更是有效的；但实际工期并没有被缩短，而是大大推迟了。由于C方未执行压缩工期协议，所以对加速措施B方没有补偿责任。

4）图纸批准推迟的索赔值为210万美元。对此应由A方承担责任，B方无责任。

5）材料供应拖延索赔140万美元。材料供应拖延是由B方责任造成的，但因为材料供应拖延在联营体风险范围内，且没有造成人员和物品损失，故该项索赔无效。

（其他索赔项目的反驳略）

（3）B方对C方进行联营体合同索赔。

（B方实质上没有对C方进行索赔的期望，仅是为了平衡C方提出的索赔要求）

C方在工程施工中由于如下失误造成工期延长17.7个月（即为实际状态工期与可能状态工期之差）：

劳动力投入不足；

工程控制和监督不够；

材料供应不足，未全面完成合同责任等。

列举的违反合同事件170件（附证明）。

因C方这些失误造成B方的工地管理费、办事处费用、总部管理费等经济损失为1280万美元（附各种计算方法、过程和计算基础的证明）。

但B方宣布放弃这些索赔要求，因为：

1）C方行为符合合同，这些影响在联营体合同风险范围内，B方不能提出索赔。

2）C方失误未引起B方人员和物品损失。

3）C方没有故意或有预谋的违约行为。

所以C方也没有对B方的赔偿责任。

（4）在工程中，B方出于工程进度需要，为C方完成了几幢楼房的设计，派遣工程师，工地领班人帮助C方工作，向C方提供部分施工设备，为C方支付部分关税等共花费290万美元，这属于双方技术和商务合作的内容，应由C方如数支付。

（5）总结：

1）本合同为联营体合同，非分包合同。C方在索赔报告中缺少必要的合同分析，没考虑到联营体合同的特殊性，联营体成员之间对风险范围内的相互干扰和影响是不能提出索赔的。C方的索赔理由不足。

2）C方的索赔未注意到合同中关于工程变更和违约责任的规定。

3）在合同报价中，C方压低了报价1600万美元，这笔损失在任何情况下不能补偿，由C方承担。

4）C方的索赔值中仅有1500万美元是有理由的，其中600万美元为工程量增加，900万美元为其他外界干扰。其余部分为C方自己责任，多估冒算和B方责任。但按合同规定C方对B方无权索赔。

（6）附件，即各种证明文件。

14.1.4　B—C双方分包合同索赔和反索赔

C方又作为B方的分包商承担设备安装工程，其工程范围包括隔热工程、管道工程、汽轮机安装、锅炉工程、内燃发电机工程等分项。

1988 年 8 月 1 日，在安装工程结束前，C 方向 B 方就分包合同提出一揽子索赔，索赔值为 2950 万美元（而分包合同价为 1900 万美元）。

B—C 双方的分包合同索赔和反索赔情况介绍如下：

1. 分包合同总体分析

（1）分包合同的法律基础。本分包合同虽然在 A 国实施，且总包合同以 A 国法律为基础，但分包合同规定，B 国法律适用于合同条件，则分包合同法律基础的执行次序为：分包合同，总承包合同条件，B 国承包工程合同条例，B 国民法。

（2）合同语言。以 B 国语言作合同语言，合同仲裁地点在 B 国。

（3）合同价格。该分包合同为固定总价合同。合同价格包括了 C 方为完成合同所规定的工程义务的一切花费。C 方的工程义务包括工程量清单和规范中的所有内容，以及它们没有包括的，但对安全和经济地运行或达到工程项目的目标所必需的供应和工程。

按 B 国法律，固定总价合同在最终结算时不存在价格补偿。

（4）工程变更。合同规定，C 方承担工程量清单所规定工程量 5%范围内的工程变更的风险和机会。如果工程变更超过 5%，则有适当的价格补偿。

对于新的附加工程，如果它为一有经验的承包商不能预见的，并由 B 方指令增加，应按合同条款计算价格。C 方必须在 14 天内书面通知 B 方。

（5）工期。B 方和 C 方商定的合同工期以及合同签订后 C 方提交经 B 方批准的施工进度计划，施工方案仍有约束力，没有关于工期的合同变更。

如果 C 方不能按合同工期完成工程，B 方有权要求 C 方采取加速施工的措施。这只有在如下两种情况下 C 方才能得到费用补偿：

1）工程拖延的责任不在 C 方；

2）业主（A 方）已认可并支付加速所引起的附加费用。

（6）合同违约责任。

对严重的失误或有预谋的行为，必须承担全部损失的赔偿责任。

对轻微的疏忽，按总承包合同条件仅限于一定范围内的赔偿。

工期拖延的违约金按合同条款执行。（其他分析略）

2. C 方关于分包合同一揽子索赔

（1）C 方就如下事件向 B 方提出索赔：

C 方在实施分包合同时受到 B 方和 B 方委托人疏忽行为的干扰；

B 方拖延工程开工，打乱双方商定的施工顺序，指令 C 方不按合同工期施工；

B 方在设计、工程监督中失误，发出错误的工作指令；

B 方行为使 C 方不能使用经济合理的安装方案和安装过程，没给 C 必要的安装场地；

B 方扩大工程量和提高工程质量要求；

B 方没有及时地提供施工用的材料，使 C 方不能正常施工。

（2）索赔要求。索赔报告按单项工程处理，共有如下 5 个项目：

1）隔热工程索赔 870 万美元（合同价 62 万美元）；

2）管道工程索赔 1980 万美元（合同价 273 万美元）；

3）汽轮机组索赔 30 万美元（合同价 8 万美元）；

4）锅炉索赔 60 万美元（合同价 15 万美元）；

5）备用发电机组索赔 10 万美元（合同价 3 万美元）。

总索赔额共 2950 万美元。

（3）各单项工程索赔详细分析（以隔热工程为例）

隔热工程索赔。该项索赔总额为 870 万美元，而合同价仅为 62 万美元，其原因是：报价时 C 方得不到隔热工程详图，B 方要求 C 方按经验估计工程量。C 方按过去工程经验估计，隔热工程仅用于 1～4 号机组和锅炉，一般的公共工程不用隔热工程；对管道，隔热工程仅用于占管道 5% 的大口径管。基于这种估计，C 方预计隔热工程的工程量仅为 2 万 m^2，而在施工中 B 方扩大隔热工程范围，致使工程量增加了一倍，达到 4 万 m^2。而且 B 方在隔热工程施工中有如下失误：

推迟工程施工的开始期，并修改施工计划和施工顺序，压缩工程工期；

增加工程范围和工程难度；

没有及时提供图纸和安装准备材料；

没有履行工程监督责任，没有协调管道铺设和隔热工程施工；

没按合同规定支付工程款。

（其他单项工程索赔理由略）

3. B 方的反索赔

（1）合同状态、可能状态和实际状态分析。

1）合同状态的分析过程如下：

B 方对 C 方原报价进行全面分析。分析基础：C 方作报价所用的工程量清单、工程说明、施工方案、总工期计划等。C 方原总报价为 1900 万美元。分析过程：

详细分析并复核 C 方报价，工程量是以招标文件中工程量清单为基础。

考虑到工程监督人员和施工人员的劳动组合，确定平均工资为 12.54 美元/小时。

以平均生产效率乘以工程量可得安装工程所需直接总工时，进而可得直接人工费。按确定的施工进度计划和各分项工程总工时可得人力需要量曲线和劳动力最高需要量。

以劳动力的需要量和工地管理人员计划确定工地临时设施需要量。

按工程量和施工方案确定各种材料消耗量，并按投标书后材料价格计算材料成本。

按施工计划确定临时工程、机械设备需要量和它们的成本。

按报价书计算各种附加费如保函、保险、风险、总部管理费、利润等。

列报价检查表，经过整理得各分项工程单价及合价。

最终得到，C 方在合同签订前合理的报价应为 3410 万美元。

2）可能状态分析。在合同状态分析的基础上，考虑到 C 方工程受到干扰事件影响：

工程变更，包括增加工程量和施工次序变更；

建筑材料和构件供应不及时；

图纸供应和批准不及时。

仍按照合同状态的分析过程和分析方法，分析的结果是，可能状态的价格应为 3610 万美元，工期比原计划推迟 5 个月。

3）实际状态分析。按提供的各种工程实际情况报表和各种费用支出证明，分析 C 方工程成本，实际价格为 4560 万美元，实际工期比计划（合同）工期推迟 8.5 个月。

（2）B 方的反驳。

C方对B方的所有责难都是没有根据的和非真实的。在招标文件书中，B方已经向C方交付了所有工程文件。C方已了解了自己的合同义务，并计算了报价。

在合同签订前，C方强调，它是一有丰富经验的发电设备安装公司。按分包合同，C方已及时地弄清楚所有为完成合同责任所必需的重要技术资料、工程环境、使用目的，及为工程施工和使用所必需的技术和经济的措施。所以C方应有能力在合同规定工期内，按合同规定的条件完成安装工程。

C方的供应范围由订货单和其他合同文件给出，也包括没有注明的，或没有列出的，但对安全和经济地运行和为达到工程生产目的所必需的供应。

分包合同在实施过程中受到C方的联营体合同实施的影响，即C方在按联营体合同规定所负责的土建施工中的失误，影响C方所承包的安装工程施工。

按合同，C方应在受到干扰后2周内通知B方，而在整个合同执行过程中C方没有遵守索赔有效期限制，故索赔无效。

（3）结论：基于上述种种理由，C方的一揽子索赔没有根据。

14.1.5 索赔的最终解决

本工程中的合同争议最终都是以协商谈判为主，其他方面调解为辅解决的。B方请了某国际项目管理公司进行索赔管理，最终基本上达到索赔和反索赔的目的。

1. 对A—B之间的索赔（反索赔）谈判

（1）经过几次磋商发现，A方提出工期罚款和清算损失不是主要目标，而实际目标是：

1）由于2号机组试生产不成功，使A方对工程质量产生怀疑，所以希望B方延长试运行时间和保修期。按合同规定，试运行费用由B方承担。

2）不再向B方追加费用。由于B方向A方提出最终工程成本支出结算为47500万美元，几乎为合同价一倍，这是A方不能接受的。

从这里可以看到，双方总体的目标冲突并不太大。

（2）最终一揽子解决方案为：

1）双方各不支付，互作让步，即A方不要求工期罚款，B方放弃1亿美元索赔要求。

2）考虑到B方的实际支出和A方延长保修期的要求，采用折中方案：B方延长保修期一年。在保修期结束时，如果一切运转正常，B方可获得A方1500万美元的费用补偿。

这种结果双方皆大欢喜。

2. B—C方的联营体合同和分包合同索赔的最终解决

工程结束前，C方又追加索赔，最终使C方的两个一揽子索赔之和达12500万美元。在解决过程中C方遇到如下问题：

（1）两个合同都以B国法律为基础，这样首先遇到合同法律分析的问题。许多重大的法律概念C方一开始就弄错了。这使得C方的谈判地位很为不利，索赔理由不足。

（2）合同规定，仲裁在B国进行，且使用B国语言和法律，这对C方很为艰难，需要投入大量的费用（如律师费），且可能不会有好的结果。

（3）两个合同条件都很苛刻，对C方很不利，而且C方报价过低，C方的谈判地位受到损害，索赔难以取得预想的结果。

最终对两个一揽子索赔又以一个一揽子方案解决：

B方向C方支付1500万美元的追加费用。这即为联营体合同中B方分析应给予C方补偿的部分。而C方报价低造成的损失和C方管理失误造成的损失得不到补偿。

14.2　单项索赔（反索赔）实务

14.2.1　工期索赔（案例14-2）（见参考文献28）

三峡永久船闸闸室段山体排水洞北坡二期工程工期索赔。

永久船闸山体排水洞北坡二期工程共4条排水洞，合同总金额1398万元，总工期18个月，其中洞挖目标工期N4洞为12个月，N3洞为15个月，工程每提前或延误一天，奖励或罚款都是2万元人民币，奖罚最高金额为100万元。

工程于1995年10月10日开工，合同总工期18个月，应于1997年4月10日完工，实际完工时间为1997年3月18日，提前32天。由于工期与奖罚紧密挂钩，施工单位对施工过程中业主原因造成的停水、停电、图纸供应滞后等提出工期索赔167天。工程师在收到索赔文件后，对每项影响进行了认真细致审核，提出索赔处理意见，并组织业主、承包商协商谈判，确定补偿工期的原则。

（1）由于设计变更，N3洞洞长由原来1303.88m缩短为830.38m，因此，该项目关键线路由原来的N3洞调整为N4洞，N4洞长为1219.12m，在工程师的协调下，双方同意将总工期由18个月调整为17个月，并按此工期考虑奖罚。

（2）停水、停电影响：按合同划分的责任范围，属于业主责任的水厂或变电站、水电主干线的停水、停电，可以索赔；支线以下由承包商负责。停工时间按现场工程师签认的时间为准，并对两种影响出现交叉重复的，只计一种。

（3）设计变更：原设计N4排水洞（桩号0+077.00～0+832.00和0+929.00～0+986.56）为素混凝土衬砌，根据开挖暴露的地质情况，改变为钢筋混凝土衬砌，为此施工单位提出索赔工期27天。经分析，改为钢筋混凝土衬砌，只增加钢筋制作安装工序，工程师根据增加的钢筋数量，同意补偿7天。

（4）业主提供图纸拖延：根据投标文件中的施工组织设计，排水孔施工详图提供的时间应在1995年12月底，但实际直至1996年9月3日才提交图纸。施工单位据此提出索赔，造成在1996年1月至1996年9月期间排水孔的施工时间延误72天。工程师依据合同文件确认索赔理由成立，并根据施工单位实际的施工安排，确认图纸拖延对现场施工的影响只能从8月6日起算，同意顺延工期29天。

（5）外界干扰：北坡二期排水洞与地下输水系统施工分支洞贯通后，输水系统的炮烟及施工机械尾气涌入排水洞，影响了排水洞施工，施工单位提出工期索赔。工程师在事件发生后，及时登记备案，并进行跟踪，最终认为排水洞与施工支洞贯通在招标时未标明，这是一个有经验承包商所无法预见的，因此同意此项索赔，但在时间上与停水、停电、图纸供应延误事件有重复。根据分析结果，同意此项索赔工期仅3天。

在以上分析基础上，工程师同意顺延工期合计59天，即由1997年3月10日顺延至1997年5月8日。实际工程完工时间为1997年3月18日，因此，该工程比合同工期提前51天完成，提前竣工奖励100万元人民币。

在此工期索赔的处理中，由于工程师坚持实事求是的原则，有详细的施工记录，分析有理有据，处理过程中充分听取合同双方的意见，因此，合同双方均理解并接受。

14.2.2 工程变更索赔（案例 14-3）（见参考文献 18）

某小型水坝工程，系均质土坝，下游设滤水坝址，土方填筑量 876150m³，砂砾石滤料 78500m³，中标合同价 7369920 美元，工期 1 年半。

在投标报价中，在工程直接费（人工费、材料费、机械费以及施工开办费等）基础上，计算 12％工地管理费，构成工地总成本；在工地总成本基础上计算 8％的总部管理费及利润。

在投标报价中，大坝土方的单价为 4.5 美元/m³，运距为 750m；砂砾石滤料的单价为 5.5 美元/m³，运距为 1700m。

开工后，工程师先后发出 14 个变更指令，其中两个指令涉及工程量大幅度增加，而且土料和砂砾料的运输距离也有所增加。承包商认为，这两项增加工程量的数量都比较大，土料增加了原土方量的 5％，砂砾石料增加了约 16％；而且，运输距离相应增加了 100％及 29％。因此，承包商要求按新单价计算新增加工程量的价格，并提出了工期索赔（表 14-3）。

承包商费用索赔计算表　　　　　　　　　　　表 14-3

索赔项目	增加工程量	单价	款额
（1）坝体土方	40250m³（原为 836150m³），运距由 750m 增至 1500m	4.75 美元/m³（原 4.5 美元/m³）	191188 美元
（2）砂砾石滤料	12500m³（原为 78500m³），运距由 1700m 增至 2200m	6.25 美元/m³（原 5.5 美元/m³）	78125 美元
（3）延期 4 个月的现场管理费	原合同额中现场管理费为 731143 美元，工期 18 个月	40619 美元/月	162476 美元
以上三项索赔总计			431789 美元

在接到承包商的上述索赔要求后，工程师逐项地分析核算，并根据承包合同条款的有关规定，对承包商的索赔要求提出以下审核意见：

（1）鉴于工程量的增加，以及一些不属于承包商责任的工期延误，经按实际工程记录核定，同意给承包商延长工期 3 个月。

（2）报价总体分析：工程承包施工合同额 7369920 美元，其中总部管理费及利润：
$$7369920×[8/(100+8)]＝545920 \text{ 美元}$$

工地现场管理费：
$$(7369920－545920)×[12/(100+12)]＝731143 \text{ 美元}$$

则每月工地现场管理费：
$$731143÷18＝40619 \text{ 美元}$$

（3）对新增的土方 40250m³，进行具体的单价分析。

工程师对承包商现场的施工效率进行了实测，并以此计算。

1）新增土方开挖费用：

按照施工方案，用 1m³ 正铲挖掘机装车，每小时 60m³，每小时机械及人工费 28 美元。则挖掘单价为：

$$28 \text{ 美元}/60\text{m}^3 = 0.47 \text{ 美元}/\text{m}^3$$

2）增土方运输费用：

用 6t 卡车运输，每次运 4m³ 土，每小时运送两趟，运输设备费用每小时 25 美元。运输单价为 25/（4×2）＝3.13 美元/m³

3）新增土方的挖掘、装载和运输直接费单价为：

$$0.47 + 3.13 = 3.60 \text{ 美元}/\text{m}^3$$

4）新增土方单价：

直接费单价　　　　　　　　3.60 美元

增加 12％现场管理费　　　　0.43 美元

工地总成本（3.60＋0.43）4.03 美元

增加 8％总部管理费及利润 0.32 美元

合计（4.03＋0.32）　　　4.35 美元

故新增土方单价应为 4.35 美元/m³，而不是承包商所报的 4.75 美元/m³。

5）新增土方补偿款额：

$$40250\text{m}^3 \times 4.35 \text{ 美元}/\text{m}^3 = 175088 \text{ 美元}，$$

而不是承包商所报的 191188 美元。

（4）对新增砂砾料 12500m³ 进行单价分析。分析过程同上，分析结果为：

1）开挖及装载费用为 0.62 美元/m³

2）运输费用为 3.91 美元/m³。

3）在此基础上计算，新增砂砾料单价为 5.48 美元/m³。

4）新增砂砾料补偿款额：

$$12500\text{m}^3 \times 5.48 \text{ 美元}/\text{m}^3 = 68500 \text{ 美元}。$$

而不是承包商提出的 78125 美元。

（5）关于工期延长的现场管理费补偿。

工程师批准了工期拖延 3 个月，按原合同所确定的进度为 409440 美元/月，则新增工程量相当于正常的合同工期：

$$(175088 + 68500)/409440 = 0.6 \text{ 个月}$$

则这 0.6 个月的现场管理费已在新增工程量价格中获得，而另有 2.4 个月的现场管理费需要另外计算。承包商所计算的合同中现场管理费总额是 731143 美元，则业主应补偿承包商的现场管理费为：

$$731143 \times (3 - 0.6)/18 = 97486 \text{ 美元}$$

当然按照对 Hudson 公式的分析，这样计算不太合理，可以打个折扣。

（6）最终同意支付给承包商的索赔款：

1）坝体土方　　　　　175088 美元

2）砂砾石滤料　　　　68500 美元

3）现场管理费　　　　97486 美元

总计　　　　　　　　341074 美元

案例分析：

本案例体现了费用索赔计算的两个原则，即实际损失原则和合同原则之间的差异：

1) 承包商提出的新单价是符合合同原则的，即在土方报价中将运输费按运输距离提高，而其他费用（如挖方、装卸等）不变，以确定新增加工程量的单价。因为运输距离增加，工程性质没有变化，所以应在合同价格基础上作调整，其结果新价格必然比原价格高。这种计算体现了索赔值计算的合同原则。

2) 工程师按照实际劳动效率（也可以用社会平均劳动效率），确定新增加工程量的单价，这完全符合赔偿实际损失原则。笔者曾经在某国际工程中看到工程师派人到现场直接测量劳动效率。在本案例中，经过工程师实测所确定的新增工程量的单价低于合同单价，而新增工程量的工作内容和难度（运输距离）增加了许多。这里面可能有如下问题：

① 承包商报价过高，或报价中存在不平衡因素，即一般土方为前期工程，承包商投标时估计工程量会有所增加，所以报高价，而工程师用现场实测劳动效率对付承包商，以剔除其中不合理的因素，这是无可非议的。

② 由于承包商劳动效率提高。如：

A. 选用更先进、合理的设备和施工方案；

B. 施工过程十分顺利，投标时考虑的气候风险、地质风险、运输道路风险没有发生；

C. 按照学习规律，随着工程量的增加，劳动效率会逐渐提高。

③工程师量测劳动效率的方法和选点可能不合理。如果在工程变更令下达之后一段时间工程师派人到现场量测工作效率，确定的是正常施工状态（或高峰期）的施工效率。用它确定价格就是很不合理的。因为对于一个工程分项，承包商的施工效率一般经历如下过程（图 14-3）：在开始阶段 A，由于各种准备工作，工人不熟练，组织摩擦大，设备之间未达到最佳配合等原因，效率很低；正常施工阶段 B，随着工程的进展，劳动效率逐渐提高，达到平衡状态；工程结束前 C，扫尾工作比较零碎，需要整理，如坝体平整、做坡，结束前必然存在的组织涣散等，引起低效率。

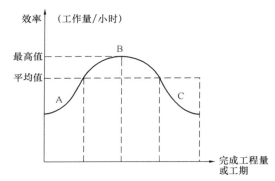

图 14-3 承包商的施工效率

实践证明，即使在一天内一个小组的劳动效率也符合这个曲线。

在这种情况下，承包商有理提出，不能按高效率状态作为计算依据，应该考虑采用平均效率。而且本案例中，变换施工场地还会造成劳动效率损失。

14.2.3 工程变更索赔（案例 14-4）（见参考文献 11）

在某仓库工程施工中，合同文件主要包括：合同条款（JCT63/77），图纸，工程量表（按标准的工程量计算方法作出）。承包商就如下问题提出索赔：

1. 混凝土质量方面的差异

(1) 合同分析。与本项索赔有关的合同条款内容有：

第 1 款：承包商应完成合同图纸上标明的和合同工程量表中描述的或提出的工程。

第 12（1）款：在合同总额中包括的工程的质量和数量由合同工程量清单规定。除非在规范中另有专门说明外，工程量清单应根据标准的工程量计算方法作出。

第 12（2）款：合同工程量清单中的描述或数量上的任何错误、遗漏应由建筑师予以纠正，并应看作建筑师所要求的变更。

第 11（6）款：如果建筑师认为变更已给承包商造成直接损失或开支，建筑师应该亲自或指示估算师确定这些损失或开支的数量。

第 4 款规定，涉及的变更不应给承包商带来损失。

在图纸和工程量表中对某些预应力混凝土楼板和梁的质量描述产生差异。图纸中规定其质量标准为"BS5328/76 的 C25P 项"，而工程量表中规定其质量标准为"BS5328/76 的 C20P 项"。

（2）合同实施过程。在第一次现场会议上，承包商代表提出混凝土质量标准不一致问题，并要求建筑师确认应执行哪一个标准，得到的回答是"按图纸执行"。由于按 12（1）款，承包商报价应按工程量清单规定的质量和数量计算。现需要根据建筑师的指令，按图纸采用高标号混凝土，造成费用的增加，承包商对质量差异及时向建筑师提出索赔要求。

（3）索赔值的计算。这项索赔事件属于建筑师纠正合同工程量清单中描述的错误（或不一致）所涉及的问题，按合同规定应该给予承包商赔偿。承包商提出索赔要求为：

涉及质量变更的混凝土（包括悬挑板和预应力混凝土梁）共 1500m³。由于仅涉及质量变更，所以可以按每立方米混凝土材料量差和价差分析计算索赔值。按 BS 标准规定的材料用量和材料报价等因素计算索赔值见表 14-4。

每立方米混凝土费用索赔分析表　　　　　　　　　　　　表 14-4

项目	水泥	细骨料		粗骨料
C25P(kg)	350	650		1180
C20P(kg)	300	700		1170
量差(kg)	＋50	−50		＋10
转换成立方米		$0.05t÷1.59t/m^3＝0.0314m^3$		$0.01t÷1.35t/m^3＝0.0074m^3$
材料单价	30 英镑/t	6.60 英镑/m³		5.70 英镑/m³
价差(英镑)	＋1.50	−0.21		＋0.04
材料损耗增加(英镑)	0.08	−0.02		＋0.00
损失合计(英镑)	1.58	−0.23		＋0.04
损失总计：	1.39 英镑			
加 14.45%现场管理费	1.39×14.45%＝0.20			
加 6%总部管理费和利润	(1.39＋0.20)×6%＝0.10			
总计	1.69 英镑			

由于混凝土强度等级提高，成本增加为 1.69 英镑/m³，则该项索赔额为：

$$1.69 \text{ 英镑}/m^3 × 1500m^3 ＝ 2535 \text{ 英镑}$$

按估算师的要求，承包商还对表 14-4 中 14.45% 和 6% 的根据作了解释。它们为承包商投标报价计算所用的数字。

由于这项索赔的事实和合同根据是十分清楚的，得到建筑师的认可。

2. 基础挖方工程索赔

(1) 合同分析。除了上面所作的几点分析外，涉及该项索赔的合同规定还有：

1) 承包商应对自己报价的正确性负责；

2) 地基开挖中，只有出现"岩石"才允许重新计价；

3) 工程量清单第 12F 项基础开挖数量为 145m³，所报单价为 0.83 英镑。

(2) 合同实施过程。在施工中承包商发现，按实际工程量方，工程量清单中基础开挖的数量为错误数据，应为 1450m³，而不是 145m³。而承包商的该分项工程单价也有错误，合理报价应为 2.83 英镑/m³，而不是 0.83 英镑/m³（在报价确认前，承包商已发现该分项工程的单价错误，但他觉得该项工程量较小，影响不大，所以未纠正报价的错误）。

同时基础开挖难度增加，地质情况与勘察报告中说明的不一样，出现大量的建筑物碎块、钢筋和角铁以及碎石和卵石，造成开挖费用的增加。

(3) 承包商的索赔要求。

1) 工程量表中所列的基础挖方数量仍按合同单价（即 0.83 英镑/m³）计算。但超过部分的数量（即 1450−145＝1305m³）应按正确的单价计算，则该项索赔为：

$$(2.83−0.83)\text{英镑}/m^3 × 1305m^3 ＝ 2610 \text{英镑}$$

2) 由于基础开挖难度增加，承包商要求增加合同单价 2 英镑/m³，该项索赔为：

$$2 \text{英镑}/m^3 × 1450m^3 ＝ 2900 \text{英镑}$$

3) 基础开挖索赔合计（不包括按合同单价所得的补偿）：

$$2610＋2900＝5510 \text{英镑}$$

(4) 现场估算师和建筑师的反驳。

1) 合同规定承包商应对自己报价的正确性负责。单价错误是不能纠正的，对于工程量增加的部分（尽管是由于业主错误造成的），仍应按合同单价计算。所以承包商有权获得因工程量增加引起的合同价格的调整为：

$$0.83 \text{英镑}/m^3 × (1450−145)m^3 ＝ 1083.15 \text{英镑}$$

2) 对开挖难度的增加，尽管承包商所述是事实，但承包商的索赔没有合同依据。合同规定只有当出现"岩石"时才重新计价，但开挖中出现的不是"岩石"，而是一些碎石和卵石，少量的混凝土块和砖头，所以不予补偿。结果承包商的该项索赔未能成功。

(5) 问题分析。

1) 在单价合同中，单价优先于总价。实际工程进度付款按合同单价和实际工程量计算，所以单价不能错。在本合同中，由于合同单价错误造成承包商 2900 英镑的损失（即 2 英镑/m³×1450m³），作为承包商事先认可的损失由承包商承担，在任何情况下都得不到赔偿。所以在投标截止前，承包商一经发现报价错误，就应及时纠正。

2) 通常，业主对招标文件中工程量清单上所列数量的正确性不承担责任。作为承包商投标报价时应复核这个工程量，这不仅有利于作正确的实施计划和组织（包括人员安排，材料订货等），而且有利于制定报价策略。本例中，承包商已觉察到单价错误而未作修改，主要原因是以为挖土工程量少（仅 145m³），所以不予重视。如果事先发现正确工程量为 1450m³，他可以采用不平衡报价方法，提高这一分项单价，就能获得高的收益。

3) 在合同中规定，只有出现"岩石"才允许重新计价，则地质勘探报告确定的沙土与岩石地质以外的情况都作为承包商的风险。这一条款对承包商是很为不利的，在合同谈判时最好将这一条改为"如果出现除沙土以外的情况应重新计价"。则本索赔就能够成功。

3. 模板工程索赔

（1）合同分析。除前面的合同分析结果外，涉及该项索赔的合同规定还有：

1）合同第 12（1）款规定，工程量清单应根据标准的工程量计算方法制定，除非特殊条件有专门说明。

而按合同所规定的标准的计算方法，模板工程应单独立项计算，不能在混凝土价格中包括模板工程费用。

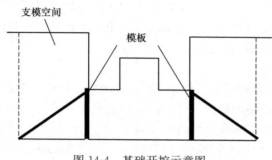

图 14-4　基础开挖示意图

2）工程量表中关于基础混凝土项目规定为：

第 7C 项：挖槽厚度超过 300mm 的基础混凝土级配 C10P，包括毗邻开挖面的竖直面的模板及拆除，共 331m³（图 14-4）。

（2）承包商的索赔要求。

承包商在报价中没有包括模板的费用，在工程中提出模板工程的索赔要求，其理由为，按合同规定的工程量计算方法，模板应单独立项计价，而合同中将它归入每立方米混凝土价格中是不合适的。应将基础混凝土的模板工程作为遗漏项目单独计价，就此提出索赔要求 1300.80 英镑。

（3）估算师反驳。

由于工程量清单中已规定将基础混凝土模板并入基础混凝土报价中，已有十分明确，且有"专门说明"。按合同文件的优先次序，工程量清单优先于工程量计算规则，而且特殊的专门的说明优先一般的说明，所以该索赔要求没有合同依据，不能成立。

（4）问题分析。

按 12（1）款，工程量清单按标准的计算规则计算，则计算规则也有约束力，作为合同一部分，但它的优先地位通常较低。由于在同一条款又规定，"除非在规范中另有专门说明外"。则这个专门说明优先，承包商应按照专门说明报价。这项索赔实质上是由于承包商工程报价计算漏项引起，他应将模板按每立方米混凝土的含量折算计入基础混凝土单价中。在本例中基础混凝土共 331m³，相应的模板工程 1084m²，则：

每立方米混凝土模板含量：$1084m² \div 331m³ = 3.27m²/m³$

模板工程单价为 1.20 英镑/m²，则应在每立方米基础混凝土中计入模板的价格为：

$$1.20 \times 3.27 = 3.92 \text{ 英镑}/m³。$$

而承包商漏算这一项，属于他自己的责任，不能赔偿。

4. 基础混凝土支模空间开挖索赔

（1）合同分析（同前述）。

（2）索赔要求。虽然上述基础混凝土模板索赔未成功，但这些模板施工需要一定的空间，须有额外开挖（图 14-4）。这在工程量清单中没有包括，对此承包商提出索赔要求：

额外开挖量 678m³；

挖方价格 2.83 英镑/m³；

回填及压实价格 1.50 英镑/m³；

索赔要求：（2.83＋1.50）英镑/m³×678m³＝2935.74 英镑。

（3）建筑师审核。建筑师在工程量清单中疏忽了这一项工程，该索赔要求是合理的，但在索赔中所用的价格是"纠正后的"价格。由于该分项工程与合同中的基础开挖具有相同的施工条件和性质，仍应按合同报价中的单价计算（尽管它是错的），所以补偿值应为：

$$（0.83＋1.50）英镑/m³×678m³＝1579.74 英镑$$

（4）承包商反驳。至此双方的赔偿意向是一致的，但对赔偿数额不一致。

承包商再次致函建筑师，这个问题不是一般的工程量增加，而是工程量表中的漏项引起的工程变更。按合同第 11（4）款原则，涉及的变更不应给承包商带来损失；按 11（6）款，建筑师应确定由于这些变更给承包商造成直接损失或开支的数量。所以承包商仍坚持自己前面提出的索赔要求 2935.74 英镑。

建筑师与估算师作进一步讨论，觉得承包商的索赔要求是符合逻辑的，有理由，接受此项索赔要求。

（5）解决结果。在确定"直接损失或开支"的数额时却出现了分歧。承包商的开挖为一整体，他不可能将基础开挖和支模空间开挖等拆分开来计算它们各自的成本，只能将开挖作为整体进行分析。承包商提出的实际费用资料：

直接费用（包括人工、设备、燃料等）	14347.10 英镑
根据投标报价加 14.45％的现场管理费	2073.16 英镑
加 6％的总部管理费和利润	985.22 英镑
合计	17405.48 英镑
减承包商已由工程结算账单获得的该土方开挖工程的支付	12481.35 英镑

则全部"损失"合计：17405.48—12481.35＝4924.13 英镑

这个"损失"是承包商在基础开挖项目上的全部实际损失，包含如下几个方面因素：

1）承包商对基础开挖报价所造成的错误：

$$（2.83－0.83）×1450＝2900 英镑$$

这是承包商责任造成的损失，应由承包商自己承担。

2）由于挖方困难程度增加承包商所提出的索赔：

$$2×1450＝2900 英镑$$

这属于承包商应承担的风险责任。

3）尚未解决的模板工程施工空间挖土的索赔：

$$2935.74－1579.74＝1356 英镑$$

则已知原因的土方开挖损失为三者之和，即 7156 英镑。

由于无法细分，则可以按比例分摊实际损失，即对支模空间开挖分摊损失：

$$1356×4924.12÷7156＝933.08 英镑$$

再加上建筑师已认可的 1579.74 英镑，该项索赔最终获得 2512.68 英镑补偿。

（6）问题分析：

1）本项索赔实质上是由于建筑师的疏忽，工程量清单漏项引起的索赔。通常这个问题是很好解决的。但由于在本例中与该项相关的报价错误，带来变更定价的困难和争议。

2）应该看到，即使建筑师坚持按照土方开挖的合同单价 0.83 英镑/m³ 计算费用补偿，也还是符合合同的，因为支模空间的开挖属于"合同内"工作，且与基槽开挖其工作难度、性质、工作条件、内容、施工时间都是一样的，所以可以使用统一的合同单价。当然建筑师最终认可了承包商采用"纠正后价格"的要求，这种处理更为恰当，不仅合理而且合情，因为承包商在这一项上的报价已经蒙受了很大的损失，从道义上应该给予承包商赔偿。

3）最后对实际损失的审核和分摊是值得注意的，它符合赔偿实际损失原则，而且这样处理有很大的合理性。从上面的分析可见，承包商在前面因挖方难度增加提出了 2900 英镑的索赔，不仅未能成功，而且对本项索赔产生影响，减少了本项赔偿值。

14.2.4　工期拖延索赔（案例 14-5）（见参考文献 11）

1. 工程概况

在一小型泵站建设工程中，施工合同采用 ICE 合同条件，合同工期 15 个月（65 周），合同金额为 148486 英镑。承包商报价中含 5% 利润，8.5% 总部管理费，15% 现场管理费。

2. 事态描述

1979 年 8 月 15 日工程师致函承包商，将于 9 月 1 日将场地提供给承包商（这是一个不明确的开工令）。承包商按时向施工现场派了代理人和监工。但业主未能及时交付场地，直到 12 月初场地才全部正式交付。但在 11 月和 12 月连续阴雨天气。在 12 月上旬到 1980 年 1 月上旬，由于现场重铺煤气管线，又致使承包商工程停工 4 周。1980 年 1 月 9 日承包商向业主提出 19 周工期索赔。

1980 年 3 月 18 日，承包商催要屋面配筋图，但直到 5 月底业主才提供这些图纸。这时相关的钢材供应又延误 2 周。

1980 年 7 月间又由于特别的阴雨天造成工程局部停工 1 周。

工程变更引起工程量增加和附加工程总额为 12450 英镑。

1980 年 11 月 3 日，工程师致函承包商，由于未能保持计划进度，要求承包商采取加速措施。事态描述见表 14-5。

事态描述表　　　　　　　　　　　　　　　　　　　　表 14-5

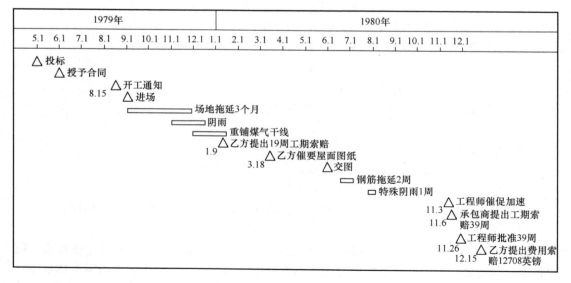

3．工期索赔

（1）承包商工期索赔要求。1980 年 11 月 6 日承包商提出 39 周的工期索赔，包括：

前期场地延误、阴雨及重铺煤气干线等原因引起共 19 周（即从 1979 年 9 月 1 日至 1980 年 1 月 9 日全部）；

屋面配筋拖延 5 周（3 月 18 日催要图纸，应于 4 月 18 日提供，但实际于 5 月底提供）；

钢筋供应拖延 2 周；

7 月中特别阴雨天 1 周；

附加工程引起工期延长 12 周。

（2）工程师反驳。工程师认为，本工程实际开工工期是由承包商进入现场时间确定的，故应为 1979 年 12 月初。从开工起，认可的索赔为 24 周，包括：

阴雨天和重新铺设煤气管道 8 周；

拖延屋面配筋图 5 周；

钢筋供应拖延 2 周；

1980 年 7 月中的阴雨天气为 1 周；

附加工程影响 10 周。

从上述分析可见，双方对工期索赔的差距仅为：

1）开工期的确定。由于本工程开工期从未明确落实，经承包商和工程师协商，以 1979 年 9 月 1 日作为开工日期。

2）附加工程总影响相差 2 周。最终统一按 10 周计算。

最终双方就工期索赔取得一致。

4．承包商提出工期相关费用索赔

（1）工期相关费用（工地管理费和其他零星费用）分摊。

工地管理费总额＝合同总价×工地管理费率＝148486 英镑×15％＝22272.9 英镑

每周分摊＝22272.9 英镑/65 周＝342 英镑/周。

（2）推迟进场三个月 13.1 周的费用索赔共 4500 英镑。

（3）工程中 24 周的拖延产生的费用索赔为 8208 英镑。

合计索赔为 12708 英镑。

（4）问题分析。很显然，承包商的索赔值计算有很大的问题：

1）报价中工地管理费是独立分项计算，然后按直接费分摊的。所以 15％ 的计算基础是直接费，而不是合同总额。承包商这样算将每周工地管理费额扩大了许多。

2）工程拖延 24 周是由许多不同性质的干扰事件引起的，需要针对每一种情况分别进行分析，不能仅算一笔总账，否则不可能被认可。

3）在拖延过程中很可能产生一些直接费用开支，也应作为费用索赔提出。只要事实清楚，理由充足，也很容易被认可。

4）在费用索赔中，有些费用项目还可以计算总部管理费和利润。

（5）工程师处理。工程师和承包商进行了逐项的分析和商讨，主要有如下几个方面：

1）进场拖延，从 1979 年 9 月 1 日开始共 3 个月。这属于业主责任造成的拖延，但其中 11 月份为阴雨天，不能提出费用索赔。在 9 和 10 月共 8 周中，承包商有一位代理人和一位监工在现场闲置，不能按照正常的施工状态补偿现场费用。按合同单价：

代理人　127.50 英镑/周×8 周＝1020 英镑

监　工　97.50 英镑/周×8 周＝780 英镑

合　计　1800.00 英镑

承包商要求增加总部管理费，但遭到拒绝。由于工程尚未开工，没有发生涉及现场和总部管理费的开支项目。承包商要求索赔利润，也遭到拒绝，因为这属于业主风险范围内的事件引起工期拖延的费用索赔，不能包括利润。

2）开工后的阴雨天气和重铺煤气干线拖延。

阴雨天气引起的拖延，工期可以延长，但不能提出费用索赔。

重铺煤气干线属于业主责任的干扰，拖延 4 周，可以提出费用索赔，但其中有阴雨天 1 周，为重叠影响，需要扣除。所以能够进行费用索赔的仅 3 周。

① 直接费。现场有 8 名技工、17 名普工停工。工程师认为，在现场停工中只能按最低工资标准支付：

技工　96.50 英镑/周·名×3 周×8 名＝2316 英镑

普工　82.50 英镑/周·名×3 周×17 名＝4207.50 英镑

合计　6523.50 英镑

② 现场管理费。在报价中，15% 的现场管理费是以直接费为计算基础。由于现场停工，直接费支出不反映正常的施工状况，则应采用合同报价中所包括的周现场管理费费率分摊的办法计算。合同金额为 148486 英镑，则：

A. 利润：由于利润率 5%，计算基础为工程总成本。则存在如下关系：

利润＝合同金额×5%/（1＋5%）＝148486×5%/1.05＝7071 英镑

工程总成本＝合同金额－利润＝148486－7071＝141415 英镑

B. 总部管理费：总部管理费率 8.5%，其计算基础为工地总成本。则存在如下关系：

总部管理费＝工程总成本×8.5%/（1＋8.5%）＝141415.23×8.5%/1.085＝11079 英镑

工地总成本＝工程总成本－总部管理费＝141415－11079＝130336 英镑

C. 现场管理费：现场管理费率 15%，它的计算基础为直接费。则同样存在如下关系：

现场管理费＝工地总成本×15%/（1＋15%）＝130336×15%/1.15＝17000 英镑

合同工期共 65 周，则报价中现场管理费率为：

17000 英镑/65 周＝261.54 英镑/周

由于现场管理费项目几乎都是与工期有关，则拖延 3 周的现场管理费支付应为：

261.54 英镑/周×3 周＝784.62 英镑

双方最终就上述索赔取得一致。

5. 图纸的推迟

工程师只承认图纸推迟 5 周的费用索赔，而钢材到货拖延 2 周和阴雨 1 周作为承包商的风险，可以提出工期索赔，但不能提出费用索赔。

承包商提出反驳：由于屋面配筋图的延误造成屋面工程的局部停止，直接引起钢筋供应的拖延（承包商不能预先采购钢筋），同时引起 7 月份阴雨天中该部分工程的停工，而如果按时供应图纸，则避开了阴雨天。它们有直接的因果关系。

工程师最终承认承包商的理由，该项工程有 8 周的拖延。

分析干扰的实际影响为：在屋面工程中，在 8 周时间内，承包商有 3 名木工，2 名钢筋工，5 名普通工在现场停工，找不到其他可以替代的工作，才不得已在现场停工的。

按工程师的要求，按国家的《劳动准则》规定的内容计算：

木　工：　100 英镑/(周·人)×8 周×3 人＝2400 英镑

钢筋工：　90 英镑/(周·人)×8 周×2 人＝1440 英镑

普　工：　85 英镑/(周·人)×8 周×5 人＝3400 英镑

合　计：　7240 英镑

由于整个工程仍在进行，而且总工期并未拖延，所以不存在现场管理费的增加。

6. 附加工程

附加工程总额达到 12450 英镑。工程师批准了 10 周的拖延。这是由关键线路分析得到的。由于工程中的变更经常很突然，承包商无法像工程投标一样有一个合理的计划期。所以工程变更对工期的干扰常常很大，业主必须承担由此造成的损失责任。

承包商对这 10 周全部向业主索赔工地管理费，是不对的。因为这 10 周拖延中，承包商完成合同额 12450 英镑，其中已包括了部分工地管理费、总部管理费和利润。按照正常情况，每周应完成合同额为：

148486 英镑/65 周＝2284.40 英镑/周

则附加工程正常所需要的工期延长为：

12450 英镑/(2284.40 英镑/周)＝5.45 周

即这个 5.45 周的管理费已在附加工程价格中支付。则另有 4.55 周属于因工程变更对施工的干扰引起的延误，其管理费和利润应由业主另外支付：

工地管理费：261.54 英镑/周×4.55 周＝1190 英镑

加 8.5％总部管理费：1190×8.5％＝101.15 英镑

加 5％利润：(1190＋101.15)×5％＝64.56 英镑

合计：1355.71 英镑

这项索赔获得认可。

由于工期拖延和通货膨胀引起的未完工程成本的增加按价格调整条款另外计算。

14.2.5　由于工期延误和加速施工的费用索赔（案例 14-6）

1. 工程概况（见参考文献 18）

我国某大型商业中心大楼的建设工程，采用 FIDIC 施工合同，中标合同价为 18329500 元人民币，工期 18 个月。工程内容包括场地平整，大楼土建施工，停车场，餐饮厅等。

2. 合同实施状况

在业主下达开工令以后，承包商按期开始施工。在施工过程中，遇到如下问题：

(1) 工程地基条件比业主提供的地质勘探报告差。

(2) 施工条件受城市交通管制的干扰。

(3) 设计多次修改，工程师下达工程变更指令，导致工程量增加和工期拖延。

（4）从开工后的第二年开始，业主期望大楼早日建成，反复要求承包商采取了加速施工措施，如由一班作业改为两班作业，节假日加班施工，增加了一些施工设备等。这些加速施工的措施经过工程师的同意等。

最终实际竣工工期为 723 天，延期 176 天。

3. 承包商的索赔要求和工程师答复

承包商先后提出 6 次工期索赔，累计要求延期 395 天；此外，还提出了相关的费用索赔，申明将报送详细费用索赔计算书。

对于承包商的索赔要求，业主和工程师的答复是：

（1）根据合同条件和实际调查结果，同意工期适当的延长，批准累计延期 128 天。

（2）业主不承担合同价以外的任何附加开支。

承包商对业主的上述答复提出了书面申辩，指出累计工期延长 128 天是不合理的，不符合实际施工条件和合同条款。承包商的 6 次工期索赔报告，符合实际情况，并符合合同的规定，请求工程师和业主对工期延长天数再次予以核查批准。

工程师和业主对承包商的反驳函件进行了多次研究，在工程快结束时作出答复：

（1）最终批准工期延长为 176 天。这就是工程建成时实际发生的拖期天数，即业主承认了工程拖期的合理性，免除了承包商承担工期延误的责任。

（2）同意补偿附加费用（直接费和管理费），待索赔报告正式送达后核定。

4. 索赔值计算

在工程竣工时，承包商递交了索赔报告，经几次与工程师讨论，索赔费用组成如下：

加速施工期间的生产效率降低损失费	659191 元
加速并延长施工期的管理费	121350 元
人工费调价增支	23485 元
材料费调价增支	59850 元
设备租赁费	65780 元
分包装修增支	187550 元
增加投资贷款利息	152380 元
履约保函延期增支	52830 元
利润（上述合计 1322416 元×8.5%）	112405 元
索赔款总计	1434821 元

对于上述索赔额，承包商在索赔报告书中进行了逐项地分析计算，主要内容如下：

（1）劳动生产率降低引起的附加开支。

承包商根据施工记录证明在业主正式通知采取加速措施以前，工人的劳动生产率可以达到投标文件所列的生产效率。但在采取加速措施以后，进行两班作业，夜班工作效率下降。由于改变了某些部位的施工顺序，工效也降低。

从开始加速施工直到工程竣工，承包商总用为技工 20237 个工日，普工 38623 个工日。但根据投标书中的用工量测算，完成同样的工作所需技工为 10820 个工日，普工21760 个工日。由于加速施工形成的生产率降低，增加了承包商的开支，即：

	技 工	普 工
实际用工（A）	20237	38623
按合同文件用工（B）	10820	21760
多用工日（C＝A－B）	9417	16863
每工日平均工资（元/工）（D）	31.5	21.5
增支工资款（元）（E＝C×D）	296636	362555

共计增支工资（元）		659191

（2）延期施工管理费增加。

根据投标书及中标函，在中标合同价 18329500 元中包含施工现场管理费及总部管理费 1270134 元。按原定工期 547 天计，每日平均管理费为 2322 元。业主批准承包商采取加速措施，并准予延长工期 176 天。在延长的 176 天内，承包商应得管理费款额为：

$$2322 元/天×176 元＝408672 元$$

但是，在工期延长期间，承包商实施业主的指令，工程量增加 414 万元人民币，其中已包含了管理费 287322 元。所以承包商应得的管理费为：

$$408672—287322＝121350 元$$

（3）人工费调整。在加速施工且工期延长期间，根据统计人工费增长 3.2%，按规定应进行人工费调整。按照加速施工期（1 年）的人工费的 50% 进行计算，即：

$$技工（20237×31.5）/2×3.2\%＝10199 元$$
$$普工（38623×21.5）/2×3.2\%＝13286 元$$

共调增   23485 元

（4）材料费调价增支。根据统计，施工第二年内采购的三材（钢材，木材，水泥）及其他建筑材料使用的总价为 1088182 元，价格上调 5.5%。故材料价格上调：

$$1088182×5.5\%＝59850 元$$

（5）机械租赁费 65780 元，系按租赁单据上款额列入。

（6）分包商索赔。根据分包商的索赔报告，其人工费、材料费、管理费以及合同规定的利润索赔总计为 187550 元。在业主核准并付款后悉数付给分包商。

（7）增加投资贷款利息。由于在加速施工并延期施工期间，承包商增加了资金投入，应从业主方面取得利息的补偿，其利率按当时的银行贷款利率计算，计息期为一年，即：

总贷款额 $$1792700 元×8.5\%＝152380 元$$

（8）履约保函延期开支。

根据银行担保协议书规定的利率及延期天数计算，为 52830 元。

（9）利润。按加速施工期及延期施工期内，承包商的直接费、间接费等项附加开支的总值，乘以合同中原定的利润率（8.5%）计算，即

$$1322416 元×8.5\%＝112405 元$$

以上由于加速施工及工期延长索赔总额为 1434821 元，相当于原合同价的 7.8%。

5. 解决结果

由于在索赔值计算中承包商与工程师已经多轮讨论，索赔报告顺利地通过了工程师的核准。工程师事先也与业主充分协商，承包商比较顺利地从业主方取得了补偿款。

6. 案例分析

本案例包括工期拖延和加速施工索赔，在索赔的提出和处理上有一定的代表性。虽然该索赔经过工程师和业主的讨论，顺利通过核准，并取得了拨款。但在该索赔处理中尚有如下问题值得注意：

（1）承包商是按照一揽子方法提出的索赔报告，而且没有细分各干扰事件的分析和计算。工程师反索赔应要求承包商将各干扰事件的工期索赔、工期拖延引起的各项费用索赔、加速施工所产生的各项费用索赔分开来分析和计算，否则容易出现计算错误。在本案例中业主基本上赔偿了承包商的全部实际损失，而且许多计算明显不合理。

（2）承包商共提出 6 次工期索赔要求达 395 天，而工期实际拖延仅 128 天。这是工程中常见的现象：承包商提交的工期索赔要求累计量远大于实际拖延。这可能有如下原因：

1）承包商扩大了索赔值的计算，多估冒算。

2）各干扰事件的工期影响之间有较大的重叠。例如本案例中地质条件复杂、交通受到干扰、设计修改之间可能有重叠的影响。

3）干扰事件的持续时间和实际总工期拖延之间常常不一致。例如：

交通中断影响 8 小时，但并不一定现场完全停工 8 小时；

虽设计修改或图纸拖延造成现场停工，但承包商重新安排劳动力和设备使当月完成工程量并未减少；

业主拖延工程款 2 个月，承包商有权停工，但实际上承包商未采取停工措施等。

按照赔偿实际损失原则，要进行综合分析，注重现场工期拖延的实际效果。

对承包商提出的六次工期索赔，工程师应作详细分析，还要分解出：

1）业主责任造成的，如地质条件变化、设计修改、图纸拖延等，工期和费用都应补偿。

2）其他原因造成的，如恶劣的气候条件，工期可以顺延，但费用不予补偿。

3）承包商责任的以及应由承包商承担的风险，如正常的阴雨天气、承包商施工组织失误、拖延开工等。

如对承包商提出的交通干扰所引起的工期索赔，要分析：如果在投标后由于交通法规变化，或政府交通管理部门突发的要求，属于一个有经验的承包商不能预见的情况，应归入业主责任；如果当地交通状况一直如此，则应属于承包商环境调查的责任。

通常情况下，上述几类情况在工程中都会存在，不会仅仅是业主责任。

这种分析在本案例中对工期相关费用索赔的反驳，对确定加速所赶回工期数量以及加速费用计算极为重要。由于这个关键问题未说明，所以在本案例中对工期相关的费用索赔的计算很难达到科学和合理。

（3）劳动生产率降低的计算。业主赔偿了承包商在施工现场的所有实际人工费损失。这只有在承包商没有任何责任，以及没发生合同规定的承包商风险状况下才成立。如果存在气候原因和承包商应承担的风险原因造成工期拖延，则相应的工日应在总数中扣除。

1）工程师应分析承包商投标报价中劳动效率（即合同用工量）的科学性。如果承包商在保持总人工费不变的情况下，减少用工量，提高劳动力单价，则按这种方法计算会造成业主损失。对此可以对比定额，或参加本项目投标的其他承包商所用的劳动效率。

2）合同文件用工应包括增加的工程量（约414万元人民币）中的人工费。

3）实际用工中应扣除业主点工计酬，承包商责任和风险造成的窝工损失（如阴雨天）。

4）从总体上看，第二年加速施工，实际用工比合同用工增加了近一倍。承包商报出的数量太大。这个数值是本索赔报告中最大的一项，应作重点分析。

（4）工期拖延相关的施工管理费计算。对拖延176天的管理费，这种计算使用了Hudson公式，不太合理，这应作报价分析，打个适当的折扣。但又应考虑到由于加速施工增加了劳动力和设备的投入，在一定程度上又会加大施工管理费的开支。

（5）人工费和材料费涨价的调整。

由于在工程中材料是被均衡使用的，所以按公式只能算一半，即：

$$1088182 \times 5.5\% \times 0.5 = 29925 \text{ 元}$$

（6）利息的计算。这种计算利息的公式是假设在第二年初就投入了全部资金的情况，显然不太符合实际。利息的计算一般是以承包商工程的负现金流量作为计算依据。如果按照承包商在本案例中提出的公式计算，通常也只能算一半。

（7）利润的计算。在本索赔中，有些费用项目，如由于交通受干扰等造成的拖延所引起的费用损失，以及人工费和材料费的调价都不能计算利润。

14.2.6　工程赶工索赔（案例14-7）（见参考文献11）

1. 承包商的索赔要求

某办公楼建设工程，首层为商店，开发商准备建成后出租，合同价482144英镑，合同价格中管理费为12.5%，合同工期18个月。在工程实施中出现如下情况，使工期拖延：

（1）开挖地下室遇到了一些困难，主要是由于旧房遗留的基础引起的。

（2）发现了一些古井，由一些考古专家考证它们的价值产生拖延。

（3）安装钢架过程中部分隔墙倒塌，同时为保护临近的建筑而造成延误。

（4）锅炉运输和安装的指定分包商违约。

（5）地下室钢结构施工的图纸和指令拖延等。

在工程进行到一一半时，承包商提出了12周的工期拖延索赔，但业主不同意，并指示工程师不给予工期延误的批准。由于业主已经与房屋的租赁人签订了租赁合同，规定了房屋的交付日期，如果不能及时交付，业主要被罚款。业主直接写信给承包商要求承包商按原工期完成工程，否则将提起诉讼。

对此工程师致函业主，指出由于上边所述干扰的发生，按合同规定承包商有延长工期的权利，如果要承包商在原合同工期内完成工程，需要与他协商，商讨价格的补偿，并签订加速协议。业主认可了工程师的建议，并授权工程师就此事进行商谈。

2. 双方商讨

工程师与承包商及业主就工期拖延及加速的补偿问题进行商谈。

（1）承包商提出12周的工期延误索赔，经工程师的审核扣去承包商自己的风险及失误（如上述第三项），给予延长工期10周的权利。

（2）对于10周的延长，承包商提出索赔为：

1）古井，在考古人员调查期间工程受阻损失　　　　　　　2515 英镑

2）地下室钢结构工程师指令的延误等损失　　　　　　　　4878 英镑

3）与隔墙有关的工程，楼梯工程延误损失及对周边建筑的保护　5286 英镑

4）由指定分包商引起的延误损失　　　　　　　　　　　　5286 英镑

合计　　　　　　　　　　　　　　　　　　　　　　　　　17965 英镑

工程师经过审核，认为在该索赔计算中有不合理的部分，例如机械费中用机械台班费应用在停滞状态下的折旧费计算，最终工程师确认索赔额为 11289 英镑。

（3）业主要求全部工程按原合同工期竣工，即加速 10 周；底楼商场比原合同工期再提前 4 周交付，即要提前 14 周。

（4）承包商重新作了计划，考虑到因加速所引起的加班时间，额外机械投入，分包商的额外费用，采取技术措施（如烘干措施）等所增加的费用，提出：

商店提前 14 周须花费　　　　　　　　　　　　　　　　8400 英镑

办公楼提前 10 周须增加花费　　　　　　　　　　　　　12000 英镑

考虑风险影响　　　　　　　　　　　　　　　　　　　　600 英镑

合计　　　　　　　　　　　　　　　　　　　　　　　　21000 英镑

（5）工程师指出由于工期压缩了 10 周，承包商可以节约管理费。按照合同管理费的分摊 10 周共有管理费为：

$$(482144×12.5\%)/(1＋12.5\%)÷78 \text{周}×10 \text{周}＝6868 \text{英镑}$$

这笔节约应从索赔额中扣去。则承包商提出工期延误及赶工所需要的补偿为：

$$11289－6868＋21000＝25421 \text{英镑}$$

考虑到风险因素等共要求补偿 25500 英镑。

工程师向业主转达了承包商的要求并分析了承包商要求的合理性以及索赔值计算的正确性，业主接受了承包商的要求。

（6）双方商讨并签署了赶工附加协议，该协议主要包括如下内容：

1）由于工程前半段发生了许多干扰事件，承包商有权延长 10 周，并索赔相关费用，工程师也已批准。业主要求全部工程按计划竣工，底层比计划提前四周双方经商讨就赶工达成一致。

2）对承包商前期工期延误的费用索赔以及赶工费，业主支付总额为 25000 英镑，由承包商包干。

3）如果承包商不能按照业主的要求竣工，则赶工费中应扣除：

① 全部工程竣工日期若在 1980 年 12 月 24 日之后，承包商赔偿 170 英镑/日；

② 底层部分工程竣工若在 1980 年 11 月 24 日之后，承包商赔偿 85 英镑/日。但赶工费不应少于 12500 英镑。这是对承包商的保护条款。

③ 赶工费的分批支付时间及数量（略）。

④ 赶工期间由于非承包商责任所引起的工期拖延的索赔权与原合同一致。

（7）案例分析。

1）本案例的分析过程虽不十分详细，但思路是十分清楚的，也是经得住推敲的，解决问题的过程为：工期拖延的责任分析，工期拖延所造成损失的计算及赔偿，赶工的措施

的协商和措施费，由赶工所产生的费用节约地计算。

2）本案例涉及的赶工包括：业主责任（或风险）引起的拖延（对全部工程），业主希望工程比合同期提前交付的赶工（底层商场），承包商自己责任的赶工 2 周。在前两种情况下，施工合同（例如 FIDIC）并没有赋予业主（工程师）直接指令承包商加速的权利。如果业主提出加速要求需要与承包商商讨，签订一个附加协议，重新议定一个补偿价格（赶工费）。而对承包商责任所造成的两周拖延的加速要求，承包商必须无条件执行。

3）在上述第 4 点的计算中，由于工期压缩了 10 周，在承包商的索赔值中必须扣除了在这期间承包商"节约"的管理费。这是值得商榷，并应注意的。实质上与合同工期相比，压缩后的实际工期也刚好等于合同工期，所以与合同相比，承包商并没有"节约"。这种扣除只有在两种情况是正确的：

① 已有的工期拖延，承包商有工期索赔权，但没有费用索赔权，例如恶劣的气候条件造成的拖延，如果不加速，承包商需要支付这期间的工地管理费，而现在采取加速措施，这笔管理费确实"节约"了。

② 已有的工期拖延为业主责任，承包商有费用索赔权，在费用索赔中已经包括了相关的管理费，即上述第二点中，承包商提出的 17965 英镑的索赔中已包括了管理费。

4）按照 FIDIC 合同，业主责任的延误造成的费用索赔和业主要求采取赶工措施，承包商有权索赔利润。

5）在本案例中加速协议是比较完备的，考虑到可能的各种情况，最低补偿额，赶工费的支付方式和期限，附加协议对原合同文件条款的修改等。在这里特别应注意赶工费的最低补偿额问题，这是对承包商的保护。因为承包商应业主要求（不是原合同责任）采取措施赶工可能会由于其他原因这种赶工没有效果，但作为业主应给予最低补偿。

6）在本案例中工程师的作用是值得称许的，从开始到最后一直向业主解释合同，分析承包商要求的合理性，对缓和矛盾，解决争议，实现业主目标发挥重要作用。

14.2.7　因特殊地质条件引起的索赔（案例 14-8）

1. 工程概况

南亚某国利用世界银行贷款，在 13km 河段上修建拦河堰和引水隧洞发电站。水电站装机 3 台，总装机容量 6.9 万 kW，年平均发电量 4.625 亿度。

电站引水洞经过岩石复杂的山区，洞长 7119m，直径 6.4m，全部用钢筋混凝土衬砌。在招标文件中，地质资料说明：6% 的隧洞长度通过较好的 A 级岩石，55% 的隧洞长度通过尚好的 B 级岩石，在恶劣状态的岩石（D、E、F 级岩石）中的隧洞长度仅占隧洞全长的 12%，其余 27% 隧洞长度上是处于中间强度的 C 级岩石。

2. 招标投标及合同实施情况

（1）本工程的施工采取了国际性竞争招标，采用 FIDIC 合同条件，业主提供施工技术规范和工程量清单。设计和施工监理工作由欧洲的一个咨询公司担任。

通过激烈的投标竞争，最终由中国和某国的公司共同组成的联营体以最低报价中标，承建引水隧洞和水电站厂房，合同价 7384 万美元，工期为 42 个月。

（2）在施工过程中，承包商遇到了极不利的地质条件。通过鉴定：D 级岩石占隧洞全长的 46%，E 级岩石段占 22%，F 级岩石段占 15%，中间强度的 C 级岩石段占 17%，而没有遇到 B 级和 A 级岩石。在施工过程中出现塌方 40 余次，塌方量达 340 余 m³，喷混凝土支护面积达 62486m²，共用钢锚杆 25689 根。

（3）由于勘探设计工作深度不够，招标文件所提供的地质资料很不准确，水电站厂房位于陡峭山坡之脚，在施工过程中发现山体有可能滑坡的危险，出现了频繁的设计变更。调压井旁山体开挖边坡工程，先后修改坡度 6 次，实际明挖工程量达到标书工程量表的322％。厂房工程岩石开挖中，修改边坡设计 3 次，增加工程量 23000m³。

尽管如此，承包商严格遵守协议，周密组织管理，采取了先进的施工技术赶回了延误的工期，使整个水电站工程按期地建成，3 台发电机组按计划满负荷地投入运行，获得了业主和世界银行专家团的高度赞扬。但承包联营体承担了相当数额的经济亏损。

3. 承包商对索赔处理

承包联营体向业主和咨询工程师提出了工期索赔和费用索赔。

（1）承包联营体最初在每月初申报上个月工程进度款的同时，报送索赔款中期报表，按工程师和业主已核准的索赔款逐月支付，逐个解决工程中的索赔事件，避免了索赔款的积累，减少了索赔工作的难度，索赔的处理和解决比较顺利。

（2）后来，在索赔"顾问"的怂恿下，承包联营体牵头公司不顾中方代表的反对，坚持要改变这种按月分项索赔的方式，停止逐月申报索赔款，而采用综合索赔方式，使报出的费用索赔数额惊人，接近于原合同价的款额。

（3）对于承包联营体所采取的综合索赔做法，工程师和业主采取了能拖就拖的方针，对承包联营体报出的 4 次索赔报告，工程师均不做答复，只是要求联营体提供补充论证资料，或反驳联营体的索赔要求。这使合同双方的索赔争议日益升级，无协商解决的可能。最终承包联营体向"巴黎国际商会"提出国际仲裁的要求。

（4）国际商会在征询业主的意见后，接受了仲裁要求。合同双方高价聘请了索赔专家，开始了马拉松式的索赔论证会或听证会。在将近一年的时间内，双方花了大量的人力财力，举行了几场听证会，但仍无仲裁结果。在第三者的协调下，承包联营体和业主又重新回到了谈判桌旁，开始了比较现实的谈判。

由于该水电站工程按期建成，质量优质，并及时并网发电，取得了显著的经济效益，业主表现出谈判解决的诚意，双方同意采取一揽子解决的办法。经过几个回合的谈判，双方议定由业主向承包联营体一次性地支付总索赔款 350 万美元，相当于该合同额的 4.74％。

此外，承包联营体还在逐月结算过程中获得了隧洞施工中新增工程量的进度款 3176万美元，最终实际收入总款额为 10910 万美元。

4. 索赔工作的经验教训

该工程的索赔工作，由于多方面的原因，应该说是不成功的。联营体实际上承受了亏损，没有把应得的索赔款要回来，反而为仲裁工作付出了相当大的代价。其原因主要在于：

（1）承包联营体根据索赔顾问的建议，采取了高额索赔的策略，索赔报告的篇幅和款额都很大，使索赔总款额接近原合同价，而且在前后索赔报告中索赔款额相差悬殊。这样的索赔文件破绽明显，业主和工程师都不会认可。

（2）采取了"算总账"的索赔方式。在索赔初期，承包商采取按月申报索赔的方式，进行单项索赔，逐月要求付款，索赔易于解决。后来采取了"总费用法"（Total Cost-

Method) 计算索赔值,采取一揽子索赔处理。结果,不仅使索赔款累积巨大,而且这种索赔值计价方法不太合理,遭到工程师的拒绝,以至于在工程竣工时,索赔仍处于争议阶段。

(3) 采取了对抗性索赔的策略。该工程索赔主要属于"不利的自然条件"方面的原因,涉及设计咨询公司的工作深度和信誉。因此,从一开始便遇到工程师的抵制,对承包商的索赔提出了一系列的责难和质询,长期拖延不决。承包联营体亦采取了强硬的态度,以"仲裁"解决来威胁,使合同争议激化。虽然诉诸国际仲裁,但长期不能裁决,最后还是通过合同双方协商的方法才使争议得到解决。

14.2.8 利润索赔(案例 14-9)

上海某大型商业设施建设工程,业主为一外资企业。该工程经竞争性招标,由某外国承包商中标。业主和承包商于 1997 年 6 月 23 日签订了施工合同,合同价款为 15000 万美元。

1. 合同分析

该合同条件系参照 FIDIC 土木工程施工合同条件制定。工程进度款按月支付,在完成当月工程量后,承包商向业主提交月报表,业主在 1 个月内予以确认,并于确认后 28 天内予以支付;如业主不能按约定付款,承包商可就此发出书面通知,业主应在 7 天内予以支付;如业主仍不能支付,承包商可以解除合同;因业主原因导致合同终止,业主应赔偿承包商任何直接损失或损坏。

在签订施工合同之后,承包商随即开始施工。1997 年金融风暴席卷东南亚,业主的资金链断裂。1998 年 3 月承包商完成的工程量为 200 万美元,按约应于 1998 年 4 月底支付。1998 年 5 月初,承包商未收到业主应支付的该笔进度款。

1998 年 6 月 2 日,承包商向业主发出通知,要求其在 7 日内支付应付的款项,否则将按合同约定暂停工程施工。但业主没有回应。同年 6 月 12 日,承包商致函业主,正式通知立即终止合同。此时,承包商共完成了约 4000 万美元的工程量。同年 7 月 8 日,承包商致函业主,要求支付已完工程价款及赔偿合同终止后损失总计 1200 万美元,并保留进一步调整费用索赔的权利。其后双方进行了多次磋商,但未能达成一致。

2. 争议

1998 年 10 月 31 日,承包商向业主发出仲裁意向通知,并于 11 月 25 日全部撤离工地现场。同年 11 月 25 日,承包商提起仲裁,就终止合同要求业主支付 2500 万美元。

3. 争议解决

仲裁庭认为:直接损失指因合同终止直接引起的承包商的所有损失,包括剩余工程预期可得利益损失,预期利润应看作预期可得利益。但总部管理费不是预期可得利益。根据承包商在开工前报送的费用项目拆分表,风险费为 1.5%、利润为 2%,该费用是业主应当预见到因违反合同造成的损失。2000 年 9 月 15 日,仲裁庭裁决施工合同终止后业主应赔偿承包商 700 万美元,其中尚未支付的已完工程价款为 200 万美元,终止合同后的直接损失为 100 万美元,剩余工程的利润损失为 250 万美元,风险费损失为 150 万美元。

4. 案例分析

(1) 合同明确规定:"因发包人原因导致合同终止的,发包人应赔偿承包商直接损失或损坏",未完工程的预期利润和风险费损失似不应属于"直接损失"。

（2）即使按照民法典，对于业主违约导致承包商终止合同，业主应赔偿承包商的预期的收益，但在该案例中仲裁庭根据承包商开工前报送的费用项目拆分表中的利润率来计算预期利润额。这个利润率和风险并不是承包商真实的预期收益，应该参照案例 11-8 方式考察企业近年来的实际利润率进行计算。

（3）关于风险费索赔。风险费指报价中包含的，承包商拟用来支付合同履行期间因承包商风险导致的成本增加的预留费用。虽然它通常在报价时与利润捆绑计算，但它与利润的性质不同。风险是否会发生，在工程尚未竣工前是一个未知数。如果预计的风险没有发生，则风险费将成为承包商的利润；如风险发生，剩余工程对应的风险费将全部支出，甚至需要用承包商的利润来补贴。所以它在性质上不是预期收益。而且由于亚洲金融风暴导致业主损失，工程不能继续的情况下，还要求业主支付承包商的风险金。将风险金转化为承包商的机会收益。这是不很恰当的。

此外，工程已经终止，承包商已没有风险需要承担，怎么还能补偿其"风险费损失"。

（4）在终止合同后，承包商虽然损失了本工程的预期可得利润。但应考虑到承包商的机器设备，施工人员并未闲置而是又投入到新的工程项目中，从而获得一定程度的补偿。因而承包商要求全额补偿其利润是不合理的。

（5）本案例实际上就是受到东南亚金融危机的影响，业主无力支付工程款，不能继续履行合同，项目中止。这是由于不可抗力事件的发生引起的合同终止，虽然业主有一定程度的违约行为，也不能完全界定为业主违约，应在一定程度上参照合同约定的不可抗力事件的处理方式处理。

虽然按照合同法裁决，其结果合法，但对于业主来说是惩罚性质的。裁决的结果实际上就是，在业主项目失败的情况下，承包商只实施了原合同价款 15000 万美元中的 4000 万美元，却得到了全部的预期利润，获得了高额的收益。

这种解决结果不符合现代工程中业主与承包商双赢、伙伴关系、风险共担的原则和理念。

（6）在本案例中，如果业主主动提出删除工程，或者指令暂停工程，而不是等到自己因为不能支付工程款导致违约被承包商主动停工并提出仲裁，就可以避免后来被索赔 430 万美元的预期利润和风险费。

在任何合同模式下，业主（工程师）有减少工程量、删除工程和停止工程施工的权利。只要业主没有将删去的工程自行实施或委托其他承包商实施，承包商就不能索赔被删除部分工程的利润。业主只需要补偿承包商遭受的费用损失以及在此基础上的利润。

附录 对一些合同问题的延伸思考

1. 现代信息技术（包括 BIM、区块链等）的应用，以及新型建筑工业化、智慧建造等的发展会给工程合同和合同管理带来哪些新的变革需求？

2. 我国颁布的工程建设方面的法律法规比较多、比较细，且政府投资的公共工程项目较多，合同法律原则应优先于合同自由原则？

3. 合同为工程总目标服务，涉及各个方面，是工程管理系统的"淋巴"。所以对工程合同可以采用西医解剖式的结构分析和具体条款描述方式进行研究，也可以采用中医辩证思维、综合思维方式进行分析。如何将两方面结合起来？

4. 2017 版 FIDIC 合同增加了一些"项目管理规程"的内容，由此带来的问题？对我国承包商有什么影响？

5. 在国际工程中，合同的重要性远高于国内工程，做事有规则，程序清楚，出现问题有章可循，但又显得不够灵活，可能使工程交易成本增加，工程实施效率降低。

在我国重大工程中，政府业主采取强控模式，与国有企业建立伙伴关系，合同的重要性降低。它的好处、问题和应用条件分别是什么？

6. 在合同策划中有许多种"模式"可以选择，但在具体工程中常常采用灵活的，多种"模式"组合的方式，如施工合同采用多种计价方式，如何处理多模式应用的不一致性和矛盾性？

7. 工程合同天生就有不完备性，但不同类型的工程合同（供应合同、施工合同、咨询合同、DB 合同、EPC 合同）的不完备性有什么差异？

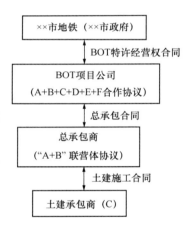

附图 1 某建设项目主要合同
关系图

8. 在我国某城市地铁建设工程中，所采用的合同关系见附图 1。BOT 项目公司由 A、B、C、D、E、F 六家企业组成；工程总承包商是参与 BOT 的 A、B 两公司组成的联营体；总承包合同下的土建承包商为参与 BOT 的 C 公司。

试分析，这样的合同体系设计有什么好处和问题？进行这样的项目要注意什么问题？

9. 国外的一些大型项目不再使用传统的、容易引起对立关系的合同，而采用关系合同（Relational Contracts）。在合同中营造相互信任和相互尊重的文化，参与方之间分担风险、共享资源，形成协作关系。这样的合同应用有什么条件？

10. 人们常常谈及，在工程合同生命期中业主和承包商谁是弱者的问题，有些业主就担心自己成为"弱者"，所以要通过合同加强自己的权利。试分析：

（1）这个问题与承发包方式（如总承包、平行承发包）和合同选型有什么关系？

（2）它在合同生命期（招标阶段、合同签订后）中有什么变化？

（3）它与所涉及的问题的特性（法律、技术、经济、组织等）有什么关系？

11. 早期的工程合同比较简单，现在越来越复杂了。讨论：工程合同复杂化有什么利弊？工程合同条件简化需要哪些条件？

参 考 文 献

[1] 邱闯. 国际工程合同原理与实务[M]. 北京：中国建筑工业出版社，2003.

[2] 汪金敏，朱月英. 工程索赔100招[M]. 北京：中国建筑工业出版社，2009.

[3] 张水波，何伯森. FIDIC新版合同条件解析与导读[M]. 北京：中国建筑工业出版社，2019.

[4] 乐云. 国际新型建筑工程CM承发包模式[M]. 上海：同济大学出版社，1998.

[5] 朱树英. 工程合同实务问答[M]. 上海：法律出版社，2007.

[6] 最高人民法院民事审判第一庭. 最高人民法院建设工程施工合同司法解释的理解与适用[M]. 北京：人民法院出版社，2009.

[7] 张水波，吕文学. 工期延误与干扰索赔分析准则[M]. 北京：北京交通大学出版社，2012.

[8] 张水波，陈勇强. 国际工程合同管理[M]. 北京：中国建筑工业出版社，2011.

[9] 陈勇强，张水波. 国际工程索赔[M]. 北京：中国建筑工业出版社，2008.

[10] 陈勇强，吕文学，张水波，等. FIDIC2017版系列合同条件解析[M]. 北京：中国建筑工业出版社，2019.

[11] 中国建筑工程总公司培训中心. 国际工程索赔原则及案例分析[M]. 北京：中国建筑工业出版社，1993.

[12] 汪小金. 土建工程施工合同索赔管理[M]. 中国建筑工业出版社，1994.

[13] 梁鑑. 国际工程施工索赔[M]. 北京：中国建筑工业出版社，1997.

[14] 张晓晓. 工程索赔与实例[M]. 北京：中国建筑工业出版社，1993.

[15] Brandenberger J，Ruosch E. Projekt-Managementin Bauwesen[M]. Koeln-Braunsfeld[德]，1990.

[16] ReschkeH，Schelle H. Handbuch Projektmanagement[M]. Verlag TuVRheinland[德]，1989.

[17] 国际经济合作杂志[J]. 2018年第9期等.

[18] 建筑经济杂志[J]. 2021年1月等.

[19] 方秋水. 美国土建类专业毕业生管理知识需求的调查及其启示[J]. 高等建筑教育，1991(3)：82-86.

[20] Davil Bentley，Gary Rafferty. Project Management Key to Success[J]. Civil Engineering，1992.

[21] Frank Muller，Don't Litigate，Negotiate[J]. Civil Engineering，1990.

[22] H. Randolph Thomas. Interpretation of Construction Contracts[J]. Journal of Construction Engineering and Management，1994，120(2).

[23] 高等学校工程管理和工程造价学科专业指导委员会. 高等学校工程管理本科指导性专业规范[M]. 北京：中国建筑工业出版社，2015.

[24] [英]英国土木工程学会. 新工程合同条件（NEC）[M]. 方志达，等. 北京：中国建筑工业出版社，1999.

[25] 张宝岭，单兆海. 建设工程索赔及案例分析[M]. 北京：机械工业出版社，2009.

[26] 中华人民共和国住房和城乡建设部，等. 建设工程工程量清单计价规范：GB 50500—2013[S]. 北京：中国计划出版社，2013.

[27] 杨德钦. 多事件干扰下工期延误索赔原则研究[J]. 土木工程学报. 2003，36(3)：37-40，45.

[28] 邓海涛. 三峡永久船闸工程的索赔管理实践[J]. 中国三峡建设. 2001.

［29］ 杨晓林. 建设工程施工索赔［M］. 北京：机械工业出版社，2013.

［30］ The Society of Construction Law. Delay and Disruption protocol［M］. 2nd edtion，2017.

［31］ 崔军. 工程项目的工期延误分析技术［J］. 项目管理技术，2011，9(10)：56-64.

［32］ 刘东元，张苗苗，王东坡. 国际工程工期索赔的计算方法分析［J］. 项目管理技术，2009，(7)：73-76.